一流本科专业一流本科课程建设系列教材

传 热 学

主　编　苏亚欣
参　编　杨洪海　王　会

机 械 工 业 出 版 社

本书按照导热、对流和辐射三种换热方式进行内容的编排。各部分内容基本是相互独立的，但以“能量守恒”贯穿其中，使读者通过对不同内容的学习深入掌握能量守恒的分析方法。全书分为 11 章，第 1 章绪论简要介绍传热学与其所属学科的关系、传热学与现代工业间的广泛联系以及三种基本传热方式的特点和简单计算；第 2~4 章详细介绍了稳态导热和非稳态导热的解析解和数值解的基本方法；第 5、6 章介绍了对流换热的基本原理和工程计算方法；第 7 章介绍了凝结和沸腾换热的基本原理和工程计算方法；第 8、9 章介绍了热辐射的基本原理和辐射换热的计算方法；第 10 章介绍了传热过程和换热器设计的计算方法；第 11 章介绍了泡沫金属强化传热的相关内容。书中例题和习题的选择注重知识性、趣味性以及工程实用性的结合，同时部分内容也涉及传热学的研究前沿。

本书针对 56~64 学时的教学需要而编写，根据需要选择有关章节内容也可满足 32~48 学时的教学需要。本书适用于建筑环境与能源应用工程、能源与动力工程及其他相关专业的本科教学，也可供相关专业的工程技术人员参考。

图书在版编目（CIP）数据

传热学/苏亚欣主编. —北京：机械工业出版社，2023.4（2025.6 重印）
一流本科专业一流本科课程建设系列教材
ISBN 978-7-111-72601-2

Ⅰ.①传… Ⅱ.①苏… Ⅲ.①传热学-高等学校-教材 Ⅳ.①TK124

中国国家版本馆 CIP 数据核字（2023）第 024069 号

机械工业出版社（北京市百万庄大街 22 号 邮政编码 100037）
策划编辑：尹法欣　　　　责任编辑：尹法欣　舒　宜
责任校对：张晓蓉　张　征　　封面设计：张　静
责任印制：张　博
固安县铭成印刷有限公司印刷
2025 年 6 月第 1 版第 2 次印刷
184mm×260mm · 18.75 印张 · 459 千字
标准书号：ISBN 978-7-111-72601-2
定价：55.00 元

电话服务　　　　　　　网络服务
客服电话：010-88361066　　机 工 官 网：www.cmpbook.com
010-88379833　　机 工 官 博：weibo.com/cmp1952
010-68326294　　金 书 网：www.golden-book.com
封底无防伪标均为盗版　　机工教育服务网：www.cmpedu.com

前言

近年来，随着我国经济的高速发展，对能源的需求迅猛增加。为实现“碳达峰”和“碳中和”目标，很多方面都对能源的高效利用提出了更高的要求。其中，热能的高效转化与传递是提高能源利用效率的一个重要环节，而传热学则提供了学习和研究提高传热效率的基础理论。

传热学是很多工科专业的一门基础理论课，为后续的多门专业课程提供理论支持。它的特点是理论性很强，对数学要求比较高。当初学者翻阅教材的时候，第一印象就是书中的微分方程太多了，因而可能会产生一种畏惧心理。因此，在学习和讲授这门课程的时候，要以方法论的学习为主，即把主要的精力用于首先清楚地理解传热的物理过程，然后在学习和掌握了最基本的传热理论（如傅里叶定律）、不同传热过程的能量守恒的基本表达式等基本概念后，进而去培养一种基于能量守恒的分析来建立传热微分方程的方法，而不要太过于关注复杂的方程和公式本身，尤其不要花时间和精力去死记复杂的公式，无论是解析解、微分方程还是试验关联式。在本书的编写过程中，编者试图帮助学生逐步掌握这样的一种方法，进而提升学生发现问题、分析问题、解决问题的能力。

传热学是一门与工业应用有着广泛联系的实用性很强的课程。在传统的大多数工业领域都涉及大量的各种形式的能量利用与转换过程中与热相关的问题，在高技术领域和新兴的交叉学科领域，也存在很多与传热有关的问题需要解决。因此，在本书的编写过程中，编者注意结合工程应用，阐述传热学理论的应用场景。在一些例题和习题中介绍了一些有实际应用背景的传热过程的计算，一方面是为了增加学生对传热学更多的兴趣，训练求解传热问题的基本计算技巧；另一方面，也可以开拓学生思路，有利于培养学生精益求精的工匠精神以及理论联系实际、勇于集成创新、学以致用的工程师精神，激发学生科技报国的家国情怀和使命担当。例题给读者的启示在于如何去分析传热过程和进一步加强对基础理论的理解及熟悉基本理论的应用，帮助读者培养有效的方法论，而不仅仅在于讲授解题技巧或培养套用公式的简单计算能力。

本书按照导热、对流和辐射三种换热方式进行内容的编排。各部分内容基本是相互独立的，但以“能量守恒”贯穿其中。对于不同的换热方式，能量守恒的方式和特点不同，因此对通过不同内容的学习要深刻掌握能量守恒的分析方法。例如，在稳态导热部分的论述中，首先通过分析研究对象的能量守恒导出通用微分方程，然后分别讨论了在不同边界条件下和导热系数为常数、变数以及有、无内热源情况下的大平板的求解方法，详尽地介绍了不同形式的微分方程的求解方法。对非稳态导热，介绍了一般的非稳态导热的分离变量法、

Fo>0.2 后的计算方法和集总分析法，舍去了半无限大物体和周期性非稳态导热。同时，对部分内容和专题，比较详细地介绍了一些前沿性的研究情况，以提高读者的兴趣和对研究前沿的了解，不必过于担心对这些内容不能深入地理解。除主要参考文献统一列于书末外，部分章节内容中涉及的参考文献或前沿性研究论文则以脚注的形式给出，可供读者进一步详细查阅参考。

本书所提供的习题数量不多，但覆盖了传热学基本原理的各个方面。通过习题的练习能够有效帮助读者进一步熟练掌握基本计算技巧和对传热学基本概念的融会贯通。完成一定数量的习题是必要的，但大量地重复同一类型的题目或直接套用公式进行计算对于加深对基本原理的深刻理解并没有多少帮助。因此，建议读者有选择地完成不同类型和内容的部分习题。

本书针对 56~64 学时的教学需要而编写，根据需要选择有关章节内容也可满足32~48学时的教学需要。本书在内容的选取上并没有刻意限定或偏向某个专业，而是尽可能完整地介绍传热学的基础理论。因此，本书适用于建筑环境与能源应用工程、能源与动力工程及其他相关专业的本科教学。

本书由东华大学苏亚欣主编，负责制定编写大纲和全书定稿，并编写第 1、2、3、4、8、9 章及第 6.4 节，杨洪海编写第 5、6、7、10 章，王会编写第 11 章并参与编写第 1.1 节和第 6.4 节。

本书的编写得到了东华大学校级本科重点教材建设项目（XJJC2021-10）的资助，也是上海市一流本科课程（SYK2022-10）、上海市重点本科课程（SKC-11）、东华大学一流本科课程（XJKCA20-20）的建设成果。

在本书的编写过程中，编者参考了很多专家学者的相关著作，在此深表感谢！限于编者水平，书中难免有疏漏之处，敬请广大读者批评指正！

编　者

目 录

前 言

第 1 章 绪论 …… 1

1.1 传热学概述 …… 1

1.2 传热的三种基本方式 …… 4

1.2.1 热传导 …… 4

1.2.2 热对流 …… 6

1.2.3 热辐射 …… 9

1.3 传热过程 …… 12

习题 …… 14

第 2 章 稳态导热 …… 16

2.1 导热的基本概念 …… 16

2.1.1 温度场与温度梯度 …… 16

2.1.2 热流密度矢量和傅里叶定律 …… 17

2.1.3 导热机理和导热系数 …… 18

2.2 导热微分方程的建立 …… 20

2.2.1 导热微分方程 …… 20

2.2.2 导热过程的单值性条件 …… 22

2.2.3 导热微分方程式的求解方法 …… 24

2.2.4 柱坐标和球坐标下的导热微分方程 …… 24

2.3 一维平壁稳态导热的解析解 …… 24

2.3.1 第一类边界条件 …… 25

2.3.2 第三类边界条件 …… 29

2.3.3 接触热阻和复合平壁的导热 …… 31

2.4 一维圆柱和圆球的稳态导热 …… 34

2.4.1 第一类边界条件下圆筒壁的导热 …… 34

2.4.2 第三类边界条件下通过圆筒壁的导热 …… 36

2.4.3 通过球壁的稳态导热 …… 40

2.5 肋片的导热 …… 43

2.5.1 等截面直肋的导热微分方程 …… 44

2.5.2 肋效率 …… 48

2.5.3 变截面肋片的导热 …… 49

2.5.4 肋片能否增加传热量的条件 …… 51

2.6 二维稳态导热问题 …… 52

2.6.1 二维稳态导热的解析解——分离变量法 …… 52

2.6.2 形状因子法 …… 54

习题 …… 55

第 3 章 非稳态导热 …… 58

3.1 一维非稳态导热的解析解 …… 59

3.1.1 一维非稳态导热的分离变量法 …… 59

3.1.2 非稳态导热的正规热状况和温度分布的诺谟图 …… 62

3.1.3 特殊多维非稳态导热的简易求解方法 …… 71

3.2 非稳态导热的集总参数法 …… 72

3.2.1 表面传热系数对非稳态导热物体内部温度分布的影响特点 …… 72

3.2.2 集总参数法 …… 73

习题 …… 76

第 4 章 导热问题的数值解 …… 78

4.1 稳态导热问题的数值解 …… 79

4.1.1 求解域的离散化 …… 79

4.1.2 节点温度差分方程的建立 …… 79

4.2 代数方程组的求解 …… 83

4.2.1 迭代法 …… 83

4.2.2 超松弛和欠松弛 …… 84

4.3 非稳态导热问题的数值解法 …… 85

4.3.1 求解域的离散 …… 85

4.3.2 节点温度差分方程的建立 …… 85

习题 …… 88

第 5 章 对流换热的基本原理 …… 90

5.1 概述 …… 90
5.1.1 对流换热的基本特点 …… 90
5.1.2 对流换热的研究方法 …… 93
5.1.3 对流换热微分方程式 …… 93
5.2 对流换热的微分方程组 …… 94
5.2.1 微分方程组 …… 94
5.2.2 单值性条件 …… 96
5.3 边界层内的对流换热 …… 96
5.3.1 边界层的概念 …… 96
5.3.2 边界层内对流换热微分方程组的简化 …… 99
5.3.3 外掠平板层流换热的解析解 …… 101
5.4 相似原理及应用 …… 103
5.4.1 相似的基本概念 …… 103
5.4.2 相似原理 …… 106
5.4.3 相似原理指导下的试验研究方法 …… 111
习题 …… 113

第 6 章 单相对流换热的工程计算 …… 115

6.1 管内强迫对流换热的特点和计算 …… 115
6.1.1 管内强迫对流换热的特点 …… 115
6.1.2 管内强迫对流换热计算 …… 117
6.2 管外强迫对流换热的特点和计算 …… 122
6.2.1 流体横掠单管对流换热 …… 122
6.2.2 横掠管束对流换热 …… 124
6.3 自然对流换热的特点和计算 …… 127
6.3.1 大空间自然对流换热 …… 127
6.3.2 有限空间自然对流换热 …… 132
6.4 对流换热的强化 …… 135
6.4.1 从流动的起因着手——有源技术 …… 135
6.4.2 从流动的状态着手——无源技术 …… 136
6.4.3 从改变流体的物性着手 …… 138
6.4.4 改变换热表面的几何形状 …… 139
习题 …… 140

第 7 章 凝结和沸腾换热 …… 143

7.1 凝结换热 …… 143
7.1.1 膜状凝结换热 …… 144
7.1.2 膜状凝结的影响因素 …… 150
7.2 沸腾换热 …… 151
7.2.1 大容器沸腾换热 …… 151
7.2.2 管内沸腾简介 …… 157
7.2.3 沸腾传热的影响因素 …… 158
7.3 相变传热的强化 …… 159
7.3.1 凝结传热的强化 …… 159
7.3.2 沸腾传热的强化 …… 163
7.4 热管技术 …… 165
7.4.1 热管的工作原理 …… 165
7.4.2 热管壳体材料与工质之间的相容性及寿命 …… 167
7.4.3 热管的应用 …… 168
习题 …… 171

第 8 章 辐射换热的基本定律 …… 173

8.1 热辐射的基本概念 …… 173
8.1.1 吸收、反射与透射 …… 174
8.1.2 灰体与黑体 …… 177
8.1.3 辐射强度 …… 177
8.1.4 辐射力 …… 178
8.2 黑体辐射的基本定律 …… 178
8.2.1 普朗克定律 …… 179
8.2.2 斯特藩-玻尔兹曼定律 …… 180
8.2.3 朗伯定律 …… 182
8.3 实际物体的发射特性与基尔霍夫定律 …… 183
8.3.1 实际物体的发射特性 …… 183
8.3.2 基尔霍夫定律 …… 187
习题 …… 189

第 9 章 辐射换热的计算 …… 191

9.1 辐射换热的角系数 …… 191
9.1.1 角系数的定义 …… 191
9.1.2 角系数的性质 …… 195
9.1.3 角系数的计算方法 …… 196
9.2 黑体表面间的辐射换热计算 …… 199
9.3 灰体表面间的辐射换热计算 …… 200
9.3.1 有效辐射 …… 201
9.3.2 两个漫灰表面构成的封闭空腔中的辐射换热 …… 202
9.3.3 多个漫灰表面构成的封闭空腔中的辐射换热 …… 203
9.3.4 重辐射面 …… 206
9.4 辐射换热的强化与削弱 …… 207
9.4.1 改变表面辐射热阻——表面涂层 …… 208
9.4.2 改变空间辐射热阻——遮热板 …… 209

9.5 气体辐射 …… 211
9.5.1 气体辐射的选择性吸收和发射 …… 211
9.5.2 气体与封闭表面的辐射换热 …… 217
9.6 太阳辐射简介 …… 218
9.6.1 太阳辐射的基本概念 …… 218
9.6.2 我国太阳能的分布 …… 221
9.6.3 太阳能的利用方式 …… 223
习题 …… 224
第10章 传热过程和换热器 …… 228
10.1 传热过程的分析和计算 …… 228
10.1.1 基本传热过程 …… 228
10.1.2 有复合换热时的传热 …… 232
10.1.3 传热的增强和削弱 …… 236
10.2 换热器的基本形式 …… 240
10.2.1 换热器的分类 …… 240
10.2.2 间壁式换热器的分类 …… 241
10.2.3 对数平均温差 …… 243
10.3 换热器的传热计算 …… 249
10.3.1 平均温差法（LMTD法） …… 249
10.3.2 效能-传热单元数法（ε-NTU法） …… 252
10.3.3 换热器的污垢热阻 …… 255
10.4 换热器性能评价简述 …… 257
习题 …… 258
第11章 泡沫金属强化传热 …… 260
11.1 引言 …… 260
11.1.1 换热器在国民生产中的应用 …… 260
11.1.2 常见换热器的形式 …… 260
11.1.3 强化传热的手段 …… 263
11.2 泡沫金属的概念和结构特点 …… 263
11.3 泡沫金属的加工方法和应用 …… 264
11.4 泡沫金属的传热特性及其强化传热的原因 …… 266
11.4.1 泡沫金属孔胞结构模型 …… 266
11.4.2 泡沫金属管与光管传热性能的对比 …… 267
11.4.3 泡沫金属强化传热的原因 …… 268
11.5 泡沫金属在储能领域的应用 …… 271
11.5.1 冰蓄冷领域 …… 271
11.5.2 动力电池热管理领域 …… 271
11.5.3 太阳能储热领域 …… 272
附录 …… 274
习题答案 …… 284
参考文献 …… 289

第1章

绪　论

本章简要介绍传热学与其所属学科的关系以及传热学与现代工业间的广泛联系，分别详细介绍三种基本传热方式的特点和简单计算，在此基础上对由基本传热方式组合而成的传热过程做初步分析。本章的主要目的是初步了解传热学和这门课程所包含的主要的研究领域，为系统学习各种传热方式的理论打下基础。

1.1　传热学概述

传热学是研究热量的传递规律的一门学科。在日常生活和工业生产中有很多热量的传递现象和过程。例如，人的手中拿着一根燃烧的木棍，在离火焰一定距离的地方人也能感觉到火焰的温度很高，而握着木棍的手却没有感觉到发烫。对温度的感觉实际上就是对获得或失去热量的一种直接的反应。当人们有热量损失的时候，会感到冷；当得到热量的时候，就会感到热。如果手里拿着一根一端刚从炉子里取出的烧红的铁棍，人们不但能感觉到来自红热的一端的热量，同时握着铁棍的手也会感觉到手握住的铁棍的这一端也逐渐发烫。这是由于火焰和红热的铁都会通过热辐射的方式向外传递热量，同时，铁棍和木棍在通过它们自身向另一端通过导热的方式传递热量，只不过它们传递热量的能力不同，因此，手的感觉不同。冶金工业中的热处理，如加热、淬火、空冷等过程，化工过程的很多的物料加热和冷却过程，制冷循环的蒸发和凝结过程，电子芯片的冷却散热过程，锅炉里管道中的水等压被加热成蒸汽的过程等，都涉及热量的传递问题。因此，掌握热量的传递规律和计算，对很多现代工业的生产过程的设计、计算是十分重要的。

传热学属于工程热物理学科的一个分支。工程热物理学科是研究能量以热和功的形式在转化、传递过程中的基本规律及其利用技术的应用基础科学，它的任务是在有关基本规律的基础上，综合应用近代数学、物理学、计算机科学以及现代工程新技术与新理论，对能量转化、传递和利用的物理过程进行系统分析，为有关新技术和工程应用提供理论依据、设计方法和技术手段。工程热物理学科包括工程热力学、传热学、燃烧学、流体力学、热物性测量以及新能源等学科分支。学习完“工程热力学”后，大家知道工程热力学研究热能和机械能之间的转换。在各种动力循环中，输入系统的热量通常是给一个值或根据状态参数通过公式或查图表的焓值进行计算。例如，在蒸汽动力循环中，水在锅炉中通过等压加热的方式变为过热蒸汽，这就是输入系统的热量。在计算热力循环的效率时，通过给定的给水和过热蒸汽的温度和压力，查表或查图确定水和蒸汽的焓，从而进行计算。那么，锅炉里的水为什么能够成为过热蒸汽？它通过什么技术手段被加热？这样的技术手段是否一定能加热到设计要求的蒸汽温度？达到设计的蒸汽温度，到底要消耗多少的燃料？这就涉及炉内的传热过程。煤燃烧的过程释放出热量，火焰（高温的烟气以及一些高温的煤粉、灰的颗粒）把热传递到锅炉内的壁面，这层壁面是由一定厚度的耐火砖构成，通过耐火砖热量传递到管道，管道里流动的水吸收了热量，变成蒸汽。工程热力学只研究在给定温度、压力下蒸汽的焓的变化，由这个焓的变化计算蒸汽动力循环的效率。传热学则是研究在锅炉的内部，热量是如何传递给水、让水变成蒸汽的。研究传热学，优化传热过程，采用更加合适的传热的技术手段，例如水流经的管道从内壁为光滑的光管换成内壁有螺纹的内螺纹管，则使得传热的效率提高，那么在过热蒸汽的温度一定时，锅炉里燃烧所需要的煤就会减少，这样就更节能，减少了煤的消耗，这也意味着减少了 CO_2的排放以及其他燃烧污染物的排放。在其他很多工业应用场合，都涉及提高传热效率的问题。因此，系统地学习传热学具有重要的意义。

传热学是研究由于温差引起的能量传递规律的学科。热力学第二定律告诉我们，热量可以自发地由高温热源传给低温热源。有温差就会有传热，温差是热量传递的动力。传热学以热力学第一定律和第二定律为基础，即热量 Q 传递始终是从高温物体向低温物体传递；在热量传递过程中若无能量形式的转换，则热量始终保持守恒。工程热力学在研究热能和机械能之间的转换规律时，要使用状态参数（也就是 p，v，T）进行计算，因此工程热力学是以平衡态为研究对象的。而传热学则是以非平衡态和过程中的热量传递规律为研究对象。它们处理问题的出发点不同。如图 1-1 所示，一个质量为 m_1 的 300℃ 的铁块投入水中淬火，根据热力学第一定律可以求出在达到热平衡后铁块或水最终的温度，也就是通过质量、比热容和温度的变化相乘来计算铁放出的热或水吸收的热，从而得到平衡后的水和铁的温度。但是，达到这个平衡温度需要多少时间？在铁冷却过程中，其表面温度和内部温度是否相等、有多大的差别？对于这样的细节，工程热力学无法得到。而传热学可以求出铁块在水中放热过程温度的变化特点（也是它放热的速率变化特点），即求解出铁块内部温度分布及其随时间的变化关系、放热量随时间变化的函数关系：$t=f(x, y, z, \tau)$，$Q=f(\tau)$，(x, y, z) 为空间坐标，τ 为时间。这个简单的例子说明了传热学的研究特点：以过程和非平衡态为研究对象。

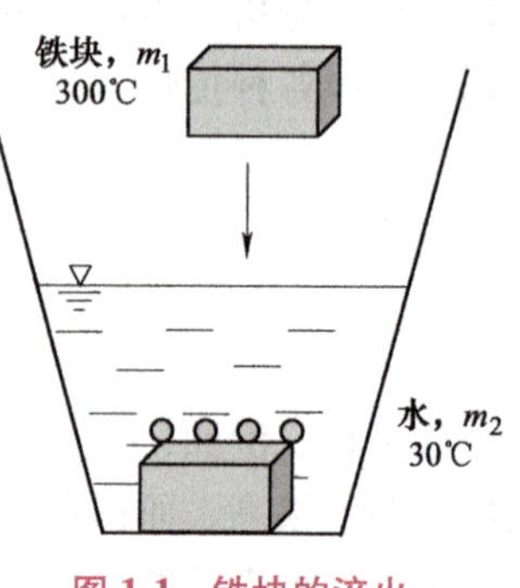

图 1-1　铁块的淬火

由于传热学研究的是过程和非平衡态，它能够提供物体的温度随时间和空间的分布，因此传热学的基本特点是理论性较强，对数学的要求比较高。在根据能量守恒定律建立传热数学方程时，涉及偏微分方程（导热）和偏微分方程组（对流）以及它们的差分方程（数值解）的求解。同时传热学是实用性很强的学科，它与工业生产、尖端科技以及人们的日常生活都紧密相关，有很多适用于工业应用的半经验拟合关联式。因此，在学习传热学时，要以方法的学习为主，要灵活应用能量守恒定律和传热学的基本定律，掌握建立不同类型传热问题的数学方程的方法，然后借助于有关数学知识求解方程，从而得到温度分布等结果。对于大量的从试验数据中拟合而来的、用于工业上传热量计算的经验公式，则需要熟悉这些公式的使用方法和适用范围，而不要花太多的时间和精力去死记复杂的公式本身。

传热学是一门技术基础科学，其理论体系形成于20世纪20年代，一个世纪以来，它得到了迅速的发展，并不断与其他学科相互交叉、渗透，不仅与环境科学、能源、材料、化工、机械、电子、医学等密切相关，同时与工程热物理其他分支学科（如工程热力学、燃烧学、气动热力学等）紧密相关。传热学几乎渗透到现代工业的所有领域，同时在农业生产、医学、生物学、气象学、信息技术等领域也发挥着重要的作用。

在传统工业领域，例如机械行业，一直存在大量的与热量的传递和利用有关的过程，其中热处理是最典型的应用。当金属元件被放入热处理炉中进行加热时，通常，元件是接受来自炉内壁面的高温的辐射加热。元件接受的热量的多少以及它需要多长时间能达到预期的温度要求，就是一个辐射传热和元件自身非稳态导热的问题。为减少加热炉通过炉壁的热损失，在炉的内壁通常需要安装一层或多层隔热材料。隔热材料的厚度也需要通过平壁的导热量来计算。当把加热后的元件取出进行淬火、空冷等热处理工艺时，元件自身经历一个非稳态导热过程，它的散热量和温度变化的特点就是一个非稳态导热的过程。在铸造过程中，当钢液连续倒入铸造模具进行大型器件的连续铸造（连铸）时，先进入的熔化的钢液将逐渐放热凝固，而后续的钢液则还是液态。这样将可能造成因温度分布不均匀和相的不同导致的热应力或其他铸造缺陷。这个过程也和传热有关，需要通过传热学的理论来解决。

在火力发电厂，燃煤锅炉内高温的火焰释放的热量通过水冷壁传递给水，使之成为过热蒸汽，从而在蒸汽轮机内膨胀做功、发电。这个过程涉及炉内高温烟气、气固两相流与锅炉内壁面间的对流和热辐射传热过程，然后是通过钢管和管内的水或蒸汽的对流、沸腾传热过程。汽轮机乏汽在冷却塔内的冷却也涉及凝结换热问题。因此，这些工业领域所遇到的大量的各种形式的热量传递问题都需要传热学的基础理论的支持。

近年来，随着大规模集成电路的发展，电路板单位面积上产生的热量越来越大，芯片的发热量已经超过了5×10^5 W/m^2，甚至达到10^6 W/m^{2}量级。这样高的发热量通过常规的散热措施已经很难满足需要。一旦热量不能及时散走，芯片的温度超过了它的材料所能容忍的工作温度将产生严重事故。这个问题促进了微结构换热的发展。通过激光微刻技术在基板上加工出微米级的微通道，利用微通道内特殊工质的对流换热来解决这个问题。航空航天设备的热控制技术也大大促进了相关传热问题的发展。传热学基础理论的扩展和新技术的不断成熟也极大地促进了相关工业的快速发展。

20世纪70年代，世界范围的能源危机大大促进了强化传热技术的发展。强化传热技术能提高热量传递的强度，从而提高了能量的利用效率。各种形式的高效换热结构不断出现，同时进一步对它们的强化传热机理的深入研究和认识又促进了更加高效的换热技术的出现。从紧凑式换热器的开发和在各个领域的迅速推广使用，到今天通过把纳米级的某些固体颗粒物加入流体中（称为纳米流体）的强化传热技术的出现，都是传热学自身不断深入发展和它与相关学科互相促进的见证。

因此，传热学与现代工业体系和人们的日常生活都密切相关。它是一门十分重要的技术基础课，为很多其他学科提供了理论基础和解决相关问题的金钥匙。在本章，我们首先简单了解传热的基本方式，然后在随后各章分别系统地学习不同传热方式的特点和规律。

1.2 传热的三种基本方式

热量的传递有三种基本方式，分别是：热传导、热对流和热辐射。实际的热量传递过程都是以这三种方式进行的。有时只以其中的一种热量传递方式进行，但很多情况下都是以两种或三种热量传递方式同时进行。

1.2.1 热传导

热传导通常也称作导热，它是在物体内部或相互接触的物体表面之间，由于分子、原子及自由电子等微观粒子的热运动而产生的热量传递现象。导热依赖于两个基本条件：一是必须有温差，二是必须直接接触（不同物体）或是在物体内部传递。导热现象既可以发生在固体内部，也可以发生在静止的液体和气体之中。通常情况下只讨论在固体中的导热。液体或气体只有在静止的时候（没有了液体或气体分子的宏观运动）才有导热发生。例如，当流体流过固体表面时形成的附着于固体表面的静止的边界层底层中，流体的热量传递方式才是导热。在气体中，导热的机理是气体分子不规则热运动时的相互碰撞而传递能量。在导电的固体中，自由电子的运动是主要的导热方式；在非导电固体中，热量的传递则主要通过晶格的振动（也称作弹性波）进行。液体的导热机理则比较复杂。

在试验和生活中发现，导热和材料种类、材料厚度以及温差等因素有关。例如，一块金属板和一块木板，在相同厚度的前提下，一侧置于同样温度的热源中，则木板的另一侧的温度比金属板低，也就反映出木板的隔热性能好。同样材质的木板，越厚隔热效果越好。

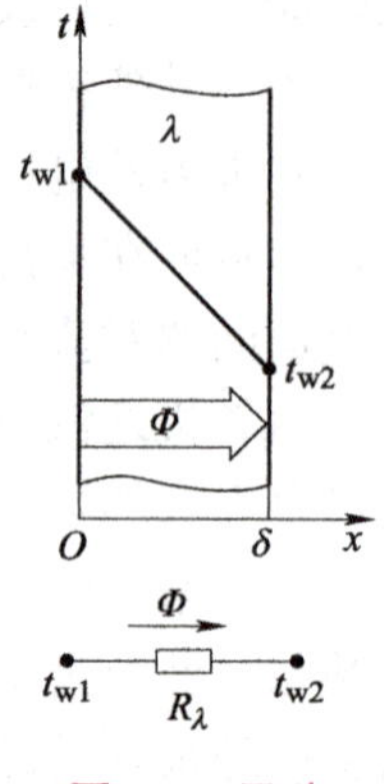

图 1-2 平壁的导热

在传热学中，我们把单位时间传递的热量称为热流量，用 Φ 表示，单位为 W。对于一个平壁，如图 1-2 所示，当它两侧都维持均匀的温度 t_{w1} 和 t_{w2} 时，平壁的导热为一维稳态导热，即温度只沿厚度方向变化，不随时间变化，它的导热热流量可以用式（1-1a）计算：

$$\Phi = A\lambda \frac{t_{w1} - t_{w2}}{\delta} \tag{1-1a}$$

式中，A 为导热物体的表面积；λ 为反映导热物体材料特性的参数，称为导热系数，或热导率 [W/(m · K)]；δ 为导热物体的厚度（m）；t_{w1} 和 t_{w2} 为导热物体两侧的温度。

导热系数 λ 的数值大小反映材料的导热能力，λ 越大，则它的导热能力越强。通常，金属材料的导热系数最高，好的导电体同时也是好的导热体，液体的导热系数次之，气体的导热系数最小。例如，常温（20℃）下，纯铜的导热系数为 398W/(m · K)，而干空气的导热系数只有 0.0259W/(m · K)。材料的导热系数一般由试验来测定。式（1-1a）可以改写为以下形式：

$$\Phi = \frac{t_{w1} - t_{w2}}{\dfrac{\delta}{A\lambda}} = \frac{t_{w1} - t_{w2}}{R_\lambda} \tag{1-1b}$$

式中，R_λ 为导热过程的导热热阻（K/W），$R_\lambda=\dfrac{\delta}{A\lambda}$。

借用电学中电流等于电压除以电阻的概念，导热热流量等于导热的温差除以导热的热阻，导热的热阻分析图如图 1-2 中所示。图中 δ 表示导热物体的厚度。

单位时间通过单位面积的热流量称为**热流密度**，用 q 来表示，单位为 W/m²。由式（1-1）可知，平壁导热的热流密度可表示为

$$q=\frac{\Phi}{A}=\lambda\frac{t_{w1}-t_{w2}}{\delta} \tag{1-2}$$

例 1-1 求通过 4cm 厚的各向同性平板单位面积的稳态导热的热流密度，平板的两个表面分别保持 38℃和 21℃，平板的导热系数为 0.19W/(m·K)。

解： 直接应用式（1-2），可得板的热流密度

$$q=\frac{\Phi}{A}=\lambda\frac{t_{w1}-t_{w2}}{\delta}=\left(0.19\times\frac{38-21}{0.04}\right)\text{W/m}^2=80.75\text{W/m}^2$$

例 1-2 有三块分别由纯铜［导热系数 $\lambda_1=398\text{W/(m·K)}$］、黄铜［导热系数 $\lambda_2=109\text{W/(m·K)}$］和碳钢［导热系数为 $\lambda_3=40\text{W/(m·K)}$］制成的大平板，厚度都是 10mm，两侧表面的温差都维持为 $t_{w1}-t_{w2}=50℃$ 不变，比较通过每块平板的导热热流密度的大小。

解： 直接应用式（1-2），可得三块板的热流密度分别如下：

纯铜：$q_1=\lambda_1\dfrac{t_{w1}-t_{w2}}{\delta}=398\text{W/(m·K)}\times\dfrac{50\text{K}}{0.010\text{m}}=1.99\times10^6\text{W/m}^2$

黄铜：$q_2=\lambda_2\dfrac{t_{w1}-t_{w2}}{\delta}=109\text{W/(m·K)}\times\dfrac{50\text{K}}{0.010\text{m}}=0.545\times10^6\text{W/m}^2$

碳钢：$q_3=\lambda_3\dfrac{t_{w1}-t_{w2}}{\delta}=40\text{W/(m·K)}\times\dfrac{50\text{K}}{0.010\text{m}}=0.2\times10^6\text{W/m}^2$

由此可见，导热系数大的材料在其他条件相同时，导热传热量更多。

例 1-3 一扇玻璃窗的宽和高分别为 1m 和 2m，玻璃的厚度为 5mm，导热系数为 1.4 W/(m·K)。如果在一个寒冷的冬天，玻璃的内、外表面分别为 15℃和−20℃，通过窗户损失的热流量是多少？为减少通过窗户的热损失，习惯上采用双层玻璃的结构，两层玻璃中间为空气层。如果空气层的厚度为 10mm，且与空气接触的玻璃表面的温度分别为 10℃和−15℃，此时通过窗户损失的热流量是多少？空气的导热系数为 0.024W/(m·K)。

解： 假设空气层是静止的，则通过空气层和玻璃的导热都是一维稳态导热，热流量为

$$\Phi=A\lambda\frac{t_{w1}-t_{w2}}{\delta}$$

对单层玻璃：

$$\Phi=A\lambda\frac{t_{w1}-t_{w2}}{\delta}=1\times2\times1.4\times\frac{15-(-20)}{0.005}\text{W}=19600\text{W}$$

对双层玻璃，题目中没有给出室内、外侧玻璃表面的温度，因此，不能从玻璃的导热来计算窗户的热流量。在稳态时，通过玻璃窗的热损失也等于通过空气层的热损失。题目中给出了与空气接触的玻璃表面的温度，这两个温度也就等于在两个玻璃表面处的空气的温度。因此，热损失可以通过空气层的导热计算：

$$\Phi = A\lambda \frac{t_{w1} - t_{w2}}{\delta} = 1 \times 2 \times 0.024 \times \frac{10-(-15)}{0.01}\text{W} = 120\text{W}$$

结果表明，空气层的导热系数很小（热阻很大），保温效果较好。当室外环境温度一定时，使用双层玻璃窗也会提高室内空气侧的玻璃表面温度。

既然空气的热阻大，隔热性能好，那么，是否把中间的空气层的厚度增加，就可以进一步提高双层玻璃的保温效果呢？其实并不是这样。当我们学习完自然对流后，就会知道，玻璃夹层的厚度增大后，夹层中的空气会形成自然对流，会大大降低保温效果。

1.2.2 热对流

热对流是指由于流体的宏观运动，致使不同温度的流体发生相对位移而产生的热量传递现象。对流只能发生于流体中，且一定伴随着由于流体分子的不规则热运动而产生的导热。如图 1-3 所示，当流体流过一个固体表面时，由于流体具有黏性，因此附着于固体表面的很薄的一层流体是静止的。在离开固体表面的法向上，流体的速度逐渐增加到来流速度。这一层厚度很薄、速度很小的流体层称为边界层。在边界层内，流体与固体表面之间的热量传递是边界层外层的热对流和附着于固体表面的静止的边界层底层的流体导热两种基本传热方式共同作用的结果，这种传热现象在传热学中称为**对流换热**。

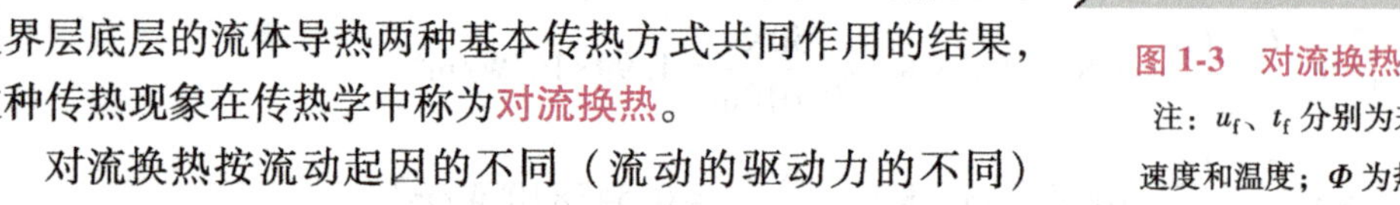

图 1-3 对流换热边界层

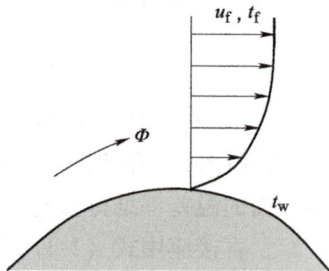

注：u_f、t_f 分别为来流的速度和温度；Φ 为热流量。

对流换热按流动起因的不同（流动的驱动力的不同）分为自然对流和强迫对流两种。自然对流是由于温差引起的流体不同部分的密度不同而自然产生上下运动的对流换热。有温差不一定能发生自然对流，还应考虑表面的相对位置是否能形成流体运动。如图 1-4a 所示，当固体表面的温度 t_w 高于环境的空气温度 t_∞ 时，该表面上方的空气受热后密度变小，自由上升，从而发生自然对流换热。而它的表面下方，紧挨该表面的空气受热后密度变小，由于该表面阻挡了热空气的上升，空气积聚在该表面下，难以产生自由运动，从而没有自然对流换热的发生。如图 1-4b 所示，如果该表面的温度低于环境空气的温度，则上方的空气受冷，密度变大，积聚在上表面，阻碍了空气的自由运动，没有自然对流。而表面的下方，空气受冷后自由下沉，则可以发生自然对流换热。

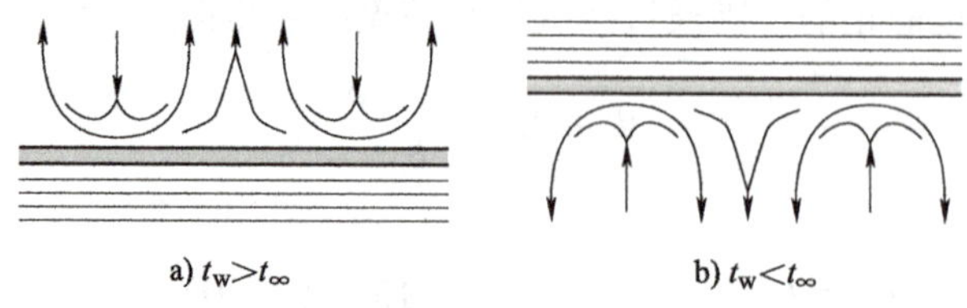

a) $t_w > t_\infty$　　b) $t_w < t_\infty$

图 1-4 自然对流

强迫对流则是在外力的推动作用引起的对流换热，例如使用风机或风扇驱动的空气在换热器表面流过进行的换热，以及在锅炉里，使用泵驱动水在水管里流动，使水被加热成过热蒸汽的过程。强迫对流换热比自然对流换热剧烈得多，在工业应用上绝大部分都是强迫对流换热。当流体发生相变时，如流体被加热后从液相变为气相的过程称为沸腾换热，当流体被冷却，从气相变为液相的时候称为凝结换热。沸腾换热和凝结换热涉及汽化、凝结潜热的吸收、释放，因此很剧烈。通常液体的对流换热比气体的对流换热强烈。表 1-1 给出了一些对流换热的表面传热系数数值范围。

表 1-1 一些对流换热的表面传热系数数值范围

对流换热类型		$h/[\mathrm{W/(m^2 \cdot K)}]$
自然对流换热	空气	1~10
	水	200~1000
强迫对流换热	空气	10~100
	水	100~15000
相变换热	水沸腾	2500~35000
	水蒸气凝结	5000~25000

对流换热的基本计算可用式（1-3a）和式（1-3b）：

$$\Phi = Ah(t_w - t_f) \tag{1-3a}$$

$$q = h(t_w - t_f) \tag{1-3b}$$

式中，A 为换热表面积；h 为表示对流换热大小的比例系数，称为表面传热系数，或对流换热系数 $[\mathrm{W/(m^2 \cdot K)}]$；$t_w$和 t_f分别为固体壁面温度和流体温度。式（1-3a）和式（1-3b）通常称为**牛顿冷却公式**。表面传热系数 h 是对流换热问题的核心，它受多种因素的影响，包括流体的物理性质，换热表面的形状、大小和布置方式、流速等。当知道表面传热系数 h 以后，就可以由式（1-3a）或（1-3b）很容易地计算对流换热量了。表面传热系数的求解包括理论解、数值解以及便于工程计算的经验公式等，这些将在第 5~7 章中学习。式（1-3）可以改写为式（1-4）的形式：

$$\Phi = \frac{t_w - t_f}{\dfrac{1}{Ah}} = \frac{t_w - t_f}{R_h} \tag{1-4}$$

式中，R_h 为对流换热热阻（K/W），$R_h = \dfrac{1}{Ah}$。

例 1-4 暖气片的散热面积 $A = 3\mathrm{m}^2$，表面温度 $t_w = 50℃$，室内空气温度为 20℃，它们之间进行自然对流换热，表面传热系数 $h = 4\mathrm{W/(m^2 \cdot K)}$。试问该暖气片相当于多大功率的电暖器？

解： 本题要计算的实际就是暖气片的自然对流热流量。直接由式（1-3a）得：

$$\Phi = Ah(t_w - t_f) = 3\mathrm{m}^2 \times 4\mathrm{W/(m^2 \cdot K)} \times (50 - 20)\mathrm{K} = 360\mathrm{W}$$

例 1-5 在一根外径为 30mm 的长圆柱体中埋设了电加热器。当温度为 25℃ 的水以 1m/s 的速度横向（即垂直其轴线方向）流过该圆柱体时，为使表面维持 90℃ 的均匀温度所需的单位长度功耗为 28kW/m。当同样处于 25℃ 的空气以 10m/s 的速度横向流过该圆柱体时，为使表面维持 90℃ 的均匀温度所需的单位长度功耗为 400W/m。计算并比较水和空气的表面传热系数。

解： 当水或空气流过该圆柱体时，通过对流换热带走的热量等于电加热器的功耗。对单位长度圆柱体有下面的能量平衡关系式：

$$\Phi_l=\pi Dh\ (t_w-t_f)$$

式中，Φ_l为单位长圆柱体的热流量；D 为圆柱体外径。

因此，表面传热系数为

$$h=\frac{\Phi_l}{\pi D(t_w-t_f)}$$

代入水和空气情况下的数值，得：

水：$h=\dfrac{\Phi_l}{\pi D(t_w-t_f)}=\dfrac{28000\mathrm{W/m}}{3.14\times0.03\mathrm{m}\times(90-25)℃}=4573\mathrm{W/(m^2\cdot ℃)}$

空气：$h=\dfrac{\Phi_l}{\pi D(t_w-t_f)}=\dfrac{400\mathrm{W/m}}{3.14\times0.03\mathrm{m}\times(90-25)℃}=65\mathrm{W/(m^2\cdot ℃)}$

比较发现，虽然空气的流速是水的 10 倍，但水的表面传热系数却是空气的大约 70 倍。这说明不同的流体介质发生对流换热时，表面传热系数的大小差别很大，也说明了表面传热系数与流体的性质有关。

例 1-6 热线风速仪是一种测量气体流速的仪器。它把一根电热丝插入气流中，电热丝的轴向与流动方向垂直。假定电热丝消耗的电能通过强迫对流传递给气流。对于给定的电功率，电热丝的温度取决于它与气流间的表面传热系数，而表面传热系数又取决于气流的速度。现有一根长度为 20mm、直径为 0.5mm 的电热丝，通过标定知道气流流速 V 与电热丝和气流间的表面传热系数 h 间的关系可表达为 $V=6.25\times10^{-5}h^2$，流速 V 和表面传热系数 h 的单位分别为 m/s 和 W/(m² · K)。在测量空气的流速时，若空气温度为 25℃，风速仪的丝表面温度保持 75℃，电压和电流分别为 5V 和 0.1A。求空气的速度是多少。

1-1
热线风速仪基本结构和使用情景

解：风速仪中的电热丝的能量平衡关系为：通过它的电流产生的热量（电功率）以对流换热的形式传到空气中：

$$UI=Ah(t-t_\infty)$$

已知电压 $U=5\mathrm{V}$，电流 $I=0.1\mathrm{A}$，电热丝的表面积 $A=\pi dL=(3.14\times0.0005\times0.02)\mathrm{m^2}=3.14\times10^{-5}\mathrm{m^2}$，空气温度 $t_\infty=25℃$，电热丝表面温度 $t=75℃$，则表面传热系数为

$$h=\frac{UI}{A(t-t_\infty)}=\frac{5\times0.1}{3.14\times10^{-5}\times(75-25)}\mathrm{W/(m^2\cdot K)}=318\mathrm{W/(m^2\cdot K)}$$

空气的速度为

$$V=6.25\times10^{-5}h^2=(6.25\times10^{-5}\times318^2)\mathrm{m/s}=6.3\mathrm{m/s}$$

通过这道题目要学会的是风速仪的工作原理：通过能量的平衡来测量流体的速度。当然，流体速度和表面传热系数的关系式是首先进行标定而得到的。工业上一些先进的测试仪器也遵守了传热学很简单的原理。同时，请大家思考，在进行测试的时候，当热线风速仪的电热丝与气流的流动方向垂直、有一定的夹角的时候，测出的速度是不一样的。给出的风速与表面传热系数的关系式是在电热丝的轴向与流动方向垂直的条件下给出的。当流体垂直流过电热丝时，表面传热系数最大。那么，在测试的过程中，当电热丝的轴向与流动方向并不垂直，仪表上显示的速度是大还是小？如何调节其方向，以保证测量的准确性？

1.2.3 热辐射

热辐射是由于物体内部微观粒子的热运动（或者说由于物体自身的温度）而使物体向外发射辐射能的现象。热辐射现象可以由电磁理论和量子理论进行解释，将在第 8 章中学习。电磁理论认为辐射能是由电磁波进行传输的能量，量子理论认为辐射能是由不连续的微观粒子（光子）所携带的能量，光子与电磁波都以光速进行传播。在日常生活和工业上常见的温度范围内，热辐射的波长主要在 0.1～100μm，包括部分紫外线、可见光和部分红外线三个波段。与导热和热对流相比，热辐射具有 3 个特点：

1）热辐射总是伴随着物体的内热能与辐射能这两种能量形式之间的相互转化。当物体发射辐射时，它的内能转化为辐射能，当物体吸收辐射能时，被吸收的辐射能又转化为物体的内能。即使物体和周围的环境处于热平衡时，辐射和吸收也是在不断进行的，只是达到了一个动态的平衡，辐射换热量为零。

2）热辐射不依靠中间媒介，可以在真空中传播。而导热必须依靠两个直接接触的物体或一个物体内部在温差的推动下进行传递，热对流必须依靠流体介质。

3）物体间以热辐射的方式进行的热量传递是双向的。只要物体的热力学温度高于 0K，则它就会对外发送热辐射。温度高的物体对外发射的热辐射较温度低的物体发射的热辐射更多，同一温度下具有不同表面辐射特性（如表面吸收率和发射率）的物体发射的热辐射和吸收的热辐射有所不同，但它们相互之间均向对方发送热辐射和吸收来自对方的热辐射。

物体之间的辐射换热量与它们的表面特性（如发射率和吸收率）、温度、相互位置（决定辐射换热的角系数）等因素有关，将在第 9 章中学习。

热辐射的基本计算可以用斯特藩（Stefan）-玻尔兹曼（Boltzmann）定律进行。它给出了黑体在单位时间单位面积对外发射的辐射热量的计算公式：

$$E_b = \sigma T^4 \tag{1-5}$$

式中，E_b为黑体表面单位时间单位面积对外发射的辐射热量，又称为黑体的辐射力（W/m^2）；σ 为黑体的辐射常数，或称为斯特藩-玻尔兹曼常数，$\sigma = 5.67\times10^{-8} W/(m^2 \cdot K^4)$；$T$ 为黑体的热力学温度（K）。

式（1-5）形式简单，反映了物体的辐射力与物体温度的 4 次方的关系，因此又称为四次方定律。所谓黑体是指吸收率为 1 的物体，也就是能够百分之百地吸收投入其上的热辐射的物体。黑体是一种理想的物体，它的吸收和发射辐射的能力都最大。实际物体的吸收和辐射能力都比黑体小。

引入一个反映实际物体发射特性的参数对式（1-5）进行修正：

$$E = \varepsilon\sigma T^4 \tag{1-6}$$

式中，E 为实际物体的辐射力（W/m^2）；ε 为实际物体的发射率，习惯上又称为黑度，它是个小于 1 的数，反映实际物体的辐射能力接近黑体的程度。

ε 与多种因素有关，将在第 8 章学习。

由于辐射换热是相互的，因此在计算物体表面的辐射换热时，要考虑到其自身对外发射辐射和吸收外来的投入辐射的总和，将在第 9 章中详细讨论。

在有空调的房间内，夏天和冬天的室温均控制在 20℃，夏天只需穿衬衫，但冬天穿衬衫会感到冷，这是由于人体和周围的墙体之间进行辐射换热的换热量不同造成的。通过下面的例题的定量计算我们可以看到，墙体在冬天和夏天的表面温度不一样，导致人和墙之间的辐射换热量不同。

例 1-7 在用采暖或制冷系统维持相同温度的室内，通常人在冬天会感觉有点冷，而在夏天却比较舒适。假设房间内的空气温度在全年都保持 20℃，而房间的壁面温度在冬天和夏天分别为 14℃ 和 27℃，如果人体暴露表面和空气间的自然对流表面传热系数为 $2\mathrm{W/(m^2 \cdot K)}$，人体暴露表面的平均温度为 32℃，人的发射率为 0.9。请计算人体在冬天和夏天的热损失。

解： 人体的散热量的大小决定人对环境感觉到的冷、热程度。人体表面的散热包括自然对流散热和辐射散热，因此，在冬天和夏天人体的热舒适度水平要同时考虑自然对流散热损失和辐射散热损失。

在冬天和夏天，人体的自然对流换热热流密度 q_{conv} 都可按下式计算：

$$q_{\mathrm{conv}} = h(t - t_{\infty}) = [2 \times (32 - 20)]\mathrm{W/m^2} = 24\mathrm{W/m^2}$$

人体的辐射散热损失是人体和周围的墙体之间的净辐射换热量，它在数量上等于墙体的辐射得热量。人在房间内，墙体和人体表面可近似看成一个封闭空腔（墙体）和其中的小物体（人体），它们之间的净辐射换热量（将在第 9 章中学到）为：

$$q_{\mathrm{rad}} = \varepsilon\sigma(T^4 - T_{\mathrm{wall}}^4)$$

其中，人体温度 $T=(273+32)\mathrm{K}=305\mathrm{K}$，墙体表面温度为 $T_{\mathrm{wall}}=(273+27)\mathrm{K}=300\mathrm{K}$（夏天）和 $T'_{\mathrm{wall}}=(273+14)\mathrm{K}=287\mathrm{K}$（冬天）。因此，在冬天和夏天，人体表面和墙体的净辐射换热量分别为

夏天：$q_{\mathrm{rad}}=\varepsilon\sigma(T^4-T_{\mathrm{wall}}^4)=0.9\times5.67\times10^{-8}\times(305^4-300^4)\mathrm{W/m^2}=28.3\mathrm{W/m^2}$

冬天：$q_{\mathrm{rad}}=\varepsilon\sigma(T^4-T'^4_{\mathrm{wall}})=0.9\times5.67\times10^{-8}\times(305^4-287^4)\mathrm{W/m^2}=95.4\mathrm{W/m^2}$

从结果看到，在冬天和夏天，人体和空气的自然对流散热量是一样的，而冬天人体和墙之间的净辐射换热量却比夏天多得多。因此，虽然室内空气温度相同，但人的感觉不同。

例 1-8 一正方形等温芯片，边长为 15mm，芯片安装在基板上，芯片的侧面和底面绝热。把它放在一个壁面温度 T_{sur} 和空气温度 T_{∞} 都为 25℃ 的腔体中。芯片的发射率为 0.6，最高允许温度为 85℃。

1）如果芯片的发热量以辐射和自然对流的形式从芯片散出去，它的最大运行功率是多少？设芯片表面的自然对流表面传热系数近似为 $h=4.2\ (T-T_{\infty})^{1/4}$。

2）如果采用风扇使空气流过腔体，把自然对流换热变为强迫对流换热，且表面传热系数 $h=250\mathrm{W/(m^2 \cdot K)}$，此时它的最大运行功率是多少？

解： 在稳态时，芯片的运行功率产生的热量等于它通过不同传热方式散的热量，因此本题实际就是计算在两种条件下的散热量。把腔体中的芯片看成一个封闭空腔中的小物体，它的散热量包括自然对流散热量和辐射散热量：

$$P = \Phi_{\mathrm{conv}} + \Phi_{\mathrm{rad}} = Ah(T - T_{\infty}) + A\varepsilon\sigma(T^4 - T_{\mathrm{sur}}^4)$$

其中，芯片的面积 $A=0.015\mathrm{m}\times0.015\mathrm{m}=2.25\times10^{-4}\mathrm{m^2}$，辐射散热量：

$$\begin{aligned}\Phi_{\mathrm{rad}} &= A\varepsilon\sigma(T^4 - T_{\mathrm{sur}}^4)\\ &= 2.25\times10^{-4}\times0.6\times5.67\times10^{-8}\times[(273+85)^4-(273+25)^4]\mathrm{W} = 0.065\mathrm{W}\end{aligned}$$

1）自然对流：

$$\Phi_{conv} = Ah(T - T_{\infty}) = 2.25 \times 10^{-4} \times 4.2 \times 60^{\frac{5}{4}}\text{W} = 0.158\text{W}$$

此时芯片的最大运行功率是：$P=\Phi_{conv}+\Phi_{rad}=(0.158+0.065)\text{W}=0.223\text{W}$。

2）强迫对流：

$$\Phi_{conv} = Ah(T - T_{\infty}) = (2.25 \times 10^{-4} \times 250 \times 60)\text{W} = 3.375\text{W}$$

此时芯片的最大运行功率是：$P=\Phi_{conv}+\Phi_{rad}=(3.375+0.065)\text{W}=3.44\text{W}$。

从结果看到，自然对流换热和低温下的辐射换热是比较差的散热方式，而强迫对流换热是比较有效的散热方式。在计算机主机箱中央处理器（CPU）上和电源旁加一个小风扇就是这个原因。现代微电子工业的大规模集成电路芯片的发热量已经超过了 $5\times10^5\text{W/m}^2$，甚至达到 10^6W/m^2 量级，因此需要更有效的冷却散热措施。通常将芯片安装在高导热性能的基体上，该基体通过微米级的微结构等技术措施进行强化传热冷却。

下面的例子以生活中人的散热过程来讨论传热学基本理论的应用，进一步说明传热过程的能量守恒的特点。

例 1-9　人每天吃的食物，大部分在机体功能的转化过程转换为热能，并最终以热量的形式排出体外。假设一个人每天消耗热量为 2100kcal㊀的食物，其中 2000kcal 转化为热能，剩余 100kcal 对环境做功。人的表面积为 1.8m^2，穿着浴衣。

1）人处于 20℃的室内，表面传热系数为 $3\text{W/(m}^2\cdot\text{K)}$，此时人不出汗。计算人的皮肤的平均温度。

2）如果环境温度为 33℃，为维持人的皮肤温度也为 33℃，出汗的速率应为多少？

假设传热过程为稳态，在一整天中热能的产生速率恒定，空气和周围墙壁的温度相同，浴衣对身体的热损失没有影响，且忽略呼吸、排泄物等造成的热损失。皮肤的表面辐射发射率为 0.95。

解： 在稳态时，人体的传热能量平衡关系为：由食物产生的热量通过体表以热对流及热辐射的方式散出去。题中给定了人体产生的热量为 2000kcal/d，则：

$$\Phi = \frac{2000\text{kcal} \times 4186.8\text{J/kcal}}{24 \times 3600\text{s}} = 96.9\text{W}$$

1）当人处于 20℃的室内，且不出汗时，人以体表的自然对流换热以及与墙壁间的辐射换热把热量传递出去。在房间内，人可以看成一个封闭空腔中的小物体，人和墙壁之间的辐射换热量参见第 9 章（或例 1-7、例 1-8 的计算方法）。人体的能量平衡关系为

$$\Phi = Ah(T - T_{\infty}) + A\varepsilon\sigma(T^4 - T_{wall}^4)$$

空气温度 $T_{\infty}=(273+20)\text{K}=293\text{K}$，墙壁温度 $T_{wall}=(273+20)\text{K}=293\text{K}$，$A=1.8\text{m}^2$，$h=3\text{W/(m}^2\cdot\text{K)}$，$\varepsilon=0.95$，代入上式，用试凑法或迭代计算，得人的皮肤温度为 $T=299\text{K}=26℃$。

由于 32~35℃范围是人感觉比较舒适的温度，因此当环境温度较低时，应穿暖和的衣服，以减少对流和辐射引起的热损失。

2）当环境温度为 33℃时，如果维持人的皮肤温度也为 33℃，则人体表面和环境（空气以及墙壁等）就不再有对流换热和辐射换热。此时，人体的散热完全依靠汗液的蒸发带走热量，即人体产生的热量等于汗液汽化时的热量，用公式表示如下：

㊀ 1cal=4.1868J。

$$\Phi = \dot{m}\gamma$$

式中，$\dot{m}$ 为汗液的产生量（质量流量）；

γ 为 33℃时水的汽化潜热，查表，$\gamma = 2421\text{kJ/kg}$。

因此，得汗液的产生量：

$$\dot{m} = \Phi/\gamma = (96.9/2421000)\text{kg/s} = 4.0 \times 10^{-5}\text{kg/s}$$

1.3 传热过程

热传导、热对流和热辐射是三种基本传热方式。在实际情况下，它们并非单独出现，而是多种基本传热方式并存。在分析传热问题时，首先应该弄清楚有哪些传热方式在起作用，然后按照每一种传热方式的规律进行计算。

在日常生活和工程实践中有很多两种或三种基本传热方式同时存在的例子。例如，制冷循环中的蒸发器或冷凝器，当制冷工质被压缩升温后流经冷凝器，温度较高的管内制冷剂把热量以对流换热的方式传递给管内壁，该热量再通过热传导的方式传递到管外壁，然后通过对流换热和辐射换热的方式把热量排放到空气环境中。各类的工业换热过程几乎都涉及热量从一种流体介质通过导热性能良好的金属壁面传递到另一种流体介质中去的过程。

为便于计算这样过程中的传热量，我们定义热量从固体壁面一侧的流体通过固体壁面传递到另一侧流体过程中称为传热过程，如图 1-5 所示。这里定义的传热过程有其特定的含义，并非泛指热量传递过程。它由三个环节组成：一侧的热对流、热传导和另一侧的热对流。当需要考虑热辐射的时候，在相应的一侧加上热辐射即可。

我们以一个通过平壁的一维稳态传热过程为例来讨论传热过程的计算。如图 1-6 所示，假设平壁两侧的流体温度及表面传热系数都不随时间而变化，应用式（1-1）、式（1-3）分别写出平壁两侧的对流换热和平壁内的热传导的热流量：

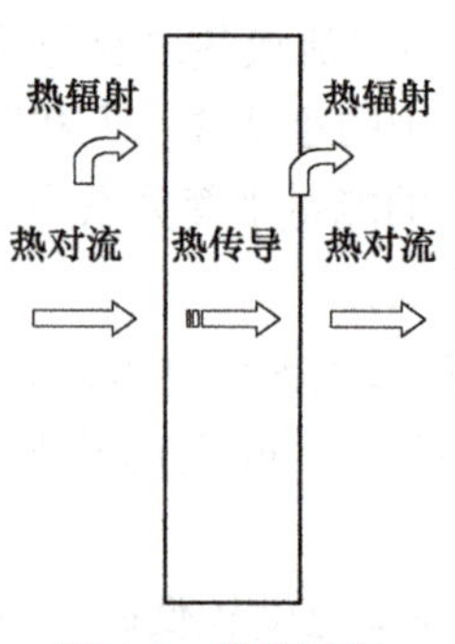

图 1-5 传热过程

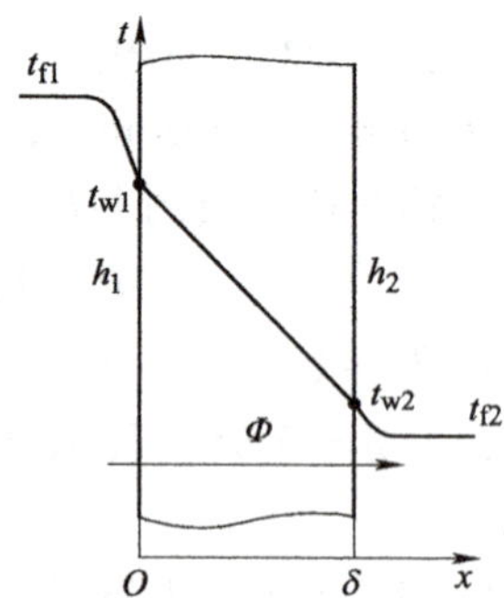

图 1-6 平壁传热过程

$$\Phi = Ah_1(t_{f1} - t_{w1}) = \frac{t_{f1} - t_{w1}}{\dfrac{1}{Ah_1}} = \frac{t_{f1} - t_{w1}}{R_{h1}} \tag{1-7a}$$

$$\Phi = A\lambda \frac{t_{w1} - t_{w2}}{\delta} = \frac{t_{w1} - t_{w2}}{\dfrac{\delta}{A\lambda}} = \frac{t_{w1} - t_{w2}}{R_\lambda} \tag{1-7b}$$

$$\Phi = Ah_2(t_{w2} - t_{f2}) = \frac{t_{w2} - t_{f2}}{\dfrac{1}{Ah_2}} = \frac{t_{w2} - t_{f2}}{R_{h2}} \tag{1-7c}$$

在稳态的时候，这三个热流量是相等的，由式（1-7a）~式（1-7c）消去 t_{w1} 和 t_{w2}，则：

$$\Phi = \frac{t_{f1} - t_{f2}}{\dfrac{1}{Ah_1} + \dfrac{\delta}{A\lambda} + \dfrac{1}{Ah_2}} = \frac{t_{f1} - t_{f2}}{R_{h1} + R_\lambda + R_{h2}} \tag{1-8}$$

令 $K=\dfrac{1}{\dfrac{1}{h_1}+\dfrac{\delta}{\lambda}+\dfrac{1}{h_2}}$，则：

$$\Phi = AK(t_{f1} - t_{f2}) = AK\Delta t \tag{1-9}$$

式中，K 称为传热系数，单位是 $W/(m^2 \cdot K)$，它表示了传热过程的强烈程度。

式（1-9）称为传热方程式，在换热器计算上用的很多。由式（1-9）可知，要想使传热量 Φ 增加，可增加传热面积、传热温差和传热系数，通常传热温差是不能随意增加的，增加传热面积和增大传热系数是增加传热量的主要途径。而传热面积和传热过程的热阻有关，因此，减小传热过程的主要热阻，可以提高传热系数，从而增加总的传热量。

利用热阻的概念可以帮助对传热过程的分析与计算。从热传导传热量计算公式(1-1b)、对流换热的计算公式（1-4）以及传热过程的传热量计算公式（1-8）不难发现，传热量等于温差除以该温差之间的所有热阻。如平壁的热传导，其稳态传热量可以用平壁两个表面的温度差除以这两个表面之间的热阻，即该平壁的导热热阻，如式（1-1b）。而对流换热，其稳态传热量用固体表面的温度和流体温度的差除以固体表面和流体之间的热阻，即固体表面的对流换热热阻，如式（1-4）。对一个传热过程，其稳态传热量的计算可以用两侧流体的温差除以该流体之间的所有热阻，即一侧对流换热热阻加上中间的固体壁面的导热热阻，再加上另一侧的对流换热热阻。该传热量由式（1-7a）~式（1-7c）所表示的由不同的温差和该温差之间的热阻来计算。

灵活运用传热量等于温差除以该温差之间的所有热阻的概念对于学习不同边界条件下的导热传热量的计算十分有帮助。只要熟悉了在不同坐标体系下导热热阻的一般形式，就可以很方便地掌握该坐标体系下热传导传热量的计算，而不必去死记复杂的公式形式和繁杂的推导过程。

例 1-10 在某产品的制造过程中，厚度 $\delta_1=2.0$mm 的基板上紧贴了一层厚度 $\delta_2=0.1$mm 的透明薄膜，薄膜表面有一股温度 $t_\infty=10$℃的冷空气流过，表面传热系数 $h=50W/(m^2 \cdot K)$，同时有辐射能透过薄膜投射到薄膜与基板的结合面上，并全部被结合面吸收（图 1-7）。基板的一面维持的温度 $t_{w1}=30$℃，生产工艺要求结合面的温度 $t_{w2}=60$℃，试确定辐射热流密度应为多大。设薄膜对 60℃的热辐射是不透明的，而对投入辐射是完全透明的，基板的导热系数 $\lambda_1=0.06W/(m \cdot K)$，薄膜的导热系数 $\lambda_2=0.02W/(m \cdot K)$。

解： 这是一个同时有对流和辐射的传热过程。首先要正确分析结合面处的能量平衡。由于薄膜对投入辐射完全透明，而对结合面处60℃的热辐射是不透明的，因此外来的能量是投入辐射q，被结合面全部吸收，然后分成两部分：一部分q_1以导热的形式通过基板，一部分q_2以热传导方式通过薄膜，然后再以对流换热方式传递给冷空气。这样的能量平衡将基板上、下表面的温度分别维持在60℃和30℃。

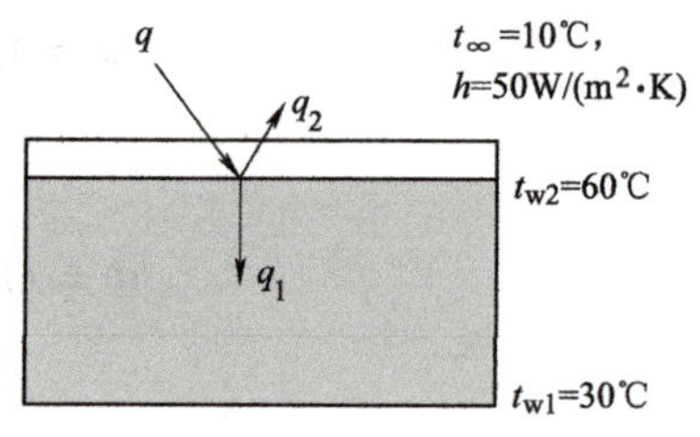

图1-7　例1-10图

根据题意，各部分热量分别为

$$q_1 = \frac{t_{w2} - t_{w1}}{\delta_1/\lambda_1} = \frac{60 - 30}{0.002/0.06}\text{W/m}^2 = 900\text{W/m}^2$$

$$q_2 = \frac{t_{w2} - t_{\infty}}{\delta_2/\lambda_2 + 1/h} = \frac{60 - 10}{0.0001/0.02 + 1/50}\text{W/m}^2 = 2000\text{W/m}^2$$

因此，辐射热流密度为

$$q = q_1 + q_2 = (900 + 2000)\text{W/m}^2 = 2900\text{W/m}^2$$

习　题

1.1　一厚度为0.3m、长和高分别为4m和5m的混凝土墙，其内、外表面温度分别为22℃和-10℃，导热系数为1.54W/(m·K)，计算通过该墙的总热流量和热流密度。

1.2　木板厚为5cm，内、外表面温度分别为45℃和15℃，通过它的热流密度为65W/m²，计算木板厚度方向的导热系数。

1.3　一个建筑墙体的导热系数为0.75W/(m·K)，如果要求通过它的热流密度为通过导热系数为0.25W/(m·K)和厚度为100mm的墙体的80%，它的厚度应为多少？假设两种墙体处于相同的表面温差。

1.4　炉子的炉壁厚度为0.13m，总表面积为20m²，平均导热系数为1.04W/(m·K)，内、外表面温度分别为520℃和50℃，计算通过炉壁的总热流量。如果燃煤的发热量为2.09×10^4kJ/kg，每天通过炉壁损失的热量折合多少煤？

1.5　一个正方形硅芯片，导热系数为150W/(m·K)，边长为5mm，厚度为1mm。芯片安装在衬底上，其侧面和底面绝热，而正面暴露于冷却介质中。如果安装在芯片底面上的电路的发热量为4W，则稳态时底面和正面的温差是多少？

1.6　温度为40℃的物体表面与温度为20℃的空气进行对流换热，表面传热系数为20W/(m²·K)，计算通过对流换热从该表面单位面积带走的热量。

1.7　一个正方形等温硅芯片，边长为5mm，芯片安装在衬底上，其侧面和底面绝热，而正面暴露于15℃的冷却介质中。考虑到芯片的性能可靠性，它的最高温度不能超过85℃。如果冷却介质是空气，且相应的表面传热系数为200W/(m²·K)，芯片的最大允许的功耗（发热量）是多少？如果冷却介质是一种介电液体，且相应的表面传热系数为3000W/(m²·K)，则芯片的最大允许的功耗（发热量）是多少？

1.8　一绝热层厚度为25mm，导热系数为0.1W/(m·K)，用它将一温度为400℃的表面和一股空气气流隔开，空气的温度为35℃，空气与绝热层外表面的表面传热系数为500W/(m²·K)，求绝热层外表面的温度。

1.9　为了求出空气流过一铸件表面时的表面传热系数，沿着与铸件表面垂直的方向，在铸件内部距离表面分别为10cm和20cm的位置安装了2个热电偶，测得这两个位置的温度分别为40℃和50℃，已知铸件的导热系数为15W/(m·K)，空气温度假设为25℃。求铸件表面的表面传热系数。当空气温度为20℃时，铸件表面的表面传热系数是多少？表面传热系数与空气温度的变化关系有合理性吗？

1.10 一电炉丝，直径为2mm，长度为2m，表面温度为947℃，表面发射率为0.9，计算它的辐射热流量。

1.11 将直径为10mm，黑度为0.9的球体放进内壁温度为400℃的大型真空烘箱中。若球的温度保持80℃，则炉壁对球体的辐射热流量是多少？

1.12 一金属板背面完全绝热，正面接受太阳辐射的热流密度为800W/m^2。金属板与周围空气间的表面传热系数为12W/(m^2·K)。设空气温度为20℃，忽略金属板与环境的辐射换热，求平板在稳态时的表面温度。如果平板表面的发射率为0.8，且周围环境的温度也是20℃，此时平板在稳态时的表面温度又是多少？

1.13 冬天，室外温度为-10℃，室外空气与外墙间的表面传热系数为23.2W/(m^2·K)，室内空气与内墙间的表面传热系数为8.1W/(m^2·K)，墙壁由23cm的砖［导热系数为0.84W/(m·K)］、内外各5mm的水泥［导热系数为1.1W/(m·K)］构成，墙的高和宽都是3m。屋顶和地板绝热，如使室内保持20℃，需配置多大功率的取暖器？若使用一个2kW的取暖器，可使室内保持多高的温度？忽略辐射换热（提示：要计算4面墙）。

1.14 有一台气体冷却器，气侧表面传热系数 h_1 = 95W/(m^2·K)，壁面厚为2.5mm，导热系数为46.5W/(m·K)，水侧表面传热系数 h_2 = 5800W/(m^2·K)。设壁面可看作平壁，计算各个环节的传热热阻和总的传热系数。若要强化该传热过程，应从哪个传热环节着手？

第2章

稳态导热

本章首先介绍导热的基本概念，如温度场、等温线、温度梯度，傅里叶定律，然后根据能量守恒定律和傅里叶定律，学习建立导热微分方程的方法：即取微元体，分析能量守恒，建立导热微分方程，然后分别讨论几种典型的导热问题的方程及其求解。本章要重点掌握基于微元体能量守恒的微分方程的建立方法，然后利用一些基本的数学积分的技巧求解方程。通过学习建立、求解导热微分方程的过程，熟悉和掌握导热问题的一些最基本的理论，培养思维方法，不要太多地注重复杂公式的形式。

2.1 导热的基本概念

2.1.1 温度场与温度梯度

由于传热和温差有关，因此在研究热量的传递规律时就涉及温度的分布。所谓温度场，是指某时刻空间所有各点温度分布的总称。温度场是时间和空间的函数：

$$t=f(x,y,z,\tau) \tag{2-1}$$

温度分布不随时间而变化，即$\frac{\partial t}{\partial \tau}=0$的温度场，称为稳态温度场；温度分布随时间而变化，即$\frac{\partial t}{\partial \tau}\neq 0$的温度场，则称为非稳态温度场或瞬态温度场。根据温度分布和空间坐标的关系，分别有：一维温度场，即温度只沿一个方向变化，表示为$t=f(x,\ \tau)$，对于导热问题也叫作一维导热；二维温度场，即温度只沿两个方向变化，表示为$t=f(x,\ y,\ \tau)$，对于导热问题也叫作二维导热；三维温度场，即温度沿三个方向变化，表示为$t=f(x,\ y,\ z,\ \tau)$，对于导热问题也叫作三维导热。

在某时刻的传热介质中，如导热的固体内部、对流换热的流体内部等，会存在具有相同温度的区域。把同一时刻、温度场中所有温度相同的点连接起来所构成的面（线）称为等温面（等温线）。如果用一个平面与各等温面相交，就在这个平面上得到一组等温线。由于等温线或等温面上的温度处处相等，因此不同的等温线或等温面不能相交。在连续的温度场中，等温面或等温线不会中断，它们或者是物体中完全封闭的曲面（曲线），或者终止于物体的边界上。物体的温度场通常用等温面或等温线表示。

如图 2-1 所示的三条等温线，温度分别为 t，$t+\Delta t$，$t-\Delta t$。当从温度为 t 的等温线出发，可以有很多条路线到达等温线 $t+\Delta t$，例如沿 x 方向，从 t 出发到达 $t+\Delta t$ 经历的路程长度为 Δx，而沿等温线 t 某处，如图 2-1 中的 dA 处的法线 $\boldsymbol{n}$ 方向出发到达 $t+\Delta t$ 经历的路程长度为 Δn，也就是说从一条等温线经过相同的温度变化时，该温度变化发生的空间距离不同。在数学上温度沿某一方向 x 的变化可以用该方向上的温度变化率（即偏导数）来表示，即表示为

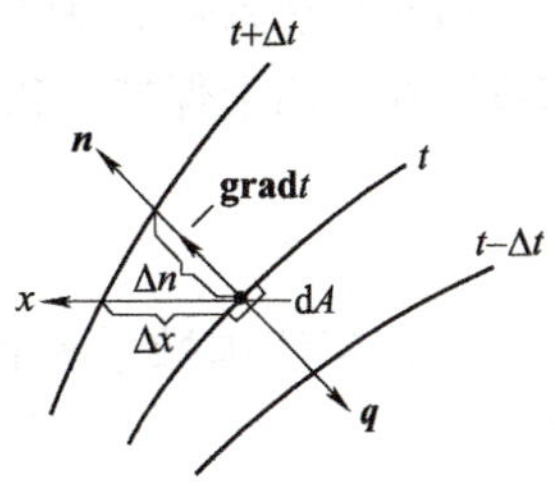

图 2-1　温度梯度

$$\frac{\partial t}{\partial x}=\lim_{\Delta x\to 0}\frac{\Delta t}{\Delta x} \tag{2-2}$$

由式（2-2）或图 2-1 可知，等温面（线）法线方向的温度变化率最大，我们把它称作温度梯度，记为

$$\mathbf{grad}t=\frac{\partial t}{\partial n}\boldsymbol{n} \tag{2-3}$$

式中，$\boldsymbol{n}$ 为等温面法线方向的单位矢量。温度梯度是矢量，它的正方向朝着温度增加的方向。

对一个三维温度场，在直角坐标系中的温度梯度可表示为

$$\mathbf{grad}t=\frac{\partial t}{\partial x}\boldsymbol{i}+\frac{\partial t}{\partial y}\boldsymbol{j}+\frac{\partial t}{\partial z}\boldsymbol{k} \tag{2-4}$$

式中，$\frac{\partial t}{\partial x}$、$\frac{\partial t}{\partial y}$、$\frac{\partial t}{\partial z}$分别为 x、y、z 方向的偏导数；$\boldsymbol{i}$、$\boldsymbol{j}$、$\boldsymbol{k}$ 分别为 x、y、z 方向的单位矢量。

2.1.2　热流密度矢量和傅里叶定律

由图 2-1 发现，沿不同方向从一条等温线到达另一条等温线时，经历相同的温度变化 Δt，经过的路线长度却有很多个。在物体内部有温差则存在着导热，因此两条等温线间不同方向上的导热量是不同的。我们定义单位时间、单位面积上所传递的热量为热流密度，记作 $\boldsymbol{q}$，其单位为 W/m^2，则不同方向上的热流密度的大小不同。热流密度的方向和温度梯度的方向正好相反。为方便计算和统一表达，我们把通过等温面（或线）上某点的最大热流密度的方向定义为热流密度的正方向，并把沿该方向的热流密度称为热流密度矢量，记为

$$\boldsymbol{q}=-\frac{\mathrm{d}\boldsymbol{\Phi}}{\mathrm{d}A}\boldsymbol{n} \tag{2-5}$$

式中，$\boldsymbol{q}$ 为热流密度矢量；$\boldsymbol{\Phi}$ 为通过等温面（或线）上某点的热流量；dA 为该点处的面积；$\boldsymbol{n}$ 为等温面（线）法线方向的单位矢量。

在直角坐标系中式（2-5）表示为

$$\boldsymbol{q}=q_x\boldsymbol{i}+q_y\boldsymbol{j}+q_z\boldsymbol{k} \tag{2-6}$$

在大量的试验以及生活经验中，人们发现导热的传热量和导热物体两侧的温差成正比，而和导热物体的厚度成反比，并与物体种类有关。对平壁导热可以表示为式（1-2）的形式：

$$q = \frac{\Phi}{A} = \lambda \frac{t_{w1} - t_{w2}}{\delta}$$

对于导热系数 λ 为常数的物体，当它的厚度 δ 趋于 0 时，对式（1-2）取极限并与式（2-2）在方向上保持一致，得：

$$q = \frac{\Phi}{A} = \lim_{\delta \to 0}\left(\lambda \frac{t_{w1} - t_{w2}}{\delta}\right) = -\lambda \frac{\partial t}{\partial x} \tag{2-7}$$

1822 年法国数学家**傅里叶**（Fourier）在大量试验研究的基础上，提出了导热基本定律——傅里叶定律。对于物性参数不随方向变化的各向同性物体，导热热流密度的大小与温度梯度的绝对值成正比，其方向与温度梯度的方向相反。傅里叶定律的数学表达式为

$$\boldsymbol{q} = -\lambda \mathbf{grad} t = -\lambda \frac{\partial t}{\partial n}\boldsymbol{n} \tag{2-8}$$

在直角坐标系中，傅里叶定律可表示为

$$\boldsymbol{q} = q_x \boldsymbol{i} + q_y \boldsymbol{j} + q_z \boldsymbol{k} = -\lambda\left(\frac{\partial t}{\partial x}\boldsymbol{i} + \frac{\partial t}{\partial y}\boldsymbol{j} + \frac{\partial t}{\partial z}\boldsymbol{k}\right) \tag{2-9}$$

2-1 科学家傅里叶生平

其中，不同坐标方向的分量分别为 $q_x = -\lambda \frac{\partial t}{\partial x}$、$q_y = -\lambda \frac{\partial t}{\partial y}$、$q_z = -\lambda \frac{\partial t}{\partial z}$。

在应用傅里叶定律时需要注意以下两点：

1）傅里叶定律只适用于各向同性物体。所谓各向同性物体是指其物理性质，如导热系数，在各个方向上相同。在各向异性物体中（如木材、石英、沉积岩、经过冷冲压处理的金属、层压板、强化纤维板、某些工程塑料等），热流密度矢量的方向不仅与温度梯度有关，还与导热系数的方向性有关，因此热流密度矢量与温度梯度不一定在同一条直线上，从而不能使用傅里叶定律。

2）对于极低温度（接近于 0K）的导热问题和在极短时间内产生极大热流密度的瞬态导热过程，如大功率、短脉冲（脉冲宽度可达 $10^{-15} \sim 10^{-12}$s）的激光瞬态加热等，傅里叶定律表达式不再适用。

2.1.3 导热机理和导热系数

现代物理的研究结果认为导热是在物体内部或相互接触的物体表面之间，依靠分子、原子及自由电子等微观粒子的热运动而产生的热量传递现象。气体的导热是由于气体分子的热运动和相互碰撞时发生的能量传递，分子热运动所传递的能量相对较微弱。导热系数就是反映物质的导热能力的一个物性参数，气体的导热系数通常在 0.006~0.6W/(m·K) 的范围。当温度升高时，分子热运动增强，气体的导热系数通常会增大，如 0℃时空气的导热系数为 0.0244W/(m·K)，20℃时空气的导热系数为 0.026W/(m·K)。

液体的导热是由于晶格的振动发生的能量传递，导热系数通常在 0.07~0.7W/(m·K) 的范围。如 20℃时水的导热系数为 0.6W/(m·K)。对于大多数的液体来说，当温度升高时，其密度降低，导热系数也变小。而水和甘油等强缔合液体，其分子量随温度而变化，在不同温度下，导热系数随温度的变化规律不一样。液体的导热系数通常随压力 p 的升高而增大。

纯金属的导热主要依靠自由电子的运动和分子或晶格（晶体）的振动来传递能量，并

且自由电子起主导作用，因此导电性能好的金属，其导热性能也好。金属的导热系数通常在12~418W/(m·K) 的范围。合金的导热依靠自由电子的运动和分子或晶格（晶体）的振动来传递能量，并且晶格（晶体）的振动起主导作用。当温度升高时，由于晶格（晶体）的振动的加强将干扰自由电子的运动，因此，纯金属的导热系数随温度的升高而降低，如纯铜，在 10K 时，它的导热系数为 12000W/(m·K)，在 15K 时，它的导热系数为7000W/(m·K)，而在20℃时它的导热系数为398W/(m·K)。合金则相反，合金的导热系数随温度的升高而增大。合金中由于其中的杂质（或其他金属）破坏了晶格的结构，并且阻碍自由电子的运动，因此合金的导热系数比纯金属要小得多。

而非金属的导热则主要依赖分子或晶格的振动，这种形式的能量传递较自由电子的运动所传递的能量要弱得多。因此，通常金属材料的导热系数比非金属材料的导热系数大 1~2 个数量级。对于建筑材料和隔热保温材料，其导热系数通常很小。我国国家标准《设备及管道绝热技术通则》（GB/T 4272—2008）中规定，将平均温度为 25℃时导热系数不大于 0.08W/(m·K) 的材料称为保温材料（或绝热材料），如膨胀塑料、膨胀珍珠岩、矿渣棉等。常温下空气的导热系数为 0.0257W/(m·K)，是很好的保温材料。大多数建筑材料和绝热材料具有多孔或纤维结构，其孔隙中都充满空气。随着温度的升高，孔隙中气体的导热系数随温度的升高而增大，因此多孔材料的导热系数随温度的升高而增大。此外，随着温度的升高，孔隙内壁面间的辐射传热加强，也使其综合的表观导热系数增大。多孔材料不是均匀介质，所以将傅里叶定律应用于这些物体的导热计算是有条件的，只有当孔隙的大小与物体的总体几何尺寸相比非常小时，才可以近似地把这些物体看作是均匀介质。通常用所谓表观导热系数或折算导热系数来表示多孔材料的导热特性，它相当于和多孔材料物体具有相同的形状、尺寸和边界温度，且通过的导热热流量也相同的某种均质物体的导热系数。多孔材料的导热系数与密度有关。一般密度越小，多孔材料的空隙率就越大，导热系数就越小。如石棉的密度从 800kg/m^{3}减小到 400kg/m^{3}时，导热系数从 0.248W/(m·K) 减小到 0.105 W/(m·K)。当密度小到一定程度后，由于孔隙较大，空隙中的空气出现宏观流动从而产生了对流换热的作用，反而使多孔材料的表观导热系数增大（隔热能力变小）。此外多孔材料的导热系数受湿度的影响较大。湿材料的导热系数比干材料和水的导热系数都大。例如干砖的导热系数为 0.35W/(m·K)，水的导热系数为 0.60W/(m·K)，而湿砖的导热系数为 1.0 W/(m·K)。这一方面是由于水分的渗入替代了多孔材料孔隙中的空气，水的导热系数要比空气大很多。同时由于多孔介质中孔隙的毛细作用，高温区的水分向低温区迁移，由此而产生热量传递，使湿材料的表观导热系数增大。

对于同一种物质而言，晶体的导热系数要大于非定形态物体的导热系数。对于同一种物质来说，固态的导热系数值最大，气态的导热系数值最小。表 2-1 给出了部分物质的导热系数。

导热系数的影响因素较多，主要取决于物质的种类、物质结构与物理状态、以及温度、密度、湿度等因素。温度对导热系数的影响尤为重要。一般地说，所有物质的导热系数都是温度的函数，在工业上和日常生活中常见的温度范围内，绝大多数材料的导热系数可以近似地认为随温度线性变化：

$$\lambda = \lambda_0(1 + bt) \tag{2-10a}$$

式中，λ_0为材料在温度为 0℃下的导热系数值；b 为由试验确定的常数，其数值与物质的种类有关。

当参考温度不是0℃而是 t_0（单位为℃）时，金属的导热系数随温度变化的关系可表示为

$$\lambda = \lambda_{t_0}[1 + b(t - t_0)] \tag{2-10b}$$

式中，λ_{t_0}为材料在温度为 t_0（单位为℃）下的导热系数值。

导热系数通常通过试验测定。根据傅里叶定律，可得：

$$\lambda = -\frac{q}{\mathbf{grad}t} \tag{2-11}$$

表 2-1　温度为 20℃时的不同物质的导热系数　　[单位:W/(m · K)]

物质名称		λ	物质名称		λ
金属（固体）	纯银	427	非金属（固体）	松木（平行木纹）	0.35
	纯铜	398		冰（0℃）	2.22
	黄铜（70%Cu，30%Zn）	109	液体	水（0℃）	0.551
	纯铝	236		水银（汞）	7.90
	铝合金（87%Al，13%Si）	162		变压器油	0.124
	纯铁	81.1		柴油	0.128
	碳钢（约0.5%C）	49.8		润滑油	0.146
非金属（固体）	石英晶体（0℃，平行于轴）	19.4	气体（1atm）	空气	0.0257
	石英玻璃（0℃，非定形态石英）	1.13		氮气	0.0256
	大理石	2.70		氢气	0.177
	玻璃	0.65~0.71		水蒸气（0℃）	0.183
	松木（垂直木纹）	0.15			

注：1atm=101.325kPa。

2.2　导热微分方程的建立

传热学研究的目的是最终能计算传热量。由傅里叶定律知道，导热的热流密度和导热物体的温度梯度有关。因此，确定热流密度的大小，应知道物体内的温度场。确定导热体内的温度分布是导热理论的首要任务。

2.2.1　导热微分方程

建立导热微分方程的理论基础是能量守恒定律（热力学第一定律）和傅里叶定律。建立方程的方法是在导热物体内部取一个微元体，分析从微元体的界面进入和离开的能量，根据能量守恒定律从而建立温度分布的微分方程。

首先，在建立导热微分方程（数学模型）之前，我们对导热物体进行一些必要的理想化假设，忽略次要因素，即先建立导热物体的物理模型。做如下假设：

1）所研究的物体是各向同性的连续介质。

2）它的导热系数、比热容和密度等物性参数均为已知。

3）不失一般性，假设该物体内具有内热源，其强度为 $\dot{\Phi}$(W/m^3)，内热源在物体内部空间均匀分布。所谓内热源是指单位体积的导热体在单位时间内放出的热量。

建立物理模型时，所做的假设必须是合理的。对于大多数的固体材料，包括金属和非金属，都是各向同性的，这些材料的物性参数都可以通过查手册得到，也就是物性参数都是已知的。对于新材料，也会有专业人员去研究、测量有关的物性参数。因此，上述1)、2）假设都是合理的。3）假设是为了得到通用性的方程而做出的一般性假设。

建立了合理的物理模型后，选择合适的坐标系，选取导热物体内部的任意微元体作为研究对象，分析进、出微元体的导热量。根据能量守恒定律，建立微元体的热平衡方程式。根据傅里叶定律及已知条件，对热平衡方程式进行归纳、整理，最后得出导热微分方程式。

在直角坐标系中，取如图2-2所示的六面体为导热微元体。在导热过程中，微元体的热平衡可表述为：单位时间内，净导入微元体的热流量 $\mathrm{d}\Phi_\lambda$ 与微元体内热源的生成热 $\mathrm{d}\Phi_\mathrm{v}$之和等于微元体热力学能的增加量 d$U$，即

$$\mathrm{d}\Phi_\lambda + \mathrm{d}\Phi_\mathrm{v} = \mathrm{d}U \tag{2-12a}$$

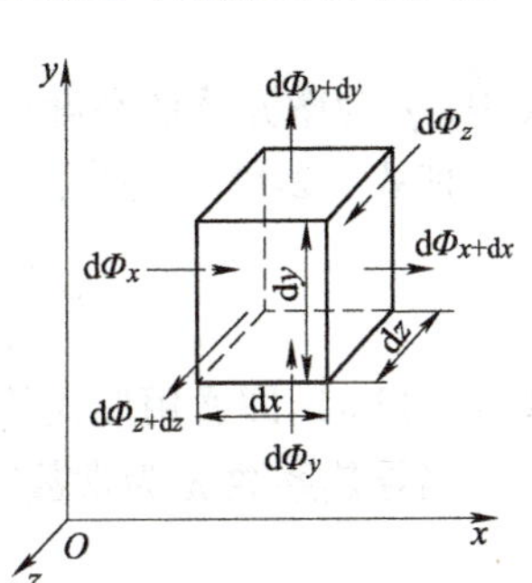

图2-2 直角坐标系中的导热微元体

其中净导入微元体的热流量等于三个坐标方向上的净导入微元体的热流量的和。所谓净导入微元体的热流量是指某个坐标方向导入和导出的热流量的差。因此，净导入微元体的热流量可表示为

$$\mathrm{d}\Phi_\lambda = \mathrm{d}\Phi_{\lambda x} + \mathrm{d}\Phi_{\lambda y} + \mathrm{d}\Phi_{\lambda z} \tag{2-12b}$$

式中，$\mathrm{d}\Phi_{\lambda x}$、$\mathrm{d}\Phi_{\lambda y}$、$\mathrm{d}\Phi_{\lambda z}$分别为 x、y、z 坐标方向的净导入微元体的热流量。

x 方向净导入微元体的热量为 x 坐标方向导入和导出的热流量的差，即

$$\mathrm{d}\Phi_{\lambda x} = \mathrm{d}\Phi_x - \mathrm{d}\Phi_{x+\mathrm{d}x} = q_x \mathrm{d}y\mathrm{d}z - q_{x+\mathrm{d}x}\mathrm{d}y\mathrm{d}z \tag{2-12c}$$

式中，q_x 和 $q_{x+\mathrm{d}x}$分别为在 x 和 x+dx 两个界面通过的导热热流密度。按 Taylor 级数把 $q_{x+\mathrm{d}x}$展开，并忽略高阶项，则有：

$$q_{x+\mathrm{d}x} = q_x + \frac{\partial q_x}{\partial x}\mathrm{d}x + \frac{\partial^2 q_x}{\partial x^2}\frac{\mathrm{d}x^2}{2!} + \cdots \approx q_x + \frac{\partial q_x}{\partial x}\mathrm{d}x \tag{2-12d}$$

式（2-12d）代入式（2-12c），得 x 方向净导入微元体的热量：

$$\mathrm{d}\Phi_{\lambda x} = q_x \mathrm{d}y\mathrm{d}z - \left(q_x + \frac{\partial q_x}{\partial x}\mathrm{d}x\right)\mathrm{d}y\mathrm{d}z = -\frac{\partial q_x}{\partial x}\mathrm{d}x\mathrm{d}y\mathrm{d}z \tag{2-12e}$$

由傅里叶定律：

$$q_x = -\lambda\frac{\partial t}{\partial x} \tag{2-12f}$$

式（2-12f）代入式（2-12e），得：

$$\mathrm{d}\Phi_{\lambda x} = \frac{\partial}{\partial x}\left(\lambda\frac{\partial t}{\partial x}\right)\mathrm{d}x\mathrm{d}y\mathrm{d}z \tag{2-12g}$$

同理，可得 y、z 坐标方向的净导入微元体的热流量分别为

$$\mathrm{d}\Phi_{\lambda y} = \frac{\partial}{\partial y}\left(\lambda\frac{\partial t}{\partial y}\right)\mathrm{d}x\mathrm{d}y\mathrm{d}z \tag{2-12h}$$

$$\mathrm{d}\Phi_{\lambda z}=\frac{\partial}{\partial z}\left(\lambda\frac{\partial t}{\partial z}\right)\mathrm{d}x\mathrm{d}y\mathrm{d}z \tag{2-12i}$$

把式（2-12g）~式(2-12i）代入式（2-12b），得单位时间内净导入微元体的热流量：

$$\mathrm{d}\Phi_{\lambda}=\left[\frac{\partial}{\partial x}\left(\lambda\frac{\partial t}{\partial x}\right)+\frac{\partial}{\partial y}\left(\lambda\frac{\partial t}{\partial y}\right)+\frac{\partial}{\partial z}\left(\lambda\frac{\partial t}{\partial z}\right)\right]\mathrm{d}x\mathrm{d}y\mathrm{d}z \tag{2-12j}$$

单位时间内微元体内热源的生成热为内热源强度与微元体体积的乘积：

$$\mathrm{d}\Phi_{\mathrm{v}}=\dot{\Phi}\mathrm{d}x\mathrm{d}y\mathrm{d}z \tag{2-12k}$$

单位时间内，微元体热力学能的增加量为

$$\mathrm{d}U=\rho c\frac{\partial t}{\partial \tau}\mathrm{d}x\mathrm{d}y\mathrm{d}z \tag{2-12l}$$

式中，ρ 为微元体的密度；c 为微元体的比热容。

把式（2-12j）~式(2-12l）代入式（2-12a），得：

$$\rho c\frac{\partial t}{\partial \tau}=\left[\frac{\partial}{\partial x}\left(\lambda\frac{\partial t}{\partial x}\right)+\frac{\partial}{\partial y}\left(\lambda\frac{\partial t}{\partial y}\right)+\frac{\partial}{\partial z}\left(\lambda\frac{\partial t}{\partial z}\right)\right]+\dot{\Phi} \tag{2-12m}$$

式（2-12m）即通用形式的导热微分方程。

当导热系数 λ 为常数时，式（2-12m）可简化为

$$\frac{\partial t}{\partial \tau}=\frac{\lambda}{\rho c}\left(\frac{\partial^2 t}{\partial x^2}+\frac{\partial^2 t}{\partial y^2}+\frac{\partial^2 t}{\partial z^2}\right)+\frac{\dot{\Phi}}{\rho c} \tag{2-13}$$

令 $a=\dfrac{\lambda}{\rho c}$，它称为导热物体的热扩散率（热扩散系数），表征物体被加热或冷却时物体内各部分温度趋向于均匀一致的能力。并引入拉普拉斯算符，$\nabla^2 t=\dfrac{\partial^2 t}{\partial x^2}+\dfrac{\partial^2 t}{\partial y^2}+\dfrac{\partial^2 t}{\partial z^2}$，则式(2-13)又可简写为

$$\frac{\partial t}{\partial \tau}=a\nabla^2 t+\frac{\dot{\Phi}}{\rho c} \tag{2-14}$$

当导热物体没有内热源时，$\dot{\Phi}=0$，则其导热微分方程为

$$\frac{\partial t}{\partial \tau}=a\nabla^2 t \tag{2-15}$$

当物体内的温度场不随时间变化而变化时，即稳态导热，其导热微分方程为

$$a\nabla^2 t+\frac{\dot{\Phi}}{\rho c}=0 \tag{2-16}$$

对于稳态导热且无内热源时，其导热微分方程为

$$\frac{\partial^2 t}{\partial x^2}+\frac{\partial^2 t}{\partial y^2}+\frac{\partial^2 t}{\partial z^2}=0 \tag{2-17}$$

2.2.2 导热过程的单值性条件

导热微分方程是基于能量守恒定律和傅里叶定律两个基本原理导出的描述物体的温度随时间和空间变化的关系式，它没有涉及具体、特定的导热过程，因此它是一个通用表达式。

对特定的导热过程，需要补充说明条件，以得到该特定导热过程的唯一解。这样的附加说明条件就是导热过程的单值性条件。一个导热过程完整的数学描述包括导热物体的导热微分方程和单值性条件。单值性条件包括几何条件、物理条件、时间条件和边界条件四项。

几何条件说明导热体的几何形状和大小。如导热物体为平壁或圆筒壁，其厚度、直径等。物理条件说明导热体的物理特征。如物性参数 λ、c 和 ρ 的数值，是否随温度变化，有无内热源、大小和分布，是否各向同性。时间条件说明在时间上导热过程进行的特点。稳态导热过程与时间无关，不需要时间条件。对非稳态导热过程应给出过程开始时刻导热体内的温度分布：

$$t\big|_{\tau=0}=f(x,y,z) \tag{2-18}$$

时间条件又称为初始条件。

边界条件说明导热体边界上导热过程进行的特点，是反映导热过程与周围环境相互作用的条件。边界条件共有三类，分别称为第一类边界条件、第二类边界条件、第三类边界条件。

1. 第一类边界条件

它是指已知任一瞬间导热体边界上的温度值。例如，如图 2-3 所示，对厚度为 δ 的大平板的稳态导热，保持其两侧的温度为常数，分别为 t_{w1} 和 t_{w2}，则其边界条件可写为

$$\begin{cases} x=0, t=t_{w1} \\ x=\delta, t=t_{w2} \end{cases}$$

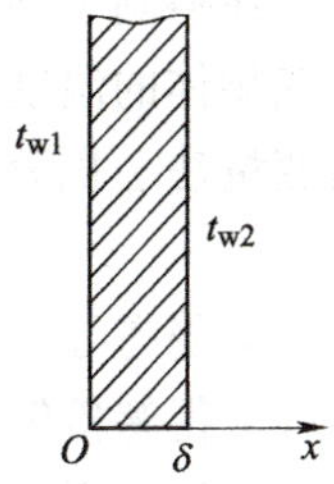

图 2-3　第一类边界条件

对于非稳态导热，则需要给出边界上温度随时间变化的关系式，如：

$$\tau>0, t_w=f(\tau)$$

注：下标“w”表示壁面。

2. 第二类边界条件

它是指已知物体边界上热流密度的分布及变化规律。

$$q_w=f(x,y,z,\tau)$$

根据傅里叶定律，$q_w=-\lambda\left(\dfrac{\partial t}{\partial n}\right)_w$，$n$ 为边界表面的法线方向。当边界上热流密度的分布 q_w 已知时，第二类边界条件即写为

$$\left(\frac{\partial t}{\partial n}\right)_w=-\frac{q_w}{\lambda} \tag{2-19}$$

因此，第二类边界条件相当于已知任何时刻物体边界表面法向的温度梯度值。稳态导热时，q_w 为常数，非稳态导热时，$q_w=f(\tau)$。对于绝热表面，第二类边界条件为 $q_w=-\lambda\left(\dfrac{\partial t}{\partial n}\right)_w=0$，即 $\left(\dfrac{\partial t}{\partial n}\right)_w=0$。

3. 第三类边界条件

它是指当物体壁面与流体相接触进行对流换热时，已知任意一时刻边界表面周围流体的温度和表面传热系数。如图 2-4 所示，已知边界表面流体的表面传热系数为 h，流体温度为 t_f。穿过导热物体边界的导热量由傅里叶定律计算：

$$q_w = -\lambda \left(\frac{\partial t}{\partial n} \right)_w$$

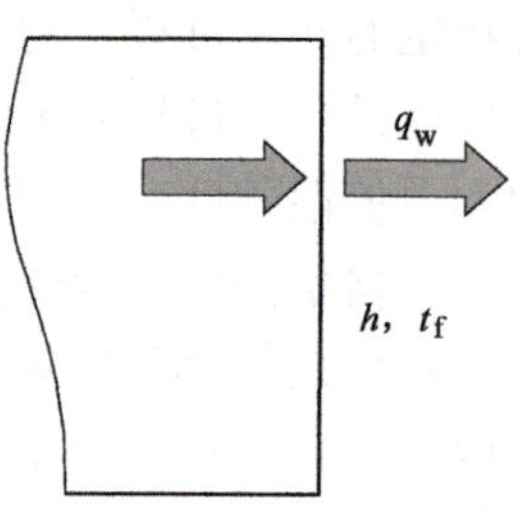

图 2-4 第三类边界条件

这部分热量以对流换热的方式进入了流体内。对流换热量由牛顿冷却公式计算：

$$q_w = h(t_w - t_f)$$

根据能量守恒原理，这两个热量相等，因此有：

$$-\lambda \left(\frac{\partial t}{\partial n} \right)_w = h(t_w - t_f) \tag{2-20}$$

式（2-20）即为第三类边界条件的表达式。大家请注意，式（2-20）中的壁面温度 t_w 是未知数，这里只是为了表示它是壁面处的温度。在实际的方程中，下标“w”不要写。

2.2.3 导热微分方程式的求解方法

在得到了导热物体的导热微分方程和单值性条件之后，采用合适的求解方法就可以得到导热物体的温度场，从而可以计算其导热热流量等参数值。通常，求解方法包括积分法、分离变量法、积分变换法、数值计算法等方法。

对于一维稳态导热，一般可采用积分法求解，详见第 2.3、2.4 节。对于多维导热问题以及非稳态导热则需要采用分离变量法求解解析解。对于复杂边界条件下的导热问题，一般很难求得解析解或解析解过于复杂，通常可采用数值计算法求解，详见第 4 章。近年来，数值计算法越来越成为求解复杂导热问题的强有力方法。

2.2.4 柱坐标和球坐标下的导热微分方程

工业上有很多换热过程是通过圆管或圆球完成的，因此，在研究通过圆管壁的导热时，就需要采用柱坐标。在柱坐标系也是通过在圆管壁面内部取一个微元体，如图 2-5 所示，分析其能量平衡，从而得到导热微分方程。这里只给出结果。

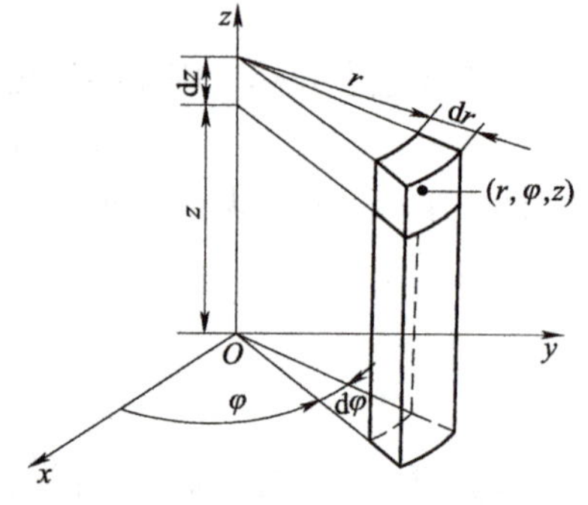

图 2-5 柱坐标系中的导热微元体

柱坐标系时的导热通用微分方程为

$$\rho c \frac{\partial t}{\partial \tau} = \frac{1}{r} \frac{\partial}{\partial r} \left(\lambda r \frac{\partial t}{\partial r} \right) + \frac{1}{r^2} \frac{\partial}{\partial \varphi} \left(\lambda \frac{\partial t}{\partial \varphi} \right) + \frac{\partial}{\partial z} \left(\lambda \frac{\partial t}{\partial z} \right) + \dot{\Phi} \tag{2-21}$$

球坐标系时的导热通用微分方程为

$$\rho c \frac{\partial t}{\partial \tau} = \frac{1}{r^2} \frac{\partial}{\partial r} \left(\lambda r^2 \frac{\partial t}{\partial r} \right) + \frac{1}{r^2 \sin\theta} \frac{\partial}{\partial \theta} \left(\lambda \sin\theta \frac{\partial t}{\partial \theta} \right) + \frac{1}{r^2 \sin^2\theta} \frac{\partial}{\partial \varphi} \left(\lambda \frac{\partial t}{\partial \varphi} \right) + \dot{\Phi} \tag{2-22}$$

2.3 一维平壁稳态导热的解析解

当平壁的表面温度均匀不变，且平壁的厚度远远小于它的长度和宽度时，认为它的导热只沿厚度方向进行，即一维导热。由导热通用微分方程式（2-12m）化简，可得稳态时的一

维导热方程

$$\frac{\mathrm{d}}{\mathrm{d}x}\left(\lambda\frac{\mathrm{d}t}{\mathrm{d}x}\right)+\dot{\Phi}=0 \tag{2-23}$$

设平壁的厚度为δ，其ρ、c、λ 等参数已知，在给定边界条件以后，则由式（2-23）直接积分可得到平壁的温度分布。下面分几种情况分别进行讨论。

2.3.1　第一类边界条件

1. 当 λ 为常数，且无内热源，单层平壁

图 2-6 所示为单层平壁时的一维导热。由式（2-23）化简，其导热微分方程为

$$\frac{\mathrm{d}^2t}{\mathrm{d}x^2}=0 \tag{2-24}$$

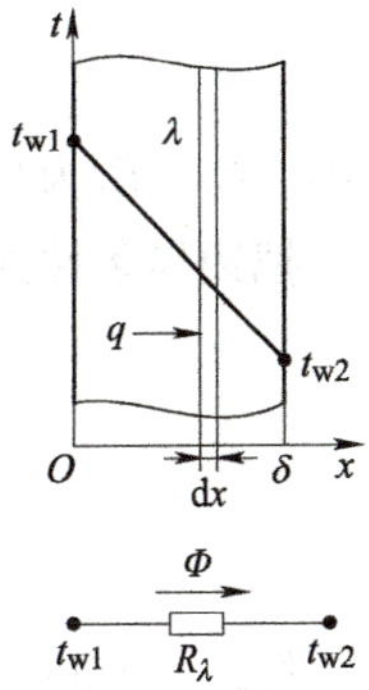

两表面的温度分别为t_{w1}、t_{w2}，则边界条件为

$$\begin{cases}x=0,t=t_{w1}\\x=\delta,t=t_{w2}\end{cases} \tag{2-25}$$

对式（2-24）直接积分，得：

$$\frac{\mathrm{d}t}{\mathrm{d}x}=C_1\Rightarrow t=C_1x+C_2 \tag{2-26}$$

式中，C_1、C_2为积分常数。

把边界条件式（2-25）代入式（2-26），则得积分常数：

$$\begin{cases}C_1=\dfrac{t_{w2}-t_{w1}}{\delta}\\C_2=t_{w1}\end{cases} \tag{2-27}$$

图 2-6　单层平壁，第一类边界条件

因此，平壁内温度分布为

$$t=\frac{t_{w2}-t_{w1}}{\delta}x+t_{w1}=t_{w1}-(t_{w1}-t_{w2})\frac{x}{\delta} \tag{2-28}$$

由傅里叶定律可得通过平壁的导热热流量（单位为 W）和热流密度（单位为 $\mathrm{W/m^2}$）分别为

$$\Phi=-\lambda A\frac{\mathrm{d}t}{\mathrm{d}x}=\lambda A\frac{t_{w1}-t_{w2}}{\delta}=\frac{t_{w1}-t_{w2}}{\delta/\lambda A}=\frac{t_{w1}-t_{w2}}{R_\lambda} \tag{2-29}$$

$$q=\frac{\Phi}{A}=\lambda\frac{t_{w1}-t_{w2}}{\delta}=\frac{t_{w1}-t_{w2}}{\delta/\lambda}=\frac{t_{w1}-t_{w2}}{r_\lambda} \tag{2-30}$$

式中，R_λ 为平壁的导热热阻，(K/W) $R_\lambda=\delta/\lambda A$；$r_\lambda$ 为单位面积导热热阻 $[(\mathrm{m^2\cdot K})/\mathrm{W}]$，$r_\lambda=\delta/\lambda$。

2. λ 随温度变化、无内热源，单层平壁

由式（2-23）化简，其导热微分方程为

$$\frac{\mathrm{d}}{\mathrm{d}x}\left(\lambda\frac{\mathrm{d}t}{\mathrm{d}x}\right)=0 \tag{2-31}$$

两表面的温度分别为t_{w1}、t_{w2}，则边界条件为

$$\begin{cases} x = 0, t = t_{w1} \\ x = \delta, t = t_{w2} \end{cases} \tag{2-32}$$

假设 λ 随温度线性变化，$\lambda=\lambda_0(1+bt)$，λ_0、b 为常数，代入式（2-31），得

$$\frac{\mathrm{d}}{\mathrm{d}x}\left(\lambda_0(1+bt)\frac{\mathrm{d}t}{\mathrm{d}x}\right)=0 \tag{2-33}$$

对式（2-33）积分，得

$$\lambda_0(1+bt)\frac{\mathrm{d}t}{\mathrm{d}x}=C_1 \tag{2-34}$$

对式（2-34）积分，得

$$\lambda_0\left(t+\frac{b}{2}t^2\right)=C_1x+C_2 \tag{2-35}$$

式中，C_1、C_2为积分常数。

把边界条件式（2-32）代入式（2-35），则得积分常数

$$\begin{cases} \lambda_0\left(t_{w1}+\dfrac{b}{2}t_{w1}^2\right)=C_2 \\ \lambda_0\left(t_{w2}+\dfrac{b}{2}t_{w2}^2\right)=C_1\delta+C_2 \end{cases} \tag{2-36}$$

将式（2-36）代入式（2-35），得：

$$t+\frac{b}{2}t^2=\left(t_{w1}+\frac{b}{2}t_{w1}^2\right)-\frac{t_{w1}-t_{w2}}{\delta}\left[1+\frac{b}{2}(t_{w1}+t_{w2})\right]x \tag{2-37}$$

求解式（2-37）这个一元二次方程，可得温度的表达式，此处略。

由傅里叶定律可得通过平壁的热流密度为

$$\begin{aligned} q &= -\lambda\frac{\mathrm{d}t}{\mathrm{d}x}=-\lambda_0(1+bt)\frac{\mathrm{d}t}{\mathrm{d}x} \\ &= -C_1=\frac{t_{w1}-t_{w2}}{\delta}\lambda_0\left[1+\frac{b}{2}(t_{w1}+t_{w2})\right] \end{aligned} \tag{2-38a}$$

定义 $\bar{\lambda}=\lambda_0\left[1+\frac{b}{2}(t_{w1}+t_{w2})\right]$，为平壁的平均导热系数，则式（2-38a）可简化为

$$q=-\lambda\frac{\mathrm{d}t}{\mathrm{d}x}=\bar{\lambda}\frac{t_{w1}-t_{w2}}{\delta} \tag{2-38b}$$

例 2-1 用试验测定材料的导热系数。已知：大平板试件的厚度 $\delta=25\text{mm}$，面积为 0.1m^2，当试验达到稳态时，测得通过试件的热流量 $\Phi=1000\text{W}$，两表面的温度分别是 40℃和 90℃，中心温度为 56℃，求该平板的导热系数随温度变化的关系式［提示：可设 $\lambda=\lambda_0(1+bt)$，λ_0、b 为常数］。

解： 此题为变导热系数的一维平板稳态导热问题。由式（2-37）可知它的温度分布，设 $x=0$，$t_{w1}=40$℃，$x=0.025\text{m}$，$t_{w2}=90$℃，$x=12.5\text{mm}$ 处的温度为 56℃，代入式(2-37)，得：

$$56+\frac{b}{2}\times 56^2=\left(40+\frac{b}{2}\times 40^2\right)-\frac{40-90}{0.025}\times\left[1+\frac{b}{2}(40+90)\right]\times 0.0125$$

得：$b=-0.0105$。

由于热流量是从温度高的方向流向温度低的方向，正好和本题的坐标 x 方向相反，因此，热流密度 $q=(-1000/0.1)\mathrm{W/m^2}=-10000\mathrm{W/m^2}$。由热流密度的计算公式（2-38a）得：

$$q=-10000\mathrm{W/m^2}=\frac{t_{w1}-t_{w2}}{\delta}\lambda_0\left[1+\frac{b}{2}(t_{w1}+t_{w2})\right]$$

代入 $t_{w1}=40℃$，$t_{w2}=90℃$，$\delta=0.025\mathrm{m}$，$b=-0.0105$，得：$\lambda_0=15.748$。

由式（2-36）还可求出 $C_2=497.6368$，由式（2-38a）可求出 $C_1=10000$。

我们也可以用下述方法求解变导热系数的平壁的稳态导热问题，条件同 2.3.1 节的 2。设 $t_{w1}>t_{w2}$，由傅里叶定律 $q=-\lambda\dfrac{\mathrm{d}t}{\mathrm{d}x}$，分离变量：

$$q\mathrm{d}x=-\lambda\mathrm{d}t=-\lambda_0(1+bt)\mathrm{d}t$$

并在平壁厚度上积分如下：

$$q\int_0^{\delta}\mathrm{d}x=-\lambda_0\int_{t_{w1}}^{t_{w2}}(1+bt)\mathrm{d}t$$

得：

$$q\delta=-\lambda_0\left(t_{w2}-t_{w1}+b\frac{t_{w2}^2-t_{w1}^2}{2}\right)=\bar{\lambda}(t_{w1}-t_{w2})$$

式中，$\bar{\lambda}=\lambda_0\left[1+\dfrac{b}{2}(t_{w1}+t_{w2})\right]$。

结果与式（2-38）相同。

设壁面内 x 处的温度为 t，则在 $0\sim x$（与其相应的温度为 $t_{w1}\sim t$）上积分如下：

$$q\int_0^{x}\mathrm{d}x=-\lambda_0\int_{t_{w1}}^{t}(1+bt)\mathrm{d}t$$

得：$qx=-\lambda_0\left(t-t_{w1}+b\dfrac{t^2-t_{w1}^2}{2}\right)$ （2-39a）

则温度分布为

$$t=\sqrt{\left(t_{w1}+\frac{1}{b}\right)^2-\frac{2qx}{b\lambda_0}}-\frac{1}{b} \tag{2-39b}$$

例 2-2 已知：平壁厚度 $\delta=1.2\mathrm{m}$，两表面温度分别为 $t_{w1}=217℃$，$t_{w2}=67℃$，$\lambda=1.3(1+0.00406t)$。现要把一排水管嵌入壁内温度为 127℃的地方。问：水管应装在距离 t_{w1} 表面多深的位置？

解： 此题的研究思路同上。直接应用前面的结果，由两表面的已知温度求出通过平壁的热流密度，然后由式（2-39a）和给定的温度 127℃，计算出 $x=77.56\mathrm{cm}$，求解过程略，请自己完成。

3. λ 为常数、有内热源，单层平壁

由式（2-23）化简，其导热微分方程为

$$\frac{\mathrm{d}^2t}{\mathrm{d}x^2}+\frac{\dot{\Phi}}{\lambda}=0 \tag{2-40}$$

两表面的温度分别为 t_{w1}、t_{w2}，则边界条件为

$$\begin{cases} x = 0, t = t_{w1} \\ x = \delta, t = t_{w2} \end{cases} \tag{2-41}$$

当内热源为常数时，对式（2-40）积分两次，得温度分布：

$$t = -\frac{\dot{\Phi}}{2\lambda}x^2 + C_1 x + C_2 \tag{2-42}$$

式中，C_1、C_2为积分常数。

把边界条件式（2-41）代入式（2-42），确定积分常数，得温度分布为

$$t = -\frac{\dot{\Phi}}{2\lambda}x^2 + \left(\frac{t_{w2} - t_{w1}}{\delta} + \frac{\dot{\Phi}}{2\lambda}\delta\right)x + t_{w1} = \frac{(\delta x - x^2)}{2\lambda}\dot{\Phi} + \frac{t_{w2} - t_{w1}}{\delta}x + t_{w1} \tag{2-43}$$

当没有内热源时，即 $\dot{\Phi}=0$ 时，由式（2-43）可得：

$$t = \frac{t_{w2} - t_{w1}}{\delta}x + t_{w1}$$

它就是当 λ 为常数，且无内热源，及给定第一类边界条件的大平壁一维导热的解。

由式（2-43）可知，有内热源时平壁内的温度分布为抛物线。因为一般情况下，$\dot{\Phi}>0$，所以温度分布曲线向上弯曲，并且 $\dot{\Phi}$ 越大，弯曲得越厉害，当大于一定数值后，温度分布曲线在壁内某处 x_{max} 具有最大值 t_{max}，壁内热流的方向从 x_{max} 处指向两侧壁面，如图 2-7 所示。

图 2-7　λ 为常数、有内热源，单层平壁稳态导热的温度分布

平壁内部温度具有最大值的位置可由下式求出：

$$\left.\frac{\mathrm{d}t}{\mathrm{d}x}\right|_{x=x_{max}} = 0 \tag{2-44a}$$

得：

$$x_{max} = \frac{\delta}{2} - \frac{1}{\dot{\Phi}}\frac{\lambda(t_{w1} - t_{w2})}{\delta} \tag{2-44b}$$

当 $t_{w1}=t_{w2}$ 时，$x_{max}=\dfrac{\delta}{2}$；当 $t_{w1}>t_{w2}$ 时，如果内热源的强度 $\dot{\Phi}<\dfrac{2\lambda\ (t_{w1}-t_{w2})}{\delta^2}$，则由式（2-44b）有 $x_{max}<0$。显然，这个结果在数学上正确，但物理上不符合实际情况，因为平壁内的温度分布不可能超出平壁外。因此，此时的最大温度的坐标应该是 $x_{max}=0$，则最高温度$t_{max}=t_{w1}$。

4. 多层平壁

如图 2-8 所示，由多层大平壁组成的一维导热过程，假设各层之间接触良好，可以近似地认为接合面上各处的温度相等。在稳态导热的情况下，通过各层的导热热流量应相等，则对图 2-8 中的三层平壁，导热热流量为

$$\Phi = \frac{t_{w1} - t_{w2}}{\delta_1/\lambda_1 A} = \frac{t_{w2} - t_{w3}}{\delta_2/\lambda_2 A} = \frac{t_{w3} - t_{w4}}{\delta_3/\lambda_3 A} \tag{2-45}$$

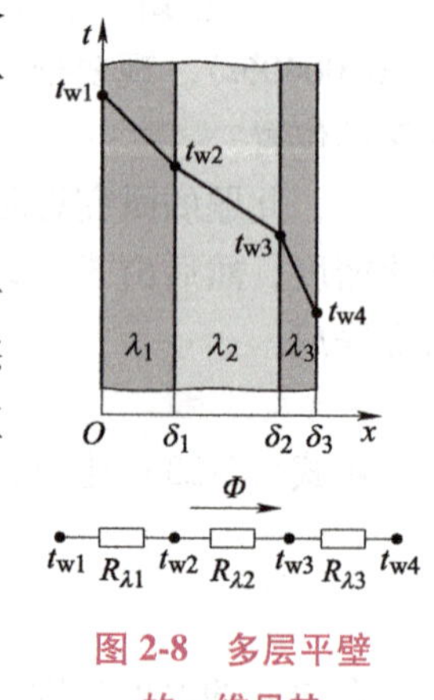
图 2-8　多层平壁的一维导热

消去中间界面的温度 t_{w2}、t_{w3}，得：

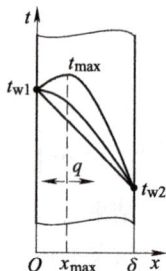

$$\Phi = \frac{t_{w1} - t_{w4}}{\dfrac{\delta_1}{A\lambda_1} + \dfrac{\delta_2}{A\lambda_2} + \dfrac{\delta_3}{A\lambda_3}} = \frac{t_{w1} - t_{w4}}{R_{\lambda 1} + R_{\lambda 2} + R_{\lambda 3}} \tag{2-46}$$

由式（2-46）递推，对于由 n 层平壁组成的一维稳态导热，导热热流量计算如下：

$$\Phi = \frac{t_{w1} - t_{w(n+1)}}{\sum_{i=1}^{n} R_{\lambda i}} \tag{2-47}$$

式中，$R_{\lambda i}$为每层平壁的导热热阻（K/W），$R_{\lambda i} = \dfrac{\delta_i}{\lambda_i A}$。

2.3.2 第三类边界条件

1. λ 为常数，且无内热源的单层平壁

由式（2-23）化简，其导热微分方程为

$$\frac{d^2 t}{dx^2} = 0 \tag{2-48}$$

它的两侧为第三类边界条件，流体温度 t_{f1}、t_{f2}和表面传热系数 h_1、h_2均已知，如图 2-9 所示，其数学表达为

$$\begin{cases} x = 0, & -\lambda \dfrac{dt}{dx} = h_1(t_{f1} - t_{w1}) \\ x = \delta, & -\lambda \dfrac{dt}{dx} = h_2(t_{w2} - t_{f2}) \end{cases} \tag{2-49}$$

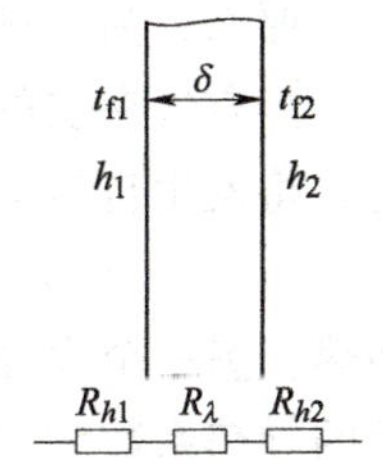

图 2-9 单层平壁，第三类边界条件

对式（2-48）直接积分，由式（2-49）确定积分常数，即可得到温度分布。其实，此问题就是第 1 章中介绍的传热过程。在稳态时，通过平壁的热流密度和平壁表面的对流换热的热流密度相等，因此有：

$$q_{x=0} = h_1(t_{f1} - t_{w1}) = q = \lambda(t_{w1} - t_{w2})/\delta = q_{x=\delta} = h_2(t_{w2} - t_{f2})$$

消去平壁表面的温度 t_{w1}、t_{w2}，得：

$$q = \frac{t_{f1} - t_{f2}}{\dfrac{1}{h_1} + \dfrac{\delta}{\lambda} + \dfrac{1}{h_2}} = K(t_{f1} - t_{f2}) \tag{2-50}$$

式中，K 称为传热系数，$K = \dfrac{1}{\dfrac{1}{h_1} + \dfrac{\delta}{\lambda} + \dfrac{1}{h_2}}$。

从式（2-50）看到，传热热流密度的大小等于两侧的流体温差除以传热总热阻。

2. λ 为常数，无内热源的多层平壁

多层平壁的传热热流密度等于两侧的流体温差除以传热总热阻，计算如下：

$$q = \frac{t_{f1} - t_{f2}}{\dfrac{1}{h_1} + \sum_{i=1}^{n} \dfrac{\delta_i}{\lambda_i} + \dfrac{1}{h_2}} \tag{2-51}$$

例 2-3 一双层玻璃窗，如图 2-10 所示，高为 2m，宽为 1m，玻璃厚为 4.5mm，玻璃的

导热系数为0.75W/(m·K)，双层玻璃间的空气夹层厚度为5mm，夹层中的空气完全静止，空气的导热系数为0.025W/(m·K)。如果测得冬季室内外玻璃表面温度分别为15℃和5℃，试求玻璃窗的散热损失，并比较玻璃与空气夹层的导热热阻。

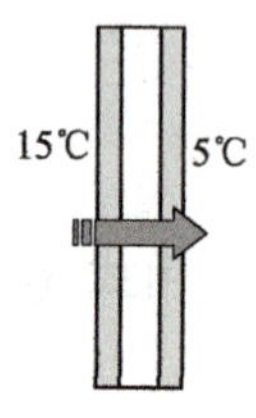

图 2-10 双层玻璃窗导热

解： 这是一个三层平壁的稳态导热问题。

$$\Phi=\frac{t_{w1}-t_{w4}}{\dfrac{\delta_1}{A\lambda_1}+\dfrac{\delta_2}{A\lambda_2}+\dfrac{\delta_3}{A\lambda_3}}=\frac{t_{w1}-t_{w4}}{R_{\lambda1}+R_{\lambda2}+R_{\lambda3}}$$

$$=\frac{(15-5)\mathrm{K}}{\dfrac{0.0045\mathrm{m}}{2\mathrm{m}^2\times0.75\mathrm{W/(m\cdot K)}}+\dfrac{0.005\mathrm{m}}{2\mathrm{m}^2\times0.025\mathrm{W/(m\cdot K)}}+\dfrac{0.0045\mathrm{m}}{2\mathrm{m}^2\times0.75\mathrm{W/(m\cdot K)}}}$$

$$=\frac{10\mathrm{K}}{(0.003+0.1+0.003)\mathrm{K/W}}=94.3\mathrm{W}$$

比较：玻璃与空气夹层的导热热阻分别为0.003和0.1，空气夹层的热阻是玻璃热阻的33.3倍，因此，双层玻璃的保温效果较好。

那么，为了进一步减小双层玻璃窗的散热损失，是否可以加大空气夹层的厚度？

当空气夹层的厚度加大时，超过自然对流边界层的厚度以后，在夹层内的空气不再静止，将发生自然对流所引起的环流，从而大大降低了夹层的热阻，使保温效果大为减弱。

例 2-4 已知大平壁厚度为10cm，通过电流时的发热率为$3\times10^4\mathrm{W/m^3}$，平壁一个表面绝热，另一个表面暴露于25℃的空气中，设空气和壁面的表面传热系数为50W/(m²·℃)，壁的导热系数为3W/(m·℃)，求壁中的最高温度。

解： 这是一个带内热源的一维稳态导热问题，内热源的强度为电流通过时的发热率，边界条件为第二类和第三类。因此，应首先写出它的导热微分方程和边界条件，然后求解。

其导热微分方程为

$$\frac{\mathrm{d}^2t}{\mathrm{d}x^2}+\frac{\dot{\Phi}}{\lambda}=0$$

边界条件：
$$\begin{cases}x=0,\ \dfrac{\mathrm{d}t}{\mathrm{d}x}=0\\[2ex] x=\delta,\ -\lambda\dfrac{\mathrm{d}t}{\mathrm{d}x}=h\ (t-t_\infty)\end{cases}$$

对导热微分方程积分，可得其解：

$$t=-\frac{\dot{\Phi}}{2\lambda}x^2+C_1x+C_2$$

由边界条件确定积分常数：

$$\begin{cases}C_1=0\\[1ex] C_2=\dfrac{\dot{\Phi}}{2\lambda}\delta^2+\dfrac{\dot{\Phi}}{h}\delta+t_\infty\end{cases}$$

因此，$t=-\frac{\dot{\Phi}}{2\lambda}x^2+\frac{\dot{\Phi}}{2\lambda}\delta^2+\frac{\dot{\Phi}}{h}\delta+t_{\infty}$

壁中的最高温度为 $x=0$ 处的绝热面的温度，代入有关数值，可得 $t_{max}=135℃$。

导热问题的一般求解过程是首先写出导热的微分方程和正确的边界条件，通过积分得到微分方程的通解，由边界条件确定积分常数，从而得到该导热问题的解。掌握了这样的基本方法，并灵活运用有关数学技巧，就可以正确求解一般的导热问题。对于第一、二类边界条件和第二、三类边界条件下变导热系数、有内热源和无内热源等不同条件下的一维稳态导热的求解，请读者做课后练习。同时，请思考，可否两个边界条件都是第二类边界条件？

2.3.3 接触热阻和复合平壁的导热

1. 接触热阻

当两个固体表面相接触时，由于固体表面不是理想的十分平整光滑，表面的粗糙度使得两个表面实际上只是部分地紧密接触，如图 2-11 所示。当未接触的空隙中充满空气或其他气体时，由于气体的导热系数远远小于固体，就会对两个固体间的导热过程产生热阻，这个热阻称为接触热阻，记作 R_c。接触热阻通常以单位面积的热阻来计，单位为 $m^2\cdot K/W$。接触热阻使接触界面出现了温差 Δt_c，它等于导热热流密度和该接触热阻的乘积：

$$\Delta t_c = qR_c \tag{2-52}$$

图 2-11 接触热阻

接触热阻的主要影响因素包括：

1）相互接触的物体表面的粗糙度。表面的粗糙度越大，则接触热阻越大。

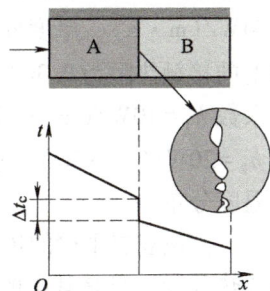

2）相互接触的物体表面的硬度。两个表面的硬度越大，则在相同的挤压作用下其实际接触表面的面积与两个硬度相对较小的表面相比就更少，因而接触热阻就越大。

3）相互接触的物体表面之间的压力。当挤压力增大时，可使塑性材料的实际接触面积增加，从而接触热阻变小。

在未接触的空隙中的传热方式为气体的导热，在较高温度时还要考虑未接触表面间的辐射换热。工程上为减小接触热阻的不利影响，采用在接触表面上涂一层很薄的导热姆（一种二苯和二苯氧化物的混合物，具有较好的导热性能），以取代空隙中的空气。表 2-2 给出了部分条件下的接触热阻。

不过，有的研究者通过对肋片与基体间的接触热阻对传热热流量的影响的研究结果表明[⊖]，当肋根与基体两个表面间的实际接触面积为其面积的 10%以上时，完全接触和未完全接触时的传热热流量就相差无几。

对于有接触热阻时传热量的计算，只要根据热阻叠加原理，在相应位置加上接触热阻即可。

⊖ M. Manzoor, D. B. Ingham, P. J. Heggs. The accuracy of perfect contact fin analysis. ASME J Heat Transfer, 1984, 106: 234-237.

表 2-2　几种接触表面的接触热阻

接触表面状况	表面粗糙度 /μm	温度 /℃	压力 /MPa	接触热阻 /(m² · K/W)
304 不锈钢，磨光，空气	1.14	20	4~7	5.28×10^{-4}
416 不锈钢，磨光，空气	2.54	90~200	0.3~2.5	2.64×10^{-4}
416 不锈钢，磨光，中间夹 0.025mm 厚黄铜片	2.54	30~200	0.7	3.52×10^{-4}
铝，磨光，空气	2.54	150	1.2~2.5	0.88×10^{-4}
铝，磨光，真空	0.25	150	1.2~2.5	0.18×10^{-4}
铝，磨光，中间夹 0.025mm 厚黄铜片	2.54	150	1.2~20	1.23×10^{-4}
铜，磨光，空气	1.27	20	1.2~20	0.07×10^{-4}
铜，磨光，真空	0.25	30	0.7~7	0.88×10^{-4}

例 2-5　考虑一个双层平壁，如图 2-12 所示，由两层不同材料的平壁构成，材料的导热系数分别为 $\lambda_1=0.1\text{W/(m}\cdot\text{K)}$、$\lambda_2=0.04\text{W/(m}\cdot\text{K)}$，厚度分别为 $\delta_1=10\text{mm}$、$\delta_2=20\text{mm}$。两种材料的界面上的接触热阻为 $0.3\text{m}^2\cdot\text{K/W}$。材料 1 侧的流体为 200℃，表面传热系数 $h_1=10\text{W/(m}^2\cdot℃)$，材料 2 侧的流体为 40℃，表面传热系数 $h_2=20\text{W/(m}^2\cdot℃)$。求通过一个高 2m、宽 2.5m 的壁的传热量及温度分布。

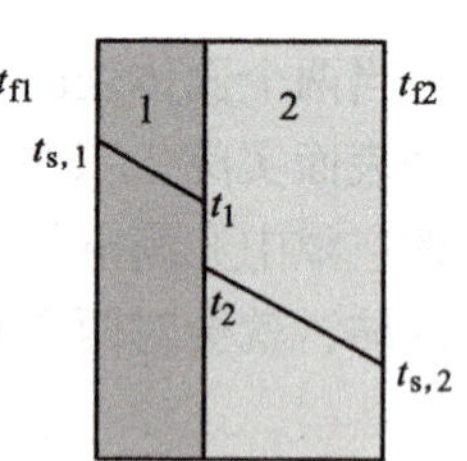

图 2-12　有接触热阻的双层平壁

解： 该双层平壁的传热为第三类边界条件下 2 层平壁的一维稳态导热问题，只是其中的导热热阻应为 2 层平壁的导热热阻和它们之间的接触热阻的和，因此传热量为

$$\Phi=A\frac{t_{f1}-t_{f2}}{\dfrac{1}{h_1}+\sum\limits_{i=1}^{n}\dfrac{\delta_i}{\lambda_i}+\dfrac{1}{h_2}}=A\frac{t_{f1}-t_{f2}}{\dfrac{1}{h_1}+\dfrac{\delta_1}{\lambda_1}+R_c+\dfrac{\delta_2}{\lambda_2}+\dfrac{1}{h_2}}$$

$$=2\times2.5\times\frac{200-40}{\dfrac{1}{10}+\dfrac{0.01}{0.1}+0.3+\dfrac{0.02}{0.04}+\dfrac{1}{20}}\text{W}=762\text{W}$$

材料 1 的两个表面的温度分别为

$$t_{s,1}=t_{f1}-\frac{\Phi}{Ah_1}=\left(200-\frac{762}{5\times10}\right)℃=184.8℃$$

$$t_1=t_{s,1}-\frac{\Phi\delta_1}{A\lambda_1}=\left(184.8-\frac{762\times0.01}{5\times0.1}\right)℃=169.6℃$$

材料 2 的两个表面的温度分别为

$$t_2=t_1-\frac{\Phi R_c}{A}=\left(169.6-\frac{762\times0.3}{5}\right)℃=123.9℃$$

$$t_{s,2}=t_2-\frac{\Phi\delta_2}{A\lambda_2}\left(123.8-\frac{762\times0.02}{5\times0.04}\right)℃=47.6℃$$

可见，由于接触热阻，使两种材料的平壁的界面温度不相等，温差为（169.6－

123.9)℃ =45.7℃。

2. 复合平壁

工程上常遇到复合平壁，它们沿厚度或宽度方向由不同材料组成，如图 2-13 所示。复合平壁的导热严格说是多维的，当它们的导热系数相差不大时，可近似按一维处理，热流量仍按式（2-53）计算：

$$\Phi = \frac{\Delta t}{\sum R_\lambda} \tag{2-53}$$

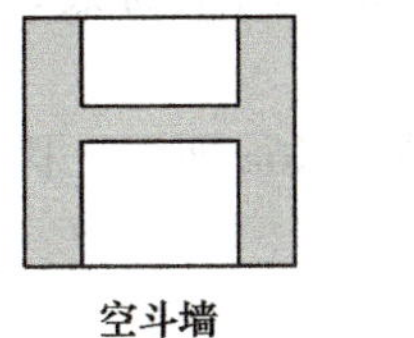

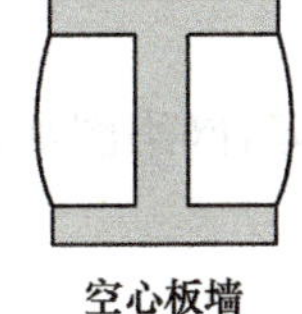

图 2-13　复合平壁

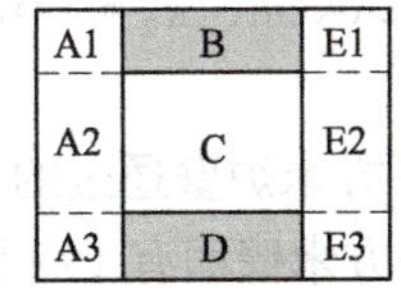

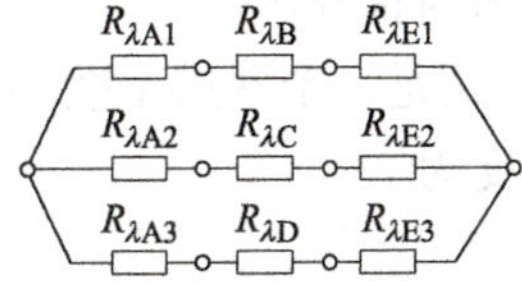

图 2-14　复合平壁的导热

以图 2-14 为例介绍复合平壁的总热阻的计算。应用串联和并联原理：

$$\frac{1}{\sum R_\lambda} = \frac{1}{R_{\lambda A1} + R_{\lambda B} + R_{\lambda E1}} + \frac{1}{R_{\lambda A2} + R_{\lambda C} + R_{\lambda E2}} + \frac{1}{R_{\lambda A3} + R_{\lambda D} + R_{\lambda E3}}$$

例 2-6　如图 2-15 所示空心砌砖，炉渣混凝土的导热系数 $\lambda_1 = 0.79\text{W/(m} \cdot \text{K)}$，空心部分的当量导热系数 $\lambda_2 = 0.29\text{W/(m} \cdot \text{K)}$，计算其导热热阻。图中尺寸单位为 mm。

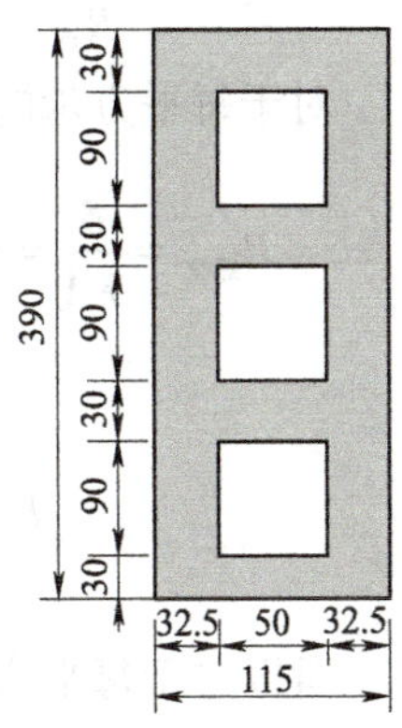

图 2-15　空心砌砖

解： 沿高度方向将其划分为并联的 7 层，其中 4 层相同的炉渣混凝土层的热阻为

$$R'_\lambda = \frac{\delta}{\lambda_1 A_1} = \frac{0.115}{0.79 \times 0.03 \times 1}\text{K/W} = 4.85\text{K/W}$$

三个混凝土-空气层（串联）的热阻为

$$R''_\lambda = \frac{2\delta_1}{\lambda_1 A_2} + \frac{\delta_2}{\lambda_2 A_2} = \left(\frac{2 \times 0.0325}{0.79 \times 0.09 \times 1} + \frac{0.05}{0.29 \times 0.09 \times 1}\right)\text{K/W}$$
$$= 2.83\text{K/W}$$

总导热热阻为

$$\sum R_\lambda = \frac{1}{4\dfrac{1}{R'_\lambda} + 3\dfrac{1}{R''_\lambda}} = \left(\frac{1}{\dfrac{4}{4.85} + \dfrac{3}{2.83}}\right)\text{K/W} = 0.53\text{K/W}$$

修正：

当各部分的导热系数相差较大时，上述计算出的总热阻与实际情况有偏差，因此可按表 2-3 对计算值进行修正，即对计算出的总热阻乘以一个修正系数 φ：

表 2-3 二维热流影响的修正系数

λ_2/λ_1	φ	λ_2/λ_1	φ
0.09~0.19	0.86	0.4~0.69	0.96
0.2~0.39	0.93	0.7~0.99	0.98

本例题中，$\lambda_2/\lambda_1=0.37$，因此取 $\varphi=0.93$，则

$$\sum R_\lambda = (0.93\times 0.53)\text{K/W} = 0.493\text{K/W}$$

例 2-7 一炉壁由耐火砖和低碳钢组成，砖的厚度 $\delta_1=7.5\text{cm}$、$\lambda_1=1.1\text{W/(m·K)}$，钢板厚度为 $\delta_2=0.64\text{cm}$、$\lambda_2=39\text{W/(m·K)}$。砖的内表面温度 $t_{w1}=647℃$，钢板外表面温度 $t_{w2}=137℃$。

1）求每平方米炉壁通过的热流量。

2）若每平方米壁面有 18 根直径为 1.9cm 的钢螺栓［$\lambda_3=39\text{W/(m·K)}$］穿过，求此时热流密度增加的百分比。

解： 1）这是一个两层平壁的稳态导热问题，其热阻网络图如图 2-16a 所示，因此，通过的热流密度为

$$q=\frac{t_{w1}-t_{w2}}{R_{砖}+R_{钢板}}=\frac{t_{w1}-t_{w2}}{\dfrac{\delta_1}{\lambda_1}+\dfrac{\delta_2}{\lambda_2}}=7462\text{W/m}^2$$

2）当加了钢螺栓后，热流量将通过两条路线同时流过炉壁，其热阻网络图变为如图 2-16b 所示。因此，通过的热流量为

$$\Phi=\frac{t_{w1}-t_{w2}}{R_{总}},\frac{1}{R_{总}}=\frac{1}{R_{砖}+R_{钢板}}+\frac{1}{R_{螺栓}}$$

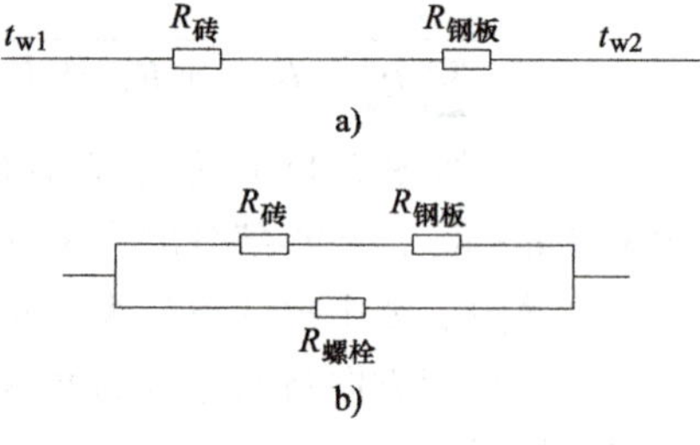

图 2-16 炉壁复合平壁的导热

对于每平方米的炉壁来说，它们的热阻分别为

$$R_{螺栓}=\frac{\delta}{\lambda A}=\frac{\delta_1+\delta_2}{18\lambda_3\pi\left(\dfrac{d}{2}\right)^2}=0.409\text{K/W}$$

$$R_{砖}+R_{钢板}=\frac{\delta_1}{\lambda_1(1\text{m}^2-A)}+\frac{\delta_2}{\lambda_2(1\text{m}^2-A)}=0.0687\text{K/W}$$

所以对于每平方米炉壁有，$q=\dfrac{\Phi}{A_{炉壁}}=\dfrac{t_{w1}-t_{w2}}{A_{炉壁}R_{总}}=8671\text{W/m}^2$，$\Delta q=(8671-7462)\text{W/m}^2=1209\text{W/m}^2$，则热流量增加的百分比为

$$\frac{\Delta q}{q}\times 100\% = 1209\div 7462\times 100\% = 16.20\%$$

2.4 一维圆柱和圆球的稳态导热

2.4.1 第一类边界条件下圆筒壁的导热

当圆筒壁的外半径小于长度的 1/10 时，可以把它看作无限长圆筒壁。当它的内、外壁

面温度保持不变时，可以忽略沿轴向和周向的导热，认为只有沿径向的稳态导热，即一维径向导热。当导热系数为常数且无内热源时，由柱坐标时的通用导热微分方程式（2-21）化简，可得一维稳态时的圆桶壁的导热方程：

$$\frac{\mathrm{d}}{\mathrm{d}r}\left(r\frac{\mathrm{d}t}{\mathrm{d}r}\right)=0 \tag{2-54}$$

当给定内、外壁温时，边界条件为

$$\begin{cases} r=r_1, t=t_{w1} \\ r=r_2, t=t_{w2} \end{cases} \tag{2-55}$$

对式（2-54）积分两次，得：

$$t=C_1\ln r+C_2 \tag{2-56}$$

由式（2-55）确定积分常数：

$$\begin{cases} C_1=-\dfrac{t_{w1}-t_{w2}}{\ln\dfrac{r_2}{r_1}} \\ C_2=t_{w1}+\dfrac{t_{w1}-t_{w2}}{\ln\dfrac{r_2}{r_1}}\ln r_1 \end{cases} \tag{2-57}$$

将式（2-57）代入式（2-56），得温度分布：

$$t=t_{w1}-(t_{w1}-t_{w2})\frac{\ln\dfrac{r}{r_1}}{\ln\dfrac{r_2}{r_1}} \tag{2-58}$$

沿圆筒壁 r 方向的热流密度：

$$q=-\lambda\frac{\mathrm{d}t}{\mathrm{d}r}=\lambda\frac{t_{w1}-t_{w2}}{\ln\dfrac{r_2}{r_1}}\frac{1}{r} \tag{2-59}$$

由式（2-59）可知，对于曲面的稳态导热，沿径向的热流密度不等于常数，而是 r 的函数。随着 r 的增加，热流密度逐渐减小。这是由于在不同半径处的圆周面积不是常数的缘故。对于稳态导热，通过整个圆筒壁的热流量是不变的，计算如下：

$$\Phi=2\pi rlq=\frac{t_{w1}-t_{w2}}{\dfrac{1}{2\pi\lambda l}\ln\dfrac{r_2}{r_1}}=\frac{t_{w1}-t_{w2}}{\dfrac{1}{2\pi\lambda l}\ln\dfrac{d_2}{d_1}}=\frac{t_{w1}-t_{w2}}{R_\lambda} \tag{2-60}$$

式中，R_λ 为圆筒壁的导热热阻（K/W），$R_\lambda=\dfrac{1}{2\pi\lambda l}\ln\dfrac{d_2}{d_1}$。

在工程计算中通常用单位长度圆筒壁的热流量：

$$\Phi_l=\frac{\Phi}{l}=\frac{t_{w1}-t_{w2}}{\dfrac{1}{2\pi\lambda}\ln\dfrac{d_2}{d_1}}=\frac{t_{w1}-t_{w2}}{R_{\lambda l}} \tag{2-61}$$

式中，$R_{\lambda l}$为单位长度圆筒壁的导热热阻（m·K/W），$R_{\lambda l}=\frac{1}{2\pi\lambda}\ln\frac{d_2}{d_1}$。对于无内热源的圆筒壁一维稳态导热问题，单位长度圆筒壁的热流量在壁内任意位置都相等。

应用热阻叠加原理，单位长度 n 层圆筒壁的导热热流量计算如下：

$$\Phi_l=\frac{t_{w1}-t_{w(n+1)}}{\sum_{i=1}^{n}R_{\lambda i}}=\frac{t_{w1}-t_{w(n+1)}}{\sum_{i=1}^{n}\frac{1}{2\pi\lambda_i}\ln\frac{d_{i+1}}{d_i}} \tag{2-62}$$

式中，t_{w1}、$t_{w(n+1)}$分别为圆筒壁最内、外层的表面温度；λ_i为每一层的导热系数；d_i为每一层的直径。

当筒壁内有均匀分布的内热源 $\dot{\Phi}(\mathrm{W/m^3})$时，导热系数为常数的一维稳态时圆桶壁的导热方程为

$$\frac{1}{r}\frac{\mathrm{d}}{\mathrm{d}r}\left(r\frac{\mathrm{d}t}{\mathrm{d}r}\right)+\frac{\dot{\Phi}}{\lambda}=0 \tag{2-54a}$$

它的通解为

$$t=-\frac{\dot{\Phi}}{4\lambda}r^2+C_1\ln r+C_2 \tag{2-56a}$$

在第一类边界条件，即给定内、外壁温时，由式（2-55）可得积分常数为

$$\begin{cases}C_1=\dfrac{\dfrac{\dot{\Phi}}{4\lambda}(r_2^2-r_1^2)+(t_{w2}-t_{w1})}{\ln\dfrac{r_2}{r_1}}\\ C_2=t_{w2}+\dfrac{\dot{\Phi}}{4\lambda}r_2^2-C_1\ln r_2\end{cases} \tag{2-57a}$$

沿圆筒壁 r 方向的热流密度：

$$q=-\lambda\frac{\mathrm{d}t}{\mathrm{d}r}=\frac{\dot{\Phi}}{2}r-\lambda\frac{\dfrac{\dot{\Phi}}{4\lambda}(r_2^2-r_1^2)+(t_{w2}-t_{w1})}{\ln\dfrac{r_2}{r_1}}\frac{1}{r} \tag{2-59a}$$

2.4.2 第三类边界条件下通过圆筒壁的导热

对于导热系数为常数且无内热源的一维径向稳态导热的圆筒壁，在给定内、外壁面的表面传热系数和流体温度时，边界条件写为

$$\begin{cases}r=r_1,\ -\lambda\dfrac{\mathrm{d}t}{\mathrm{d}r}=h_1(t_{f1}-t)\\ r=r_2,\ -\lambda\dfrac{\mathrm{d}t}{\mathrm{d}r}=h_2(t-t_{f2})\end{cases} \tag{2-63}$$

用式（2-63）确定式（2-56）的积分常数，即可得到温度分布表达式。在稳态时，它的

单位长度内表面的对流换热和通过圆筒壁的导热以及外表面的对流换热的热流量是相等的：

$$\Phi_l\big|_{r1}=2\pi r_1h_1(t_{f1}-t_{w1})=\Phi_l=\frac{t_{w1}-t_{w2}}{\dfrac{1}{2\pi\lambda}\ln\dfrac{r_2}{r_1}}=\Phi_l\big|_{r2}=2\pi r_2h_2(t_{w2}-t_{f2})$$

消去内、外壁面的温度 t_{w1}、t_{w2}，得通过单位长度圆筒壁传热热流量（单位为 W/m）：

$$\Phi_l=\frac{t_{f1}-t_{f2}}{\dfrac{1}{2\pi r_1h_1}+\dfrac{1}{2\pi\lambda}\ln\dfrac{r_2}{r_1}+\dfrac{1}{2\pi r_2h_2}}=\frac{t_{f1}-t_{f2}}{R_l} \tag{2-64}$$

式中，R_l 为单位长度圆筒壁传热过程的热阻（m·K/W），$R_l=\dfrac{1}{2\pi r_1h_1}+\dfrac{1}{2\pi\lambda}\ln\dfrac{r_2}{r_1}+\dfrac{1}{2\pi r_2h_2}$，$\dfrac{1}{2\pi rh}$为单位长度圆筒壁的表面对流换热热阻。

应用热阻叠加原理，第三类边界条件下单位长度 n 层圆筒壁的导热热流量计算如下：

$$\Phi_l=\frac{t_{f1}-t_{f2}}{\dfrac{1}{h_1\pi d_1}+\sum\limits_{i=1}^{n}\dfrac{1}{2\pi\lambda_i}\ln\dfrac{d_{i+1}}{d_i}+\dfrac{1}{h_2\pi d_{n+1}}} \tag{2-65}$$

下面介绍 5 个不同类型的例题，分别讨论从微分方程的积分到定量计算的特点。

例 2-8 求证：具有均匀内热源 q''' 及均匀导热系数的圆杆内的温度分布可表示为

$$t=a-br^2$$

式中，a、b 为常数；r 为杆内某点至中心轴线的径向坐标。

解： 此题实际上就是求解带内热源的导热系数为常数的实心圆柱的一维导热问题。在这个例题中需要学会对称中心处的边界条件的确定。

由式（2-21）化简可得有内热源的一维柱坐标下的稳态导热微分方程为

$$\frac{\mathrm{d}}{\mathrm{d}r}\left(r\frac{\mathrm{d}t}{\mathrm{d}r}\right)+\frac{rq'''}{\lambda}=0$$

积分，得：$\dfrac{\mathrm{d}t}{\mathrm{d}r}=-\dfrac{q'''}{\lambda}\dfrac{r}{2}+\dfrac{c_1}{r}$

再积分，得：$t=-\dfrac{q'''}{\lambda}\dfrac{r^2}{4}+c_1\ln r+c_2$

假定给定表面的温度为 t_s。圆柱中心温度应该有一个限值，因此边界条件可表示为

$$\begin{cases}r=0,t\ \text{为有限值;}\\ r=r_0,t=t_s\end{cases}$$

由边界条件确定积分常数分别为 $c_1=0$、$c_2=t_s+\dfrac{r_0^2}{4}\dfrac{q'''}{\lambda}$，所以温度分布为

$$t=-\frac{q'''}{\lambda}\frac{r^2}{4}+t_s+\frac{r_0^2}{4}\frac{q'''}{\lambda}$$

令 $a=t_s+\dfrac{r_0^2}{4}\dfrac{q'''}{\lambda}$、$b=\dfrac{q'''}{4\lambda}$，$a$、$b$ 都是常数，则 $t=a-br^2$。

例 2-9 一内、外半径分别为 r_1、r_2的圆筒，稳态传热时，内、外壁面的温度分别为 t_1、

t_2。已知它的导热系数随温度变化的关系式为 $\lambda=\lambda_0(1+bt)$，λ_0、b 为常数。求单位长度圆筒壁传热热流量的表达式。

解： 此题可从单位长度圆筒壁传热热流量的定义式出发进行积分，而不必从导热微分方程出发进行求解。

单位长度圆筒壁传热热流量定义为

$$\Phi_l=-\lambda A\frac{\mathrm{d}t}{\mathrm{d}r}=-\lambda_0(1+bt)+2\pi r\frac{\mathrm{d}t}{\mathrm{d}r}$$

在稳态时，它是一个常数，因此，对上式分离变量：

$$\frac{\Phi_l}{2\pi r}\mathrm{d}r=-\lambda_0(1+bt)\mathrm{d}t$$

并在 $r_1\sim r_2$（$t_1\sim t_2$）上积分，得：

$$\frac{\Phi_l}{2\pi}\ln\frac{r_2}{r_1}=-\lambda_0\left[(t_2-t_1)+\frac{b}{2}(t_2^2-t_1^2)\right]$$

所以，单位长度圆筒壁传热热流量的表达式为

$$\Phi_l=\frac{-2\pi\lambda_0}{\ln\frac{r_2}{r_1}}\left[1+\frac{b}{2}(t_2+t_1)\right](t_2-t_1)=\frac{-2\pi\bar{\lambda}}{\ln\frac{r_2}{r_1}}(t_2-t_1)$$

式中，$\bar{\lambda}$ 为平均导热系数，$\bar{\lambda}=\lambda_0\left[1+\frac{b}{2}(t_2+t_1)\right]$。

例 2-10 蒸汽管道的外径 $d_1=30\text{mm}$，准备包两层厚度都是 15mm 的不同材料的绝热保温层。a 材料的导热系数 $\lambda_a=0.04\text{W/(m}\cdot\text{K)}$，b 材料的导热系数 $\lambda_b=0.1\text{W/(m}\cdot\text{K)}$。若管道内壁面和绝热层外壁面的温差一定，问：从减少热损失的角度，下列两种方案哪一种好？

1）a 在里层，b 在外层。

2）b 在里层，a 在外层。

解： 热损失就是通过该管道壁面的热流量。包了绝热层的管道为两层的圆筒壁，比较两种情况下稳态导热的热流量就可确定哪一种方案好。

由式（2-62）可写出单位长度的两层圆筒壁的散热量为

$$\Phi_l=\frac{\Delta t}{\frac{1}{2\pi}\left(\frac{1}{\lambda_1}\ln\frac{d_2}{d_1}+\frac{1}{\lambda_2}\ln\frac{d_3}{d_2}\right)}$$

其中，$d_1=30\text{mm}$，$d_2=60\text{mm}$，$d_3=90\text{mm}$。

1）a 在里层，b 在外层：

$$\Phi_{l,1}=\frac{\Delta t}{\frac{1}{2\pi}\left(\frac{1}{\lambda_a}\ln\frac{60}{30}+\frac{1}{\lambda_b}\ln\frac{90}{60}\right)}=\frac{\Delta t}{\frac{1}{2\pi}(25\ln2+10\ln1.5)\text{m}\cdot\text{K/W}}=\frac{\Delta t}{3.4\text{m}\cdot\text{K/W}}$$

2）b 在里层，a 在外层：

$$\Phi_{l,2}=\frac{\Delta t}{\frac{1}{2\pi}\left(\frac{1}{\lambda_b}\ln\frac{60}{30}+\frac{1}{\lambda_a}\ln\frac{90}{60}\right)}=\frac{\Delta t}{\frac{1}{2\pi}(10\ln2+25\ln1.5)\text{m}\cdot\text{K/W}}=\frac{\Delta t}{2.7\text{m}\cdot\text{K/W}}$$

比较两种情况下的散热量：$\Phi_{l,2}>\Phi_{l,1}$，因此，从减少热损失的角度，方案1）好，即导热系数越小的材料，越要放在里面，才能更好地减少热损失。

例 2-11 一外径为5.0cm的钢管[$\lambda_1=45.0\text{W}/(\text{m}\cdot\text{K})$]被一层厚度为4.2cm的氧化镁绝热材料[$\lambda_2=0.07\text{W}/(\text{m}\cdot\text{K})$]包裹，氧化镁的外面又包裹了一层厚度为3.4cm的玻璃纤维绝热材料[$\lambda_3=0.048\text{W}/(\text{m}\cdot\text{K})$]。当钢管外壁的温度为370K，玻璃纤维绝热层的外壁温度为305K时，求氧化镁与玻璃纤维间的界面温度。假设稳态传热。

解： 这是一个3层圆筒壁的稳态传热问题，通过单位长度圆筒壁传热热流量是一个常数，它可以分别由不同壁面处的温度及其间的热阻计算。

钢管、氧化镁层、玻璃纤维层的外壁面半径分别为

$$r_1=0.025\text{m}、r_2=(0.025+0.042)\text{m}=0.067\text{m}、r_3=(0.067+0.034)\text{m}=0.101\text{m}$$

由钢管和玻璃纤维的外壁的温度以及它们之间的单位长度圆筒壁热阻，得单位长度圆筒壁传热热流量

$$\Phi_l=\frac{370-305}{\dfrac{1}{2\pi}\left(\dfrac{1}{0.07}\ln\dfrac{0.067}{0.025}+\dfrac{1}{0.048}\ln\dfrac{0.101}{0.067}\right)}(\text{W/m})=18.04\text{W/m}$$

它也等于氧化镁与玻璃纤维间的界面温度与钢管外壁的温度的差与其间的氧化镁层的热阻的商：

$$\Phi_l=\frac{370\text{K}-t}{\dfrac{1}{2\pi}\times\dfrac{1}{0.07}\text{W}/(\text{m}\cdot\text{K})\times\ln\dfrac{0.067}{0.025}}=18.04\text{W/m}$$

得：$t=329.6\text{K}$。

例 2-12 一个直径$d=20\text{mm}$的实心圆棒与一个内外径分别为$d_1=40\text{mm}$和$d_2=120\text{mm}$的中空陶瓷管同心，它们之间形成一个环形的空气层，如图2-17a所示。给圆棒通电，产生均匀的热量$\dot{q}=2\times10^6\text{W/m}^3$。已知单位长度的实心圆棒表面与陶瓷管内表面间的辐射换热热阻$R_{\text{rad}}=0.3(\text{m}\cdot\text{W})/\text{K}$，空气层的表面传热系数$h=20\text{W}/(\text{m}^2\cdot\text{K})$。当陶瓷管的外表面温度$t_2=25℃$时，求实心圆棒的表面温度$t_1$。已知陶瓷管的导热系数$\lambda=1.75\text{W}/(\text{m}\cdot\text{K})$。

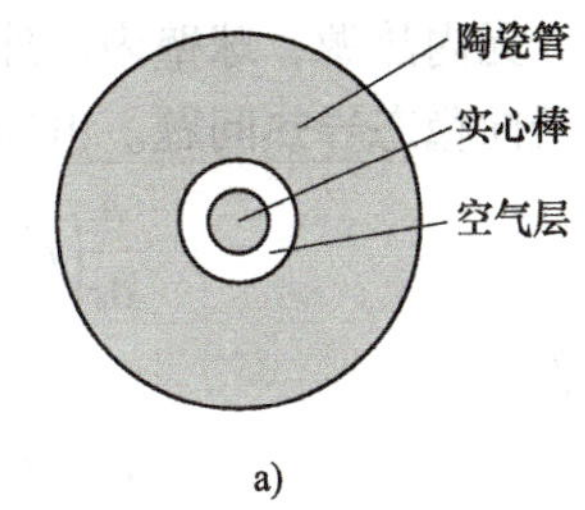

a)

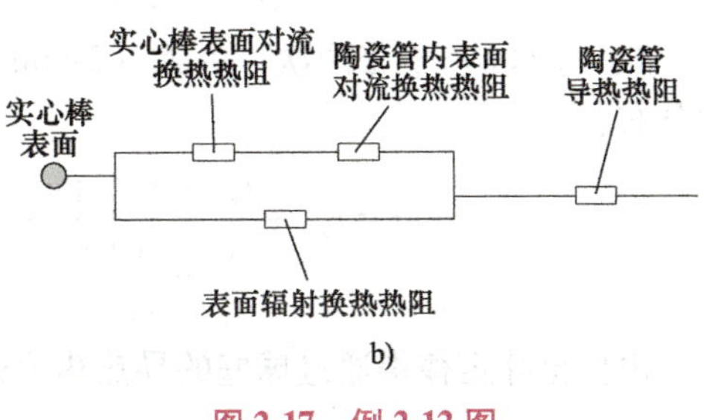

b)

图 2-17 例 2-12 图

解： 首先分析实心圆棒、空气层和中空陶瓷管的传热过程：实心圆棒电加热生成的热以自然对流和辐射的形式离开实心圆棒的表面，然后以自然对流和辐射的形式到达陶瓷管的内表面，再以导热的方式传递到陶瓷管的外表面，按热量传递的顺序，各环节的热阻如图2-17b所示。

单位长度上各热阻大小：

实心棒表面对流换热热阻：$R_1=\dfrac{1}{\pi dh}=\dfrac{1}{\pi\times0.02\times20}\text{m}\cdot\text{K/W}=0.8\text{m}\cdot\text{K/W}$

陶瓷管内表面对流换热热阻：$R_2=\dfrac{1}{\pi d_1 h}=\dfrac{1}{\pi\times0.04\times20}\text{m}\cdot\text{K/W}=0.4\text{m}\cdot\text{K/W}$

实心棒表面和陶瓷管内表面间的总热阻为

$$R'=\frac{1}{\dfrac{1}{R_{\text{rad}}}+\dfrac{1}{R_1+R_2}}+\frac{1}{\dfrac{1}{0.3}+\dfrac{1}{0.8+0.4}}\text{m}\cdot\text{K/W}=0.24\text{m}\cdot\text{K/W}$$

陶瓷管导热热阻：$R_3=\dfrac{1}{2\pi\lambda}\ln\dfrac{d_2}{d_1}=\dfrac{1}{2\pi\times1.75}\ln\dfrac{0.12}{0.04}\text{m}\cdot\text{K/W}=0.1\text{m}\cdot\text{K/W}$

实心棒表面和陶瓷管外表面之间的总热阻

$$R=R'+R_3=(0.24+0.1)\text{m}\cdot\text{K/W}=0.34\text{m}\cdot\text{K/W}$$

单位长度（1m）实心圆棒产生的总热量

$$\Phi=\dot{q}V/1\text{m}=\dot{q}\frac{\pi d^2}{4}=2\times10^6\times\frac{\pi\times0.02^2}{4}\text{W/m}=628\text{W/m}$$

该热量传递到陶瓷管外表面，保持了陶瓷管外表面和实心棒表面的稳定温度，因此，它等于：$\Phi=\dfrac{t_1-t_2}{R}$，可得实心棒表面的温度为 $t_1=238.5$℃。

2.4.3 通过球壁的稳态导热

一个空心单层球壁，内、外半径分别为 r_1、r_2，如图 2-18 所示。球壁材料的导热系数 λ 为常数，无内热源，球壁内、外侧壁面分别维持均匀恒定的温度 t_{w1}、t_{w2}，且 $t_{w1}>t_{w2}$。这也是一维径向稳态导热问题。由球坐标系导热通用微分方程式（2-22）可得它的导热方程：

$$\frac{\text{d}}{\text{d}r}\left(r^2\frac{\text{d}t}{\text{d}r}\right)=0 \tag{2-66a}$$

边界条件：

$$\begin{cases}r=r_1, t=t_{w1}\\ r=r_2, t=t_{w2}\end{cases} \tag{2-66b}$$

式（2-66a）积分两次，由式（2-66b）确定积分常数，得温度分布：

$$t=t_{w1}-\frac{t_{w1}-t_{w2}}{\dfrac{1}{r_1}-\dfrac{1}{r_2}}\left(\frac{1}{r_1}-\frac{1}{r}\right) \tag{2-67}$$

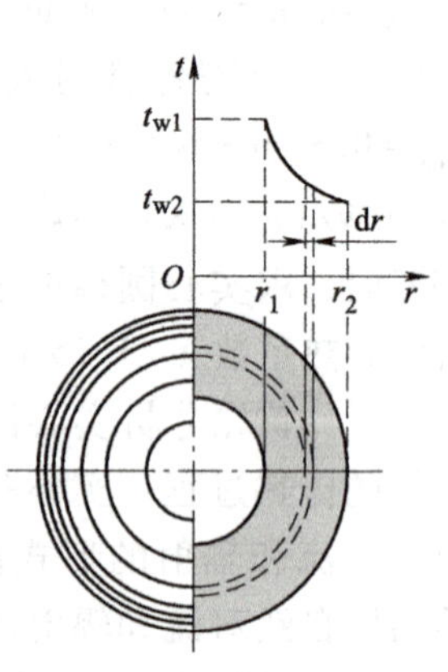

图 2-18 空心单层球壁

由傅里叶定律得通过球壁的导热热流密度和热流量：

$$q=-\lambda\frac{\text{d}t}{\text{d}r}=\lambda\frac{t_{w1}-t_{w2}}{\dfrac{1}{r_1}-\dfrac{1}{r_2}}\frac{1}{r^2} \tag{2-68a}$$

$$\Phi = Aq = 4\pi r^2 q = \frac{4\pi\lambda(t_{w1} - t_{w2})}{\dfrac{1}{r_1} - \dfrac{1}{r_2}} = \frac{t_{w1} - t_{w2}}{\dfrac{\delta}{\pi\lambda d_1 d_2}} = \frac{t_{w1} - t_{w2}}{R_\lambda} \tag{2-68b}$$

式中，δ 为球壁的厚度，$\delta = r_2 - r_1$；R_λ 为球壁的导热热阻（K/W），$R_\lambda = \dfrac{\delta}{\pi\lambda d_1 d_2}$。

第一类边界条件下的球壁的稳态导热可用于测量颗粒状或粉末状材料的导热系数，例如圆球导热仪。如图 2-19 所示，圆球导热仪的主体是由两层同心的纯铜球壳组成，之所以采用纯铜材料，是因为纯铜的导热系数高，容易使壁面温度均匀，进而实现等壁温（即第一类）边界条件。在球的内部安装电加热器，被测粉末状材料放在内、外球壳中间，外层用水夹层保持恒温。在试验中传热量由电流和电压的乘积计算，再用热电偶测得内、外壁面的温度 t_{w1}、t_{w2}，即可由式（2-68b）计算出中间材料的导热热阻。知道了内、外层的直径，则可计算出材料的导热系数。

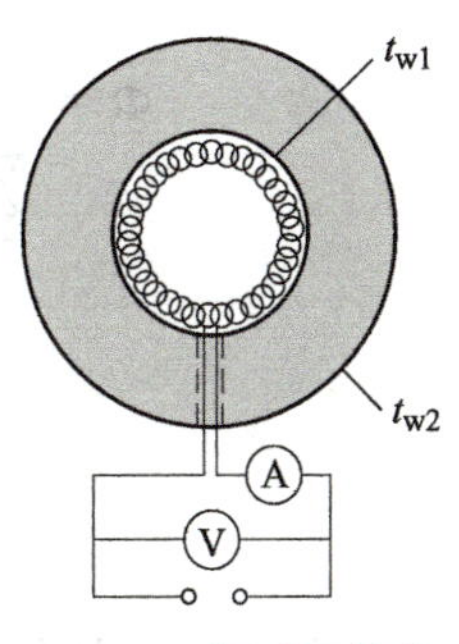

图 2-19　圆球导热仪

应用热阻叠加原理，可以写出第一类边界条件下通过多层圆球壁的导热热流量：

$$\Phi = \frac{t_{w1} - t_{w(n+1)}}{\sum\limits_{i=1}^{n} R_{\lambda i}} \frac{t_{w1} - t_{w(n+1)}}{\sum\limits_{i=1}^{n} \dfrac{\dfrac{1}{r_i} - \dfrac{1}{r_{i+1}}}{4\pi\lambda_i}} = \frac{t_{w1} - t_{w(n+1)}}{\sum\limits_{i=1}^{n} \dfrac{\delta_i}{\pi\lambda_i d_{i+1} d_i}} \tag{2-69}$$

式中，t_{w1}、$t_{w(n+1)}$ 分别为圆球壁最内、外层的表面温度；r_i 为第 i 层的半径；λ_i 为第 i 层的导热系数；d_i 为第 i 层的直径；δ_i 为第 i 层的球壁厚度，$\delta_i = r_{i+1} - r_i$。

当球壁内有均匀分布的内热源 $\dot{\Phi}$（单位为 W/m^3）时，导热系数为常数的一维稳态时球壁的导热方程为

$$\frac{1}{r^2}\frac{\mathrm{d}}{\mathrm{d}r}\left(r^2\frac{\mathrm{d}t}{\mathrm{d}r}\right) + \frac{\dot{\Phi}}{\lambda} = 0 \tag{2-70a}$$

它的通解为

$$t = -\frac{\dot{\Phi}}{6\lambda}r^2 - C_1\frac{1}{r} + C_2 \tag{2-70b}$$

在第一类边界条件下［式（2-66b）］积分常数分别为

$$\begin{cases} C_1 = \left[\dfrac{\dot{\Phi}}{6\lambda}(r_2^2 - r_1^2) + (t_{w2} - t_{w1})\right] \Big/ \left(\dfrac{1}{r_1} - \dfrac{1}{r_2}\right) \\ C_2 = t_{w2} + \dfrac{\dot{\Phi}}{6\lambda}r_2^2 + \dfrac{C_1}{r_2} \end{cases} \tag{2-70c}$$

通过球壁的导热热流密度为

$$q=-\lambda\frac{\mathrm{d}t}{\mathrm{d}r}=\frac{\frac{\dot{\Phi}}{3}r-\left[\frac{\dot{\Phi}}{6}(r_2^2-r_1^2)+\lambda(t_{w2}-t_{w1})\right]}{\frac{1}{r_1}-\frac{1}{r_2}}\frac{1}{r^2} \tag{2-71a}$$

同理，第三类边界条件下通过多层圆球壁的导热热流量为

$$\begin{aligned}\Phi=\frac{t_{f1}-t_{f2}}{\sum\limits_{i=1}^{n}R_{\lambda i}}&=\frac{t_{f1}-t_{f2}}{\dfrac{1}{4\pi h_1r_1^2}+\sum\limits_{i=1}^{n}\dfrac{\frac{1}{r_i}-\frac{1}{r_{i+1}}}{4\pi\lambda_i}+\dfrac{1}{4\pi h_2r_{n+1}^2}}\\&=\frac{t_{f1}-t_{f2}}{\dfrac{1}{4\pi h_1r_1^2}+\sum\limits_{i=1}^{n}\dfrac{\delta_i}{\pi\lambda_id_{i+1}d_i}+\dfrac{1}{4\pi h_2r_{n+1}^2}}\end{aligned} \tag{2-71b}$$

式中，h_1、h_2分别为圆球壁最内、外层的表面传热系数，t_{f1}、t_{f2}分别为圆球壁最内、外层的流体温度。

例 2-13 用一个中空的铝球来测量材料的导热系数，铝球的中心有电加热器。铝球壳的内外半径分别为 0.15m 和 0.18m，测试在稳态条件下进行，铝球的内表面保持 250℃不变。在一次测试中，在铝球的外面加了一层 0.12m 厚的球形绝热材料外壳。系统处于空气温度为 20℃的室内，绝热外壳表面的表面传热系数为 30W/(m^2·K)。如果在稳态条件下电加热器的功耗为 80W，绝热材料的导热系数是多少？铝的导热系数是 230W/(m·K)。

解： 这是一个双层球壁（铝和绝热材料）在第一、三类边界条件下的稳态导热问题。由热阻叠加原理，仿照式（2-71b）可写出稳态时的传热量表达式：

$$\Phi=\frac{t_{w1}-t_f}{\sum\limits_{i=1}^{2}\dfrac{\frac{1}{r_i}-\frac{1}{r_{i+1}}}{4\pi\lambda_i}+\dfrac{1}{4\pi hr_3^2}}=\frac{t_{w1}-t_f}{\dfrac{\frac{1}{r_1}-\frac{1}{r_2}}{4\pi\lambda_{Al}}+\dfrac{\frac{1}{r_2}-\frac{1}{r_3}}{4\pi\lambda_{绝热}}+\dfrac{1}{4\pi hr_3^2}}$$

其中，铝球内表面温度 $t_{w1}=250℃$，外表面空气温度 $t_f=20℃$，$r_1=0.15\text{m}$，$r_2=0.18\text{m}$，$r_3=0.30\text{m}$，$\lambda_{Al}=230\text{W/(m·K)}$，表面传热系数 $h=30\text{W/(m}^2\text{·K)}$，传热量 $\Phi=80\text{W}$，代入上式，可得绝热材料的导热系数：$\lambda_{绝热}=0.062\text{W/(m·K)}$。

从以上例题可以看到，稳态时的传热量可由温差除以温差之间的总热阻来计算。因此，熟练掌握热阻叠加原理和不同情况下的导热热阻及对流热阻的计算方法，就能准确地进行计算，而不需要死记复杂的公式。

例 2-14 一个外半径为 r_2的空心球的外表面上具有均匀的热流密度 q_2。位于 r_1处的内表面的温度恒定为 t_1。求：

1）根据 q_2、t_1、r_1、r_2及材料的导热系数建立球壁的温度分布 t 的表达式。

2）当 $r_1=50\text{mm}$，$r_2=100\text{mm}$，$t_1=20℃$，如果维持外表面的温度 $t_2=50℃$，需要多大的热流密度 q_2？假设传热过程为一维稳态导热，无内热源，导热系数为 10W/(m·K)。

解： 1）该题为内、外表面分别为第一、二类边界条件的球坐标下的稳态导热问题，可由导热微分方程和边界条件求出其温度分布，此处略，请读者自己完成。这里介绍另一种方

法。球坐标下的傅里叶定律可表示为

$$\Phi = -A\lambda \frac{dt}{dr} = -4\pi r^2 \lambda \frac{dt}{dr}$$

把上式转换为 $-\frac{\Phi}{4\pi\lambda}\frac{dr}{r^2} = dt$，之后在内外表面上对此式积分，得：

$$-\int_{r_1}^{r} \frac{\Phi}{4\pi\lambda}\frac{dr}{r^2} = \int_{t_1}^{t} dt$$

$$t = t_1 - \frac{\Phi}{4\pi\lambda}\left(\frac{1}{r} - \frac{1}{r_1}\right)$$

在稳态时，导热热流量 Φ 可用外表面的热流密度和外表面积计算：$\Phi = 4\pi r_2^2 q_2$，代入上式，得球壁的温度分布：

$$t = t_1 - \frac{q_2 r_2^2}{\lambda}\left(\frac{1}{r} - \frac{1}{r_1}\right)$$

2）当 $r_1 = 50\text{mm}$、$r_2 = 100\text{mm}$、$t_1 = 20℃$，$t_2 = 50℃$时，外表面的热流密度为

$$q_2 = \frac{\lambda(t_2 - t_1)}{r_2^2\left(\frac{1}{r_2} - \frac{1}{r_1}\right)} = \frac{10 \times (50-20)}{0.1^2 \times \left(\frac{1}{0.1} - \frac{1}{0.05}\right)}(\text{W/m}^2) = -3000\text{W/m}^2$$

其中，“-”表示热流密度的方向与径向坐标方向相反，即传热为从外表面向内表面进行。

2.5 肋片的导热

在工程实践中，很多情况下需要强化传热过程，例如空调冷凝器，电子芯片的冷却，各类动力设备中的加热管道，如锅炉的过热器、省煤器，化工设备中的各类换热器等加热、散热过程，都要求能尽量提高设备的传热量。从传热过程传热热流量计算公式（1-8）可知，为了增加传热量 Φ，可能采取的措施有：

1）增加传热温差（$t_{f1}-t_{f2}$）。然而，在工程应用中，冷、热流体的温差受工艺条件及环境条件的限制，是不能任意改变的，如化工反应过程反应物的温度由工艺条件决定，空调器冷凝器或蒸发器内、外的制冷剂、空气温度受空气压缩机、膨胀机（节流阀）和室内外空气温度的限制等。

2）减小热阻。传热过程的热阻包括固体壁面的导热热阻和两侧流体的对流换热热阻。通常，换热器的材料为金属，且金属壁一般很薄（δ 很小）、导热系数很大，因此导热热阻一般不大，可忽略。而增大冷、热流体侧的表面传热系数 h_1、h_2可以减小对流换热热阻，但提高 h_1、h_2并非任意的，要付出增加动力消耗的代价（增加流速）等。

3）增大换热面积 A 也能增加传热量，且容易实现。因此，通过各种途径增加换热设备的表面积是强化传热过程的有效方法之一，图 2-20 给出了 3 种典型的增大换热面积的肋片式换热器。

肋片是工程上使用非常广泛的一种强化传热的装置，它通过把导热系数优良的金属薄片（铝、低碳钢、铜等）通过不同的技术手段，如整体轧制、焊接、镶嵌、张力缠绕、热套、

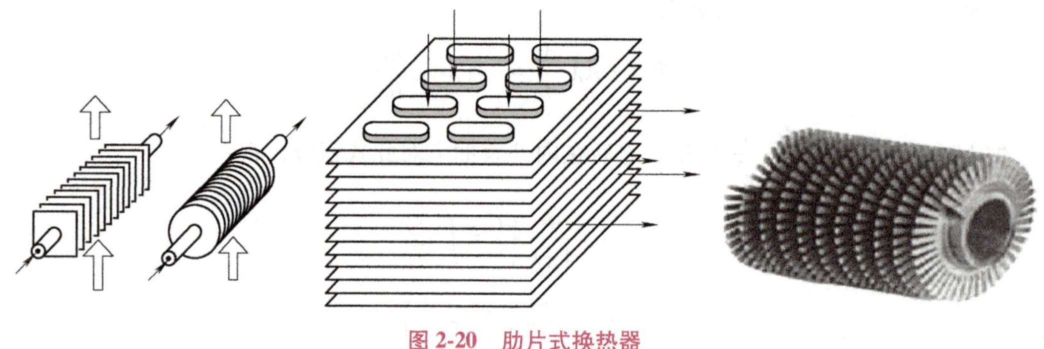

图 2-20　肋片式换热器

冲压以及机加工等，安装在传热设备（如管道等）表面，扩大了原传热设备的传热表面积，在国际文献中称为扩展表面（extended surface）或肋片（fin）。肋片有三种基本形式：直肋、环肋和钉肋，如图 2-21 所示。在这三种基本形式中，它们又分别具有不同的剖面形状和排列布置方式。为适应不同工作环境，人们还开发设计出了其他多种改进型的肋片形式，如波纹形、百叶窗式、开孔式、锯齿式及微肋等。

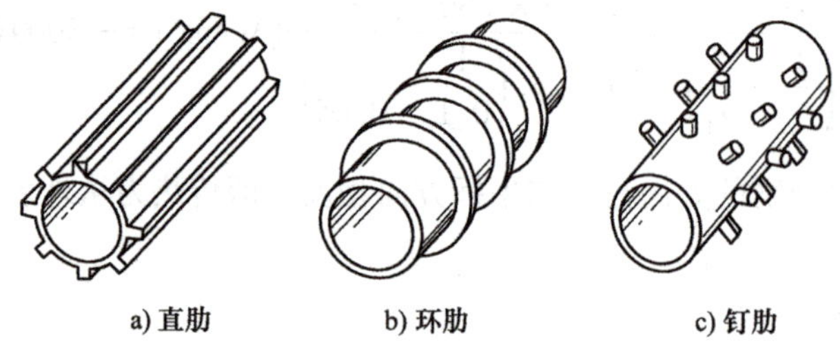

图 2-21　肋片的三种基本形式

肋片的导热是比较复杂的导热问题，除等截面的直肋和钉肋的导热微分方程为常系数的二阶常微分方程外，其他形式的肋片的导热方程均为变系数的二阶常微分方程（Bessel 方程），其解为特殊函数构成，很复杂。因此，本书只介绍从能量守恒出发建立肋片导热方程的方法以及等截面直肋的导热微分方程的求解。

2.5.1　等截面直肋的导热微分方程

等截面直肋如图 2-22 所示，它的厚度为 δ，高度为 H，宽度为 l。为简化分析，做下列假设。

1）肋片材料均匀，导热系数 λ 为常数。

2）肋片根部与基体接触良好，不存在接触热阻。

3）肋片的导热热阻与其表面的对流换热热阻相比很小，可忽略，即肋片的导热可以近似地认为是一维的，只沿其高度进行。

4）肋片表面各处与流体之间的对流系数 h 都相同，且为常数。

5）忽略肋片端面的散热量，即认为肋片端面绝热。

我们取一个直肋进行分析，取微元体分析其能量守恒（图 2-23）。由于肋片很薄，只沿高度方向上有导热，在取微元体时不能取在肋片内部，而是要取整个厚度上的、在高度上

（x 坐标方向）长度为 dx 的一段为微元体。此时通过该微元体的能量包括：在 x 处进入的导热量Φ_x 和在 x+dx 处离开的导热量 Φ_{x+dx} 以及在微元体表面的对流换热量 Φ_c。其热流量平衡方程为

$$\Phi_x = \Phi_{x+dx} + \Phi_c \tag{2-72a}$$

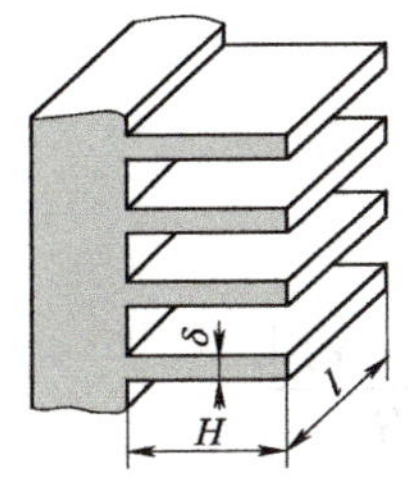

图 2-22 等截面直肋

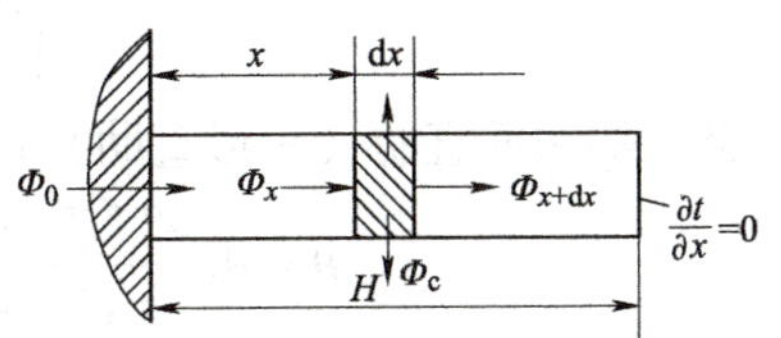

图 2-23 直肋的微元体

由傅里叶定律和牛顿冷却定律，得导热量和对流换热量如下：

$$\Phi_x = -\lambda A \frac{dt}{dx} \tag{2-72b}$$

$$\Phi_c = hU dx (t - t_\infty) \tag{2-72c}$$

式中，U 为微元体的周长，$U=2(l+\delta)$；A 为微元体的横截面面积，$A=l\delta$。

在 x+dx 处离开微元体的导热量 Φ_{x+dx} 计算如下：

$$\Phi_{x+dx} = \Phi_x + \frac{d\Phi_x}{dx}dx = -\lambda A \frac{dt}{dx} - \frac{d}{dx}\left(\lambda A \frac{dt}{dx}\right) dx \tag{2-72d}$$

把式（2-72b）~式（2-72d）代入式（2-72a），得：

$$\frac{d}{dx}\left(\lambda A \frac{dt}{dx}\right) - hU(t - t_\infty) = 0 \tag{2-72e}$$

对导热系数为常数的等截面直肋，式（2-72e）可写为

$$\frac{d^2 t}{dx^2} - \frac{hU}{\lambda A}(t - t_\infty) = 0 \tag{2-72f}$$

当给定肋根温度和肋端面绝热时，边界条件为

$$\begin{cases} x = 0, t = t_0 \\ x = H, -\lambda \dfrac{dt}{dx} = 0 \end{cases} \tag{2-73}$$

式（2-72f）为非齐次的二阶常微分方程。令$\dfrac{hU}{\lambda A}=m^2$、$\theta=t-t_\infty$，$\theta$ 称为过余温度。当$l\gg\delta$，即肋的宽度远大于其厚度时，$m^2=\dfrac{2h}{\lambda\delta}$。式（2-72f）、式（2-73）转换为

$$\frac{d^2\theta}{dx^2} - m^2\theta = 0 \tag{2-74}$$

$$\begin{cases} x = 0, \theta = t_0 - t_\infty = \theta_0 & (2\text{-}75a) \\ x = H, \dfrac{d\theta}{dx} = 0 & (2\text{-}75b) \end{cases}$$

式中，θ_0 为 $x=0$ 时的过余温度。

式（2-74）为齐次的二阶线性常微分方程，其通解为

$$\theta = C_1 e^{mx} + C_2 e^{-mx} \tag{2-76}$$

由边界条件式（2-75）确定积分常数：

$$\begin{cases} C_1 = \theta_0 \dfrac{e^{-mH}}{e^{mH} + e^{-mH}} \\ C_2 = \theta_0 \dfrac{e^{mH}}{e^{mH} + e^{-mH}} \end{cases}$$

因此，等截面直肋（矩形直肋）内的温度分布为

$$\theta = \theta_0 \frac{e^{m(H-x)} + e^{-m(H-x)}}{e^{mH} + e^{-mH}} = \theta_0 \frac{\mathrm{ch}[m(H-x)]}{\mathrm{ch}(mH)} \tag{2-77}$$

式中，$\mathrm{ch}(mH)=\dfrac{e^{mH}+e^{-mH}}{2}$，为双曲余弦函数。

在稳态条件下，肋片表面的散热量等于通过肋根导入肋片的热量：

$$\Phi = -\lambda A \left.\frac{d\theta}{dx}\right|_{x=0} = \lambda A \theta_0 m \mathrm{th}(mH) = \sqrt{hU\lambda A}\,\theta_0 \mathrm{th}(mH) \tag{2-78}$$

式中，$\mathrm{th}(mH)=\dfrac{e^{mH}-e^{-mH}}{e^{mH}+e^{-mH}}$，为双曲正切函数。

上述推导中，肋片端面的表面积与肋片周向的表面（上、下表面加侧面）相比很小，为简单起见忽略了肋端的散热（即认为肋端绝热）。对于一般的工程计算，尤其高而薄的肋片，这样的计算足够精确。若必须考虑肋端的散热，则边界条件式（2-75b）修正为

$$x = H,\ -\lambda \frac{d\theta}{dx} = h_e \theta_e \tag{2-75c}$$

式中，θ_e、h_e 分别为肋片端面的过余温度和表面传热系数。

此时，把式（2-74）的通解写为另一种形式：

$$\theta = C_1 \mathrm{ch}(mx) + C_2 \mathrm{sh}(mx) \tag{2-79}$$

式中，$\mathrm{sh}(mx)=\dfrac{e^{mH}-e^{-mH}}{2}$为双曲正弦函数。

由边界条件式（2-75a）、式（2-75c）确定积分常数，得：

$$\theta = \theta_0 \frac{h_e \mathrm{sh}[m(H-x)] + \lambda m \mathrm{ch}[m(H-x)]}{h_e \mathrm{sh}(mH) + \lambda m \mathrm{ch}(mH)} \tag{2-80}$$

当肋片端面的表面传热系数 $h_e=0$ 时，式（2-80）中分子、分母中有 h_e 的项为 0，则式（2-80）变为式（2-77），即端面绝热时的解。

式（2-80）比式（2-77）计算起来复杂。Harper 和 Brown[⊖]对端面有对流换热时的肋片传热的计算做了一个巧妙的处理。他们假设延长肋片的高度以散掉肋片的端面要散的那部分热量，从而可认为延长高度后的肋片是端部绝热的。假设肋片延长的高度为 H'，则延长后的肋片的总高度为 $H_c=H+H'$。当端部有对流换热时，端部通过对流换热散失的热量为

$$\Phi = h\delta l\theta_e \tag{2-81}$$

⊖ D. R. Harper, W. B. Brown. Mathematical equations for heat conduction in fins of air cooled engines. NACA Report, 158. 1922.

延长高度后所增加的侧面积的散热量为

$$\Phi = 2h(\delta + l)H'\theta_e \tag{2-82}$$

如果端部的对流换热量全部通过延长高度后所增加的侧面积散掉，即

$$\Phi = h\delta l\theta_e = 2h(\delta + l)H'\theta_e \tag{2-83}$$

则可以认为延长高度后的肋片为端部绝热。

当肋片的宽度远远大于肋片的厚度时，即 $l \gg \delta$，由式（2-83）得：

$$H' \approx \frac{\delta}{2} \tag{2-84}$$

所以，修正后的肋片的高度就变成如下形式

$$H_c = H + \frac{\delta}{2} \tag{2-85}$$

此时，肋的温度采用式（2-77）计算，只是其中的 H 修正为式（2-85）的 H_c。这种方法称为 Harper-Brown 近似，它可以满足大多数的工程计算的需要，且误差很小。

当毕奥数，$Bi = h\delta/\lambda \leqslant 0.05$ 时，肋片导热按一维计算引起的误差小于 1%。但对于短而厚的肋片，其温度分布是二维的，不能再应用一维时的解。此外，实际上，肋片表面沿高度方向分布的表面传热系数 h 不是均匀一致的，而是变化的。由于肋片表面的温度分布的不同而使得肋表面的流体的运动发生变化，从而影响局部的表面传热系数的分布。然而，通过对垂直布置的直肋在自然对流㊀、强迫对流㊁以及混合对流㊂（指自然对流和强迫对流并存）等条件下的导热——对流耦合过程的研究发现，当采用一个平均的数值为常数的肋表面的表面传热系数进行计算时，所得到的传热量的结果与由流动边界层方程和肋片导热方程相耦合的方法计算出的肋片传热量十分吻合。它说明我们假设肋片表面的表面传热系数为常数，不影响传热量以及肋效率的计算结果。

等截面的钉肋，如矩形和圆柱形截面的钉肋，其导热微分方程和矩形直肋的导热方程形式相同，解也相同。

例 2-15 如图 2-24 所示，一长为 L 的薄板，两端分别接于温度为 t_1、t_2 的壁面上。板以对流换热将热量传给温度为 t_∞ 的周围流体。假定 $t_1 > t_2 > t_\infty$，板与周围流体的表面传热系数为 h，板的导热系数为 λ，板的截面面积为 A，横截面周长为 U，请推导板的温度分布和散热量。忽略薄板厚度上的导热。

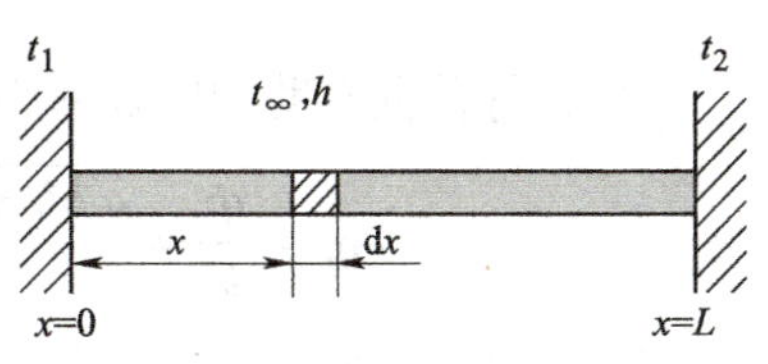

图 2-24 例 2-15 图

解： 当忽略薄板厚度上的导热时，它是沿长度方向的一维导热。选取坐标如图所示，沿薄板的整个横截面，在坐标 x 处取一长度为 dx 的微元体，它的能量平衡关系为

㊀ E. M. Sparrow, S. Acharya. A natural convection fin with a solution-determined monotonically varying heat transfer coefficient. ASME J Heat Transfer, 103: 218-225, 1981.

㊁ E. M. Sparrow, M. K. Chyu. Conjugate forced convection-conduction analysis of heat transfer in a place fin. ASME J Heat Transfer, 104: 204-206, 1982.

㊂ Ming Jer Huang, Chao Kunbg Chen. Conjugate mixed convection and conduction heat transfer along a vertical circular pin. Int J Heat Mass Transfer, 28 (3): 523-529, 1985.

$$\Phi_x = \Phi_{x+dx} + \Phi_c$$

其中，该微元体侧面通过对流散的热量为

$$\Phi_c = hU\mathrm{d}x(t - t_\infty)$$

通过边界以导热进、出该微元体的热量差为

$$\Phi_{x+dx} - \Phi_x = -\frac{\mathrm{d}}{\mathrm{d}x}\left(\lambda A\frac{\mathrm{d}t}{\mathrm{d}x}\right)\mathrm{d}x$$

因此，它的一维稳态导热微分方程为

$$\frac{\mathrm{d}^2\theta}{\mathrm{d}x^2} - m^2\theta = 0$$

其中，$\theta=t-t_\infty$，$m^2=\dfrac{hU}{\lambda A}$，它的通解为：$\theta=C_1\mathrm{e}^{mx}+C_2\mathrm{e}^{-mx}$。

由边界条件 $x=0$，$\theta=t_1-t_\infty=\theta_1$；$x=L$，$\theta=t_2-t_\infty=\theta_2$，确定积分常数，得温度分布：

$$\theta = \theta_1\frac{\mathrm{sh}[m(L-x)]}{\mathrm{sh}(mL)} + \theta_2\frac{\mathrm{sh}(mx)}{\mathrm{sh}(mL)}$$

它的散热量等于 $x=0$ 处的导热量，即

$$\Phi = -\lambda A\left.\frac{\mathrm{d}\theta}{\mathrm{d}x}\right|_{x=0} = \frac{\lambda Am}{\mathrm{sh}(mL)}[\theta_1\mathrm{ch}(mL) - \theta_2]$$

此例题实际就是两个第一类边界条件下矩形直肋的导热问题，此题的结果也适用于圆柱形直肋或细圆棒。

2.5.2 肋效率

肋效率定义为肋片的实际散热量 Φ 与假定整个肋片表面都处在肋根温度 t_0时的理想散热量 Φ_0的比值。

$$\eta_f = \frac{\Phi}{\Phi_0} \tag{2-86}$$

式中，η_f 为肋效率；Φ 为肋片的实际散热量，由式（2-78）计算；Φ_0为肋片的理想散热量。

$$\Phi_0 = hUH(t_0 - t_\infty) \tag{2-87}$$

因此，等截面直肋的肋效率为

$$\eta_f = \frac{\Phi}{\Phi_0} = \frac{\sqrt{hU\lambda A}\,\theta_0\mathrm{th}(mH)}{hUH\theta_0} = \sqrt{\frac{\lambda A}{hU}}\frac{\mathrm{th}(mH)}{H} = \frac{\mathrm{th}(mH)}{mH} \tag{2-88}$$

式（2-88）表明影响肋片效率的因素包括肋片材料的导热系数 λ、肋片表面与周围介质之间的表面传热系数 h、肋片的几何形状和尺寸（U、A、H）等。由图 2-25 看到，th(mH) 的数值随 mH 的增加先增加，然后在 $mH\approx3$ 时趋于一个定值。这说明，当 m 数值一定时，随着肋片高度 H 的增加，传热量 Φ 先迅速增大，但逐渐 Φ 的增量越来越小，最后趋于一定值，说明当肋片高度 H 增加到一定程度，再继续增加肋高 H，传热量不会增加多少，而肋效率却会下降。在高度 H 一定时，较小的 m 有利于提高肋效率 η_f。

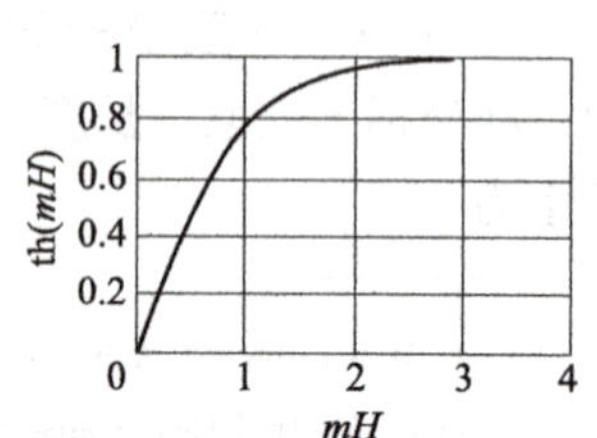

图 2-25　th(mH) 的变化曲线

肋片应选用导热系数较大的材料。当导热系数λ和表面传热系数h都给定时，m随U/A的降低而减小。U/A取决于肋片几何形状和尺寸。肋片效率通常要超过80%时，肋片才经济实用。

在计算肋片的传热量时，使用肋效率非常方便。通过肋效率曲线图或计算公式得到肋效率的值，然后由式（2-87）计算出理想情况下的散热量，则由式$\Phi=\eta_f\Phi_0$就可计算出实际散热量Φ。图2-26给出了几种肋的效率曲线。

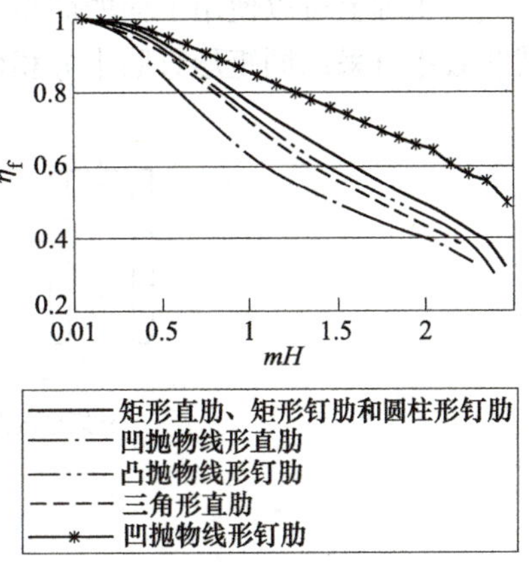

图2-26　几种肋的效率

2.5.3　变截面肋片的导热

变截面的肋片，如工程上常用的三角形直肋以及凹、凸抛物线形剖面的直肋等，沿肋高方向的横截面积是坐标x的函数，因此得到的导热微分方程为变系数的二阶常微分方程（Bessel方程或修正的Bessel方程），其解由Bessel函数构成。对于环肋，由于不同径向坐标处的肋截面（曲面）也是变截面（径向坐标r的函数），因此得到的导热微分方程也是变系数的二阶常微分方程。对此类导热方程的求解本书不做介绍，感兴趣的读者可参考有关专题文献[⊖]。表2-4给出了几种变截面肋片的温度和肋效率的解析式。

表2-4　几种变截面肋片的温度和肋效率的解析式

肋片形状	肋片过余温度 $\theta=t-t_\infty$	肋效率
三角形直肋（H，δ_0，x）	$\theta(x)=\dfrac{\theta_0 I_0(2m\sqrt{Hx})}{I_0(2mH)}$ $m^2=\dfrac{2h}{\lambda\delta_0}$	$\eta=\dfrac{I_1(2mH)}{mHI_0(2mH)}$
凹抛物线直肋（H，δ_0，x）	$\theta=\left(\dfrac{x}{H}\right)^{-0.5+0.5\sqrt{1+4m^2H^2}}\theta_0$	$\eta=\dfrac{2}{1+\sqrt{1+4m^2H^2}}$
凸抛物线直肋（H，δ_0，x）	$\theta(x)=\dfrac{\theta_0\left(\dfrac{x}{H}\right)^{1/4}I_{-1/3}\left(\dfrac{4}{3}mH^{1/4}x^{3/4}\right)}{I_{-1/3}\left(\dfrac{4}{3}mH\right)}$	$\eta=\dfrac{I_{2/3}\left(\dfrac{4}{3}mH\right)}{mHI_{-1/3}\left(\dfrac{4}{3}mH\right)}$

环肋的温度分布和肋效率的表达式非常复杂，不便于计算应用，这里不再给出它们的表

⊖ 杨翔翔，苏亚欣，延伸表面传热研究。广州：暨南大学出版社，1998，P80-97。

达式。工程上可以使用下面的简单公式进行效率的计算。对图 2-27a 所示的矩形截面环肋，其肋效率可采用同矩形直肋十分相似的公式计算：

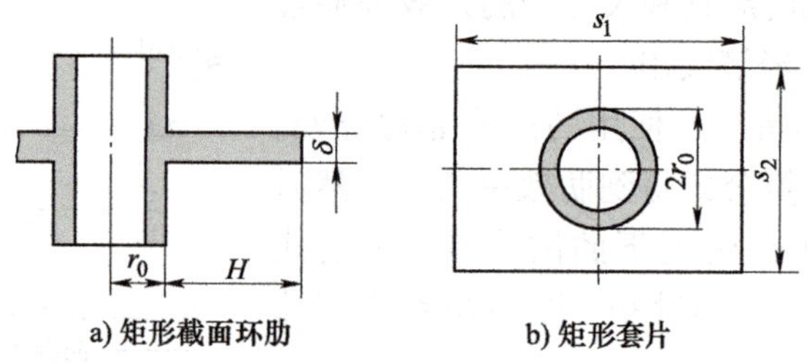

图 2-27　矩形截面环肋和矩形套片

$$\eta_f = \frac{\text{th}(\varphi nH)}{\varphi mH} \tag{2-89}$$

式中，φ 为修正系数。

计算如下：

$$\varphi = 1 + 0.35\ln\left(1 + \frac{H}{r_0}\right) \tag{2-90}$$

对图 2-27b 所示的矩形套片，其肋效率和修正系数 φ 分别可用式（2-89）和式（2-90）计算，式（2-90）中 H 计算如下：

$$H = 0.64\sqrt{s_2(s_1 - 0.2s_2)} - r_0, s_1 > s_2 \tag{2-91}$$

例 2-16　为了测量管道内的热空气温度和保护测温元件——热电偶，采用金属测温套管，热电偶端点镶嵌在套管的端部，如图 2-28 所示。套管长 $H=100\text{mm}$，外径 $d=15\text{mm}$，壁厚 $\delta=1\text{mm}$，套管材料的导热系数 $\lambda=45\text{W/(m·K)}$。已知热电偶的指示温度为 200℃，套管根部的温度 $t_0=50℃$，套管外表面与空气之间对流换热的表面传热系数为 $h=40\text{W/(m}^2\text{·K)}$。试分析产生测温误差的原因并求出测温误差。

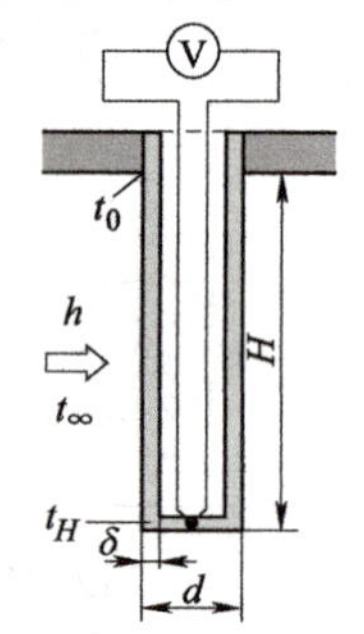

图 2-28　套管温度计示意图

解： 由于热电偶是镶嵌在套管的端部，所以热电偶指示的是测温套管端部的温度 t_H。测温套管与周围环境的热量交换情况如下：热量以对流换热的方式由热空气传给测温套管，测温套管再通过热辐射和导热将热量传给空气管道壁面。这里只考虑套管的导热。在稳态情况下，测温套管热平衡的结果使测温套管端部的温度不等于空气的温度，测温误差就是套管端部的过余温度 $\theta_H = t_H - t_\infty$。

如果忽略测温套管横截面上的温度变化，并认为套管端部绝热，则套管可以看成等截面直肋，根据式（2-77）：

$$t_H - t_\infty = \frac{t_0 - t_\infty}{\text{ch}(mH)} \tag{a}$$

套管截面面积 $A=\pi d\delta$，套管换热周长 $U=\pi d$，根据 m 的定义式：

$$mH = \sqrt{\frac{hU}{\lambda A}}H = \sqrt{\frac{h}{\lambda\delta}}H = \sqrt{\frac{40\text{W/(m}^2\cdot\text{K)}}{45\text{W/(m}\cdot\text{K)} \times 0.001\text{m}}} \times 0.1\text{m} = 2.98 \tag{b}$$

查数学手册或直接由定义式计算可求得 ch(2.98) = 9.87，代入式（a），可解得 t_∞ = 216.9℃，于是测温误差为

$$t_H - t_\infty = -16.9℃$$

由例题的式（a）、式（b）两式可以看出，在表面传热系数不变的情况下，测温误差取决于套管的长度、厚度以及套管材料的导热系数。为降低测温误差，就必须增大 ch(mH)，也就是增大 mH 或者减小 t_0-t_∞。增大 mH 的措施包括：选用导热系数小的材料做套管、尽量增加套管的长度并减小壁厚和强化套管与流体间的换热。减小 t_0-t_∞ 就是减小套管长度方向的温度降，可覆盖保温材料。

2.5.4 肋片能否增加传热量的条件

加设肋片不一定就能强化传热，只有满足一定的条件才能增加散热量。设计肋片时要注意这一点。当在基体上安装了肋片后，由于增加了对流换热的表面积，从而使对流换热的热阻减小，但同时增加了肋片自身带来的导热热阻。如果换热设备没安装肋片之前，其表面的热阻就很小，加肋不仅不能提高传热量，反而可能会削弱传热效果。那么在什么条件下，加肋才是有利于增加传热量呢？

当增加了肋片后，通过肋根的热流量增加，则加肋是有利的；反之，则不必加肋。如果通过肋根的热流量随着肋的高度而增加，则加肋是合理的；反之，应使肋片短一些，甚至不必加肋。

加肋后有利于增大传热量的极限条件如下：

$$\frac{\mathrm{d}q_0}{\mathrm{d}H} = 0 \tag{2-92}$$

式中，q_0为通过肋根的热流密度；H 为肋片的高度。

对于矩形直肋，由式（2-80）（考虑肋端的散热）可得其肋根处的热流密度：

$$q_0 = \frac{\lambda \delta l m \theta_0 \left[\dfrac{h_e}{m\lambda} + \mathrm{th}(mH)\right]}{1 + \dfrac{h_e}{m\lambda} + \mathrm{th}(mH)} \tag{2-93}$$

令式（2-93）中除肋高 H 外都保持不变，把式（2-93）代入式（2-92），得：

$$\frac{h_e}{m\lambda} = 1$$

当$\dfrac{h_e}{m\lambda}>1$ 时，$\dfrac{\mathrm{d}q_0}{\mathrm{d}H}<0$，也就是 q_0随着肋的高度而减小。因此，只有当$\dfrac{h_e}{m\lambda}<1$ 时加肋才能增大传热量，当$\dfrac{h_e}{m\lambda}=1$ 时达到了增大传热量的极限。

如果 $h_e=h$，则得 $h=\dfrac{2\lambda}{\delta}$或$\dfrac{1}{h}=\dfrac{\delta}{2\lambda}$，也就是当肋表面的对流换热热阻（也称为外热阻）和肋自身的沿肋的半厚度的导热热阻（也称为内热阻）相等时，是使用肋片有利于增大传热的极限。一般要使$\dfrac{1}{h}>\dfrac{\delta}{2\lambda}$，即肋的导热热阻（内热阻）要小于其表面的对流热阻（外热

阻)，加肋才是有利的。由此也可看出，除采用高导热系数的材料做肋片外，薄肋优于厚肋，且肋应加在表面传热系数小的一侧。

当安装肋有利于增加传热量时，应把肋尽可能地设置得密集一些，以增加总的传热面积。但两个相邻肋片间的距离不应比肋表面的流体边界层的厚度的两倍小，否则将引起边界层的互相干扰，反而降低换热效果。

2.6 二维稳态导热问题

由导热通用微分方程式（2-12）可得到二维稳态导热微分方程。对常物性、无内热源的二维稳态导热，其导热微分方程为

$$\frac{\partial^2 t}{\partial x^2}+\frac{\partial^2 t}{\partial y^2}=0 \tag{2-94}$$

对于形状简单（如规则的矩形）的物体的二维导热，在线性的边界条件下，利用分离变量法求解式（2-94）可得到一个由无穷级数组成的复杂解析解。而对于形状复杂以及非线性边界条件的情况，通常难以得到解析解，只能通过数值计算的方法求解导热物体内离散坐标上分布的温度场等。对于特殊的应用场合，如两个边界的温度恒定的物体的导热的工程计算，还可以利用所谓导热形状因子法进行简化求解。

2.6.1 二维稳态导热的解析解——分离变量法

我们以如图 2-29 所示的矩形直肋的二维导热为例来简要介绍分离变量法。已知肋的厚度为 δ，肋根温度为 t_0。当肋的高度远远大于肋的厚度时，可看作无限长的肋。假设肋的上下表面的表面传热系数很大，则肋的上下表面的温度等于环境的温度 t_∞，忽略沿肋的宽度方向的导热和前后两个侧面的对流。当材料各向同性、导热系数为常数时，其二维稳态导热方程为式（2-94），边界条件为

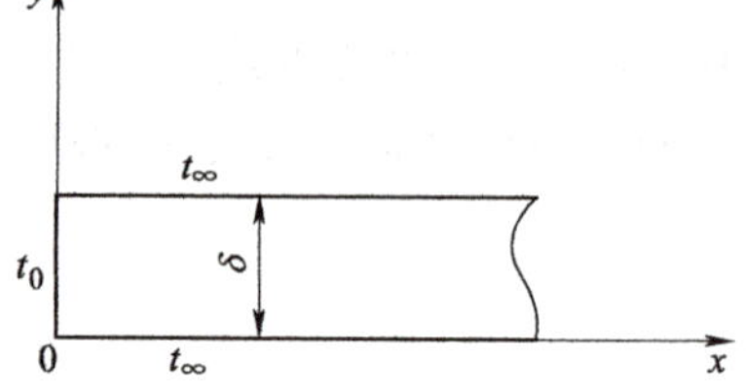

图 2-29 矩形直肋的二维导热

$$\begin{cases} t(0,y)=t_0, t(\infty,y)=t_\infty \\ t(x,0)=t_\infty, t(x,\delta)=t_\infty \end{cases} \tag{2-95}$$

引入过余温度 $\theta=t-t_\infty$，把导热方程及边界条件式（2-94）~式（2-95）转化为

$$\frac{\lambda^2\theta}{\partial x^2}+\frac{\partial^2\theta}{\partial y^2}=0 \tag{2-96a}$$

$$\theta(0,y)=t_0-t_\infty=\theta_0,\ \theta(\infty,y)=0 \tag{2-96b}$$

$$\theta(x,0)=0,\ \theta(x,\delta)=0 \tag{2-96c}$$

由于温度是坐标 x 和 y 的函数，因此，设温度具有下面的函数形式：

$$\theta(x,y)=X(x)Y(y) \tag{2-97}$$

将式（2-97）代入式（2-96a），得：

$$Y\frac{\mathrm{d}^2X}{\mathrm{d}x^2}+X\frac{\mathrm{d}^2Y}{\mathrm{d}y^2}=0$$

因此：

$$\frac{1}{X}\frac{\mathrm{d}^2X}{\mathrm{d}x^2}=-\frac{1}{Y}\frac{\mathrm{d}^2Y}{\mathrm{d}y^2} \tag{2-98}$$

由于方程两边分别是变量 x 和 y 的函数，它们要相等，只能都同时为常数。由边界条件式（2-96b）、式（2-96c）看到，y 方向是齐次的，因此，在应用分离变量法把式（2-98）转化为两个常微分方程时，应保证 y 方向成为特征值问题。

因此，令：$\frac{1}{X}\frac{\mathrm{d}^2X}{\mathrm{d}x^2}=-\frac{1}{Y}\frac{\mathrm{d}^2Y}{\mathrm{d}y^2}=\lambda^2$，$\lambda$ 为常数（注意：此处的 λ 是一个常数，不是物体的导热系数），得到两个常微分方程：

$$\frac{\mathrm{d}^2X}{\mathrm{d}x^2}-\lambda^2X=0 \tag{2-99a}$$

$$\frac{\mathrm{d}^2Y}{\mathrm{d}y^2}+\lambda^2Y=0 \tag{2-100a}$$

式（2-97）代入边界条件式（2-96b）、式（2-96c），分别得分离变量后的边界条件如下：

$$X(\infty)=0 \tag{2-99b}$$

$$Y(0)=0,Y(\delta)=0 \tag{2-100b}$$

式（2-100a）和式（2-100b）的解为

$$Y_n=A_n\sin(\lambda_n y) \tag{2-101a}$$

式（2-99a）和式（2-99b）的解为

$$X_n=B_n\mathrm{e}^{-\lambda_n x} \tag{2-101b}$$

式中，A_n、B_n为系数；$\lambda_n=\frac{n\pi}{\delta}$，$n=1$，2，3，…。

因此，$\theta_n=a_n\mathrm{e}^{-\lambda_n x}\sin(\lambda_n y)$，原方程的解为

$$\theta(x,y)=\sum_{n=1}^{\infty}a_n\mathrm{e}^{-\lambda_n x}\sin(\lambda_n y) \tag{2-102}$$

式中，a_n 为系数。

代入边界条件 $\theta(0,\ y)=t_0-t_\infty=\theta_0$，得

$$\theta_0=\sum_{n=1}^{\infty}a_n\mathrm{e}^{-\lambda_n x}\sin(\lambda_n y) \tag{2-103}$$

式（2-103）两边同乘以 $\sin(\lambda_n y)$，并沿肋的厚度积分，得：

$$a_n=\frac{2}{\delta}\theta_0\int_0^\delta\sin(\lambda_n y)\,\mathrm{d}y=\frac{2}{\delta}\theta_0\frac{1-(-1)^n}{\lambda_n}$$

因此，得：

$$\theta(x,y)=\frac{2}{\delta}\theta_0\sum_{n=1}^{\infty}\frac{1-(-1)^n}{\lambda_n}\mathrm{e}^{-\lambda_n x}\sin(\lambda_n y)$$

当 n 为奇数时，$1-(-1)^n=2$；当 n 为偶数时，$1-(-1)^n=0$。定义整数 k，令 $n=2k+1$，$k=0$，1，2，3，…，则上式化简为

$$\frac{\theta(x,y)}{\theta_0}=\frac{4}{\pi}\sum_{k=0}^{\infty}\frac{1}{2k+1}\mathrm{e}^{-\frac{2k+1}{\delta}\pi x}\sin\left(\frac{2k+1}{\delta}\pi y\right) \tag{2-104}$$

上述求解方法称为分离变量法。分离变量法得到的解为复杂的级数解，使用起来十分不方便。工程上遇到的一些特殊情况下的计算，通常采用相对简单的形状因子法来计算传热量。

2.6.2 形状因子法

假设一个任意形状的物体，其材料导热系数为常数，无内热源，具有温度均匀、恒定的等温表面 1 和 2，温度分别为 t_1、t_2，且 $t_1>t_2$，其他表面绝热，如图 2-30 所示。这显然是一个多维稳态导热问题。

根据平壁及圆筒壁的稳态导热的计算公式，其导热量可表示为两个等温表面温度和它们之间的热阻的商的形式：

$$\Phi = \frac{t_1 - t_2}{R_\lambda}$$

其中，导热热阻 R_λ 只与物体的导热系数和物体的几何形状及尺寸大小有关，并且与导热系数 λ 成反比。我们把导热热阻表示为下式的形式：

$$R_\lambda = (S\lambda)^{-1} \tag{2-105}$$

式中，S 为反映导热物体几何形状的系数，称为形状因子（m）。

图 2-30　任意形状的多维稳态导热

与具有第一类边界条件的单层平壁、圆筒壁、球壁的一维稳态导热问题的热阻表达式进行对比，可知它们的形状因子分别为

单层平壁：$S=\dfrac{A}{\delta}$

圆筒壁：　$S=\dfrac{2\pi l}{\ln(d_2/d_1)}$

球壁：　$S=\dfrac{\pi d_1 d_2}{\delta}$

导热热流量计算如下：

$$\Phi = S\lambda(t_1 - t_2) \tag{2-106}$$

形状因子法大大地简化了复杂传热问题的计算，它只适用于两个等温表面间的导热热流量的计算。表 2-5 给出了部分工程上常用的复杂传热问题的形状因子的计算公式。

表 2-5　部分工程上常用的复杂传热问题的形状因子的计算公式

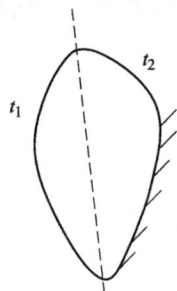

类型	图　示	公　式
地下埋管	t_2，H，t_1，d，l	当 $d \ll H$，$H \ll l$ 时，$S=\dfrac{\dfrac{2\pi l}{\ln(2l/d)}}{1+\ln\dfrac{d}{l}}$ 当 l 无限长时，每米管长的导热形状因子 $\dfrac{S}{l}=\dfrac{2\pi}{\mathrm{arch}\dfrac{2H}{d}}$ 当 $H>2d$ 时，$\dfrac{S}{l}=\dfrac{2\pi}{\ln\dfrac{4H}{d}}$

（续）

类型	图　示	公　式
地下埋管	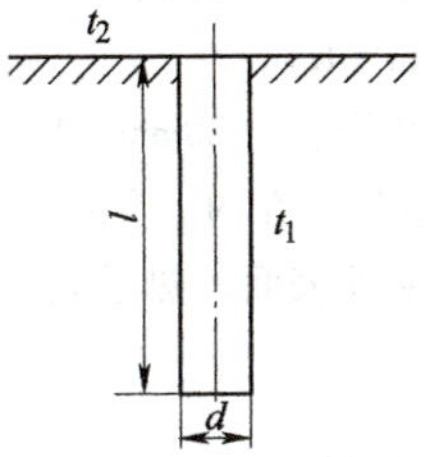	当 $d \ll l$ 时 $$S=\frac{2\pi l}{\ln\frac{4l}{d}}$$
地下埋管	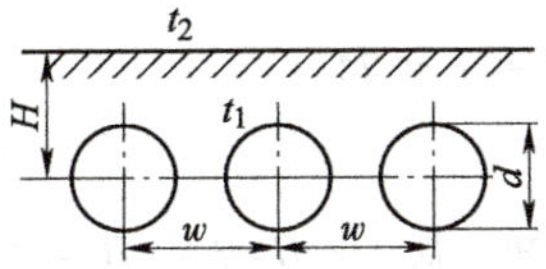	当 $d<H$，$d \ll l$ 时，l 为管子长度，对每根管： $$S=\frac{2\pi l}{\ln\left[\frac{2w}{\pi d}\mathrm{sh}\left(2\pi\frac{H}{w}\right)\right]}$$
地下深埋双管	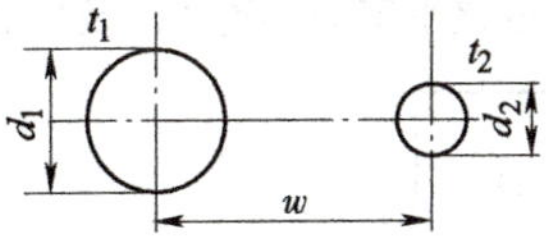	管子长度 $l \gg d_1$ 时（$d_1>d_2$） $$S=\frac{2\pi l}{\mathrm{arch}\frac{w^2-r_1^2-r_2^2}{2r_1r_2}}$$
圆管外包方形保温层	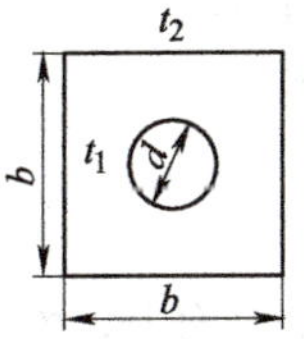	当管子长度 $l \gg d$ 时 $$S=\frac{2\pi l}{\ln\left(1.08\frac{b}{d}\right)}$$
管道偏心热绝缘	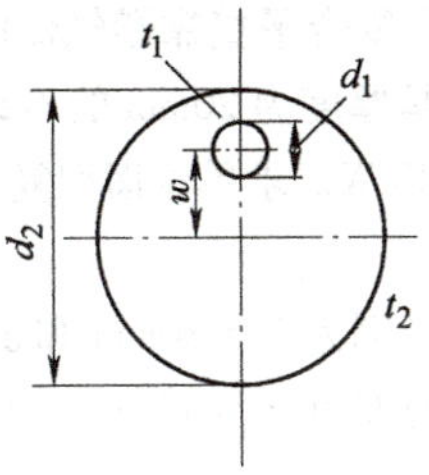	当管子长度 $l \gg d_2$ 时 $$S=\frac{2\pi l}{\ln\frac{\sqrt{(d_2+d_1)^2-4w^2}+\sqrt{(d_2-d_1)^2-4w^2}}{\sqrt{(d_2+d_1)^2-4w^2}-\sqrt{(d_2-d_1)^2-4w^2}}}$$

习　题

2.1　有一实验室的加热炉，炉墙为耐火砖，厚为 0.2m，导热系数 $\lambda=1.0\mathrm{W/(m\cdot K)}$，其外表面包了一层厚为 0.03m，导热系数 $\lambda=0.07\mathrm{W/(m\cdot K)}$ 的隔热层。炉墙的内表面温度为 1250K，隔热层的外表面温度为 310K。求通过炉墙的稳态传热热流密度，并计算耐火砖与隔热层的界面温度。

2.2　若习题 2.1 中通过炉墙的最大允许热流密度为 $900\mathrm{W/m^2}$，问隔热层应为多厚？耐火砖和隔热层的材料与习题 2.1 相同。

2.3　一个简单的测量铜板的导热系数的试验如下：纯铜板的厚度为 2cm，两表面分别维持在 500℃和 300℃，测得通过铜板的热流密度为 $3.633\mathrm{MW/m^2}$。该材料 150℃时的导热系数 $\lambda=371.9\mathrm{W/(m\cdot K)}$，请确定它的导热系数形如式（2-10b）的表达式。

2.4 一个透明的薄膜型加热器件贴在汽车后窗的内表面上除雾。通电加热该器件，玻璃内表面上的热流密度可按要求确定。若汽车内空气温度为25℃，表面传热系数为10W/(m^2·K)，车窗外的环境空气温度为-10℃，表面传热系数为65W/(m^2·K)，车窗厚度为4mm。要保持车窗内表面温度为15℃，车窗单位面积上需要的电功率是多少？已知车窗玻璃的导热系数为1.4W/(m·K)。

2.5 房屋的墙壁由木版、玻璃纤维绝热层和灰浆层组成，厚度分别为20mm、100mm、10mm，导热系数分别为0.12W/(m·K)、0.038W/(m·K)、0.17W/(m·K)，灰浆层在内。在寒冷的冬季，室内温度为20℃，表面传热系数为30W/(m^2·K)，墙壁的总面积为350m^2。室外表面传热系数为60W/(m^2·K)，室外的温度（单位为K）在一昼夜里按下式变化：

$$t=\begin{cases}273+5\sin\left(\dfrac{2\pi}{24}\tau\right), & 0\leqslant\tau\leqslant 12\\[2ex] 273+11\sin\left(\dfrac{2\pi}{24}\tau\right), & 12\leqslant\tau\leqslant 24\end{cases}$$

求一昼夜通过墙壁的热损失。

2.6 一复合平壁如图2-31所示，它的上、下两边绝热。已知：总厚度$H=3$m，$H_B=H_C=1.5$m，$L_1=L_3=0.05$m，$L_2=0.10$m，$\lambda_A=\lambda_D=50$W/(m·K)，$\lambda_B=10$W/(m·K)，$\lambda_C=1$W/(m·K)，$t_i=200$℃，$h_i=50$W/(m^2·K)，$t_o=250$℃，$h_o=10$W/(m^2·K)。求穿过单位长度该平壁的热流量以及界面温度T_1、T_2。

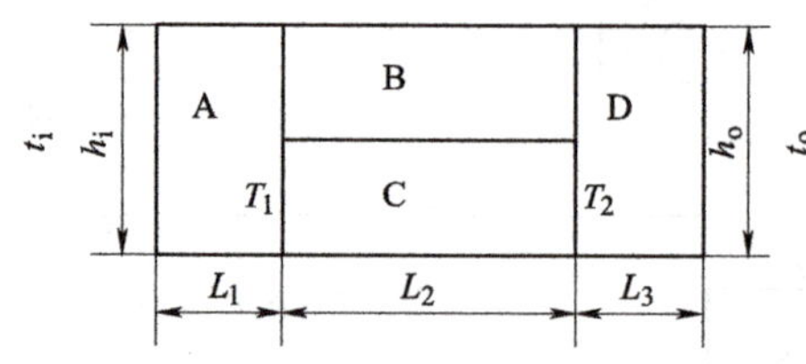

图2-31 习题2.6图

2.7 一复合平壁将温度为2600℃的燃气和100℃的液体冷却介质分开，燃气侧的表面传热系数为50W/(m^2·K)，冷却介质侧的表面传热系数为1000W/(m^2·K)，复合平壁靠燃气侧的是厚度为10mm的氧化铍层，导热系数为21.5W/(m·K)，复合平壁冷却介质侧的是厚度为20mm的不锈钢板层，导热系数为25.4W/(m·K)，氧化铍和不锈钢板间的接触热阻为0.05m^2·K/W。求单位面积复合平壁上的散热量及界面处氧化铍和不锈钢板的温度。

2.8 一个复合平壁由3层材料构成，两侧材料A、C的厚度分别为$\delta_A=30$mm和$\delta_C=20$mm，导热系数分别为$\lambda_A=25$W/(m·K)和$\lambda_C=50$W/(m·K)，中间材料B的厚度$\delta_B=60$mm。B中有均匀的内热源$\dot{\Phi}$(W/m^3)，A、C中无内热源。A、C的外表面暴露于25℃的流体中，表面传热系数为1000W/(m^2·K)，A、B界面处的温度为261℃，B、C界面处的温度为211℃。如果忽略界面处的接触热阻，试确定B中的内热源$\dot{\Phi}$和B的导热系数。

2.9 外径为100mm的蒸汽管道，覆盖密度为20kg/m^{3}的超细玻璃棉保温层。已知蒸汽管道的外壁面温度为400℃，希望保温层的外表面温度不超过50℃，且每米长的管道的热损失小于163W，试确定保温层的厚度。

2.10 一管道内部为水，被温度为1000℃的烟气加热，管内沸水的温度为200℃，烟气与管道外表面的总表面传热系数为100W/(m^2·K)，沸水与管道内表面间的表面传热系数为5000W/(m^2·K)，管壁厚为6mm，管壁导热系数为42W/(m·K)，外径为52mm。计算下列情况下单位长度管道的传热量。

1）换热表面是干净的。

2）外表面结了一层1mm厚的灰尘，其导热系数为0.08W/(m·K)。

3）内表面结了一层2mm厚的水垢，其导热系数为1W/(m·K)。

2.11 一试验型核反应堆燃料单元由细铝管（包覆金属）内填充核燃料构成。核燃料芯棒的直径为 $2r_s$，下标 s 表示核燃料的外表面（或包覆金属的内表面）。界面的温度为 T_s 用热电偶测量。已知核燃料的导热系数 $\lambda_f = 2.5\text{W}/(\text{m}\cdot\text{K})$，核燃料的发热量（内热源）$q''' = 6.5\times10^5\text{W/m}^3$，界面的温度 $T_s = 550\text{K}$，$r_s = 0.08\text{m}$。试确定核燃料棒中的最高温度。

2.12 一根用于输送冷流体的不锈钢管，内径为 36mm，壁厚为 2mm，冷流体和管外环境空气的温度分别为 6℃和 23℃，管内、外表面的表面传热系数分别为 $400\text{W}/(\text{m}^2\cdot\text{K})$ 和 $6\text{W}/(\text{m}^2\cdot\text{K})$。求：

1）单位长度该管的得热量。

2）如果在管外加一层 10mm 厚的硅酸钙绝热层［导热系数为 $0.05\text{W}/(\text{m}\cdot\text{K})$］，则单位长度该管的得热量变为多少？假设传热为一维稳态、常物性，并忽略辐射换热。

2.13 一个直径为 3mm 的球形探头，插入人体 37℃的某处组织，然后令其表面保持-30℃，在探头的在周围逐渐形成一层球形的冰冻组织，该冰冻组织与正常组织之间的相变交界面处的温度为 0℃。如果冰冻组织的导热系数为 $1.5\text{W}/(\text{m}\cdot\text{K})$，且可用 $50\text{W}/(\text{m}^2\cdot\text{K})$ 的有效表面传热系数来表示相变交界面处的传热，求冰冻组织的厚度。忽略探头和冰冻组织间的接触热阻。

2.14 一个内外半径分别为 r_1、r_2 的球壳，中间充满了产热材料，产热量为 q 单位为（W/m^3）。球壳的外表面暴露于温度为 t_∞ 的流体中，表面传热系数为 h。求球壳中的温度分布。

2.15 在一个直径 3m 的球形罐中贮存着-60℃的液化石油气，在罐的外表面加了一层厚度为 250mm、导热系数为 $0.06\text{W}/(\text{m}\cdot\text{K})$ 的绝热材料，以减少罐从环境中吸收的热。求：

1）当环境空气为 20℃，外表面上的表面传热系数为 $6\text{W}/(\text{m}^2\cdot\text{K})$ 时，确定绝热层中 0℃的位置。

2）如果绝热材料会吸收空气中的水分，在绝热层中形成冰，从而增加了通过绝热层的传热量（冰的导热系数约是该绝热层的 2 倍）。那么应在什么位置安装蒸汽隔离屏？

2.16 圆筒壁和圆球壁的内外半径分别为 r_1 和 r_2，给定内外表面温度 t_1 和 t_2，壁内有均匀的内热源 $\dot{\Phi}$（单位为 W/m^3），试推导它们一维稳态导热的温度的表达式。

2.17 计算下面两种材料的矩形直肋的效率。已知肋高为 15.24mm，肋厚为 2.54mm。

1）铝肋：导热系数 $\lambda = 207.64\text{W}/(\text{m}\cdot\text{K})$，肋的表面传热系数 $h = 283.9\text{W}/(\text{m}^2\cdot\text{K})$。

2）钢肋：导热系数 $\lambda = 41.5\text{W}/(\text{m}\cdot\text{K})$，肋的表面传热系数 $h = 510.9\text{W}/(\text{m}^2\cdot\text{K})$。

2.18 一矩形环肋，肋厚为 4mm，内半径为 60mm，外半径为 90mm，导热系数为 $50\text{W}/(\text{m}\cdot\text{K})$，肋根温度为 120℃，周围流体温度为 30℃，表面传热系数为 $25\text{W}/(\text{m}^2\cdot\text{K})$，计算它的散热量。

第3章

非稳态导热

非稳态导热是指温度场随时间变化的导热过程。在自然界和工程上许多导热过程为非稳态，即温度是时间的函数，可表示为 $t=f(\tau)$。例如，在冶金、热处理与热加工过程中，工件被加热或冷却的过程就是一个工件的温度不断升高或降低的过程。建筑物的墙体在一天中受太阳辐射及大气环境的影响，其温度分布不断周期性变化的过程也是非稳态的导热过程。发动机在起动、停止以及变工况过程引起的发动机气缸壁内的温度的变化也是非稳态的导热过程。非稳态的导热过程通常是由于边界条件的变化所引起的。它分为周期性和非周期性（瞬态）的非稳态导热。在周期性非稳态导热过程中，物体的温度分布按一定的周期发生变化，是一种准稳态的过程。在非周期性非稳态导热（瞬态导热）过程中，物体的温度随时间不断地升高（加热过程）或降低（冷却过程），在经历相当长时间后，物体温度逐渐趋近于周围介质温度，最终达到热平衡。例如，热处理时把红热的铁块投入凉水中的淬火过程，就是一个铁块温度不断降低最后和冷却水达到热平衡的过程，从而其温度不再变化。我们学习和研究非稳态导热的目的在于掌握温度分布和热流量分布随时间和空间的变化规律，为工程设计和热工过程控制服务。通过在导热物体内部取一个微元体，根据能量守恒定律，就可以得到它的导热微分方程，如式（3-1）的通用形式：

$$\rho c\frac{\partial t}{\partial \tau}=\frac{\partial}{\partial x}\left(\lambda\frac{\partial t}{\partial x}\right)+\frac{\partial}{\partial y}\left(\lambda\frac{\partial t}{\partial y}\right)+\frac{\partial}{\partial z}\left(\lambda\frac{\partial t}{\partial z}\right)+\dot{\Phi} \tag{3-1}$$

求解式（3-1）就可以得到温度随时间和空间分布的表示式。求解方法包括分析解法、近似分析法、数值解法。分析解法包括分离变量法、积分变换、拉普拉斯变换及其逆变换、傅里叶变换及其逆变换等方法。对于形状较规则和初始条件、边界条件较简单的情况下的非稳态导热，可得到一个由无穷级数组成的解析解。对于满足一定条件的非稳态导热，可在一定简化处理后得到一个形式简单实用的近似解。近似分析法包括集总参数法、积分法、瑞利-里兹法等方法。而对于多数的非稳态导热，则更多地要借助于数值解法，求得在一系列离散空间和时间坐标处的温度和热流密度等的分布，数值解法包括有限差分法、蒙特卡罗法、有限元法、分子动力学模拟等方法。

本章只对无限大平板非稳态导热分析解法中的分离变量法、近似分析法中的集总参数法以及数值解法中的有限差分法（主要讨论基于能量守恒的控制容积法，详见第 4 章）进行介绍。对半无限大物体的非稳态导热和周期性非稳态导热不做介绍。

3.1 一维非稳态导热的解析解

3.1.1 一维非稳态导热的分离变量法

本节以无限大平板的一维非稳态导热为例，讨论分离变量法求解的解析解。设有一厚度为 2δ 的无限大平板，材料的导热系数 λ、密度、比热容等物性参数为常数，无内热源，初始温度为 t_0。在某一时刻突然将它放在两侧温度为 t_∞ 的流体中，并保持流体温度不变。假设平板表面与流体间的表面传热系数 h 为常数。

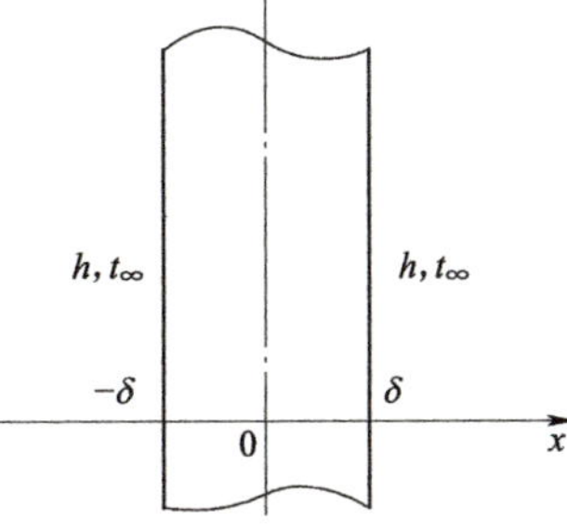

图 3-1 无限大平板的一维非稳态导热

这是一个在第三类边界条件下的一维非稳态导热过程。由于对称性，只取它的一半进行研究，坐标原点取在平板的中心，如图 3-1 所示。其一维非稳态导热微分方程及其初始、边界条件分别为

$$\frac{\partial t}{\partial \tau}=a\frac{\partial^2 t}{\partial x^2} \tag{3-2a}$$

$$\tau=0, t=t_0 \tag{3-2b}$$

$$x=0, \frac{\partial t}{\partial x}=0 \tag{3-2c}$$

$$x=\delta, -\lambda\frac{\partial t}{\partial x}=h(t-t_\infty) \tag{3-2d}$$

边界条件（3-2d）非齐次。为使其齐次化，引入过余温度 $\theta=t-t_\infty$，把式（3-2）转化为

$$\frac{\partial \theta}{\partial \tau}=a\frac{\partial^2 \theta}{\partial x^2} \tag{3-3}$$

$$\begin{cases}\tau=0, \ \theta=\theta_0=t_0-t_\infty & (3\text{-}4\text{a})\\ x=0, \ \dfrac{\partial \theta}{\partial x}=0 & (3\text{-}4\text{b})\\ x=\delta, \ -\lambda\dfrac{\partial \theta}{\partial x}=h\theta & (3\text{-}4\text{c})\end{cases}$$

由于温度是空间坐标 x 和时间 τ 的函数，因此假设过余温度可表示为一个空间函数 $X(x)$ 和一个时间函数 $T(\tau)$ 的乘积，即

$$\theta(x,\tau)=X(x)T(\tau) \tag{3-5}$$

把式（3-5）代入式（3-3），得：

$$\frac{\mathrm{d}T}{aT\mathrm{d}\tau}=\frac{1}{X}\frac{\mathrm{d}^2X}{\mathrm{d}x^2}$$

由于等号两边分别是时间和空间的函数，如果它们相等，则等号两边必须都等于同一个常数。这样，原来的偏微分方程式（3-3）就转换为两个常微分方程。这种方法称为分离变

量法。由于空间坐标方向的边界条件是齐次的，在应用分离变量法时，要使空间坐标 x 的方程成为特征值问题。因此令该等式等于一个负的常数，即

$$\frac{\mathrm{d}T}{aT\mathrm{d}\tau}=\frac{1}{X}\frac{\mathrm{d}^2X}{\mathrm{d}x^2}=-\mu^2$$

式中，μ 为分离常数。

同样把式（3-5）代入边界条件式（3-4），整理后可得到两个常微分方程及其对应的边界条件如下：

$$\frac{\mathrm{d}^2X}{\mathrm{d}x^2}+\mu^2X=0 \tag{3-6a}$$

$$x=0,\ \frac{\mathrm{d}X}{\mathrm{d}x}=0 \tag{3-6b}$$

$$x=\delta,\ -\lambda\frac{\mathrm{d}X}{\mathrm{d}x}=hX \tag{3-6c}$$

$$\frac{\mathrm{d}T}{\mathrm{d}\tau}+a\mu^2T=0 \tag{3-7}$$

方程式（3-6a）的通解为

$$X(x)=C_1\cos(\mu x)+C_2\sin(\mu x) \tag{3-8}$$

方程式（3-7）的通解为

$$T(\tau)=C_3\exp(-a\mu^2\tau) \tag{3-9}$$

由边界条件式（3-6b），得：

$$C_2=0 \tag{3-10}$$

由边界条件式（3-6c），得：

$$\cot(\mu\delta)=\frac{\mu\lambda}{h}=\frac{\mu\delta}{Bi} \tag{3-11}$$

式中，Bi 为毕奥数，表示平板的导热热阻和其表面的对流换热热阻的比，$Bi=\frac{h\delta}{\lambda}=\frac{\delta/\lambda}{1/h}$。

为简单起见，令 $\beta=\mu\delta$，则式（3-11）变为

$$\cot\beta=\frac{\mu\lambda}{h}=\frac{\beta}{Bi} \tag{3-12}$$

式（3-12）是一个超越方程，其解为两条曲线 $y=\cot\beta$ 和 $y=\beta/Bi$ 的交点，是一系列的离散值 β_1、β_2、β_3，…，β_n，称为特征值。表 3-1 给出了部分对应不同的毕奥数的 β 值。

对应一个 Bi，出现了若干个满足方程式（3-11）的特解 μ_n，因此得到若干个方程式（3-6a）的特解：

$$X_n(x)=C_{1n}\cos(\mu_nx)=C_{1n}\cos\left(\frac{\beta_n}{\delta}x\right) \tag{3-13}$$

对应这些 β_n，式（3-7）的特解，式（3-9）重写为式（3-14）：

$$T_n(\tau)=C_{3n}\exp\left(-a\frac{\beta_n^2}{\delta^2}\tau\right) \tag{3-14}$$

式（3-13）和式（3-14）代入式（3-8）得过余温度的特解为

表 3-1　对应不同的毕奥数的 β 值

Bi	β_1	β_2	β_3	Bi	β_1	β_2	β_3
0	0	3.1416	6.2632	1.0	0.8603	3.4256	6.4373
0.001	0.0316	3.1419	6.2833	1.5	0.9882	3.5422	6.5075
0.002	0.0447	3.1422	6.2835	2.0	1.0769	3.6436	6.5783
0.004	0.0632	3.1429	6.2838	3.0	1.1925	3.8088	6.7040
0.006	0.0774	3.1435	6.2841	4.0	1.2646	3.9352	6.8140
0.008	0.0893	3.1441	6.2845	5.0	1.3138	4.0336	6.9096
0.01	0.0998	3.1448	6.2848	6.0	1.3496	4.1116	6.9924
0.02	0.1410	3.1479	6.2864	7.0	1.3766	4.1746	7.0640
0.04	0.1987	3.1543	6.2895	8.0	1.3978	4.2264	7.1263
0.06	0.2425	3.1606	6.2927	9.0	1.4149	4.2694	7.1806
0.08	0.2791	3.1668	6.2959	10.0	1.4289	4.3058	7.2281
0.1	0.3111	3.1731	6.2991	15.0	1.4729	4.4255	7.3959
0.2	0.4328	3.2039	6.3148	20.0	1.4961	4.4915	7.4954
0.3	0.5218	3.2341	6.3305	30.0	1.5202	4.5615	7.6057
0.4	0.5932	3.2636	6.3461	40.0	1.5325	4.5979	7.6647
0.5	0.6533	3.2923	6.3616	50.0	1.5400	4.6202	7.7012
0.6	0.7051	3.3204	6.3770	60.0	1.5451	4.6353	7.7259
0.7	0.7506	3.3477	6.3923	80.0	1.5514	4.6543	7.7573
0.8	0.7910	3.3744	6.4074	100.0	1.5552	4.6658	7.7764
0.9	0.8274	3.4003	6.4224	∞	1.5708	4.7124	7.8540

$$\theta_n(x,\tau)=X_n(x)T_n(\tau)=A_n\cos\left(\frac{\beta_n}{\delta}x\right)\exp\left(-a\frac{\beta_n^{\ 2}}{\delta^2}\tau\right) \tag{3-15}$$

取过余温度特解的线性叠加作为最终的解：

$$\theta(x,\tau)=X(x)T(\tau)=\sum_{n=1}^{\infty}A_n\cos\left(\frac{\beta_n}{\delta}x\right)\exp\left(-a\frac{\beta_n^2}{\delta^2}\tau\right) \tag{3-16}$$

令 $Fo=\dfrac{a\tau}{\delta^2}$，$Fo$ 称为傅里叶数，表示非稳态导热过程的无量纲时间，则式（3-16）变为

$$\theta(x,\tau)=\sum_{n=1}^{\infty}A_n\cos\left(\frac{\beta_n}{\delta}x\right)\exp(-\beta_n^2Fo) \tag{3-17}$$

式（3-17）代入初始条件式（3-4a），且等式两边同乘以 $\cos\left(\dfrac{\beta_n}{\delta}x\right)$，并在 $0\sim\delta$ 上积分，可确定系数 A_n：

$$A_n=\frac{2\sin\beta_n}{\beta_n+\sin\beta_n\cos\beta_n}\theta_0 \tag{3-18}$$

将式（3-18）代入式（3-17），得到采用分离变量法的过余温度的解析解：

$$\frac{\theta(x,\tau)}{\theta_0}=\sum_{n=1}^{\infty}\frac{2\sin\beta_n}{\beta_n+\sin\beta_n\cos\beta_n}\cos\left(\beta_n\frac{x}{\delta}\right)e^{-\beta_n^2 Fo} \tag{3-19}$$

式（3-19）是在第三类边界条件下大平板的温度分布，对平板被加热和被冷却的情况都是适用的。它也适用于大平板一侧表面绝热、另一侧表面是第三类边界条件的情况。

在第一类边界条件下，如其初始温度为 t_0。在某一时刻突然将它的两侧表面温度降低为 t_1，并保持表面温度不变。由于对称性，我们同样只取它的一半进行研究，坐标原点取在平板的中心。令过余温度 $\theta=t-t_1$，其导热微分方程还是式（3-3），此时的初始和边界条件修正为式（3-4a′）、式（3-4b）和式（3-4c′）：

$$\tau=0,\theta=\theta_0=t_0-t_1 \tag{3-4a′}$$

$$x=0,\ \frac{\partial\theta}{\partial x}=0 \tag{3-4b}$$

$$x=\delta,\ \theta=0 \tag{3-4c′}$$

采用分离变量法，可得：

$$\theta(x,\tau)=\sum_{n=1}^{\infty}A_n\cos\left(\frac{n\pi}{2\delta}x\right)\exp\left[-\left(\frac{n\pi}{2\delta}\right)^2 a\tau\right] \tag{3-20a}$$

由初始条件式（3-4a′）确定系数：

$$A_n=\frac{4}{n\pi}\sin\left(\frac{n\pi}{2}\right)\theta_0 \tag{3-20b}$$

所以，第一类边界条件下大平板一维非稳态导热的解析解为

$$\frac{\theta(x,\tau)}{\theta_0}=\frac{4}{\pi}\sum_{n=1}^{\infty}\frac{1}{n}\sin\left(\frac{n\pi}{2}\right)\cos\left(\frac{n\pi}{2\delta}x\right)\exp\left[-\left(\frac{n\pi}{2\delta}\right)^2 a\tau\right] \tag{3-21}$$

当 n 为偶数时，式（3-21）中的 $\sin\left(\frac{n\pi}{2}\right)=0$，当 n 为奇数时，$\sin\left(\frac{n\pi}{2}\right)=1$ 或 -1，因此，令 $n=2k-1$，$k=1$，2，3，…，则式（3-21）等同于式（3-22）：

$$\frac{\theta(x,\tau)}{\theta_0}=\frac{4}{\pi}\sum_{k=1}^{\infty}\frac{(-1)^{k+1}}{2k-1}\cos\left(\frac{2k-1}{2\delta}\pi x\right)\exp\left[-\left(\frac{2k-1}{2\delta}\pi\right)^2 a\tau\right] \tag{3-22}$$

第一类边界条件可以看成当 $Bi\to\infty$ 时的第三类边界条件（表面传热系数无穷大时，则物体的表面温度迅速等于周围的流体温度）。因此，如取 $Bi\to\infty$ 时的 $\beta_1=1.5708$，则式（3-19）和式（3-22）的第一项的结果是一样的。

3.1.2 非稳态导热的正规热状况和温度分布的诺谟图

由分离变量法得到的非稳态导热的解析解是无穷级数，如式（3-19），使用非常不方便。研究表明，当 $Fo\geqslant0.2$ 时，可取式（3-19）的第一项代替整个无穷级数，其计算结果的误差在1%以内，足以满足工程计算的需要。

当 $Fo\geqslant0.2$ 时

$$\frac{\theta(x,\tau)}{\theta_0}=\frac{2\sin\beta_1}{\beta_1+\sin\beta_1\cos\beta_1}\cos\left(\beta_1\frac{x}{\delta}\right)e^{-\beta_1^2 Fo} \tag{3-23}$$

对式（3-23）两边取对数，得：

$$\ln\theta=-m\tau+\ln\left[\theta_0\frac{2\sin\beta_1}{\beta_1+\sin\beta_1\cos\beta_1}\cos\left(\beta_1\frac{x}{\delta}\right)\right] \tag{3-24}$$

式中，当平壁及其边界条件给定之后，m 为一常数，$m=\beta_1^2\dfrac{a}{\delta^2}$。

式（3-24）等号右边的第二项只与 Bi、x/δ 有关，与时间无关。以时间为横坐标、$\ln\theta$ 为纵坐标，把式（3-24）绘成曲线，如图 3-2 所示。可以发现，在经过了一段时间 τ'后，在平板内不同 x 处的 $\ln\theta$ 的分布是平行的直线。也就是说，当非稳态导热进行到一定时间后，初始温度分布的影响逐渐消失，物体中不同时刻的温度分布主要取决于其物性和边界条件。我们把时刻 τ'以后的非稳态导热阶段称为正规热状况阶段。即：当 $Fo>0.2$，即 $\tau>\tau'=0.2\delta^2/a$ 后，平壁内所有各点过余温度的对数都随时间线性变化，并且变化曲线的斜率都相等（斜率等于 m），这是非稳态导热正规热状况阶段的第一个特点。

对式（3-24）两边对时间求导，得：

$$\frac{1}{\theta}\frac{\partial\theta}{\partial\tau}=-m=-\beta_1^2\frac{a}{\delta^2} \tag{3-25}$$

式（3-25）表明参数 m 的物理意义就是过余温度对时间的相对变化率，单位是 1/s，通常称为冷却率（或加热率）。当 $Fo\geqslant0.2$ 时，物体的非稳态导热进入正规状况阶段后，所有各点的冷却率或加热率 m 都相同，且不随时间变化而变化，m 的数值取决于物体的物性参数、几何形状与尺寸大小以及表面传热系数。这是非稳态导热正规热状况阶段的第二个特点。

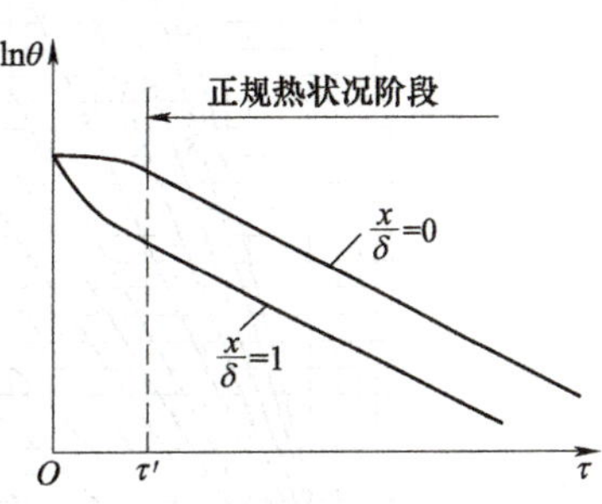

图 3-2 非稳态导热的正规热状况

由式（3-23）可得在平壁中心（即 $x=0$ 处）的过余温度：

$$\frac{\theta_m}{\theta_0}=\frac{2\sin\beta_1}{\beta_1+\sin\beta_1\cos\beta_1}e^{-\beta_1^2 Fo}=f(Bi,Fo) \tag{3-26}$$

式中，θ_m 为平壁中心的过余温度。

图 3-3 绘出了厚度为 2δ 的无限大平壁的中心平面温度分布曲线。

将式（3-23）除以式（3-26），得：

$$\frac{\theta}{\theta_m}=\frac{\theta/\theta_0}{\theta_m/\theta_0}=\cos\left(\beta_1\frac{x}{\delta}\right)=f\left(Bi,\frac{x}{\delta}\right) \tag{3-27}$$

式（3-27）表明，平板中任一点的过余温度和平板中心的过余温度的比只取决于毕奥数与几何位置，与时间无关。这是非稳态导热正规热状况阶段的第三个特点。利用这个特点，可以很容易地计算平板中任何坐标处的温度。图 3-4 绘出了厚度为 2δ 的无限大平壁任意位置的过余温度分布曲线。图 3-4 及后面的其他过余温度分布曲线广泛用于工程上的计算，被称为诺谟图或海斯勒图。在计算时，可先根据已知条件算出 $1/Bi$ 和 Fo 的数值，由图 3-3 查出平壁中心无量纲过余温度 θ_m/θ_0，由 $\theta_0=t_0-t_\infty$ 算出 θ_m，平壁中其他位置 x 处的温度可由图 3-4 查出 θ/θ_m，从而算出 θ，再算出 t。需要注意的是，图 3-3 和图 3-4 都是在 $Fo>0.2$ 时由式（3-26）和式（3-27）绘制的，它们只适用于 $Fo>0.2$ 的大平板在第三类边界条件下的非稳态导热。

由于我们在求解时考虑到对称性，只取了一半进行分析，平板中心即 $x=0$ 时的边界条件为绝热，因此上述结果也适用于一侧绝热、另一侧具有第三类边界条件且厚度为 δ 的平壁。另外，上述分析及图 3-3 和图 3-4 对平壁被加热的情况同样适用。

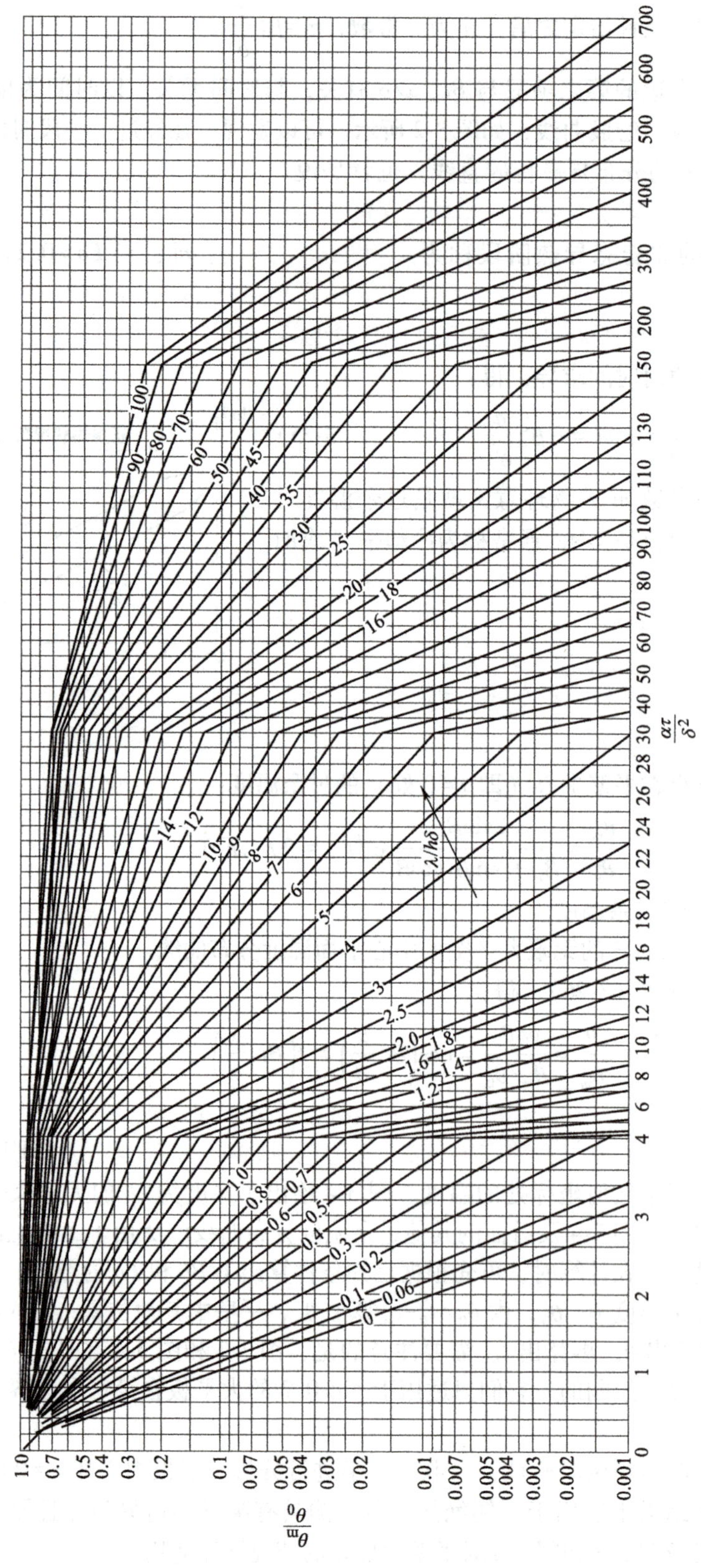

图 3-3　厚度为 2δ 的无限大平壁的中心平面温度分布曲线

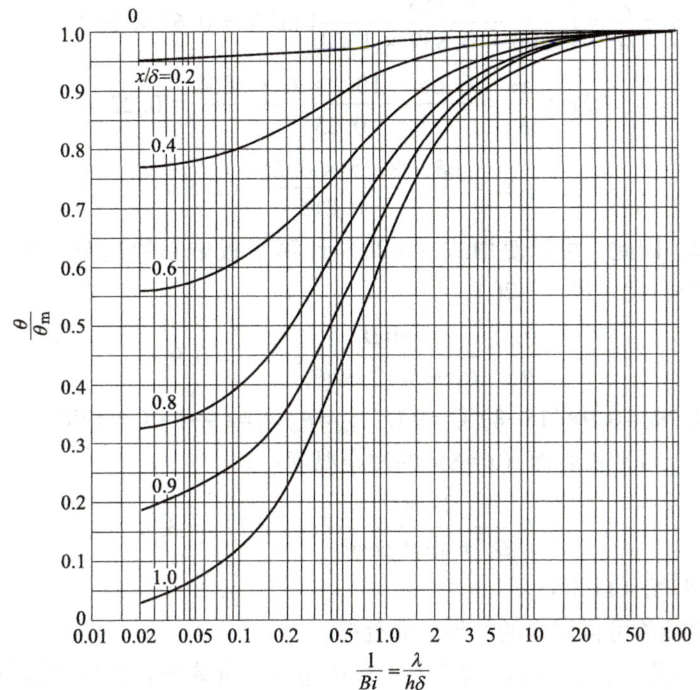

图 3-4　厚度为 2δ 的无限大平壁任意位置的过余温度分布曲线

例 3-1　有两块同样材料的平板 A 和 B，A 的厚度是 B 的两倍，从同一高温炉中取出置于冷流体中淬火。流体与各表面间的表面传热系数均可视为无限大。已知 B 中心点的过余温度下降到初始温度的一半时需要 20min，问 A 达到同样温度需要多少时间？

解： 由式（3-26）可知，平板中心的温度和毕奥数与傅里叶数有关，它们分别反映了平板的内外热阻和时间。当平板表面传热系数为无限大时，由毕奥数的定义，$Bi=\frac{h\delta}{\lambda}$，可知平板 A 和 B 的毕奥数相等（都趋于无限大），此时，如果两块平板的中心都达到相同的温度，则由式（3-26）知道，它们的傅里叶数一定相等。因此，这道题就变成了比较两块平板的傅里叶数。

$$Fo_A=\frac{a\tau_A}{\delta_A^2}=Fo_B=\frac{a\tau_B}{\delta_B{}^2}$$

$$\tau_A=\frac{\delta_A^2}{\delta_B^2}\tau_B=(4\times 20)\,\text{min}=80\text{min}$$

例 3-2　一无限大平壁厚度为 0.5m，热物性参数 $\lambda=0.815\text{W}/(\text{m}\cdot\text{K})$，$c=0.839\text{kJ}/(\text{kg}\cdot\text{K})$，$\rho=1500\text{kg}/\text{m}^3$，壁内初始温度均匀一致为 18℃，给定第三类边界条件：壁面两侧流体温度 8℃，流体与壁面的表面传热系数 $h=8.15\text{W}/(\text{m}^2\cdot\text{K})$。求 6h 后平壁中心及表面的温度。

解： 需要先确定毕奥数与傅里叶数，由傅里叶数的大小判断使用哪个公式或曲线图。

由已知条件得：

$$a=\frac{\lambda}{\rho c}=\left(\frac{0.185}{1500\times0.839\times1000}\right)\mathrm{m^2/s}=0.65\times10^{-6}\mathrm{m^2/s}$$

$$Fo=\frac{a\tau}{\delta^2}=\frac{0.65\times10^{-6}\times6\times3600}{0.25^2}=0.22$$

$$Bi=\frac{h\delta}{\lambda}=\frac{8.15\times0.25}{0.815}=2.5$$

因为 $Fo>0.2$，因此，可以使用式（3-26）计算平板中心的过余温度。由 $Bi=2.5$，查表，得 $\beta_1=1.1347$，代入式（3-26），得：

$$\frac{\theta_{\mathrm{m}}}{\theta_0}=\frac{2\sin\beta_1}{\beta_1+\sin\beta_1\cos\beta_1}\mathrm{e}^{-\beta_1^2Fo}=0.9$$

因此，$\theta_{\mathrm{m}}=0.9\theta_0=0.9\times(18-8)$℃$=9$℃，$t_{\mathrm{m}}=\theta_{\mathrm{m}}+t_{\mathrm{f}}=(9+8)$℃$=17$℃

由式（3-23），得平板表面（$x=\delta$）的过余温度：

$$\frac{\theta_{\mathrm{w}}}{\theta_0}=\frac{2\sin\beta_1}{\beta_1+\sin\beta_1\cos\beta_1}\cos\beta_1\mathrm{e}^{-\beta_1^2Fo}=3.8$$

因此，$t_{\mathrm{w}}=(3.8+8)$℃$=11.8$℃。

查图 3-3 和图 3-4 可得同样的结果，此处略。

非稳态导热过程中经过一段时间后大平板传递的热量等于其自身内能的变化，可表示为

$$Q=\int_V\rho c[t(x,\tau)-t_0]\mathrm{d}V=\int_V\rho c[\theta(x,\tau)-\theta_0]\mathrm{d}V=\rho cA\int_{-\delta}^{\delta}[\theta(x,\tau)-\theta_0]\mathrm{d}x$$

$$=2\rho cA\delta\theta_0\left[1-\sum_{n=1}^{\infty}\frac{2\sin^2\beta_n}{\beta_n^2+\beta_n\sin\beta_n\cos\beta_n}\exp(-\beta_n^2Fo)\right] \tag{3-28a}$$

式中，A 为大平板的单侧表面积；ρ、c、δ、θ_0分别为大平板的密度、比热容、半厚和初始过余温度。记 $Q_0=2\rho cA\delta\theta_0$，它表示大平板从初始温度变化到周围流体温度时的内能的最大变化量，则式（3-28a）可表示为

$$Q=Q_0\left[1-\sum_{n=1}^{\infty}\frac{2\sin^2\beta_n}{\beta_n^2+\beta_n\sin\beta_n\cos\beta_n}\exp(-\beta_n^2Fo)\right] \tag{3-28b}$$

当 $Fo\geqslant0.2$ 时，可取式（3-28b）的第一项代替整个无穷级数来计算大平板的非稳态导热热流量：

$$Q=Q_0\left[1-\frac{2\sin^2\beta_1}{\beta_1^2+\beta_1\sin\beta_1\cos\beta_1}\exp(-\beta_1^2Fo)\right] \tag{3-28c}$$

由式（3-28c）看到，大平板的非稳态导热热流量是 Bi 与 Fo 的函数，为便于工程计算，图 3-5 给出了厚度为 2δ 的大平板的非稳态导热热流量曲线。

对无限长圆柱在第三类边界条件下的非稳态一维导热（只沿径向）的解析解同样为无穷级数，并且是 Bi、Fo 和 r/R 的函数，即可以表示为

$$\frac{\theta}{\theta_0}=f\left(Bi,Fo,\frac{r}{R}\right)$$

式中，$Bi=\dfrac{hR}{\lambda}$；$Fo=\dfrac{a\tau}{R^2}$；R 为圆柱或球体的半径，θ_0 为圆柱或球体的初始过余温度。

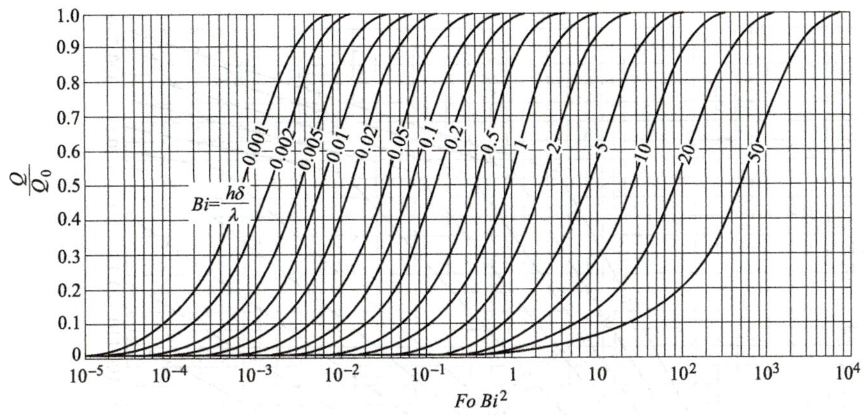

图 3-5 厚度为 2δ 的大平板的非稳态导热热流量曲线

当 $Fo \geqslant 0.2$ 时，无限长圆柱和球体的非稳态导热过程也都进入正规状况阶段，分析解可以近似地取无穷级数的第一项。图 3-6 给出了无限长圆柱在第三类边界条件下的非稳态一维导热热流量分布曲线，图中 $Q_0=\rho cV\theta_0$，V 为无限长圆柱或球的体积。图 3-7 给出了球在第三类边界条件下的非稳态一维导热热流量分布曲线。

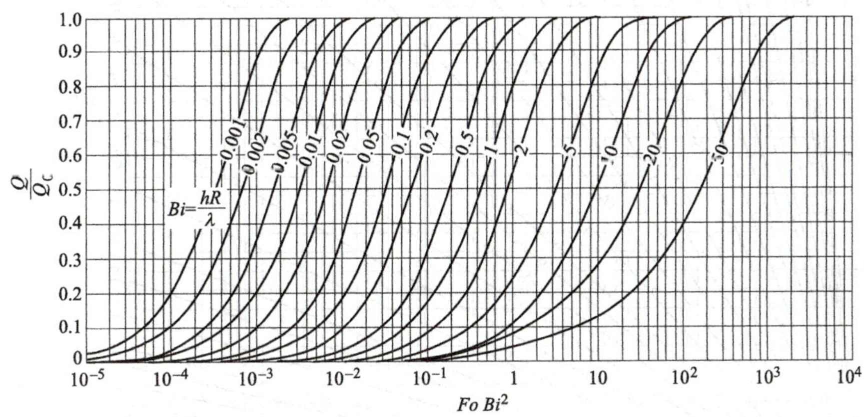

图 3-6 无限长圆柱在第三类边界条件下的非稳态一维导热热流量分布曲线

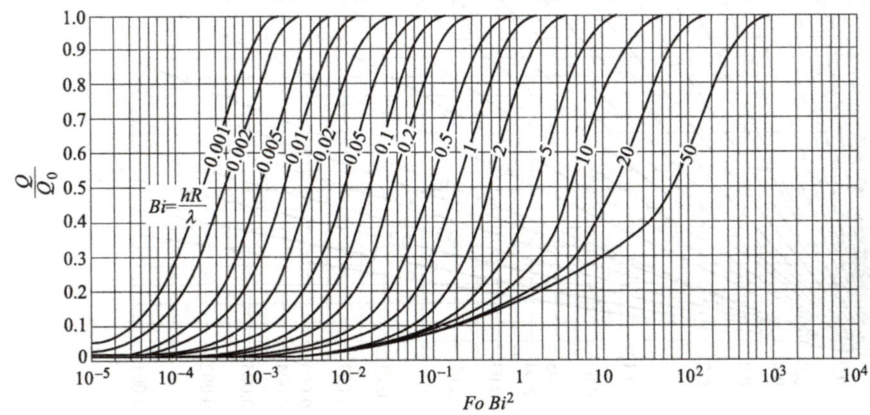

图 3-7 球在第三类边界条件下的非稳态一维导热热流量分布曲线

图 3-8 给出了半径为 R 的无限长圆柱中心过余温度分布曲线。

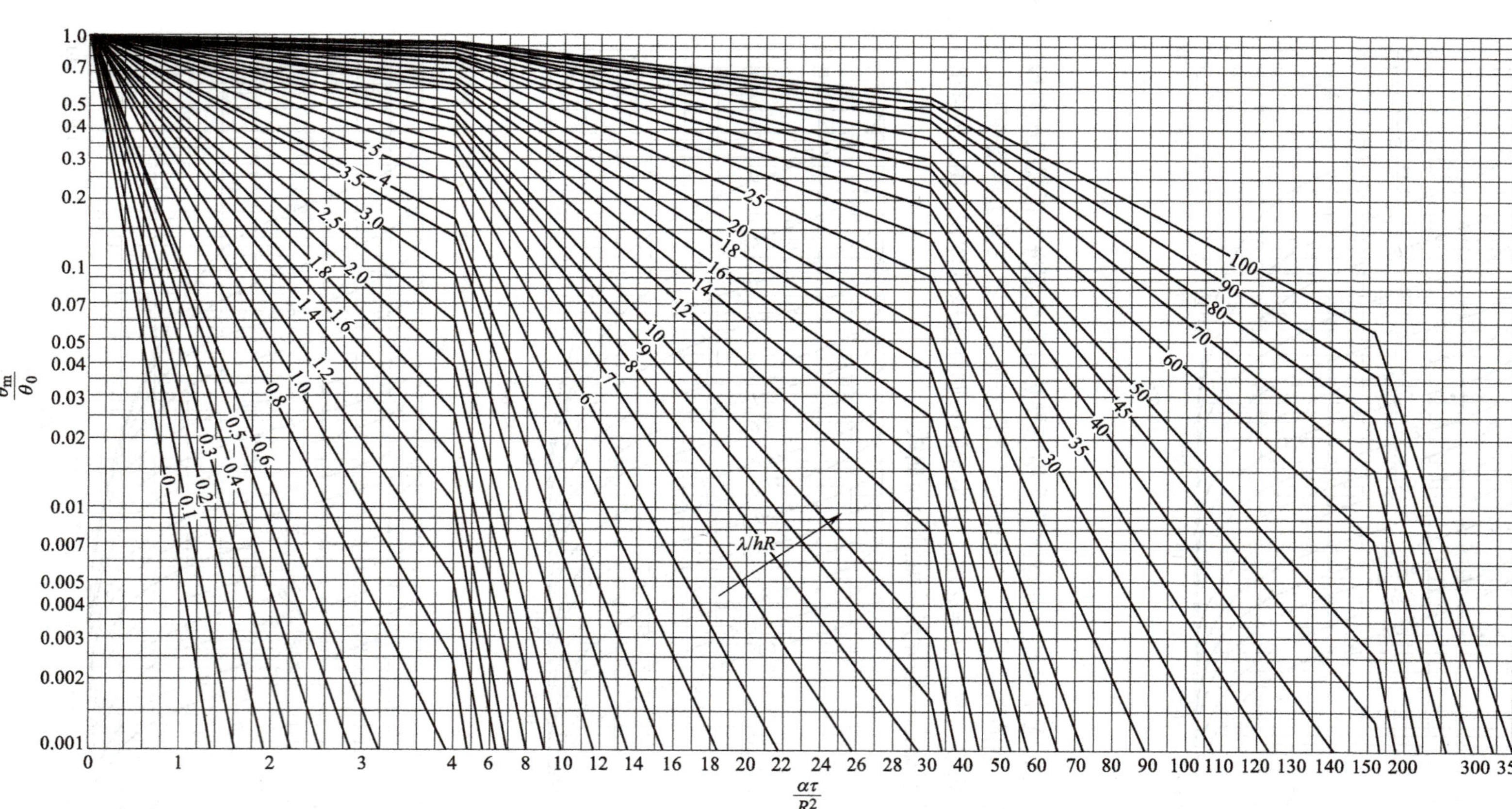

图 3-8　半径为 R 的无限长圆柱中心的过余温度分布曲线

图 3-9 给出了半径为 R 的无限长圆柱任意位置的过余温度曲线。

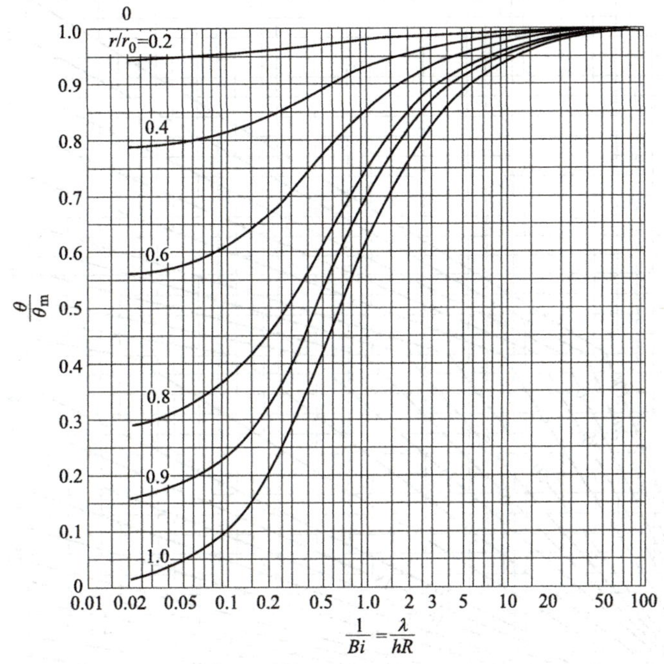

图 3-9　半径为 R 的无限长圆柱任意位置的过余温度曲线

图 3 10 为半径为 R 的球任意位置的过余温度曲线。

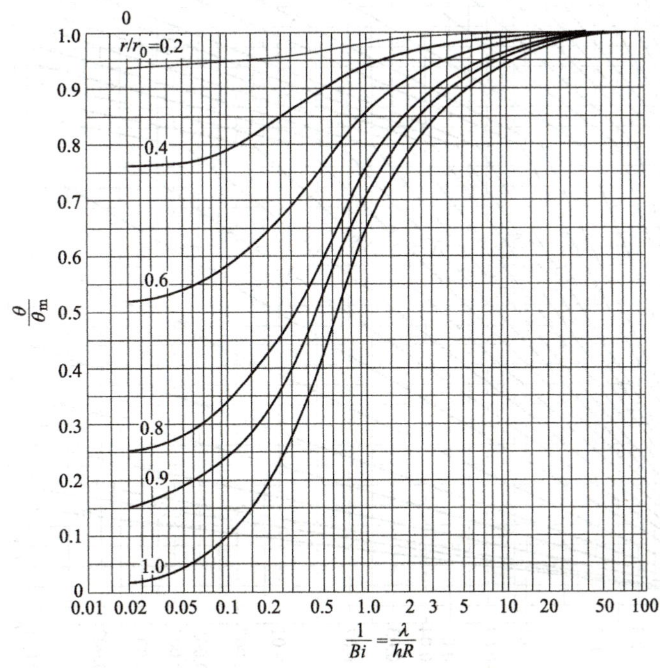

图 3-10　半径为 R 的球任意位置的过余温度曲线

图 3-11 为半径为 R 的球中心的过余温度曲线。

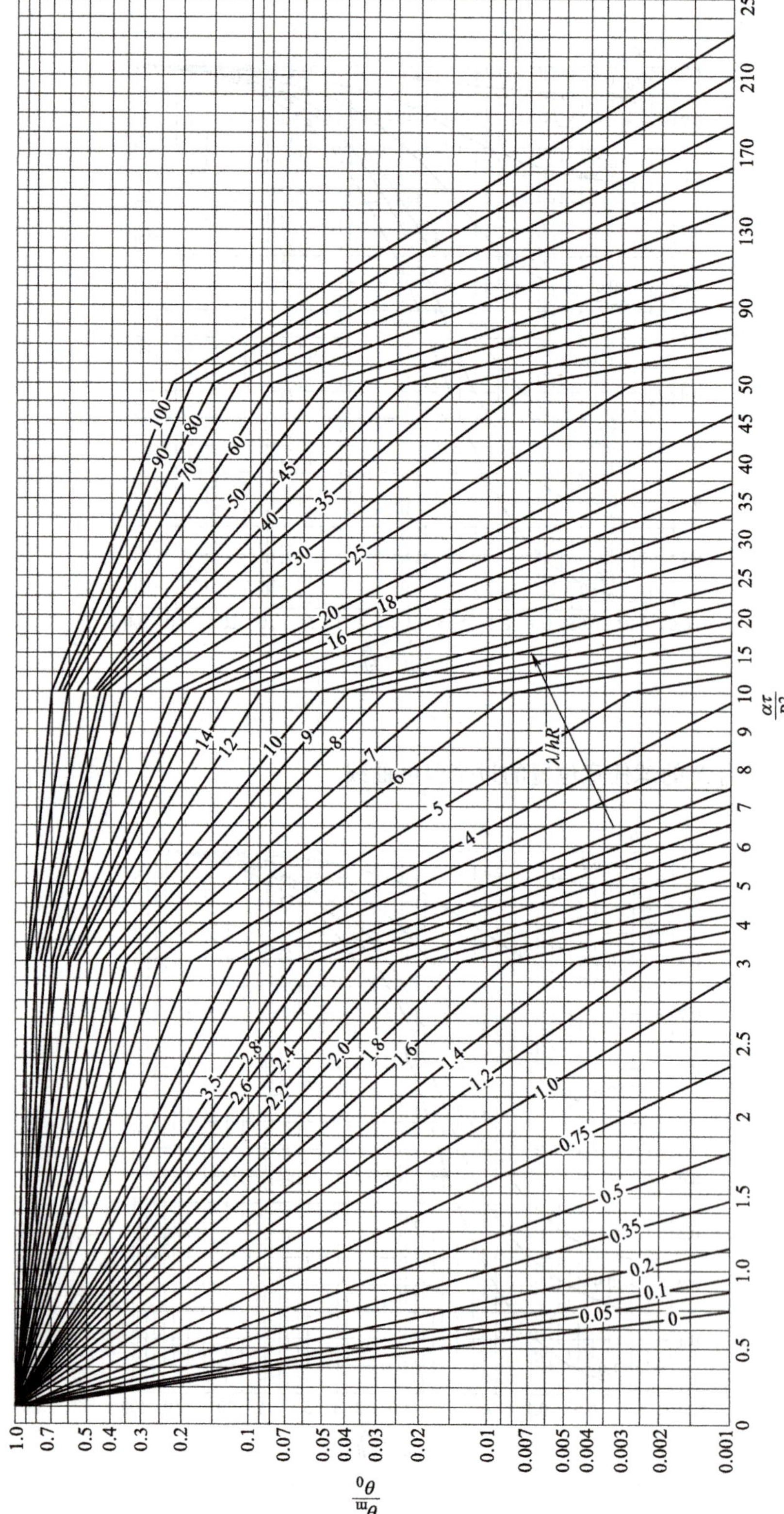

图 3-11　半径为 R 的球中心的过余温度曲线

3.1.3 特殊多维非稳态导热的简易求解方法

对于多维的非稳态导热，在简单的边界条件和初始条件下，可以通过分离变量法求出一个由多重无穷级数表达的解析解，然而由于它很复杂，不便于工程计算。在复杂的边界条件下很难得到解析解。

对于一些特殊的多维非稳态导热问题，如图 3-12 所示的无限长方柱、短圆柱和垂直六面体，数学上可以证明，在第一类边界条件（初始温度均匀）或第三类边界条件（表面传热系数 h 为常数）下的二维或三维的非稳态导热问题，它们的无量纲过余温度的解等于构成这些物体的两个或三个物体在同样边界条件下一维非稳态导热问题解的乘积。

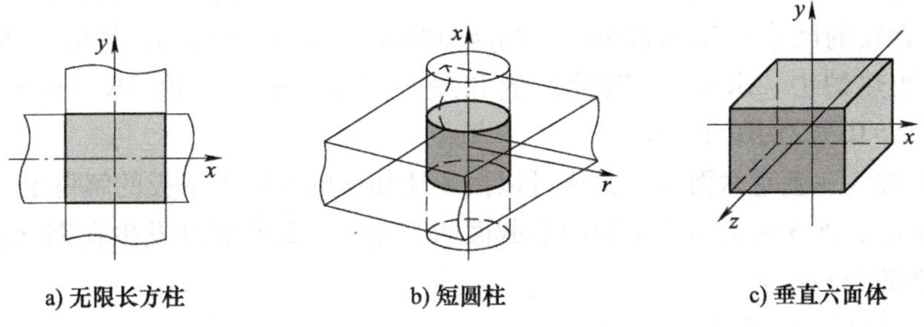

图 3-12　几种特殊多维非稳态导热

如图 3-12a 所示的无限长方柱，可以看成 2 个互相垂直的无限大平板的共同的部分，它的无量纲过余温度为

$$\frac{\theta(x,y,\tau)}{\theta_0}=\frac{\theta(x,\tau)}{\theta_0}\frac{\theta(y,\tau)}{\theta_0} \tag{3-29}$$

图 3-12b 所示的短圆柱，可以看成 1 个无限大平板和 1 个与其垂直的无限长圆柱的共同的部分，它的无量纲过余温度为

$$\frac{\theta(x,r,\tau)}{\theta_0}=\frac{\theta(x,\tau)}{\theta_0}\frac{\theta(r,\tau)}{\theta_0} \tag{3-30}$$

图 3-12c 所示的垂直六面体，可以看成 3 个互相垂直的无限大平板的共同的部分，它的无量纲过余温度为

$$\frac{\theta(x,y,z,\tau)}{\theta_0}=\frac{\theta(x,\tau)}{\theta_0}\frac{\theta(y,\tau)}{\theta_0}\frac{\theta(z,\tau)}{\theta_0} \tag{3-31}$$

例 3-3　一直径为 600mm，长为 1000mm 的钢锭，初温为 30℃，然后置于 1300℃的加热炉中。求 4h 后钢锭中心的温度。取 $\lambda=40.5\text{W}/(\text{m}\cdot\text{K})$，$h=232\text{W}/(\text{m}^2\cdot\text{K})$，$a=0.625\times10^{-5}\text{m}^2/\text{s}$。

解： 此钢锭为一短圆柱，也就是图 3-12b 所示的短圆柱，其无量纲过余温度可分解为无限大平壁和无限长圆柱的无量纲过余温度之积：

$$\frac{\theta(x,r,\tau)}{\theta_0}=\frac{\theta(x,\tau)}{\theta_0}\frac{\theta(r,\tau)}{\theta_0}$$

先讨论厚度 $2\delta=1000\text{mm}$ 的无限大平板。由已知条件计算 Bi 和 Fo：

$$Bi=\frac{h\delta}{\lambda}=\frac{232\times0.5}{40.5}=2.86,\ Fo=\frac{a\tau}{\delta^2}=\frac{0.625\times10^{-5}\times4\times3600}{0.5^2}=0.36$$

$Fo>0.2$，因此可查图 3-3 或由式（3-26）计算，得平板中心的无量纲过余温度：$\theta_m/\theta_0=0.8$。

然后讨论直径 $2R=600\text{mm}$ 的无限长圆柱。由已知条件计算 Bi 和 Fo：

$$Bi=\frac{hR}{\lambda}=\frac{232\times0.3}{40.5}=1.72,\ Fo=\frac{a\tau}{R^2}=\frac{0.625\times10^{-5}\times4\times3600}{0.3^2}=1.0$$

$Fo>0.2$，因此可查图 3-8，得圆柱中心的无量纲过余温度：$\theta_m/\theta_0=0.13$。

于是，得该短圆柱中心无量纲过余温度：$\theta_m/\theta_0=0.13\times0.8=0.104$，其温度为

$$t_m=0.104\theta_0+t_\infty=[0.104\times(30-1300)+1300]℃=1168℃。$$

例 3-4 钢锭的尺寸为 $2\delta_1=500\text{mm}$，$2\delta_2=700\text{mm}$，$2\delta_3=1000\text{mm}$，初温为 20℃，然后置于 1200℃ 的加热炉中。求 4h 后钢锭最低和最高温度。取 $\lambda=40.5\text{W/(m}\cdot\text{K)}$，$h=348\text{W/(m}^2\cdot\text{K)}$，$a=0.722\times10^{-5}\text{m}^2/\text{s}$。

解： 此钢锭为一垂直六面体。其解可以由 3 块相应的无限大平板的解得出。最低温度发生在钢锭的中心，即 3 块无限大平板中心截面的交点上，最高温度发生在钢锭的顶角，即 3 块大平板表面的公共点上。

由已知条件计算 Bi 和 Fo：

$$Bi_x=\frac{h\delta_1}{\lambda}=\frac{348\times0.25}{40.5}=2.14,\ Fo_x=\frac{a\tau}{\delta_1^2}=\frac{0.722\times10^{-5}\times4\times3600}{0.25^2}=1.66$$

$$Bi_y=\frac{h\delta_2}{\lambda}=\frac{348\times0.35}{40.5}=3,\quad Fo_y=\frac{a\tau}{\delta_2^2}=\frac{0.722\times10^{-5}\times4\times3600}{0.35^2}=0.85$$

$$Bi_z=\frac{h\delta_3}{\lambda}=\frac{348\times0.5}{40.5}=4.29,\ Fo_z=\frac{a\tau}{\delta_3^2}=\frac{0.722\times10^{-5}\times4\times3600}{0.5^2}=0.416$$

$Fo>0.2$，因此可查图 3-3 或由式（3-26）计算，得 3 块平板中心的无量纲过余温度：

$$(\theta_m/\theta_0)_x=0.17,\ (\theta_m/\theta_0)_y=0.38,\ (\theta_m/\theta_0)_z=0.63$$

则钢锭中心温度：

$$\theta_m/\theta_0=(\theta_m/\theta_0)_x(\theta_m/\theta_0)_y(\theta_m/\theta_0)_z=0.17\times0.38\times0.63=0.0406$$

$$t_m=0.0406\theta_0+t_\infty=[0.0406\times(20-1200)+1200]℃=1152.1℃$$

查图 3-4 或由式（3-27）计算，得 3 块平板表面的无量纲过余温度：

$$(\theta_w/\theta_m)_x=0.45,\ (\theta_w/\theta_m)_y=0.36,\quad (\theta_w/\theta_m)_z=0.275$$

则钢锭顶角温度：

$$\theta_w/\theta_m=(\theta_w/\theta_m)_x(\theta_w/\theta_m)_y(\theta_w/\theta_m)_z=0.45\times0.36\times0.275=0.04455$$

$$t_w=0.04455\theta_m+t_\infty=0.04455\times0.0406\theta_0+t_\infty=1197.9℃$$

3.2 非稳态导热的集总参数法

3.2.1 表面传热系数对非稳态导热物体内部温度分布的影响特点

在第三类边界条件下，不同大小的表面传热系数对非稳态导热物体内部温度分布的影响

特点不同。如图 3-13 所示，当把一个平板突然放置在某一流体中冷却时，该平板内部的温度变化呈现不同特点。当表面传热系数 h 为不同值时，其非稳态传热过程的热阻包括两侧表面的对流换热热阻（外热阻）和导热物体的导热热阻（内热阻）。我们用一个无量纲参数——毕奥数$\left(Bi=\dfrac{h\delta}{\lambda}=\dfrac{\delta/\lambda}{1/h}\right)$来表示它的导热热阻和其表面的对流换热热阻的比。当表面传热系数 h 很大时，也就是 Bi 很大（表示导热物体表面的对流换热热阻很小），此时物体表面立刻会被冷却到周围流体的温度，其内部的温度与表面温度有温差，在经过一段时间后逐渐趋近于外部流体温度。当平板的导热系数非常大时，也就是 Bi 很小（表示导热物体内部的导热热阻很小），它内部的温度几乎时刻保持相等，随时间变化而不断下降的。对于大多数情况，即对流换热热阻和导热热阻比较接近时，平板的表面温度和内部温度是逐渐下降的，最终趋于流体温度。

a) $Bi\to\infty$　b) $Bi\to 0$　c) $0.1\leqslant Bi\leqslant 100$

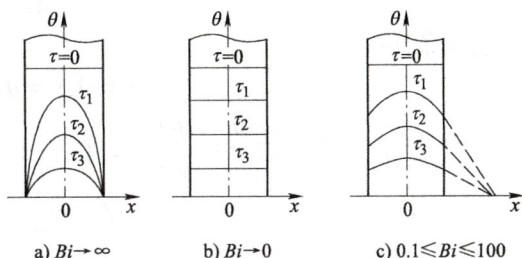

图 3-13　毕奥数 Bi 对温度分布的影响示意图

因此，传热过程的热阻（内部导热热阻和外部对流换热热阻）影响导热物体内部温度的变化特点。当反映物体内、外热阻之比的 Bi 很小时，则可以忽略导热物体内部的温差，认为物体内部的温度时刻相等，在外部边界条件的作用下，无论是被加热还是被冷却，它的温度随时间升高或降低过程中，其内部没有温差。这就使得我们可以简化对它的非稳态导热过程的求解。

3.2.2　集总参数法

忽略物体内部导热热阻的简化分析方法称为集总参数法。它的使用条件为 $Bi\leqslant 0.1$。集总参数法的实质是直接运用能量守恒定律导出物体在非稳态导热过程中温度随时间的变化规律。

以图 3-14 所示任意形状物体的非稳态导热为例，运用能量守恒定律建立它的导热微分方程。已知该物体为常物性，其表面积为 A，体积为 V，初温为 t_0，在某时刻突然被放入温度为 t_∞ 的恒温流体中，且 $t_0>t_\infty$，表面传热系数为 h。假设它满足条件 $Bi\leqslant 0.1$。

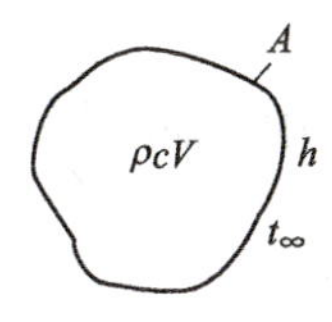

图 3-14　集总参数法

该物体在流体的冷却下放出热量，使自身温度不断降低。根据能量守恒定律，单位时间物体热力学能的变化量应该等于物体表面与流体之间的对流换热量，即

$$\rho cV\frac{\mathrm{d}t}{\mathrm{d}\tau}=-hA(t-t_\infty) \tag{3-32}$$

式 (3-32) 的能量守恒也可以这样理解：单位时间物体热力学能的变化量应该等于进入该物体的能量（实际为 0）和离开该物体的能量［表面的对流换热量，$hA(t-t_\infty)$］的差，因此，式 (3-32) 的右端为负号。

引进过余温度，$\theta=t-t_\infty$，则式 (3-32) 变为

$$\rho cV\frac{d\theta}{d\tau}=-hA\theta \tag{3-33}$$

初始条件：

$$\tau=0,\theta=\theta_0=t_0-t_\infty \tag{3-34}$$

对式（3-33）变形为$\frac{d\theta}{\theta}=-\frac{hA}{\rho cV}d\tau$，在 $0\sim\tau$ 时间段直接积分：

$$\int_{\theta_0}^{\theta}\frac{d\theta}{\theta}=-\int_0^{\tau}\frac{hA}{\rho cV}d\tau$$

得：

$$\frac{\theta}{\theta_0}=e^{-\frac{hA}{\rho cV}\tau}=\exp\left(-\frac{hA}{\rho cV}\tau\right) \tag{3-35}$$

令 $\tau_c=\frac{\rho cV}{hA}$，它的单位为 s，具有时间的量纲，称为时间常数。时间常数反映物体对周围环境温度变化响应的快慢。时间常数越小，则物体的温度变化越快，越能迅速地接近周围流体的温度。把式（3-35）绘成曲线，如图 3-15 所示。当非稳态导热经过的时间等于时间常数时，即 $\tau=\tau_c$，物体的温度都下降到初始温度的 36.8%。由图 3-15 看到，时间常数 τ_c越小，物体温度下降得越快。需要注意的是，时间常数不仅与物体的物性参数、几何参数有关，还与换热条件有关。

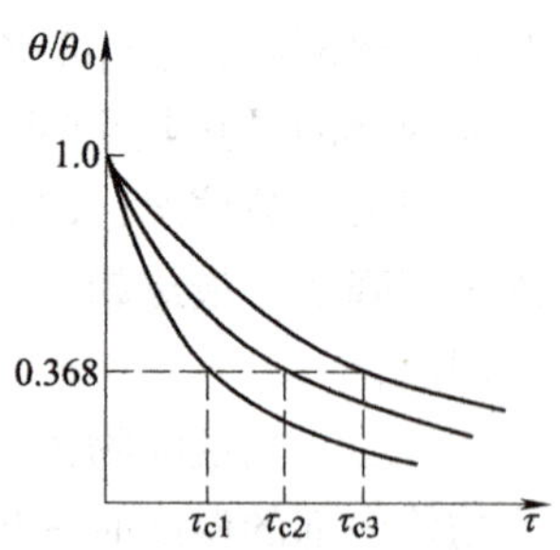

图 3-15 集总参数法的过余温度随时间的变化曲线

对式（3-35）右端指数中的组合参数做如下整理：

$$\frac{hA}{\rho cV}\tau=\frac{h(V/A)}{\lambda}\frac{\lambda}{\rho c}\frac{\tau}{(V/A)^2}$$

令 $V/A=l$，称为该导热物体的特征长度，则上式可写为

$$\frac{hA}{\rho cV}\tau=\frac{hl}{\lambda}\frac{\lambda}{\rho c}\frac{\tau}{l^2}=\frac{hl}{\lambda}\frac{a\tau}{l^2}=Bi_VFo_V$$

其中，$Bi_V=\frac{hl}{\lambda}$，$Fo_V=\frac{a\tau}{l^2}$，物体的导热系数 λ 和表面传热系数 h 均已知。式（3-35）又可写为

$$\frac{\theta}{\theta_0}=e^{-Bi_VFo_V}=\exp(-Bi_VFo_V) \tag{3-36}$$

当 $Bi_V=\frac{hl}{\lambda}<0.1M$ 时，就可以采用集总参数法，其中 M 是与物体几何形状有关的无量纲数。对于厚度为 2δ 的无限大平板，$M=1$，$l=\delta$；对于半径为 R 的无限长圆柱，$M=1/2$，$l=R/2$；对于半径为 R 的球，$M=1/3$，$l=R/3$。

经过 τ 时间后，非稳态过程的传热量等于它的内能的变化量，计算如下：

$$\begin{aligned}Q_\tau&=\rho cV(t_0-t)=\rho cV(\theta_0-\theta)\\&=\rho cV\theta_0\left(1-\frac{\theta}{\theta_0}\right)=\rho cV\theta_0(1-e^{-Bi_VFo_V})\end{aligned} \tag{3-37}$$

在使用集总参数法分析非稳态导热时，导热物体外的换热条件可能是对流换热，也可能是辐射换热，还有可能是对流换热和辐射换热的耦合（也称为复合换热）。当外部换热条件为辐射换热或复合换热时，也应该熟练掌握根据能量守恒定律建立导热微分方程的方法。

另外，由 Bi 的定义式，若表面传热系数 h 或特征尺度（如直径）未知时，则事先无法知道 Bi 的大小，因而可以事先假设集总参数法的条件成立，待求出 h 或 d 后，进行校核。

例 3-5 将一个初始温度为20℃、直径为100mm 的钢球投入1000℃的加热炉中加热，表面传热系数 $h=50\text{W}/(\text{m}^2\cdot\text{K})$。已知钢球的密度 $\rho=7790\text{kg/m}^3$，比热容 $c=470\text{J}/(\text{kg}\cdot\text{K})$，导热系数 $\lambda=43.2\text{W}/(\text{m}\cdot\text{K})$。试求钢球中心温度达到800℃所需要的时间。

解： 首先判断能否用集总参数法求解。

$$Bi_V=\frac{h(R/3)}{\lambda}=\frac{50\text{W}/(\text{m}^2\cdot\text{K})\times(0.05\text{m}/3)}{43.3\text{W}/(\text{m}\cdot\text{K})}=0.019<\frac{0.1}{3}$$

所以，可以用集总参数法求解。

由 $\dfrac{\theta}{\theta_0}=\dfrac{t-t_\infty}{t_0-t_\infty}=\text{e}^{-Bi_V Fo_V}$，代入已知参数，$\dfrac{800℃-1000℃}{20℃-1000℃}=\text{e}^{-0.019Fo_V}$

得：$Fo_V=\dfrac{a\tau}{(R/3)^2}=83.6$，所以：

$$\tau=\frac{83.6\,(R/3)^2}{\dfrac{\lambda}{\rho c}}=\frac{83.6\times(0.05\text{m}^3/3\text{m}^2)^2}{\dfrac{43.2\text{W}/(\text{m}\cdot\text{K})}{7790\text{kg/m}^3\times470\text{J}/(\text{kg}\cdot\text{K})}}=1968\text{s}$$

例 3-6 用热电偶测气罐中气体的温度。热电偶的初温为20℃，与气体的表面传热系数为 $10\text{W}/(\text{m}^2\cdot\text{K})$，热电偶近似为球形，直径为0.2mm。已知热电偶的物性参数 $\lambda=67\text{W}/(\text{m}\cdot\text{K})$，$\rho=7310\text{kg/m}^3$，$c=228\text{J}/(\text{kg}\cdot\text{K})$。计算插入10s后热电偶的过余温度为初始温度的百分之几？要使温度计过余温度不大于初始过余温度的1%，至少需要多长时间？

解： 先判断本题能否用集总参数法。

$$Bi=\frac{hR}{\lambda}=\frac{10\times0.1\times10^{-3}}{67}=1.49\times10^{-5}<0.1$$

所以，可以用集总参数法。

$$\tau_c=\frac{\rho cV}{hA}=\frac{\rho c}{h}\frac{R}{3}=\left(\frac{7310\times228\times0.0001}{10\times3}\right)\text{s}=5.56\text{s}$$

1）10s 后的过余温度为：

$$\frac{\theta}{\theta_0}=\text{e}^{-\frac{\tau}{\tau_c}}=\exp\left(-\frac{10}{5.56}\right)=16.6\%$$

2）若 $\dfrac{\theta}{\theta_0}=\text{e}^{-\frac{\tau}{\tau_c}}\leqslant0.01$，可得：$\tau\geqslant25.6\text{s}$。

例 3-7 一块无穷大平板，单侧表面积为 A，初温为 t_0，一侧表面受到温度为 t_∞，表面传热系数为 h 的流体的冷却，另一侧受到恒定热流密度为 q_w 的加热，内热阻可以忽略（见图3-16）。请写出其内部温度随时间变化的微分方程，并求解。设其几何参数及物性参数已知。

解： 忽略内热阻后温度仅为时间的函数。根据能量守恒定律（进入平板的热-平板散的热=平板内能的变化)，得其非稳态导热微分方程：

$$\rho c V\frac{dt}{d\tau}=Aq_w-Ah(t-t_\infty)$$

初始条件：$\tau=0, t=t_0$

引入过余温度 $\theta=t-t_\infty$，导热方程和初始条件转化为

$$\rho c V\frac{d\theta}{d\tau}+Ah\theta-Aq_w=0$$

$$\tau=0,\ \theta=\theta_0$$

该方程通解为：$\theta=Be^{-\frac{hA}{\rho cV}\tau}+\frac{q_w}{h}$

由初始条件确定系数 B：$B=\theta_0-\frac{q_w}{h}$

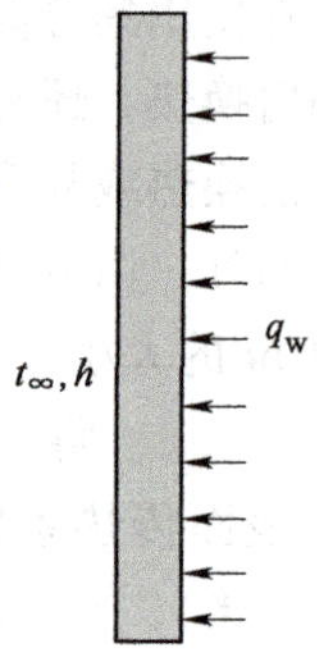

图 3-16 例 3-7 图

对于半无限大物体在给定一侧表面温度或表面传热系数及流体温度条件下的非稳态传热过程，其解为高斯误差函数等特殊函数。对于表面经历周期性变化的边界条件下的非稳态导热问题，本书不做介绍，感兴趣的读者可参考有关教材㊀㊁。

习题

3.1 已知一无内热源的无限大平板中某一瞬间的温度分布为 $t=C_1x^2+C_2$，C_1、C_2为常数，求：

1）此时刻 $x=0$ 处表面的热流密度。

2）此时刻平板温度随时间的变化率（其热扩散率已知且为常数）。

3.2 一个截面尺寸为 10cm×5cm 的长钢棒，初始温度为 25℃，长边一侧突然被置于 200℃的气流中，表面传热系数 $h=125\text{W}/(\text{m}^2\cdot\text{K})$，另外三个侧面绝热。求 6min 后另一个长边侧面的温度。已知钢棒的密度 $\rho=7820\text{kg/m}^3$，比热容 $c=460\text{J}/(\text{kg}\cdot\text{K})$，导热系数 $\lambda=15.2\text{W}/(\text{m}\cdot\text{K})$。

3.3 将一块厚度为 300mm，初始温度为 20℃的钢板，送入温度为 1200℃的炉中加热，钢板一侧受热，另一侧近似认为是绝热的。已知钢板的热扩散率 $a=5.55\times10^{-6}\text{m}^2/\text{s}$，导热系数 $\lambda=34\text{W}/(\text{m}\cdot\text{K})$，加热过程平均表面传热系数 $h=290\text{W}/(\text{m}^2\cdot\text{K})$，求钢板加热到表面温度为 1185℃时所需时间以及此时钢板两表面的温差。

3.4 将一厚度为 0.15m，初温为 300K 的大铝板放在炉中加热，炉内环境温度为 800K，平均表面传热系数为 $500\text{W}/(\text{m}^2\cdot\text{K})$，求该铝板中心达到 700K 所需的时间及此时的表面温度。

3.5 使直径为 50mm 的圆柱形钢棒从一个长 5m、内部温度为 750℃的烘箱中通过进行热处理，钢棒的初温为 50℃，离开烘箱时其中心线的温度要达到 600℃，钢棒表面的平均表面传热系数为 $125\text{W}/(\text{m}^2\cdot\text{K})$，求它通过烘箱时的拖行速度。

3.6 将一直径为 10cm，初温为 250℃的钢球置于温度为 10℃的油浴中，已知球的导热系数 $\lambda=44.8\text{W}/(\text{m}\cdot\text{K})$，热扩散率 $a=1.229\times10^{-5}\text{m}^2/\text{s}$，冷却过程平均表面传热系数 $h=200\text{W}/(\text{m}^2\cdot\text{K})$，求球心温度降为 150℃时需要的时间以及此时球的表面温度。

3.7 一个边长为 0.3m×0.3m 正方形截面的碳钢钢坯放入温度为 750℃的炉中加热，其初温为 30℃。在整个加热过程钢坯表面的平均表面传热系数为 $100\text{W}/(\text{m}^2\cdot\text{K})$，求钢坯中心达到 600℃所需的时间。

㊀ 赵镇南，传热学（第三版）。北京：高等教育出版社，2019，P136-146。

㊁ 朱彤，安青松，刘晓华，等，传热学（第七版）。北京：中国建筑工业出版社，2020，P69-82。

3.8　初始温度为300℃，直径为12cm，高为12cm的短钢柱体，放在温度为30℃的油中淬火。冷却过程它表面的平均表面传热系数为300W/(m^2·K)，已知它的导热系数λ=48W/(m·K)，热扩散率a=1.0×10^{-5}m^2/s，求5min后该钢柱体中的最大温差。

3.9　一块初始温度为35℃，体积为50mm×80mm×100mm的铸铁，突然被置于温度为300℃的流体中加热，平均表面传热系数为96W/(m^2·K)，求加热5min后该铁块的中心温度。

3.10　一个20cm×16cm×80cm的铁块，导热系数λ=64W/(m·K)，突然被置于平均表面传热系数为11.35W/(m^2·K)的自然对流环境中冷却，确定它的Bi，并判断能否进行集总分析。

3.11　用热电偶测量气流的温度，热电偶接点可看成球形。已知气流和热电偶接点间的表面传热系数h=400W/(m^2·K)，热电偶的比热容c=400J/(kg·K)，密度ρ=8500kg/m^3，求：

1）若时间常数为1s，热电偶接点的直径应为多少?

2）若将初温为25℃、时间常数为1s的热电偶放入200℃的气流中，热电偶接点温度达到199℃需要多长时间?

3.12　初温为20℃的热电偶放入300℃的气流中，30s后热电偶的温度为160℃，求它的时间常数。若它的温度指示为290℃需要过多长时间?

3.13　空气流过球表面时，通过测量球的温度随时间的变化特点来计算球表面传热系数。已知一个纯铜做的球，直径为12.7mm，初始温度为66℃，把它放在27℃的空气中。69s后测得球表面的温度为55℃，求其表面传热系数。纯铜的物性参数分别为ρ=8933kg/m^3，λ=398W/(m·K)，c=389J/(kg·K)。忽略辐射换热。

3.14　一块厚度为20mm的钢板，加热到500℃后放在20℃的房间内空冷。设冷却过程中钢板两侧的平均表面传热系数为80W/(m^2·K)，钢板的导热系数为45W/(m·K)，热扩散率a=1.37×10^{-5}m^2/s，试确定钢板冷却到30℃所需的时间。

3.15　一个直径为1.25cm的钢球，导热系数λ=40W/(m·K)，放在25℃的空气中冷却，其平均表面传热系数为110W/(m^2·K)，求它从500℃降到100℃的时间。

第 4 章

导热问题的数值解

对一维的稳态导热和非稳态导热问题，在第 2、3 章我们分别求出了在不同边界条件/初始条件下大平板或长圆柱等的温度分布的解析解。可以看到，解析解的求解过程的数学分析较严谨，求解结果以函数形式表示，能清楚地显示各种因素对温度分布的影响。

对于多维导热问题和非稳态导热问题，只有在简单的边界条件或初始条件下，才能得到一个由无穷级数构成的解析解，通常也由于它的形式过于复杂而不便于应用。而在工程技术中遇到的许多导热问题具有复杂的形状或边界条件，无法得出其解析解。此时，数值解便成为有效解决复杂导热问题的强有力工具。本质上数值解是具有一定精度的近似方法，包括有限差分法、有限元法、边界元法、分子动力学模拟等多种方法。

数值解的基本思想是用导热问题所涉及的空间和时间区域内有限个离散点（称为节点）的温度近似值来代替物体内实际连续的温度分布，将连续温度分布函数的求解问题转化为各节点温度值的求解问题，将导热微分方程的求解问题转化为节点温度代数方程的求解问题。因此，求解域的离散化、节点温度代数方程组的建立与求解是数值解法的主要内容。

数值解法求解导热问题通常按照以下基本步骤进行：

1）建立符合实际导热过程的物理模型。

2）建立完整的导热数学模型。

3）求解域离散化。

4）建立节点温度代数方程组。

5）求解节点温度代数方程组，得到所有节点的温度值。

6）对计算结果进行分析，若计算结果不符合实际情况，则检查上述计算步骤，修正不合理之处，重复进行计算，直到结果满意为止。

其中，建立导热过程的物理模型就是对导热过程做一些合适的假设和给出已知条件，如几何形状与尺寸大小、物性参数、边界条件和初始条件等，在此基础上，建立它的导热微分方程和边界条件及初始条件的数学表达式。这些都已在第 2、3 章进行了详细的讨论。本章将从求解域的离散和节点离散方程的建立及节点温度代数方程组的求解来讨论导热问题的数值解法。

4.1 稳态导热问题的数值解

4.1.1 求解域的离散化

数值解是通过一定的计算方法在物体的离散坐标处近似计算它的温度分布的方法，因此在建立离散的计算方程之前，首先要确定这些离散的坐标点，这就是求解域的**离散化**。对一个二维的导热物体，沿坐标 x 和 y 方向用一系列与坐标轴平行的直线把求解区域分成若干个子区域，如图 4-1 所示，这些与坐标轴平行的直线称为网格线，网格线的交点称为节点。节点是数值计算要求解的温度的空间位置。相邻两个节点间的距离称为步长，如 Δx 和 Δy 分别为 x 和 y 方向的步长。把 x 和 y 方向的各个节点用一系列的整数来标记，如图 4-1 中的节点（i，j），在该节点处的温度可以代表以节点（i，j）为中心的一个离散区域的温度，该离散区域称为控制容积，如图 4-1 中的节点（i，j）所在的阴影部分。

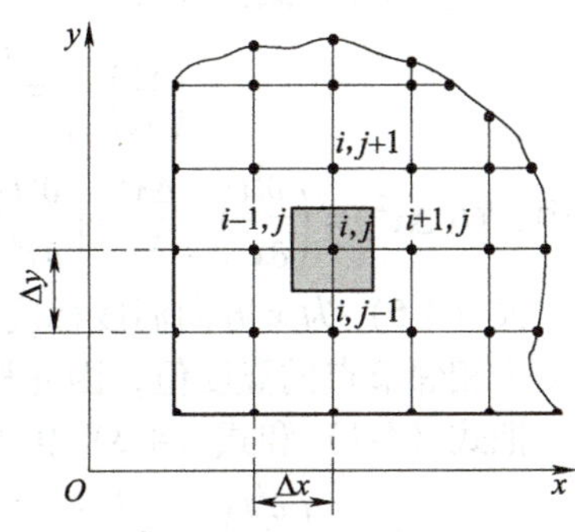

图 4-1 求解域的离散化

通常情况下，节点越密，则计算出的温度场越精细，较稀疏的节点计算出的温度场的误差较大。由于在计算过程中，太密的节点使得计算的次数太多，则一方面计算时间过长、占用计算机内存过大，另一方面可能导致计算过程中的累积误差增加，累积误差可能导致计算失败（不收敛或误差较大）。

4.1.2 节点温度差分方程的建立

建立节点温度方程的方法包括泰勒级数展开法与控制容积热平衡法。前者通过把某一坐标处的温度按泰勒级数展开，忽略高阶项而把温度的微分方程转化为节点温度的代数方程。后者则是通过分析进出控制容积的能量的平衡，利用傅里叶导热定律来建立节点温度的代数方程。

1. 泰勒级数展开法

如图 4-1 中的节点（i，j），它的温度为 $t_{i,j}$，其相邻节点（i+1，j）的温度为 $t_{i+1,j}$，则应用泰勒级数，把 $t_{i+1,j}$ 在节点（i，j）处展开，得：

$$t_{i+1,j}=t_{i,j}+\left(\frac{\partial t}{\partial x}\right)_{i,j}\Delta x+\left(\frac{\partial^2 t}{\partial x^2}\right)_{i,j}\frac{\Delta x^2}{2!}+\left(\frac{\partial^3 t}{\partial x^3}\right)_{i,j}\frac{\Delta x^3}{3!}+\cdots \tag{4-1}$$

由于 Δx 是个小量，舍去式（4-1）右端项中 Δx 的高阶项，可得：

$$\left(\frac{\partial t}{\partial x}\right)_{i,j}=\frac{t_{i+1,j}-t_{i,j}}{\Delta x}+O(\Delta x)\approx\frac{t_{i+1,j}-t_{i,j}}{\Delta x} \tag{4-2}$$

式（4-2）为 x 方向温度梯度的**一阶截差**公式，在计算当前节点处的温度梯度时用到了下一个节点的温度值，因此称为**向前差分**。

同理，把 $t_{i-1,j}$ 在节点（i，j）处展开，得：

$$t_{i-1,j}=t_{i,j}-\left(\frac{\partial t}{\partial x}\right)_{i,j}\Delta x+\left(\frac{\partial^2 t}{\partial x^2}\right)_{i,j}\frac{\Delta x^2}{2!}-\left(\frac{\partial^3 t}{\partial x^3}\right)_{i,j}\frac{\Delta x^3}{3!}+\cdots \tag{4-3}$$

同样舍去式（4-3）右端项中 Δx 的高阶项，可得：

$$\left(\frac{\partial t}{\partial x}\right)_{i,j}=\frac{t_{i,j}-t_{i-1,j}}{\Delta x}+O(\Delta x)\approx\frac{t_{i,j}-t_{i-1,j}}{\Delta x} \tag{4-4}$$

式（4-4）为 x 方向温度梯度的**一阶截差**公式，在计算当前节点处的温度梯度时用到了上一个节点的温度值，因此称为**向后差分**。

用式（4-1）减去式（4-3），并忽略高阶项，得：

$$\left(\frac{\partial t}{\partial x}\right)_{i,j}=\frac{t_{i+1,j}-t_{i-1,j}}{2\Delta x}+O(\Delta x^2)\approx\frac{t_{i+1,j}-t_{i-1,j}}{2\Delta x} \tag{4-5}$$

式中，$O(\Delta x^2)=\left(\frac{\partial^2 t}{\partial x^3}\right)_{i,j}\frac{\Delta x^2}{3!}+\left(\frac{\partial^5 t}{\partial x^5}\right)_{i,j}\frac{\Delta x^4}{5!}+\cdots$。

式（4-5）为 x 方向温度梯度的**二阶截差**公式，在计算当前节点的温度梯度时用到了前后两个相邻节点的温度值，因此称为**中心差分**。

把式（4-1）和式（4-3）相加，并忽略高阶项，得：

$$\left(\frac{\partial^2 t}{\partial x^2}\right)_{i,j}=\frac{t_{i+1,j}-2t_{i,j}+t_{i-1,j}}{\Delta x^2}+O(\Delta x^2)\approx\frac{t_{i+1,j}-2t_{i,j}+t_{i-1,j}}{\Delta x^2} \tag{4-6}$$

同样的方法对坐标 y 方向节点展开，可得到 y 方向的温度梯度的不同差分方程，形式和 x 方向的差分方程相同，注意改变其节点标号，此处略。

对常物性、无内热源的二维稳态导热，其导热微分方程为

$$\frac{\partial^2 t}{\partial x^2}+\frac{\partial^2 t}{\partial y^2}=0$$

应用式（4-6），则得它的差分方程为

$$\frac{t_{i+1,j}-2t_{i,j}+t_{i-1,j}}{\Delta x^2}+\frac{t_{i,j+1}-2t_{i,j}+t_{i,j-1}}{\Delta y^2}=0 \tag{4-7}$$

2. 控制容积热平衡法

控制容积热平衡法的基本思路就是根据节点所代表的控制容积在导热过程中的能量守恒来建立节点温度差分方程。在稳态导热条件下：

导入与导出控制容积的净热量 + 控制容积内热源发热量 = 0

对图 4-2 所示的控制容积，通过 4 个边界，分别记为 w、e、s、n，和相邻的 4 个节点（$i-1$，j）、（$i+1$，j）、（i，$j-1$）、（i，$j+1$）之间有导热的热量传递。当不存在内热源时，有下列热平衡：

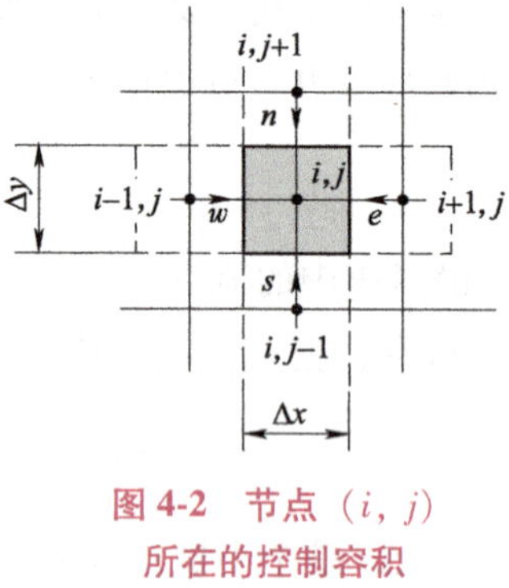

图 4-2　节点（i，j）所在的控制容积

$$\Phi_w+\Phi_e+\Phi_s+\Phi_n=0 \tag{4-8a}$$

根据傅里叶定律，对于垂直于纸面方向单位宽度而言，通过 4 个边界的导热量分别为

$$\Phi_w=\lambda\Delta y\frac{t_{i-1,j}-t_{i,j}}{\Delta x},\ \Phi_e=\lambda\Delta y\frac{t_{i+1,j}-t_{i,j}}{\Delta x},\ \Phi_s=\lambda\Delta x\frac{t_{i,j-1}-t_{i,j}}{\Delta y},\ \Phi_n=\lambda\Delta x\frac{t_{i,j+1}-t_{i,j}}{\Delta y} \tag{4-8b}$$

把式（4-8b）代入式（4-8a），得：

$$\lambda \Delta y \frac{t_{i-1,j} - t_{i,j}}{\Delta x} + \lambda \Delta y \frac{t_{i+1,j} - t_{i,j}}{\Delta x} + \lambda \Delta x \frac{t_{i,j-1} - t_{i,j}}{\Delta y} + \lambda \Delta x \frac{t_{i,j+1} - t_{i,j}}{\Delta y} = 0 \tag{4-9a}$$

式（4-9a）是二维稳态导热均匀步长情况下的节点温度差分方程。它是内部节点温度差分方程。实际上它和式（4-7）是完全相同的。如果是一维稳态导热，则只需考虑一个方向的能量平衡，其差分方程就变为

$$t_{i-1} + t_{i+1} - 2t_i = 0 \tag{4-9b}$$

当有一个均匀分布的内热源，其单位体积的发热量为 S 时，则控制容积的能量守恒方程修正为

$$\boldsymbol{\Phi}_w + \boldsymbol{\Phi}_e + \boldsymbol{\Phi}_s + \boldsymbol{\Phi}_n + S\Delta x \Delta y = 0$$

通过 4 个边界的导热量仍然是式（4-8b），此时差分方程修正为

$$\lambda \Delta y \frac{t_{i-1,j} - t_{i,j}}{\Delta x} + \lambda \Delta y \frac{t_{i+1,j} - t_{i,j}}{\Delta x} + \lambda \Delta x \frac{t_{i,j-1} - t_{i,j}}{\Delta y} + \lambda \Delta x \frac{t_{i,j+1} - t_{i,j}}{\Delta y} + S\Delta x \Delta y = 0 \tag{4-9c}$$

如果是一维稳态导热，其差分方程就变为

$$t_{i-1} + t_{i+1} - 2t_i + \frac{S\Delta x^2}{\lambda} = 0 \tag{4-9d}$$

对于边界节点，则根据边界控制容积上的边界条件分析它的能量平衡来建立差分方程。对第一类边界条件，边界节点温度是给定的。对如图 4-3 所示的第三类边界条件下的边界控制容积，其能量平衡为内部三个界面的导热热流量和边界表面的对流换热量的平衡。根据其热平衡，从四周向它传递的热量之和等于 0。由傅里叶定律和牛顿冷却公式得：

$$\lambda \Delta y \frac{t_{i-1,j} - t_{i,j}}{\Delta x} + h\Delta y (t_\infty - t_{i,j}) + \lambda \frac{\Delta x}{2} \frac{t_{i,j-1} - t_{i,j}}{\Delta y} + \lambda \frac{\Delta x}{2} \frac{t_{i,j+1} - t_{i,j}}{\Delta y} = 0 \tag{4-10}$$

需要注意的是，y 方向的该控制容积的两个界面的面积是 $\Delta x/2$（垂直纸面方向为单位宽度）。

若取步长 $\Delta x = \Delta y$，则：

$$t_{i-1,j} - t_{i,j} + \frac{h\Delta y}{\lambda}(t_\infty - t_{i,j}) + \frac{1}{2}(t_{i,j-1} - t_{i,j}) + \frac{1}{2}(t_{i,j+1} - t_{i,j}) = 0 \tag{4-11}$$

对于图 4-4 所示的第三类边界条件下的角点（1/4 个控制容积）的差分方程，分析该控制容积的能量平衡，有：

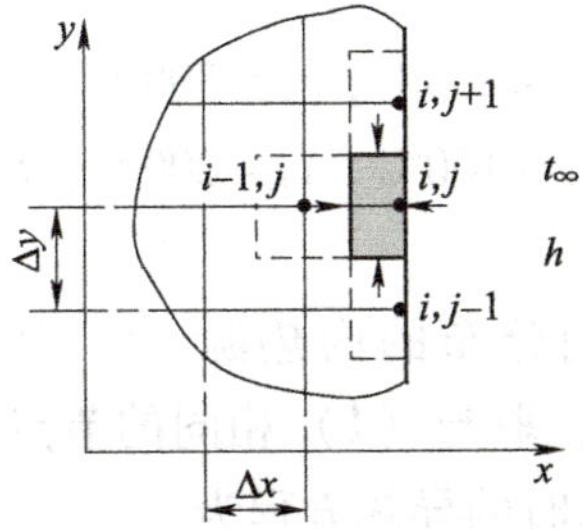

图 4-3　第三类边界条件下的边界控制容积

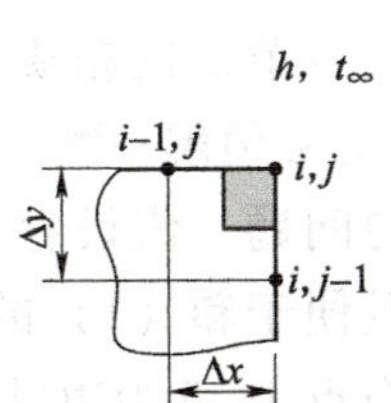

图 4-4　第三类边界条件下的角点

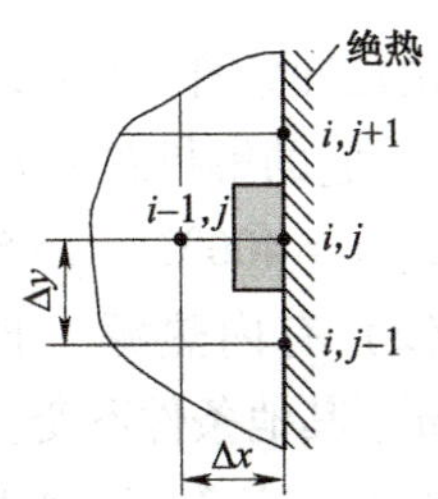

图 4-5　绝热边界条件节点

$$\lambda\frac{\Delta y}{2}\frac{t_{i-1,j}-t_{i,j}}{\Delta x}+h\frac{\Delta y}{2}(t_\infty-t_{i,j})+\lambda\frac{\Delta x}{2}\frac{t_{i,j-1}-t_{i,j}}{\Delta y}+h\frac{\Delta x}{2}(t_\infty-t_{i,j})=0 \tag{4-12}$$

当步长 $\Delta x=\Delta y$，其差分方程为

$$(t_{i-1,j}+t_{i,j-1})-\left(2\frac{h\Delta x}{\lambda}+2\right)t_{i,j}+2\frac{h\Delta x}{\lambda}t_\infty=0 \tag{4-13}$$

对于图 4-5 所示的绝热边界条件节点，其差分方程为

$$\lambda\Delta y\frac{t_{i-1,j}-t_{i,j}}{\Delta x}+0+\lambda\frac{\Delta x}{2}\frac{t_{i,j-1}-t_{i,j}}{\Delta y}+\lambda\frac{\Delta x}{2}\frac{t_{i,j+1}-t_{i,j}}{\Delta y}=0 \tag{4-14}$$

当步长 $\Delta x=\Delta y$，其差分方程为

$$t_{i,j-1}+t_{i,j+1}+2t_{i-1,j}-4t_{i,j}=0 \tag{4-15}$$

在每一个内部节点和边界节点都写出其离散后的差分方程后，就得到了一组节点温度为未知数的代数方程组，求解此代数方程组就可得到节点的温度分布。

例 4-1 以一维稳态导热问题为例，其导热控制微分方程为

$$\frac{\mathrm{d}}{\mathrm{d}x}\left(\lambda\frac{\mathrm{d}t}{\mathrm{d}x}\right)+S=0$$

式中，λ 为导热系数；S 为内热源。

下面对无内热源和有内热源两种情况进行讨论。

(1) 无内热源，$S=0$　设有一等截面杆，长为 0.4m，导热系数 $\lambda=100\text{W}/(\text{m}\cdot\text{K})$，横截面面积 $A=0.01\text{m}^2$，两端温度给定，如图 4-6 所示。

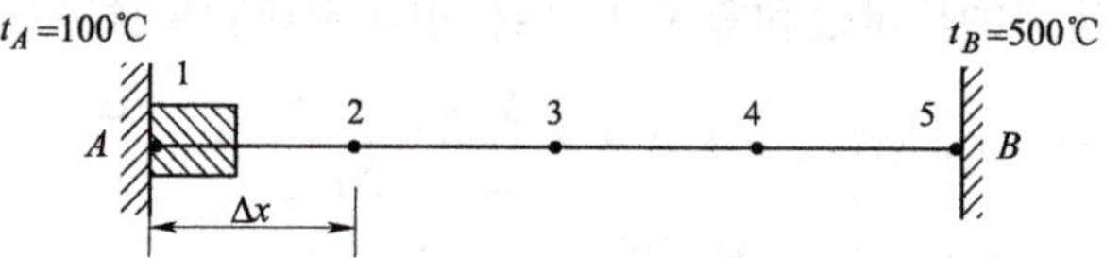

图 4-6　等截面杆的导热及节点划分

为简单起见，将杆均匀划分 5 个节点，则步长 $\Delta x=0.1\text{m}$，其中，节点 2、3、4 为内部节点，直接使用式（4-9b）写出它们的差分方程：

$$t_1+t_3-2t_2=0$$

$$t_2+t_4-2t_3=0$$

$$t_3+t_5-2t_4=0$$

由已知条件：$t_1=100℃$，$t_5=500℃$，求解此方程组，得：$t_2=200℃$，$t_3=300℃$，$t_4=400℃$。它的解析解为 $t=1000x+100$，各节点的精确解分别为 $t_1=100℃$，$t_2=200℃$，$t_3=300℃$，$t_4=400℃$，$t_5=500℃$，解析解与数值解一致。

(2) 有内热源　再考虑（1）的问题，假设存在一个均匀分布的内热源，$S=1000\text{kW/m}^3$，其他条件不变。为简单起见及便于和（1）的问题对比，取与（1）相同的节点划分。此时节点 2、3、4 为内部节点，节点 1、5 为边界节点，稳态时的导热方程为

$$\frac{\mathrm{d}}{\mathrm{d}x}\left(\lambda\frac{\mathrm{d}t}{\mathrm{d}x}\right)+S=0$$

节点 2、3、4 为内部节点，直接使用式（4-9d）写出它们的差分方程：

$$t_1 + t_3 - 2t_2 + \frac{1000 \times 0.1^2}{100}℃ = 0$$

$$t_2 + t_4 - 2t_3 + \frac{1000 \times 0.1^2}{100}℃ = 0$$

$$t_3 + t_5 - 2t_4 + \frac{1000 \times 0.1^2}{100}℃ = 0$$

由已知条件：$t_1 = 100℃$，$t_5 = 500℃$，求解此方程组，得：$t_2 = 200.15℃$，$t_3 = 300.2℃$，$t_4 = 400.15℃$。它的解析解为 $t = \frac{0.4x - x^2}{200}1000 + \frac{500-100}{0.4}x + 100$，$t_2 = 200.15℃$，$t_3 = 300.2℃$，$t_4 = 400.15℃$，$t_5 = 500℃$，解析解与数值解一致。

4.2 代数方程组的求解

导热物体所有内部节点和边界节点温度的差分方程都是线性代数方程。由 n 个节点（n 个未知节点温度）得到的 n 个代数方程式如下：

$$\begin{cases} a_{11}t_1 + a_{12}t_2 + \cdots + a_{1j}t_j + \cdots + a_{1n}t_n = b_1 \\ a_{21}t_1 + a_{22}t_2 + \cdots + a_{2j}t_j + \cdots + a_{2n}t_n = b_2 \\ a_{n1}t_1 + a_{n2}t_2 + \cdots + a_{nj}t_j + \cdots + a_{nn}t_n = b_n \end{cases} \tag{4-16a}$$

其中，a_{ij}、b_i 为常数，且 $a_{ii} \neq 0$。

代数方程组的求解方法包括直接解法和迭代解法。直接解法是通过有限次运算获得代数方程精确解的方法，如矩阵求逆、高斯消元法等。它所需内存较大，当方程数目多（节点密集）时计算量很大，且不适用于非线性问题（若物性为温度的函数，节点温度差分方程中的系数不再是常数，而是温度的函数。这些系数在计算过程中要相应地不断更新）。

迭代解法是指先对要计算的场做出假设，在迭代计算过程中不断予以改进。直到前后相邻两次的计算结果的差小于允许值，称迭代计算已经收敛。它包括简单迭代法（Jacobi 迭代法）、高斯-赛德尔迭代法、块迭代法、交替方向迭代法等。

4.2.1 迭代法

1. 简单迭代法（Jacobi 迭代法）

设节点差分方程的形式为式（4-16a）。将该方程组改写为 t_1，t_2，…，t_n 的显函数的形式：

$$\begin{cases} t_1 = \frac{1}{a_{11}}(b_1 - a_{12}t_2 - \cdots - a_{1j}t_j - \cdots - a_{1n}t_n) \\ t_2 = \frac{1}{a_{22}}(b_2 - a_{21}t_1 - \cdots - a_{2j}t_j - \cdots - a_{2n}t_n) \\ t_n = \frac{1}{a_{nn}}(b_n - a_{n1}t_1 - \cdots - a_{nj}t_j - \cdots - a_{n(n-1)}t_{n-1}) \end{cases} \tag{4-16b}$$

先合理地假设一组节点温度的初始值 t_1^0，t_2^0，…，t_n^0，代入式（4-16b），求得一组节点温度值 t_1^1，t_2^1，…，t_n^1；再将 t_1^1，t_2^1，…，t_n^1 代入式（4-16b），又求得一组新的节点温度值

t_1^2，t_2^2，…，t_n^2；以此类推，每次都将新求得的节点温度值代回式（4-16b），求得一组更新的节点温度值。其中节点温度 t 的上角标表示迭代次数，例如，经 k 次迭代得到的节点 i 的温度表示为 t_i^k。将这种迭代运算反复进行，直至节点的前后相邻两次迭代温度值间的最大偏差小于预先规定的允许偏差 ε 为止，即

$$\max|t_i^k - t_i^{k-1}| < \varepsilon \tag{4-17a}$$

或

$$\max\left|\frac{t_i^k - t_i^{k-1}}{t_i^k}\right| < \varepsilon \tag{4-17b}$$

或

$$\max\left|\frac{t_i^{k+1} - t_i^k}{t_{max}^k}\right| \leqslant \varepsilon \tag{4-17c}$$

式中，k、$k+1$ 和 $k-1$ 表示迭代次数；ε 为允许偏差，通常取为 10^{-6} ~ 10^{-3}；t_{max}^k 为第 k 次迭代得到的最大值。

这时认为迭代运算已经收敛。当有接近于零的 t 时，式（4-17c）较好。有时还要同时考虑热流密度收敛。

2. 高斯-塞德尔（Gauss-Seidel）迭代法

高斯-塞德尔迭代法是在简单迭代法的基础上加以改进的迭代运算方法。它与简单迭代法的主要区别是在迭代运算过程中总使用最新算出的数据。例如，当假设一组节点温度的初始值 t_1^0，t_2^0，…，t_n^0 后代入式（4-16b）进行第一次迭代运算时，由第一个方程求出了 t_1^1，则当用第二个方程计算节点 2 的 t_2^1 时，直接将 t_1^1（而不是 t_1^0）代入方程；当用第三个方程计算节点 3 的 t_3^1 时，直接利用 t_1^1、t_2^1；依此类推，如式（4-18）：

$$\begin{cases} t_1^1 = \dfrac{1}{a_{11}}(b_1 - a_{12}t_2^0 - \cdots - a_{1j}t_j^0 - \cdots - a_{1n}t_n^0) \\ t_2^1 = \dfrac{1}{a_{22}}(b_2 - a_{21}t_1^1 - \cdots - a_{2j}t_j^0 - \cdots - a_{2n}t_n^0) \\ t_n^1 = \dfrac{1}{a_{nn}}(b_n - a_{n1}t_1^1 - \cdots - a_{nj}t_j^1 - \cdots - a_{n(n-1)}t_{n-i}^1) \end{cases} \tag{4-18}$$

高斯-塞德尔迭代法要比简单迭代法收敛速度快。

4.2.2 超松弛和欠松弛

超松弛和欠松弛是加速迭代速度的措施。对形如下式的通用离散方程：

$$a_P t_P = \sum a_{nb} t_{nb} + b \tag{4-19}$$

下角“P”表示当前节点，“nb”表示所有相邻节点。把它改写为下式：

$$t_P = t_P^* + \left(\frac{\sum a_{nb}t_{nb} + b}{a_P} - t_P^*\right) \tag{4-20}$$

式中，t_P^* 为上一次迭代计算出的值。括号中的部分表示本次迭代的 t_P 与上一次迭代的 t_P^* 的差别。引入一个松弛因子 α，令：

$$t_P = t_P^* + \alpha\left(\frac{\sum a_{nb}t_{nb} + b}{a_P} - t_P^*\right) \tag{4-21}$$

当迭代收敛时，式（4-21）满足 $t_P = t_P^*$，也就是式（4-21）满足式（4-19）。当松弛因子 α 在 0~1 之间时，为欠松弛或亚松弛（SUR）；当 $\alpha>1$ 时为超松弛（SOR）。对不同的问题，最佳松弛因子 α 一般需要通过计算来确定。

4.3　非稳态导热问题的数值解法

与稳态导热相比，非稳态导热的控制方程中多一个非稳态项，温度随空间和时间均发生变化。因此，在对控制容积分析能量平衡时，不仅要考虑控制容积与相邻的控制容积之间导入或导出的热量，也要考虑控制容积本身的热力学能随时间发生变化。

本节以第三类边界条件下无限大平壁的一维非稳态导热问题为例，讨论非稳态导热问题的差分方程的建立方法。

4.3.1　求解域的离散

如图 4-7 所示，把空间均匀划分为若干个节点，节点标号为 i，步长为 Δx。对非稳态导热的时间，取一个时间间隔 $\Delta\tau$，称为时间步长，用来表示在计算过程中相邻两次计算的时间间隔。时间节点的标号记为 k，则对于第 i 个节点在 k 时刻的温度就记为 t_i^k。

空间和时间步长的大小要看问题的具体情况而定，有时不能任意选择，需要考虑节点温度方程求解的稳定性问题。

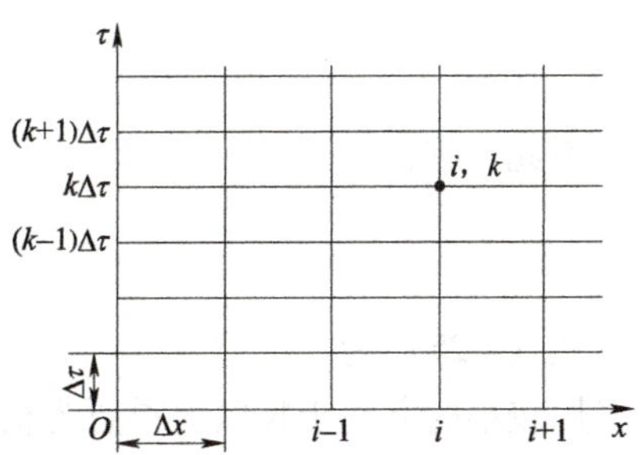

图 4-7　非稳态导热的求解域离散

4.3.2　节点温度差分方程的建立

1. 内部节点温度差分方程

如图 4-8 所示，对于常物性、无内热源的无限大平壁的一维非稳态导热问题，其内部节点控制容积的热平衡可表述为：在 k 时刻，单位时间内从相邻控制容积 $i-1$ 与 $i+1$ 分别导入的热流量之和等于该控制容积热力学能的增加，即

$$\Phi'_\lambda + \Phi''_\lambda = \mathrm{d}U \tag{4-22a}$$

对内部节点 i，其温度对时间的变化率采用向前差分，得控制容积的热力学能的变化率：

$$\mathrm{d}U = A\Delta x\rho c\,\frac{t_i^{k+1} - t_i^k}{\Delta\tau} \tag{4-22b}$$

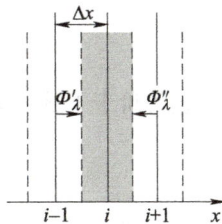

图 4-8　内部节点的能量平衡

进入控制容积的导热量分别为

$$\Phi'_\lambda = A\lambda\,\frac{t_{i-1}^k - t_i^k}{\Delta x} \tag{4-22c}$$

$$\Phi''_\lambda = A\lambda\,\frac{t_{i+1}^k - t_i^k}{\Delta x} \tag{4-22d}$$

将式（4-22b）~式（4-22d）代入式（4-22a），得节点 i 的差分方程：

$$A\lambda \frac{t_{i-1}^{k}-t_{i}^{k}}{\Delta x}+A\lambda \frac{t_{i+1}^{k}-t_{i}^{k}}{\Delta x}=A\Delta x\rho c \frac{t_{i}^{k+1}-t_{i}^{k}}{\Delta \tau} \tag{4-22e}$$

移项并整理，得：

$$t_{i}^{k+1}-t_{i}^{k}=\frac{a\Delta \tau}{\Delta x^{2}}(t_{i-1}^{k}+t_{i+1}^{k}-2t_{i}^{k}) \tag{4-23}$$

令 $Fo_{\Delta}=\frac{a\Delta \tau}{\Delta x^{2}}$，$Fo_{\Delta}$ 称为网格傅立叶数。式（4-23）变为

$$t_{i}^{k+1}=Fo_{\Delta}(t_{i-1}^{k}+t_{i+1}^{k})+(1-2Fo_{\Delta})t_{i}^{k} \tag{4-24}$$

由式（4-24）看到，任意一个内部节点在某一时刻的节点温度，都可以由该节点及其相邻节点在前一时刻的节点温度直接求出，不必联立求解方程组。这样，由初始条件开始计算，就可以依次得到任意时刻的温度分布。因此，式（4-24）称为显式格式。

代数方程组求解的稳定性要求所有节点温度的系数应为正。对式（4-24），则有：

$$1-2Fo_{\Delta}\geqslant 0$$

因此，有：

$$Fo_{\Delta}\leqslant \frac{1}{2} \tag{4-25}$$

式（4-25）为显式差分格式的稳定性条件。由此可知，当采用显式格式计算时，如果希望采用较小的空间步长以取得更为精确的结果，则时间步长将非常小。这将使得计算时间很长。因此，一般不推荐显式格式。

若温度对时间的一阶导数采用向后差分，得控制容积的热力学能的变化率：

$$\left(\frac{\partial t}{\partial \tau}\right)_{i,k}=\frac{t_{i}^{k}-t_{i}^{k-1}}{\Delta \tau}$$

$$\frac{\partial^{2} t}{\partial x^{2}}=\frac{t_{i-1}^{k}+t_{i+1}^{k}-2t_{i}^{k}}{\Delta x^{2}}$$

则一维非稳态导热的差分方程为

$$\frac{t_{i}^{k}-t_{i}^{k-1}}{\Delta \tau}=a\frac{t_{i-1}^{k}+t_{i+1}^{k}-2t_{i}^{k}}{\Delta x^{2}}$$

它等价于下式的表示形式：

$$\frac{t_{i}^{k+1}-t_{i}^{k}}{\Delta \tau}=a\frac{t_{i-1}^{k+1}+t_{i+1}^{k+1}-2t_{i}^{k+1}}{\Delta x^{2}}$$

整理后，得：

$$\left(1+2\frac{a\Delta \tau}{\Delta x^{2}}\right)t_{i}^{k+1}=\frac{a\Delta \tau}{\Delta x^{2}}(t_{i-1}^{k+1}+t_{i+1}^{k+1})+t_{i}^{k} \tag{4-26}$$

由式（4-26）看到，任意一个内部节点在某一时刻的节点温度，须由其两个相邻节点在该时刻的温度（未知）和该节点上一时刻的温度（已知）计算。因此，不能直接由式（4-26）计算出该节点在当前时刻的温度，而必须通过所有节点在当前时刻的温度差分方程组才行。因而式（4-26）称为隐式格式。式（4-26）中所有节点温度的系数都为正，因此它是无条件稳定的。

2. 边界节点温度差分方程

如图 4-9 所示边界节点，在第三类边界条件下，边界节点 0 所代表的控制容积的热平衡可表述为：在 k 时刻，单位时间内从相邻控制容积 1 导入的热流量 Φ_λ 与从流体以对流换热的方式传入的热流量 Φ_h 之和等于该控制容积热力学能的增加 $\mathrm{d}U$。如果对边界节点 0 温度对时间的变化率采用向前差分，得控制容积的热力学能的变化率：

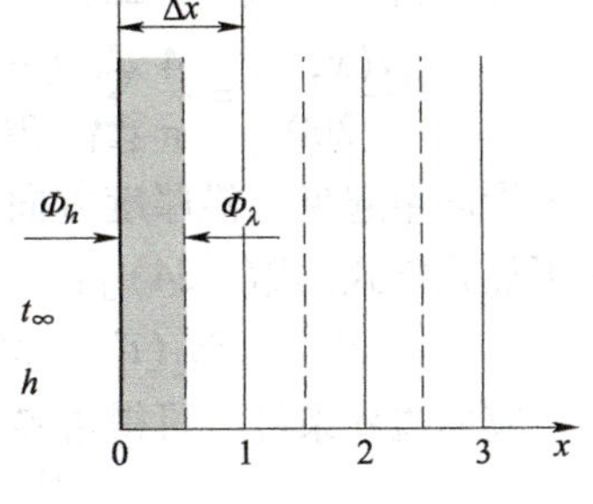

图 4-9　边界节点的能量平衡

$$\mathrm{d}U = A\frac{\Delta x}{2}\rho c\frac{t_0^{k+1}-t_0^k}{\Delta\tau}$$

进入控制容积的导热量为

$$\Phi_\lambda = A\lambda\frac{t_1^k - t_0^k}{\Delta x}$$

进入控制容积的对流换热量为

$$\Phi_h = Ah(t_\infty^k - t_0^k)$$

因此，其差分方程为

$$A\lambda\frac{t_1^k - t_0^k}{\Delta x} + Ah(t_\infty^k - t_0^k) = A\frac{\Delta x}{2}\rho c\frac{t_0^{k+1}-t_0^k}{\Delta\tau}$$

整理，得：

$$t_0^{k+1} = 2Fo_\Delta(t_1^k + Bi_\Delta t_\infty^k) + (1 - Bi_\Delta Fo_\Delta - 2Fo_\Delta)t_0^k \tag{4-27}$$

式中，Fo_Δ 为网格傅里叶数，$Fo_\Delta=\dfrac{a\Delta\tau}{\Delta x^2}$；$Bi_\Delta$ 为网格毕奥数，$Bi_\Delta=\dfrac{h\Delta x}{\lambda}$。它的稳定性条件为

$$1 - 2Bi_\Delta Fo_\Delta - 2Fo_\Delta \geqslant 0$$

即：

$$Fo_\Delta \leqslant \frac{1}{2Bi_\Delta + 2} \tag{4-28}$$

式（4-28）的稳定性条件比式（4-25）还苛刻，因此，首先要满足式（4-28）。

例 4-2　如图 4-10 所示，一薄板开始时处于均匀温度为 200℃的环境中，在某时刻，板右侧的温度突然降为 0℃，另一侧绝热。请用显式格式求解板内的非稳态温度分布。计算下列 3 个时间的温度：

1）$\tau=40\mathrm{s}$；2）$\tau=80\mathrm{s}$；3）$\tau=120\mathrm{s}$。

已知：板厚 $\delta=2\mathrm{cm}$，$\lambda=10\mathrm{W/(m\cdot K)}$，$\rho c=10\times10^6\mathrm{J/(m^3\cdot K)}$。

解： 该薄板可视为无限大平板，其温度只沿厚度方向变化。它的一维非稳态导热方程为

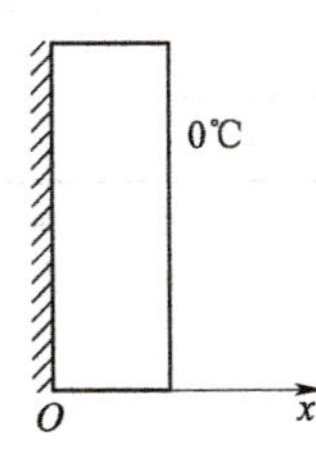

图 4-10　薄板

$$\rho c = \frac{\partial t}{\partial\tau} = \frac{\partial}{\partial x}\left(\lambda\frac{\partial t}{\partial x}\right)$$

初始条件：　$\tau = 0,\quad t = 200℃$

边界条件：　$\tau > 0,\quad x = 0,\quad \dfrac{\partial t}{\partial x} = 0$

$x = 0.02\mathrm{m},\quad t = 0$

其解析解［式（3-22）］：

$$\frac{t(x,\tau)}{200}=\frac{4}{\pi}\sum_{k=1}^{\infty}\frac{(-1)^{k+1}}{2k-1}\cos\left(\frac{2k-1}{2\delta}\pi x\right)\exp\left[-\left(\frac{2k-1}{2\delta}\pi\right)^2 a\tau\right],a=\frac{\lambda}{\rho c}$$

为简单起见，沿厚度方向把它分为5个节点，$\Delta x=0.005\mathrm{m}$。对内部节点2、3、4直接采用显式格式[式(4-24)]：

$$t_i^{k+1}=Fo_\Delta(t_{i-1}^k+t_{i+1}^k)+(1-2Fo_\Delta)t_i^k,k=0,1,2,3,\cdots;i=2,3,4。$$

应用边界条件，可得边界节点1和5的差分方程：

$$t_1^{k+1}=2Fo_\Delta(t_1^k-t_2^k)+t_1^k,k=0,1,2,3,\cdots$$

$$t_5^{k+1}=0,k=0,1,2,3,\cdots$$

时间步长的选取由显式格式的稳定性条件决定，$\Delta\tau<\rho c\dfrac{\Delta x^2}{2\lambda}=\left(\dfrac{10\times10^6\times0.005^2}{2\times10}\right)\mathrm{s}=12.5\mathrm{s}$。因此，取$\Delta\tau=2\mathrm{s}$，则得$Fo_\Delta=\dfrac{a\Delta\tau}{\Delta x^2}=0.08$。由初始条件，$t_i^0=200℃$，$i=1$、2、3、4、5，开始计算，可得不同时刻的温度分布，见表4-1。

表 4-1 $\Delta\tau=2\mathrm{s}$ 时的计算结果

节点	$\tau=40\mathrm{s}$			$\tau=80\mathrm{s}$			$\tau=120\mathrm{s}$		
	数值解	解析解	误差（%）	数值解	解析解	误差（%）	数值解	解析解	误差（%）
1	187.599	189.861	1.191	152.802	154.462	1.075	120.357	121.361	0.827
2	178.097	180.256	1.198	141.801	143.425	1.132	111.274	112.181	0.809
3	145.557	147.130	1.069	109.698	110.635	0.847	85.311	85.968	0.764
4	84.133	84.752	0.730	60.002	60.417	0.687	46.249	46.584	0.719
5	0	0	0	0	0	0	0	0	0

当$\Delta\tau=13\mathrm{s}$，时间步长超出了显式格式的稳定条件，不同时刻数值解与解析解的比较如表4-2所示，误差明显增大。

表 4-2 $\Delta\tau=13\mathrm{s}$ 时的计算结果

节点	$\tau=39\mathrm{s}$			$\tau=78\mathrm{s}$			$\tau=130\mathrm{s}$		
	数值解	解析解	误差（%）	数值解	解析解	误差（%）	数值解	解析解	误差（%）
1	200	190.583	-4.941	143.332	56.275	-154.699	100.163	114.141	12.246
2	171.878	181.185	5.137	150.668	144.983	-3.921	111.06	105.486	-5.284
3	150.246	148.36	-1.271	101.240	112.083	9.674	70.817	80.798	12.353
4	71.872	85.725	16.160	62.834	61.264	-2.563	46.015	43.761	-5.151
5	0	0	0	0	0	0	0	0	0

习 题

4.1 一个矩形截面直肋稳态导热，肋根温度为t_0，肋端绝热，其表面传热系数为h，周围流体温度为t_∞，肋内部具有均匀分布的内热源，单位体积内热源为Φ（见图4-11），请写出它的内部节点和端部节点的差分方程，并计算当节点划分为 4 个，$H=45\text{mm}$，$\delta=10\text{mm}$，$h=50\ \text{W/(m}^2\cdot\text{K)}$，$\lambda=50\text{W/(m}\cdot\text{K)}$，$t_0=100℃$，$t_\infty=20℃$，$\Phi=1000\text{W/m}^3$时的节点温度，并与解析解对比。进一步划分 20 个节点计算，再进行比较。

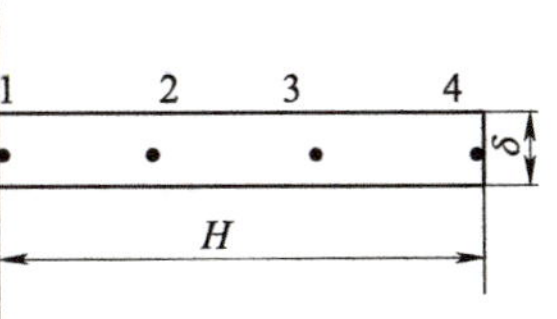

图 4-11　习题 4.1 图

4.2　一个垂直纸面方向无限长的梯形物体，其上、下表面绝热，左、右两个表面维持在 100℃ 和 25℃，它的导热系数 $\lambda=20\text{W/(m}\cdot\text{K)}$（见图 4-12），取空间步长 $\Delta x=\Delta y=0.01\text{m}$，计算稳态时它的节点温度分布及垂直纸面方向单位长的传热量。

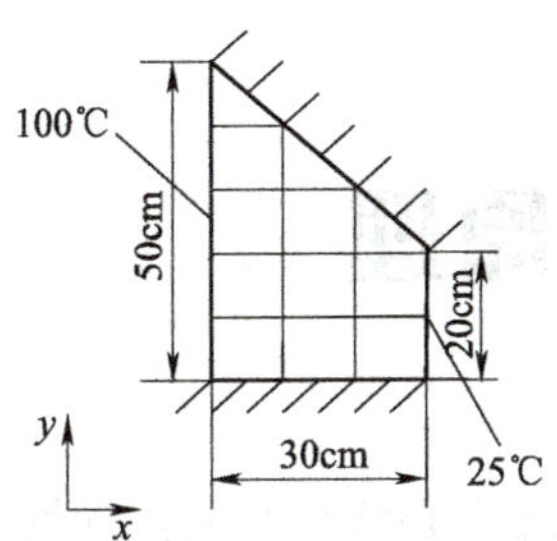

图 4-12　习题 4.2 图

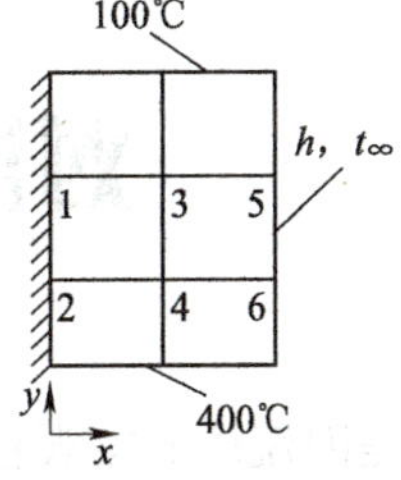

图 4-13　习题 4.3 图

4.3　一个二维稳态导热物体，物性参数为常数，$\lambda=34.6\text{W/(m}\cdot\text{K)}$，无内热源，$\Delta x=\Delta y=0.3\text{m}$，其左侧边界绝热，右侧暴露于温度为 50℃、表面传热系数为 $56.8\text{W/(m}^2\cdot\text{K)}$ 的流体中，上、下边界维持在 100℃和 400℃（见图 4-13）。试计算节点 1~6 的温度。

4.4　一个无限大平板，厚度为 0.1m，初始温度为 20℃，左侧表面维持在 200℃，右侧暴露在温度为 20℃、表面传热系数为 $20\text{W/(m}^2\cdot\text{K)}$ 的流体中，平板材料的物性参数 $\lambda=20\text{W/(m}\cdot\text{K)}$，$a=1.39\times10^{-5}\text{m}^2\text{/h}$。试用显式格式计算平板内的非稳态温度分布。

4.5　一个无限大平板，厚度为 2m，左侧暴露在温度为 100℃、表面传热系数为 $20\text{W/(m}^2\cdot\text{K)}$ 的流体中，右侧暴露在温度为 0℃、表面传热系数为 $5\text{W/(m}^2\cdot\text{K)}$ 的流体中，平板材料的物性参数 $\lambda=10\ \text{W/(m}\cdot\text{K)}$，$a=1\text{m}^2\text{/h}$，初始温度为 50℃，请写出它的非稳态差分方程，并计算其右侧表面温度为 37℃时所需的时间以及 10min 后其表面的温度。

4.6　一无限大平板，厚度为 8cm，平板材料的物性参数 $\lambda=1.4\text{W/(m}\cdot\text{K)}$，$a=0.0694\times10^{-5}\text{m}^2\text{/s}$，初始温度为 20℃，板的两侧同时升温到 100℃并保持下去，请用显式格式计算 15min 内平板内各节点的温度分布，步长取 1cm。进一步减小步长，用显式格式和隐式格式分别计算、对比。

4.7　一个无限大平板，厚度为 0.12m，热扩散系数 $a=1.5\times10^{-6}\text{m}^2\text{/s}$，初始温度为 85℃，它的一个表面在某一时刻突然降为 20℃，另一个表面绝热。请用显式格式计算 45min 时的温度分布，取时间和空间步长分别为 300s 和 30mm，并把数值解与解析解对比［解析解可取 $Bi\to\infty$ 时式（3-19）的第一项］。

第 5 章

对流换热的基本原理

对流换热是因流体的宏观移动而引起的热量传递，因此它必然涉及流体的流动过程。研究对流换热问题的核心是得到表面传热系数，而表面传热系数与流经固体表面的流体层温度梯度有关，流体的温度分布又与其速度分布有关，因此构成对流换热问题的微分方程就包括了流体的连续方程、动量方程和能量方程等复杂的偏微分方程组。学习本章内容时，不要太关注复杂的方程本身，而是要首先清晰地了解对流换热的过程和特点，然后弄清楚连续方程、动量方程和能量方程的建立方法（如质量守恒、动量守恒和能量守恒），并理解数量级的要领及边界层方程数量级的简化方法。本章应重点掌握边界层内的对流换热的特点，掌握相似理论及其对试验研究的指导作用。

5.1 概述

5.1.1 对流换热的基本特点

流体和固体表面直接接触时所发生的热量传递过程称为对流换热。它包括了流经固体表面的流体的热对流和紧贴固体壁面底层的该流体的导热两种基本传热方式，并可由牛顿冷却公式计算对流换热量：

$$\Phi = Ah(t_w - t_f) \tag{5-1a}$$

$$q = h(t_w - t_f) \tag{5-1b}$$

式中，h 为平均表面传热系数 [W/(m^2·K)]；t_w、t_f分别为固体表面及流体的温度（℃）；A 为固体发生对流换热的表面积（m^2）。

在通常情况下，固体表面的局部表面传热系数并不是个常数，而是空间坐标的函数。因此，固体表面的局部对流换热的热流密度可利用局部表面传热系数计算

$$q_x = h_x\,(t_w - t_\infty)_x \tag{5-1c}$$

式中，下标 x 表示固体表面坐标；h_x为 x 处的局部表面传热系数。

把式（5-1c）沿整个固体表面积分，则得该固体表面的总的对流换热量为

$$\Phi = \int_A q_x \mathrm{d}A = \int_A h_x\,(t_w - t_\infty)_x \mathrm{d}A \tag{5-1d}$$

对于等壁温固体表面，式（5-1d）可写为

$$\Phi = (t_w - t_\infty)\int_A h_x \mathrm{d}A \tag{5-1e}$$

因此，由式（5-1a）和式（5-1e）可得固体表面的平均和局部表面传热系数关系为

$$h = \frac{1}{A}\int_A h_x \mathrm{d}A \tag{5-1f}$$

当知道了固体表面的平均表面传热系数 h 以后，则由牛顿冷却公式［式（5-1a）］就很容易地得到了该表面的对流换热量。因此，表面传热系数是对流换热问题的核心，它和多种因素有关。

在对流换热过程中，热量的传递靠热对流和导热两种方式进行。对流换热的强度取决于这两种基本传热方式的综合。显然，一切支配这两种传热的因素和规律，如流动的状态、流速、流体的物性等都会影响对流换热过程。影响对流换热的主要因素如下。

1. 流体流动的起因

由于热对流是依靠流体分子或微团的宏观位移来传递能量，因此流体分子或微团的宏观运动的强弱就决定了热对流的相对大小。流体发生流动的原因包括两类：强迫对流和自然对流。由于流动起因的不同，对流换热可以分为强迫对流换热与自然对流换热两大类。两种流动的起因不同，流体中的速度场也有差别，传热规律也不一样。一般来说，强迫对流流速高，而自然对流流速低，故强迫流动的表面传热系数高。例如，空气自然对流的表面传热系数为 5~25W/(m^2·K)，而它的强迫对流的表面传热系数可达 10~100W/(m^2·K)。

2. 流体的流动状态

黏性流体存在着两种不同的流态，即层流及湍流。层流时流体微团沿着主流方向做有规则的分层流动，而湍流时流体在各个方向上发生剧烈的混合，因而在其他条件相同时湍流传热的强度自然要比层流强烈。

3. 流体的物理性质

影响换热的物性主要是比热容、密度、导热系数、黏度、热膨胀系数等。比热容与密度大的流体，单位体积能携带更多的热量，从而以对流作用传递热量的能力也高。导热系数大，流体内和流体与壁之间的导热热阻小，换热就强。例如，水的导热系数比空气的高 20 余倍，常温下水的 $\rho c_p \approx$ 4180kJ/(m^3·K)，而空气的 $\rho c_p \approx$ 1.2kJ/(m^3·K)。因此，在强迫对流状态下，水的表面传热系数可达 10^{4}W/(m^2·K)，为空气的 100~150 倍。关于黏度的影响，黏度大，有碍流体的流动，而不利于热对流。此外，温度对黏度的影响较大。对于液体，黏度随温度增加而降低，气体则相反。在自然对流中，流体的热膨胀性是引起流体流动的决定性因素，因而反映流体热膨胀性大小的热膨胀系数对自然对流换热具有重要影响，热膨胀系数越大，则自然对流换热越强。

4. 流体的相变

在一定条件下，流体在换热过程中会发生相变，如冷凝、沸腾、升华、凝固、融化、熔融等，这时的换热称为相变换热。在发生相变时，温度虽然不变，但因其汽化潜热或凝结热却会吸收或放出大量的热量，因此，相变换热过程的传热很剧烈。

5. 换热表面的几何因素

这里的几何因素是指换热表面的形状、尺寸、流体相对表面的流动方向以及表面的粗糙度等。例如，图 5-1a 所示的管内强迫对流流动与流体横掠圆管的强迫对流流动是截然不同的［流体可以顺着管轴方向从管外流过（简称“纵掠”），也可以同管轴成 90° 从管外流过（简称“横掠”）］。前一种是管内流动，属于内部流动的范围；后一种是外掠物体流动，属于外部流动的范围。这两种不同流动条件下，固体表面的边界层的发展特点不同，从而使换热规律也有差别。在自然对流领域里，固体表面的几何形状和相对位置都对自然对流的发生有决定性影响。例如，图 5-1b 所示的水平壁，热面朝上时，上面的流体受热后能够向上自由运动而发生自然对流；而热面朝下时，则受热的流体积聚在热面处，它下面的冷流体密度大而不能上升，因此没有自然对流的发生，它们的换热规律是不一样的。

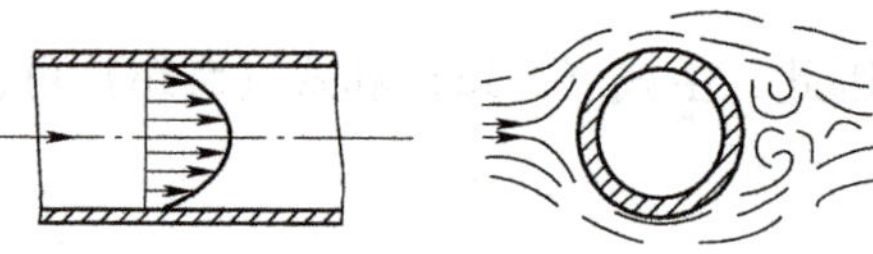

a) 圆管内、外的强迫对流

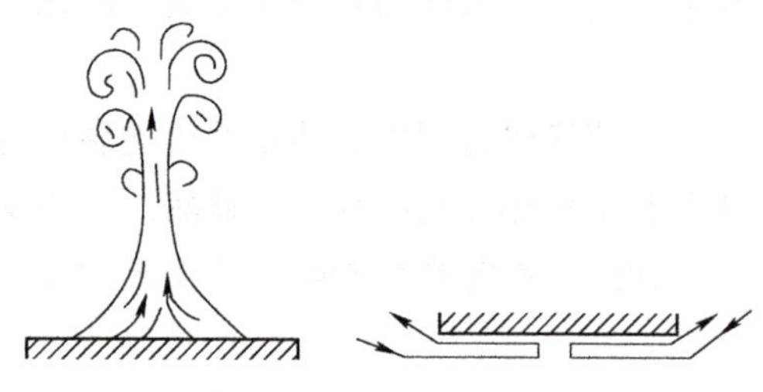

b) 水平壁上、下的对流

图 5-1　几何因素的影响

综合上述几方面的影响，不难得出结论，表面传热系数将是众多因素的函数，即

$$h = (u, t_w, t_f, \lambda, \rho, c_p, \mu, \beta, l, \varphi) \tag{5-2}$$

式中，u 为流体的速度；t_w、t_f 分别为壁面及流体温度；λ、ρ、c_p、μ、β 分别为流体的导热系数、密度、定压比热容、动力黏度及膨胀系数；l 为换热表面的一个特征长度；φ 为反映壁面几何形状因素或流体与壁面的相对位置的影响。

研究对流换热的目的之一是通过各种方法寻求不同条件下式（5-2）的具体函数式。

下面是常见对流换热问题的分类汇总。事实上，除沸腾传热外，所列每一类对流换热问题都可进一步按层流、湍流和过渡流的流态进行分类。

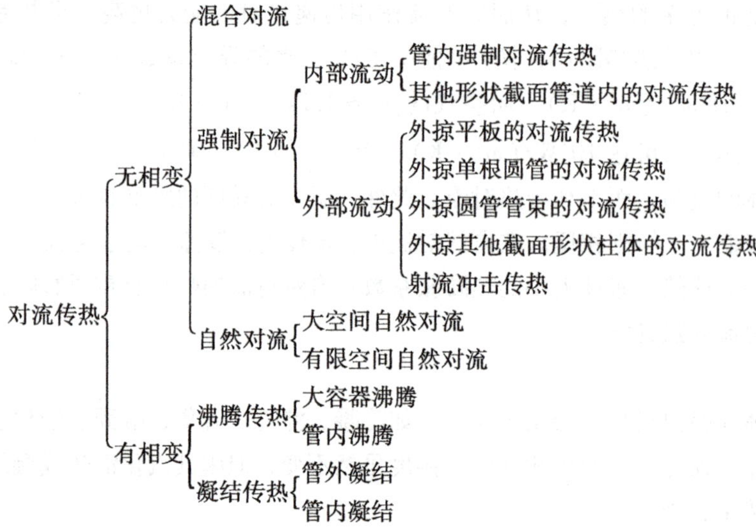

5.1.2　对流换热的研究方法

研究对流换热问题的方法，即寻找求解表面传热系数函数的方法，主要有四种：分析法、试验法、比拟法、数值法。下面分别做简要介绍。

1. 分析法

分析法是指通过分析某一具体对流换热问题特征，建立描述该问题的数学模型，并获得数学模型的解来求解表面传热系数的方法。由于所建立的数学模型一般由偏微分方程组和复杂的定解条件构成，因而这种方法只能对于少数简单的对流换热问题才有效，如平板对流换热、管内层流对流换热等。即使如此，分析法对深刻揭示表面传热系数和各物理量间的关系以及评价其他方法所得结果的正确性方面具有重要作用，因而本书将做适当介绍。

2. 试验法

通过试验获得表面传热系数的计算式仍是目前工程设计的主要依据，因此它是初学者必须掌握的内容。为了减少试验次数、提高试验测定结果的通用性，传热学的试验测定应当在相似原理指导下进行。可以说，在相似原理指导下的试验研究是目前获得表面传热系数关系式的主要途径，也是本书的讨论重点。

3. 比拟法

比拟法是指通过分析动量传递和热量传递的类似特性，建立表面传热系数和流动阻力系数间的函数关系来求解表面传热系数的方法。由于流动阻力系数比较容易通过试验来确定，因此这一方法在早期的对流换热研究中应用较广。但近年来，由于试验技术及计算机技术的发展，这一方法已较少采用。但是这一方法所强调的动量、热量传递在机理上的类似特性，对分析、理解对流换热过程具有很大的帮助作用。

4. 数值法

数值法是指用计算机对描述对流换热问题的数学模型进行求解获得表面传热系数的方法。随着计算机性能的提高和算法的完善，这一方法得到越来越广泛的应用。这一方法虽然在定量准确性方面还有待提高，但对对流换热过程的特征和主要参数的定性预测有指导作用。

5.1.3　对流换热微分方程式

如图 5-2 所示，当黏性流体在壁面上流动，由于流体的黏性作用，流体流经壁面时，在贴壁处的流体速度等于零。壁面对流体的换热必须首先通过静止的微元层，在该层内热量传递只能是导热，导热热流密度按傅里叶定律计算，即

$$q_x = -\lambda\left(\frac{\partial t}{\partial y}\right)_{w,x} \tag{5-3a}$$

式中，q_x为 x 处的热流密度（W/m^2）；λ 为流体的导热系数 [$W/(m \cdot K)$]；$\left(\frac{\partial t}{\partial y}\right)_{w,x}$ 为 x 点贴壁处沿壁面法向流体的温度梯度（K/m）。

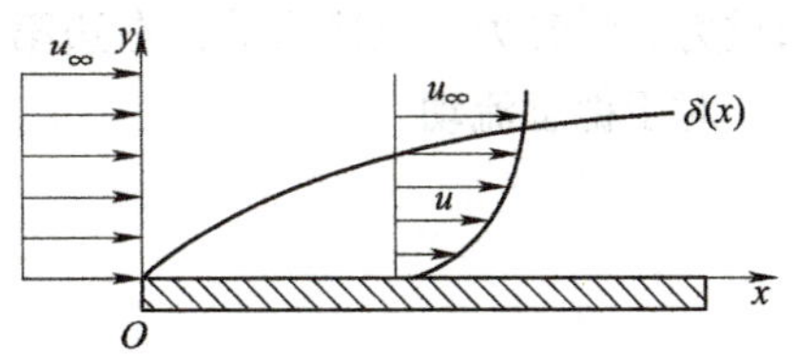

图 5-2　壁面附近的流体速度分布

在稳态情况下，q_x以对流的形式传递到流体的外层，它等于对流换热量，根据牛顿冷却公式（5-1）

计算，设壁面 x 处的局部换热系数为 h_x，则有

$$q_x = h_x(t_w - t_f)_x = h_x \Delta t_x \tag{5-3b}$$

式（5-3a）和式（5-3b）描述的是同一热量，故两式相等。因此

$$h_x = -\frac{\lambda}{\Delta t_x}\left(\frac{\partial t}{\partial y}\right)_{w,x} \tag{5-3c}$$

这就是对流换热微分方程式，应用该方程式可以求出表面传热系数 h_x。

5.2 对流换热的微分方程组

由对流换热微分方程式［式（5-3c）］可以看出，欲求出表面传热系数 h，必须知道贴壁处的流体温度梯度，也就是要知道流体内部的温度场。而温度场与流体的速度分布密切相关（由能量微分方程所决定）。为求温度场，必须先解得速度场，而速度场由连续性方程和动量微分方程求得。因此，对流换热问题就涉及同时求解连续性方程、动量微分方程和能量微分方程，它们总称为对流换热微分方程组。

为了突出推导中所应用的原理和有利于掌握物理意义，本章仅限于分析二维对流换热问题，并且假定：流体为不可压缩的牛顿型流体（满足牛顿黏度定律的流体）；流体的物性视为常量；流体无内热源；不计耗散热。

5.2.1 微分方程组

1. 连续性方程

连续性微分方程是根据质量守恒定律导出的。在流体力学课程中已做了详细的推导，这里就不重复了。二维、常物性、不可压缩的流体在稳态流动时的连续性方程如下：

$$\frac{\partial u}{\partial x} + \frac{\partial v}{\partial y} = 0 \tag{5-4}$$

2. 动量方程

动量微分方程是由牛顿第二定律导出来的，即物体的质量乘以某一方向的加速度等于在这一方向上作用于物体的外力。由流体力学可知，常物性、二维流动的动量微分方程的形式如下：

x 方向：
$$\rho\left(\frac{\partial u}{\partial \tau} + u\frac{\partial u}{\partial x} + v\frac{\partial u}{\partial y}\right) = F_x - \frac{\partial p}{\partial x} + \mu\left(\frac{\partial^2 u}{\partial x^2} + \frac{\partial^2 u}{\partial y^2}\right) \tag{5-5a}$$

y 方向：
$$\rho\left(\frac{\partial v}{\partial \tau} + u\frac{\partial v}{\partial x} + v\frac{\partial v}{\partial y}\right) = F_y - \frac{\partial p}{\partial y} + \mu\left(\frac{\partial^2 v}{\partial x^2} + \frac{\partial^2 v}{\partial y^2}\right) \tag{5-5b}$$

这就是著名的纳维-斯托克斯方程（Navier-Stocks equation，简称 N-S 方程）。该两式等号左边为流体的惯性力（也可写作密度与速度的全微分之积）；等号右边第一项为体积力，如重力、浮升力、电磁力等；右边第二项为总压力梯度；第三项为黏滞力。

对于稳态流动

$$\frac{\partial u}{\partial \tau} = \frac{\partial v}{\partial \tau} = 0$$

3. 能量方程

能量微分方程描述流体的温度场，可由热力学第一定律推导出来。对于如图 5-3 所示的

微元体，由热力学第一定律得知：

由导热传入微元体的热量 + 由对流传入微元体的热量 = 微元体中流体焓的增加

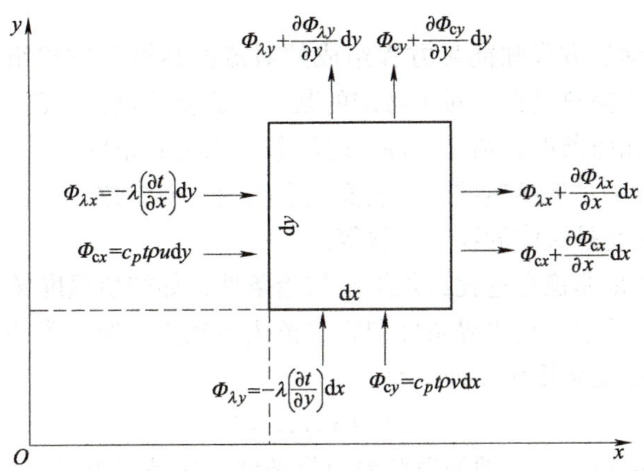

图 5-3 微元体能量守恒示意

设 Φ_λ 为导热量，Φ_c 为对流传递热量，则

x 方向导入的净热量为

$$\Phi_{\lambda x}-\left(\Phi_{\lambda x}+\frac{\partial\Phi_{\lambda x}}{\partial x}dx\right)=-\frac{\partial\Phi_{\lambda x}}{\partial x}dx=\lambda\left(\frac{\partial^2 t}{\partial x^2}\right)dxdy$$

同理，y 方向导入的净热量为

$$\Phi_{\lambda y}-\left(\Phi_{\lambda y}+\frac{\partial\Phi_{\lambda y}}{\partial y}dy\right)=\lambda\left(\frac{\partial^2 t}{\partial y^2}\right)dxdy$$

x 方向对流传递的净热量为

$$\Phi_{cx}-\left(\Phi_{cx}+\frac{\partial\Phi_{cx}}{\partial x}dx\right)=-\frac{\partial\Phi_{cx}}{\partial x}dx=-\rho c_p\frac{\partial(tu)}{\partial x}dxdy$$

同理，y 方向对流传递的净热量为

$$-\frac{\partial\Phi_{cy}}{\partial y}dy=-\rho c_p\frac{\partial(tv)}{\partial y}dxdy$$

微元体中流体的焓增为

$$\Delta h=\rho c_p\frac{\partial t}{\partial\tau}dxdy$$

将以上各项能量的表达式代入微元体能量平衡式，经整理后得

$$\lambda\frac{\partial^2 t}{\partial x^2}+\lambda\frac{\partial^2 t}{\partial y^2}-\rho c_p\frac{\partial(tu)}{\partial x}-\rho c_p\frac{\partial(tv)}{\partial y}=\rho c_p\frac{\partial t}{\partial\tau}$$

应用连续性方程式［式（5-4）］，上式可简化为

$$\rho c_p\left(\frac{\partial t}{\partial\tau}+u\frac{\partial t}{\partial x}+v\frac{\partial t}{\partial y}\right)=\lambda\left(\frac{\partial^2 t}{\partial x^2}+\frac{\partial^2 t}{\partial y^2}\right)\tag{5-6}$$

综合上述推导得出的连续性方程式［式（5-4）］，动量微分方程式［式（5-5a）及式（5-5b）］，能量微分方程式［式（5-6）］，合计四个方程式，构成对流换热微分方程组，而

未知量也是四个（u、v、t 和 p），所以方程组是封闭的。

5.2.2 单值性条件

由连续性方程、动量方程和能量方程组成的对流换热微分方程组是通用形式的微分方程，适合于所有的对流换热过程。对于特定的某个对流换热过程，还需要给出它的单值性条件。单值性条件包括几何条件、物理条件、时间条件和边界条件。

1）几何条件：发生对流换热的固体表面或空间的几何参数。

2）物理条件：主要是流体的物性参数等。

3）时间条件：若是非稳态过程，须给定初始条件，如初始温度场和流场等。

4）边界条件：包括第一类边界条件和第二类边界条件。第一类边界条件给出边界上的温度分布及其随时间的变化规律，即

$$t_w = f(x,y,z,\tau)$$

当固体表面的温度恒定时，即为恒壁温边界条件，这是工程应用上最常遇到的边界条件之一。

第二类边界条件给出了固体表面的热流密度，即表明了流体被加热或冷却的传热量为

$$q_w = f(x,y,z,\tau) \qquad \text{或} \qquad -\left.\frac{\partial t}{\partial n}\right|_w = \frac{q_w}{\lambda}$$

其中，壁面处的热流密度是已知参数，但壁面处的流体温度是未知的。当壁面处的热流密度是常数时，即为恒热流边界条件，这也是工程应用上最常遇到的边界条件之一。例如，当通过电加热或辐射加热时就是这样的边界条件。

由于表面传热系数就是对流换热问题要研究的核心，因此对流换热问题没有第三类边界条件。

5-1
科学家普朗特生平

求解上述微分方程组的主要途径有分析解和数值解。关于数学分析解，由于这些方程式比较复杂，特别是动量微分方程式的高度非线性特点，数学求解非常困难。直到 1904 年德国科学家普朗特（L. Prandtl）提出著名的边界层概念，并用它来简化上述方程组后，求在简单流动条件下的对流换热问题的数学分析解才成为可能。

5.3 边界层内的对流换热

5.3.1 边界层的概念

1. 流动边界层

当具有黏性且能润湿壁面的流体流过壁面时，由于流体的黏性摩擦力的作用使靠近壁面附近的流体的流速降低，在直接贴壁处的流体速度实际上等于零。如图 5-4 所示，当流体流过一个大平板时，在壁面处（$y=0$），$u=0$。随着 y 方向离壁距离的增大，u 逐渐增大并接近主流速度 u_∞。这一薄层称为流动边界层，或称速度边界层，通常把流体流速等于主流速度的 99%的地方作为边界层的外缘，此时离开壁面的垂直距离 δ 称为流动边界层的厚度。

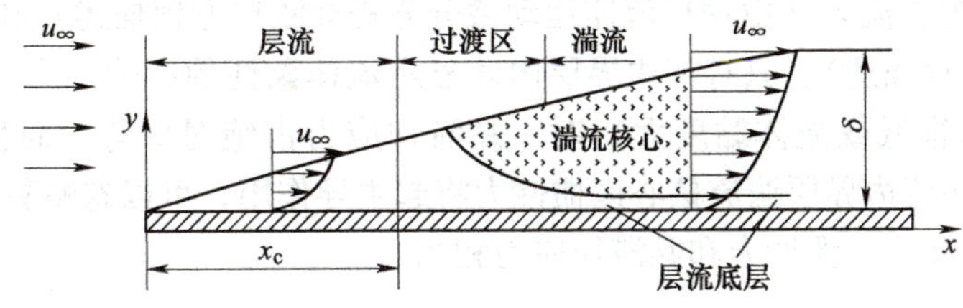

图 5-4 流体掠过平板时边界层的形成和发展

假设来流是速度均匀分布的层流，平行流过平板。在平板的前沿 $x=0$ 处，流动边界层的厚度 $\delta=0$。随着流体向前流动，由于动量的传递，壁面处黏性力的影响逐渐向流体内部发展，流动边界层越来越厚。在距平板前沿的一段距离之内（$x<x_c$），边界层内的流动处于层流状态，称为层流边界层。

随着边界层的加厚，边界层边缘处黏性力的影响逐渐减弱，惯性力的影响相对加大。当边界层达到一定厚度之后，边界层的边缘开始出现扰动，并且随着向前流动，扰动的范围越来越大，逐渐形成旺盛的湍流区（或称为湍流核心），边界层过渡为湍流边界层。在层流边界层和湍流边界层中间存在一段过渡区。即使在湍流边界层内，在紧靠壁面处，黏性力与惯性力相比还是占绝对的优势，仍然有一薄层流体保持层流，称为层流底层。层流底层内具有很大的速度梯度，而湍流核心内由于强烈的扰动混合使速度趋于均匀，速度梯度较小。层流底层和湍流核心中间有一层从层流到湍流的过渡层，通常称为缓冲层。这样将湍流边界层分为三层不同流动状态的模型称为湍流边界层的三层结构模型。

边界层从层流开始向湍流过渡的距离 x_c 称为临界距离。对外掠大平板的边界层流动，它通常用临界雷诺数 Re 计算：$Re_c=\dfrac{u_\infty x_c}{\nu}=2\times10^5\sim3\times10^6$。一般情况下，可取 $Re_c=5\times10^5$。

边界层的厚度是很薄的。例如，20℃的空气以 $u_\infty=10\text{m/s}$ 速度掠过平板时，在离板前缘 100mm 和 200mm 处，边界层厚度约为 1.8mm 和 2.5mm。可见边界层的厚度相对于平板长度尺寸只是一个很小的数。如果把平板长度的数量级取作 1，那么边界层厚度至少要比平板长度小一个数量级，可以记作 δ。

在边界层内，流体在壁面法向上的速度梯度 $\dfrac{\partial u}{\partial y}$ 很大，故产生的黏性切应力也很大，不可忽略。在边界层外，流体在壁面法向上的速度梯度 $\dfrac{\partial u_\infty}{\partial y}$ 几乎等于零。因此，尽管流体具有一定的黏性，但其切应力可以忽略不计。这样，边界层外的流体就相当于无黏性的理想流体。

综合以上分析，可以概括出流动边界层的几个重要特征：

1）边界层厚度与壁面特征尺寸相比是个小量。

2）边界层内存在较大的速度梯度，是发生动量传递的主要区域，流体的流动由动量微分方程来描写。

3）边界层沿流体流动方向逐渐增厚。

4）边界层内的流态分层流和湍流，湍流边界层紧靠壁面处仍有极薄层流体保持层流，称为层流底层。

5）流场可分为主流区（由理想流体运动微分方程即欧拉方程描述）和边界层区（用黏性流体运动微分方程描述）。只有在边界层内才显示流体黏性的影响。当 $Re \ll 1$（如壁面特性尺寸很小、流速很低或流体黏度大）时，黏滞切应力占绝对优势，而惯性力可被忽略；当 Re 很大时，在湍流边界层湍流核心区惯性力将起主导作用，可以忽略黏滞阻力；当 Re 处于以上两种情况之间时，惯性力和黏滞切应力相当。

2. 热边界层

与速度边界层相仿，还可以引入一个温度边界层，或称为热边界层的概念。当温度均匀为 t_∞ 的流体流过壁面温度 t_w 的平板时（见图 5-5），流体与板壁面发生热交换。试验表明，除非流体的导热能力很大，例如液态金属，否则流体的温度也和速度一样，在靠近壁面的一个薄层中才有显著的变化。以壁面温度定义的流体过余温度达到来流过余温度的 99%时，即 $t-t_w=0.99(t_\infty-t_w)$ 时到壁面的距离为热边界层的厚度，用 δ_t 表示。

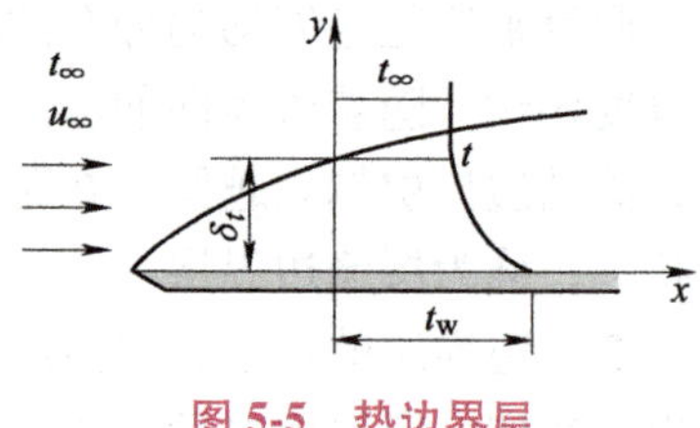

图 5-5 热边界层

热边界层是存在较大温度梯度的流体层，因此也是发生热量传递的主要区域，其温度场由能量微分方程来描写。

在热边界层内壁面法向上的温度梯度 $\partial t_x/\partial y$ 较大，在边界层外法向温度梯度 $\partial t_f/\partial y$ 几乎等于零。所以在温度边界层外，壁面法向上的导热量可以忽略不计。在温度边界层内，导热量和对流换热量属于同一数量级。

流动边界层和热边界层是既有联系又有区别的。两种边界层厚度的相对大小取决于流体运动黏度 ν 与热扩散率 a 的相对大小，由一个无量纲参数——普朗特数（Pr）来决定。普朗特数的物理意义为流体的动量扩散能力与热量扩散能力之比，定义式为

$$Pr=\frac{\nu}{a}=\frac{\mu c_p}{\lambda} \tag{5-7}$$

式中，ν 为流体的运动黏度（m^2/s），$\nu=\dfrac{\mu}{\rho}$，反映流体动量扩散的能力，ν 值越大，流动边界层越厚；a 为流体的热扩散系数（m^2/s），$a=\dfrac{\lambda}{\rho c_p}$，反映物体热量扩散的能力，$a$ 值越大，热边界层越厚。

在热边界层和流动边界层同时生成和发展过程中，当 $Pr \geqslant 1$ 时，$\delta \geqslant \delta_t$；当 $Pr \leqslant 1$ 时，$\delta \leqslant \delta_t$；对于 $Pr=1$ 的流体，则 $\delta_t \approx \delta$。

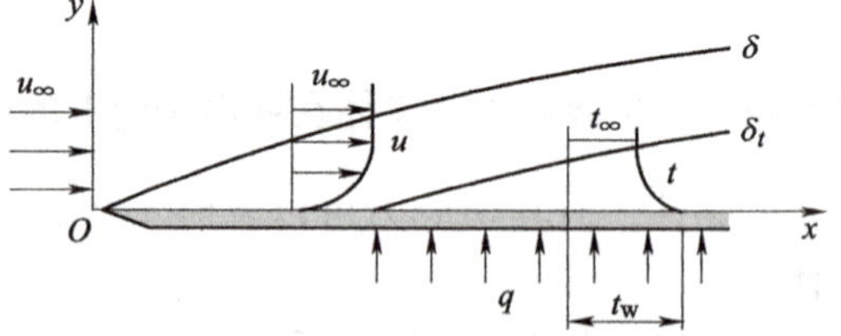

图 5-6 流动边界层与热边界层不同时发展

此外，流动边界层总是从平板的前缘 $x=0$ 处开始发展的，热边界层则不一定。如图 5-6 所示，如果平板在 $0<x<x_0$ 处没有被加热或冷却，平板的温度与流体温度相等，则流体与板壁不发生热交换，也就没有温度边界层。只有局部被加热或冷却时，壁面和流体存在温差以后，温度边界层才开始发展。

3. 边界层内局部对流换热的特点

由于在层流边界层内流速很低，因此层流边界层内主要以流体的导热为主。沿流动方向

层流边界层逐渐增厚，其导热热阻逐渐增加，因此局部表面传热系数将从边界层的起点开始逐渐减小。随着层流边界层向湍流边界层转变，边界层内外层的热对流逐渐增强，因此局部表面传热系数迅速增大。在湍流边界层内的湍流核心区以热对流为主要的换热方式，而在湍流边界层的层流底层依然是以流体的导热为主。沿流动方向随着层流底层的逐渐变厚，湍流边界层区的局部表面传热系数又逐渐开始减小。图 5-7 定性地给出了边界层内局部表面传热系数的变化特点。

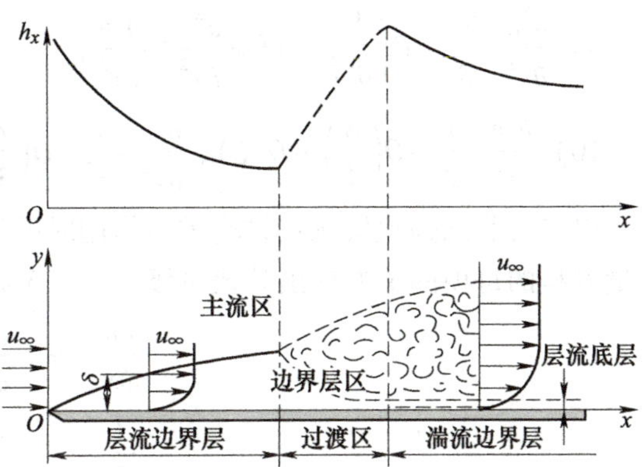

图 5-7 流体外掠平板时局部表面传热系数变化

5.3.2 边界层内对流换热微分方程组的简化

根据边界层的特点，运用数量级分析方法简化对流换热微分方程组，得到对流换热边界层微分方程组，从而可以分析求解。

所谓数量级分析，是将方程中各量和各项目量级的相对大小进行比较，从方程中把量级较大的量和项目保留下来，并舍去那些量级小的量和项目。数量级分析的方法在工程实践中有广泛的实用意义。

进行数量级分析时，可先确定 5 个基本量的数量级，用符号“~”表示数量级“相当于”，$O(1)$ 和 $O(\delta)$ 分别表示数量级为 1 和 $\delta(1\gg\delta)$。相应地，主流速度与温度：$u_\infty \sim O(1)$，$t_\infty \sim O(1)$；壁面特征长度 $l \sim O(1)$；边界层厚度 $\delta \sim O(\delta)$，$\delta_t \sim O(\delta)$。

用上述 5 个量的量级来衡量对流换热微分方程式中各量，其中：

1) x 由 0 变化到 l，$x \sim l$，即 $x \sim O(1)$。

2) y 由 0 变化到 δ，故 $y \sim \delta \sim O(\delta)$。

3) u 由 0 变化到 u_∞，故 $u \sim u_\infty \sim O(1)$。

4) $\dfrac{\partial u}{\partial x} \approx \dfrac{\Delta u}{\Delta x}$，由 0 变化到$\dfrac{u_\infty}{l}$，故$\dfrac{\partial u}{\partial x} \sim \dfrac{u_\infty}{l} \sim O(1)$。

5) $\dfrac{\partial u}{\partial y} \approx \dfrac{\Delta u}{\Delta y} \sim \dfrac{u_\infty}{\delta} \sim O\left(\dfrac{1}{\delta}\right)$。

6) 由连续性方程式（5-4），得$\dfrac{\partial v}{\partial y} = -\dfrac{\partial u}{\delta x}$，即$\dfrac{\partial v}{\partial y} \sim \dfrac{\partial u}{\partial x} \sim \dfrac{u_\infty}{l} \sim O(1)$，因此 $v \sim \int_0^\delta \dfrac{\partial v}{\partial y}\mathrm{d}y \sim \int_0^\delta \dfrac{u_\infty}{l}\mathrm{d}y = \dfrac{u_\infty}{l}\delta$，即 $v \sim O(\delta)$，可见 $v \ll u$。

7) $\dfrac{\partial v}{\partial x} \approx \dfrac{\Delta v}{\Delta x} \sim \dfrac{v}{l}$，即$\dfrac{\partial v}{\partial x} \sim O(\delta)$。

8) $\dfrac{\partial^2 u}{\partial x^2} \sim \dfrac{u_\infty}{l^2} \sim O\left(\dfrac{1}{1}\right) \sim O(1)$。

9）$\frac{\partial^2 u}{\partial y^2}\sim\frac{u_\infty}{\delta^2}\sim O\left(\frac{1}{\delta^2}\right)$，可见$\frac{\partial^2 u}{\partial y^2}\gg\frac{\partial^2 u}{\partial x^2}$。

10）$\frac{\partial^2 v}{\partial x^2}\sim\frac{v}{l^2}\sim O\left(\frac{\delta}{1}\right)\sim O(\delta)$，$\frac{\partial^2 v}{\partial y^2}\sim\frac{v}{\delta^2}\sim O\left(\frac{\delta}{\delta^2}\right)$。

以二维稳态强迫层流且忽略重力作用时的情况为分析对象，在连续性方程、动量方程和能量方程的每项的下方标出其数量级。式（5-4）、式（5-5）及式（5-6）可写为下列形式

$$\begin{array}{ccc} \frac{\partial u}{\partial x} & + \frac{\partial v}{\partial y} & = 0 \\ \frac{1}{1} & \frac{\delta}{\delta} & \end{array}$$

$$\begin{array}{ccccc} \rho\left(u\frac{\partial u}{\partial x}+v\frac{\partial u}{\partial y}\right) & = & -\frac{\partial p}{\partial x} & + & \mu\left(\frac{\partial^2 u}{\partial x^2}+\frac{\partial^2 u}{\partial y^2}\right) \\ 1\left[1\,\frac{1}{1}\quad\delta\,\frac{1}{\delta}\right] & & 1 & & \delta^2\left[\frac{1}{1}\quad\frac{1}{\delta^2}\right] \end{array} \tag{5-8a}$$

$$\begin{array}{ccccc} \rho\left(u\frac{\partial v}{\partial x}+v\frac{\partial v}{\partial y}\right) & = & -\frac{\partial p}{\partial y} & + & \mu\left(\frac{\partial^2 v}{\partial x^2}+\frac{\partial^2 v}{\partial y^2}\right) \\ 1\left[1\,\frac{\delta}{1}\quad\delta\,\frac{\delta}{\delta}\right] & & \delta & & \delta^2\left[\frac{\delta}{1}\quad\frac{\delta}{\delta^2}\right] \end{array} \tag{5-8b}$$

$$\begin{array}{ccccc} \rho c_p & \left(u\frac{\partial t}{\partial x}+v\frac{\partial t}{\partial y}\right) & = & \lambda & \left(\frac{\partial^2 t}{\partial x^2}+\frac{\partial^2 t}{\partial y^2}\right) \\ 1 & \left[1\,\frac{1}{1}\quad\delta\,\frac{1}{\delta_t}\right] & = & \delta_t^2 & \left[\frac{1}{1}\quad\frac{1}{\delta_t^2}\right] \end{array} \tag{5-9}$$

通过各项数量级的比较可以得出以下结论：

1）在 x 方向动量微分方程式（5-8a）右端黏滞力项中，因$\frac{\partial^2 u}{\partial y^2}\gg\frac{\partial^2 u}{\partial x^2}$，故$\frac{\partial^2 u}{\partial x^2}$可被略去。而在流动边界层内，黏滞力与惯性力的数量级相同。因此，若取ρ 的数量级为 $O(1)$，则$\mu\sim O(\delta^2)$。

2）在 y 方向动量微分方程式（5-8b）中，惯性力和黏滞力都是极小量，故有$\frac{\partial p}{\partial y}\sim O(\delta)$。这表明此方程式中各项的数量级均为 $0(\delta)$，即与 x 方向的动量微分方程式比较，可以舍去 y 方向边界层动量微分方程式。此外，边界层内沿 y 方向的压力梯度非常小，可以认为任意一 x 截面上的压力 p 不随 y 变化，可按该截面延伸在边界层以外地点处的压力确定。

由于边界层内的压力 p 仅沿 x 方向变化，因此可将$\frac{\partial p}{\partial x}$改写为$\frac{\mathrm{d}p}{\mathrm{d}x}$，并由伯努利方程确定，即

$$-\frac{\mathrm{d}p}{\mathrm{d}x}=\rho u_\infty\frac{\mathrm{d}u_\infty}{\mathrm{d}x} \tag{5-10}$$

采用与上述相同的方法，可得出能量微分方程式（5-9）中各项的数量级，并标注在各项的下方。由各项的数量级比较可知，即使对于导热系数小的流体，层流边界层的导热也能

达到与对流传递可以相比的程度。

通过上述数量级分析，忽略同类内容中的小项，得到简化的层流边界层对流换热微分方程组：

$$\frac{\partial u}{\partial x}+\frac{\partial v}{\partial y}=0$$

$$u\frac{\partial u}{\partial x}+v\frac{\partial u}{\partial y}=-\frac{1}{\rho}\frac{\mathrm{d}p}{\mathrm{d}x}+\nu\frac{\partial^2 u}{\partial y^2} \tag{5-11}$$

$$u\frac{\partial t}{\partial x}+v\frac{\partial t}{\partial y}=a\frac{\partial^2 t}{\partial y^2} \tag{5-12}$$

值得指出，当主流速度 u_∞ 沿程不变时，由式（5-10）得$\frac{\mathrm{d}p}{\mathrm{d}x}=0$，故式（5-11）简化为

$$u\frac{\partial u}{\partial x}+v\frac{\partial u}{\partial y}=\nu\frac{\partial^2 u}{\partial y^2} \tag{5-13}$$

式（5-13）与式（5-12）具有相同的形式，这表明层流边界层内动量传递和热量传递规律类似，这两种传递过程可以相互比拟或类比。

5.3.3 外掠平板层流换热的解析解

对于常物性、无内热源、不可压缩牛顿流体平行外掠等壁温平板层流换热，布拉修斯（H. Blasius）、波尔豪森（E. Pohlhausen）等人在20世纪初用无量纲坐标、无量纲流函数及无量纲温度将动量微分方程式和能量微分方程式由偏微分方程转化为常微分方程，进行了求解，分别求解出边界层速度场、温度场，进而获得局部换热系数。因为这一结论对于深入掌握对流换热机理具有指导意义，故简述如下：

1）从动量方程式（5-13）和连续方程式（5-4）解得速度场，进而获得边界层厚度 δ 及局部摩擦系数 $C_{f,x}$，分别为

$$\frac{\delta}{x}=5.0Re_x^{-1/2} \tag{5-14}$$

$$\frac{C_{f,x}}{2}=0.332\,Re_x^{-1/2} \tag{5-15}$$

式中，Re 为雷诺数（雷诺准则）$Re_x=\frac{u_\infty x}{\nu}$。

2）从能量微分方程式（5-12）解得不同 Pr 下的温度场，进而由式（5-3）求得常壁温平板局部表面传热系数，即

$$h_x=0.332\frac{\lambda}{x}Re_x^{1/2}Pr^{1/3} \tag{5-16a}$$

写成无量纲准则关联式

$$Nu_x=0.332Re_x^{1/2}Pr^{1/3} \tag{5-16b}$$

对长度为 l（单位为 m）的常壁温平板，积分式（5-16a）得平均表面传热系数

$$h=\int_0^l h_x\mathrm{d}x/l=2h_{x=l}$$

故得

$$h=0.664\frac{\lambda}{l}Re^{1/2}Pr^{1/3} \tag{5-17a}$$

或

$$Nu=0.664Re^{1/2}Pr^{1/3} \tag{5-17b}$$

式中，Pr 为普朗特数（普朗特准则），反映流体物性对换热的影响，$Pr=\frac{\nu}{a}=\frac{\mu c_p}{\lambda}$；$Nu$ 为努塞特数（努塞特准则），反映了对流换热过程的强度，$Nu=\frac{hl}{\lambda}$或 $Nu_x=\frac{h_x x}{\lambda}$。

各准则中的物性均用边界层平均温度 $t_m=(t_f+t_w)/2$ 为定性温度。

3）式（5-16）分析解证实流体物性以 $Pr^{1/3}$影响换热，这一点也被试验所验证。

4）对于 $Pr=1$ 的流体，边界层无量纲速度和无量纲温度分布曲线完全一致，且 $\delta=\delta_t$；对于 $Pr\neq1$ 的流体，分析解证实，比值$\frac{\delta_t}{\delta}=Pr^{-1/3}$。

5）式（5-16b）及式（5-17b）是由准则组成的关联式，把微分方程所反映的众多因素间的规律用少数几个准则来概括，即把式（5-2）改用 $Nu=f(Re,Pr)$（在强迫对流换热情况下）表达，变量大为减少。这对于对流换热问题的分析、试验研究及数据的整理，有普遍指导意义。

例 5-1 20℃的水以 1.32m/s 的速度外掠长为 250mm 的平板，壁温 $t_w=60$℃。试求 $x=250$mm 处下列各项局部值：δ、δ_t、$C_{f,x}$、h_x、$\left(\frac{\partial t}{\partial y}\right)_{w,x}$ 及全板平均 C_f 及 h，换热量 Φ（板宽为 1m）。

解： 边界层平均温度为定性温度，即

$$t_m=(t_f+t_w)/2=(20+60)℃/2=40℃$$

查水的物性为 $\lambda=63.5\times10^{-2}$W/(m·K)；$\nu=0.659\times10^{-6}$m²/s；$Pr=4.31$。

1）δ、δ_t：由雷诺准则得

$$Re_x=\frac{u_\infty x}{\nu}=\frac{1.32\times0.25}{0.659\times10^{-6}}=5.01\times10^5$$

表明在板长 250mm 处刚刚进入湍流，在此之前可以看作层流状态。

由式（5-14）得

$$\delta=5.0Re_x^{-1/2}x=5\times\frac{0.25\text{m}}{\sqrt{5.01\times10^5}}=1.77\times10^{-3}\text{m}$$

$$\delta_t\approx\delta Pr^{-1/3}=(0.00177\times4.31^{-1/3})\text{m}=1.09\times10^{-3}\text{m}$$

2）$C_{f,x}$、C_f：由式（5-15）得

$$C_{f,x}=0.664Re_x^{-1/2}=0.664\times(5.01\times10^5)^{-1/2}=9.38\times10^{-4}$$

全板平均

$$C_f=\int_0^l C_{f,x}\mathrm{d}x/l=2C_{f,x}=2\times9.38\times10^{-4}=1.88\times10^{-3}$$

3）h_x、h：由式（5-16a）得

$$h_x = 0.332\frac{\lambda}{x}Re^{1/2}Pr^{1/3}$$

$$= 0.332 \times \frac{0.635}{0.25} \times (5.01 \times 10^5)^{1/2} \times 4.31^{1/3}\mathrm{W/(m^2 \cdot K)}$$

$$= 971\mathrm{W/(m^2 \cdot K)}$$

全板平均

$$h = 2h_{x=l} = 1942\mathrm{W/(m^2 \cdot K)}$$

4）$\left(\frac{\partial t}{\partial y}\right)_{w,x}$：由式（5-3c）得

$$\left(\frac{\partial t}{\partial y}\right)_{w,x} = -h_x\Delta t/\lambda = [-971 \times (60-20)/0.635]℃/\mathrm{m} = -6.12 \times 10^4℃/\mathrm{m}$$

5）全板换热量

$$\Phi = h(t_w - t_f)A = [1942 \times (60-20) \times 0.25 \times 1]\mathrm{W} = 19420\mathrm{W}$$

5.4　相似原理及应用

在实物或模型上进行试验以得到表面传热系数的方法，仍然是对流换热研究工作中的一个主要和可靠的手段。在第6章中将提到的对流换热实用关联式，大都是通过试验确定的。但是，如何进行试验则可有不同的途径。一般来说，在影响因素比较少，或者允许采取某些简化措施的情况下，通常可在试验中变动一个量而固定其他量，以此逐个确定各变量的影响程度，从而得到现象随影响因素的变化规律。但是，当影响因素较多时，例如要找出表面传热系数与众多变量的函数关系，如果采用上述办法，试验次数将是一个十分庞大的数字，以致实际上难以进行。而且若设备尚处于研制阶段，这种方法的缺点就更明显。因此，在如何由试验寻找现象的规律以及推广应用试验的结果等方面，用相似理论指导试验的方法得到了普遍的应用。

本节将通过无相变对流换热的例子阐述相似理论的基本原理，作为模型化试验的理论基础。

5.4.1　相似的基本概念

1. 几何相似

相似是人们熟知的一个词，其概念用几何学知识最易解释。如图5-8中的一组三角形，彼此几何相似，由几何关系可知，图形各对应边成比例，即

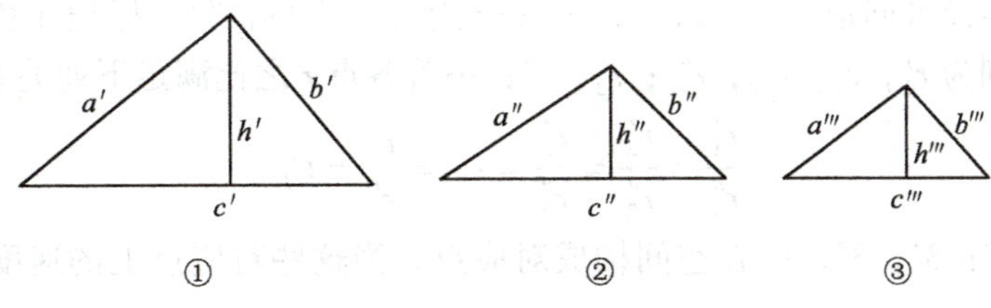

图5-8　相似三角形

$$\begin{cases} 由①、②相似 & \dfrac{a'}{a''}=\dfrac{b'}{b''}=\dfrac{c'}{c''}=\dfrac{h'}{h''}=C_l' \\ 由①、③相似 & \dfrac{a'}{a'''}=\dfrac{b'}{b'''}=\dfrac{c'}{c'''}=\dfrac{h'}{h'''}=C_l'' \end{cases} \tag{5-18a}$$

式中，C_l'、C_l'' 是比例常数（下标以 l 表示几何尺寸）。

若把图形②的边长乘以 C_l'，就变成了图形 ①；若将图形 ① 的边长除以 C_l''，就变成图形 ③，故 C_l又称几何相似倍数。

由式（5-18a），若取同一图形对应边之比，则：

$$\begin{cases} \dfrac{b'}{a'}=\dfrac{b''}{a''}=\dfrac{b'''}{a'''}=L_A \\ \dfrac{c'}{a'}=\dfrac{c''}{a''}=\dfrac{c'''}{a'''}=L_B \end{cases} \tag{5-18b}$$

式（5-18b）进一步表述了三角形相似的一条重要性质，即两三角形相似时，不仅具有式（5-18a）所描述的相似性质，而且它们的 $L_A=\dfrac{b}{a}$，$L_B=\dfrac{c}{a}$数值必定分别相等。更值得注意的是，用式（5-18b）可以论证：倘若两个三角形具备相等数值的 L_A和相等数值的 L_B时，则必定相似。此时，由式（5-18a）所表述的相似性质也全部具备，即对应边成比例。所以式（5-18b）揭示了三角形相似的充分和必要条件。L_A和 L_B具有判断两三角形是否相似的作用，它们是无量纲的，这就是几何相似准则。

2. 物理现象相似

什么是物理现象相似？可用一些简单的例子来阐明，例如流体在管内稳态流动时的速度场相似问题。如图 5-9 所示，两根直径和管内流速均不相同的管子，所谓它们的速度场相似，就是管内对应点上的速度成比例。

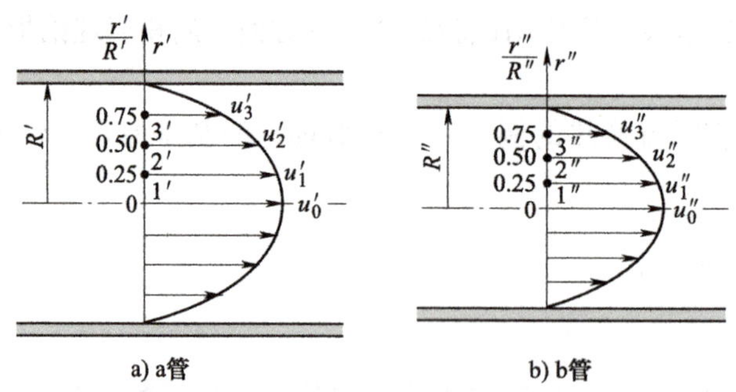

图 5-9　管内稳态流动时的速度场相似

设从两管内半径方向取点 1，2，3，…（分别用“′”和“″”标记 a 和 b 两管），它们离管轴的距离分别为 r_1'，r_1''；r'_2，r''_2；r_3'，r_3''；…若各点 r 之比满足下列关系式：

$$\frac{r_1'}{r_1''}=\frac{r_2'}{r_2''}=\frac{r_3'}{r_3''}=\cdots=\frac{r'}{r''}=C_l \tag{5-19a}$$

则 1′，1″；2′，2″；3′，3″；…在空间构成对应点，当这些对应点上的速度成比例时，即

$$\frac{u_1'}{u_1''}=\frac{u_2'}{u_2''}=\frac{u_3'}{u_3''}=\cdots=\frac{u'}{u''}=C_u \tag{5-19b}$$

式中，C_l为几何相似倍数；C_u为速度场相似倍数。将 a 管 r_1'，r_2'，r_3'，…分别除以 C_l，就得到 b 管的对应点 r_1''，r_2''，r_3''，…值；同样将 a 管对应点上的速度 u_1'，u_2'，u_3'，…分别除以 C_u，就得到 b 管对应点上的速度 u_1''，u_2''、u_3''、…。

所谓温度场相似，是指对应点上温度 t'与 t''成比例，即

$$\frac{t_1'}{t_1''}=\frac{t_2'}{t_2''}=\frac{t_3'}{t_3''}\cdots=\frac{t'}{t''}=C_t \tag{5-19c}$$

式中，C_t是温度场相似倍数。

由此把 b 管上对应点的温度乘以 C_t就得到 a 管上的温度场。

但是，如果上述温度场是随时间变化的非稳态温度场，那么，还必须考虑时间相似，即必须是在时间对应瞬间，空间对应点上温度成比例，才能说两者的温度场相似。设图 5-10 所示是空间两个对应点上温度随时间的变化规律，对应瞬间就是指

$$\frac{\tau_1'}{\tau_1''}=\frac{\tau_2'}{\tau_2''}=\frac{\tau_3'}{\tau_3''}\cdots=\frac{\tau'}{\tau''}=C_\tau \tag{5-19d}$$

式中，C_τ为时间相似倍数。

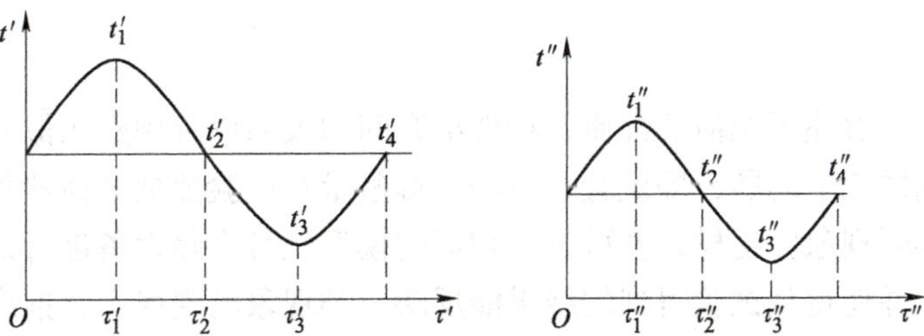

图 5-10 空间两个对应点上温度随时间的变化规律

通过以上两例，不难理解物理量相似的实质。当然，一个物理现象是许多影响因素的综合反映，影响对流换热的因素包括温度 t、速度 u、导热系数 λ 、密度 ρ 、黏度 μ 以及几何尺寸 l 等，每个物理量都有其在换热系统中的分布状况。因此，若两对流换热现象相似，实质是它们的温度场、速度场、黏度场、导热系数场……都分别相似，也就是在对应瞬间对应点上各物理量分别成比例，即

$$\frac{\tau'}{\tau''}=C_\tau \tag{5-20a}$$

$$\frac{x'}{x''}=\frac{y'}{y''}=\frac{z'}{z''}=C_l \tag{5-20b}$$

$$\frac{t'}{t''}=C_t \tag{5-20c}$$

$$\frac{u'}{u''}=C_u \tag{5-20d}$$

$$\frac{\lambda'}{\lambda''}=C_\lambda \tag{5-20e}$$

$$\frac{\mu'}{\mu''}=C_{\mu} \tag{5-20f}$$

…

必须指出，各影响因素不是孤立的，它们之间存在着由对流换热微分方程所规定的关系。因此，各相似倍数之间必定有制约关系，它们的值不是随意给定的，这在以后推导相似准则时，可以得到解释。

还应注意，物理现象有多种类型，只有属于同一类型的物理现象才能有相似的可能性，才能涉及相似问题。所谓同类现象是指那些用相同形式和内容的微分方程式（包括控制方程和单值性条件的方程）所描述的现象。如电场与温度场，虽然它们的微分方程式相仿，但内容不同，因而不是同类现象。又如，对流换热现象中强迫流动换热与自然流动换热，虽然都是对流换热现象，但它们的微分方程和内容都有差异，因此也不是同类现象。再如，强迫外掠平板和外掠圆管，它们的控制方程相同，但单值性条件不同，因此也不是同类现象。不同类的现象，影响因素各异，显然不能建立相似关系。

综上所述，影响物理现象的所有物理量场分别相似的综合，就构成了物理相似。在理解这个问题时，要注意三点：①必须是同类现象才能谈相似；②由于描述现象的微分方程式的制约，物理量的相似倍数间有特定的制约关系；③注意物理量的时间性和空间性。

5.4.2 相似原理

相似原理分三点表述了相似的性质、相似准则间的关系以及判别相似的条件。它们分别解决了试验中遇到的三个问题，即试验中应测量哪些量？试验数据如何整理表达？试验结果如何推广应用于实际现象？这样，就可以用相似的模型代替实际设备进行试验，从而大大简化了试验的规模，并使得从试验得到的结果能反映一类现象的规律，并推广应用于同类相似现象中去。

1. 相似的性质

如前所述，两物理现象相似时，各物理量分别相似，据此可以导出相似现象的一个重要性质：彼此相似的现象，它们的同名相似准则必定相等。

下面从稳态无相变对流换热过程阐明相似准则是怎样得出的，同时阐明为什么若现象相似则同名相似准则必定相等。

现以努塞特准则的导出过程为例。由对流换热微分方程式

$$h=-\frac{\lambda}{\Delta t}\left(\frac{\partial t}{\partial y}\right)_{\mathrm{w}} \tag{5-21}$$

设 a、b 两对流换热现象相似，则由式（5-21）可以分别列出

现象 a
$$h'\Delta t'=-\lambda'\left(\frac{\partial t'}{\partial y'}\right)_{\mathrm{w}} \tag{5-22a}$$

现象 b
$$h''\Delta t''=-\lambda''\left(\frac{\partial t''}{\partial y''}\right)_{\mathrm{w}} \tag{5-22b}$$

因为 a、b 相似，所以它们各物理量场应分别相似，即

$$\begin{cases}\dfrac{h'}{h''}=C_h\\[2mm]\dfrac{t'}{t''}=C_t\\[2mm]\dfrac{y'}{y''}=C_l\\[2mm]\dfrac{\lambda'}{\lambda''}=C_\lambda\end{cases}\tag{5-22c}$$

由式（5-22c）得

$$\begin{cases}h'=C_h h''\\t'=C_t t''\\\lambda'=C_\lambda\lambda''\\y'=C_l y''\end{cases}\tag{5-23}$$

把式（5-23）代入式（5-22a），整理后得

$$-\frac{C_h C_l}{C_\lambda}h''\Delta t''=-\lambda''\left(\frac{\partial t''}{\partial y''}\right)_{\mathrm{w}}\tag{5-24}$$

比较式（5-22b）和式（5-24），必然是

$$\frac{C_h C_l}{C_\lambda}=1\tag{5-25}$$

式（5-25）表达了两对流换热现象相似时，相似倍数间的制约关系。再将式（5-22c）代入式（5-25），得

$$\frac{h'y'}{\lambda'}=\frac{h''y''}{\lambda''}\tag{5-26a}$$

因为习惯上把系统的几何量用换热表面特征长度表示，而$\dfrac{y'}{y''}=\dfrac{l'}{l''}=C_l$，所以上式改写为

$$\frac{h'l'}{\lambda'}=\frac{h''l''}{\lambda''}$$

即

$$Nu'=Nu''\tag{5-26b}$$

式（5-26b）表明，a、b两对流换热现象相似，必然$\dfrac{hl}{\lambda}$数群保持相等。这就是努塞特准则（努塞特数）相等。以上导出准则的方法，称为相似分析。

采用同样方法，从动量微分方程式（5-13）可导出

$$Re'=Re''\tag{5-27}$$

说明两现象流体运动相似，雷诺数相等。

同理，从能量微分方程式（5-12）的对流项与导热项相似中还可以导出

$$\frac{u'l'}{a'}=\frac{u''l''}{a''}$$

式中，a为热扩散系数。

即

$$Pe' = Pe'' \tag{5-28}$$

说明两热量传递现象相似，佩克莱数准则（佩克莱数 Pe）相等，而

$$Pe = \frac{\nu}{a}\frac{ul}{\nu} = Pr \cdot Re$$

式中，Pr 为普朗特数，$Pr=\frac{\nu}{a}$。

可见两热量传递现象相似，Pe 必相等。

对于自然对流流动，由于温度差而引起的浮升力不可忽略。这时动量微分方程式（5-11）应改写为

$$u\frac{\partial u}{\partial x} + v\frac{\partial u}{\partial y} = \nu\frac{\partial^2 u}{\partial y^2} + g\beta\Delta t$$

式中，β 为流体容积膨胀系数（1/K）；g 为重力加速度（m/s^2）；Δt 为流体与壁面温度差（K）；ν 为运动黏度（m^2/s）。

对此式进行相似分析，可以得出一个新的准则

$$Gr = \frac{g\beta\Delta t l^3}{\nu^2} \tag{5-29}$$

式中，Gr 为格拉斯霍夫数；l 为壁面定型尺寸（m）。

式（5-29）称为格拉斯霍夫准则。

根据相似的这种性质，在试验中只需测量各准则所包含的量，避免了测量的盲目性。

以上导得的几个相似准则，反映了换热过程中各物理量间的内在联系，都具有一定的物理意义，这在本章前几节的分析中做过一些介绍，下面做若干补充。

1）雷诺准则，$Re=\frac{ul}{\nu}$：从动量微分方程的相似分析可知，Re 是由惯性力项和黏滞力的相似倍数之比得出的，反映流体强迫流动时惯性力和黏滞力的相对大小。Re 大，表明流体所受到的惯性力相对较大，容易出现湍流；反之，则容易保持层流。因此，可用 Re 来标志流体流动时的状态。

2）格拉斯霍夫准则，$Gr=\frac{g\beta\Delta t l^3}{\nu^2}$：$Gr$ 是从自然对流换热动量微分方程式中的浮升力项和黏滞力相似倍数之比导出的，表征浮升力与黏滞力的相对大小。Gr 大，表明浮升力作用相对增大，自然对流增强。

3）努塞特准则，$Nu=\frac{hl}{\lambda}$：在式（5-3c）两边同乘以 l，略去脚码 x，并引用无量纲过余温度 $\Theta=\frac{t-t_w}{t_f-t_w}$，经整理后得

$$\frac{hl}{\lambda} = \frac{\partial\left(\frac{t - t_w}{t_f - t_w}\right)}{\partial(y/l)} = \left(\frac{\partial\Theta}{\partial Y}\right)_w$$

式中，Y 为离开壁面的无量纲距离，$Y=y/l$。

可见，Nu 表示壁面处流体的无量纲温度梯度，其大小反映对流换热的强弱。这里要注

意，不要把努塞特准则与毕奥准则混淆。在努塞特准则的表达式中，λ 为流体的导热系数，而毕奥准则中的 λ 则为固体的导热系数。此外，这两个准则中所包含的特性尺度 l 不相同。努塞特准则表达式中的 l 是指与流体直接接触的固体表面的特性尺度，而毕奥准则的表达式中的 l 则是指导热固体的特性尺度。

4）普朗特准则，$Pr=\dfrac{\nu}{a}$：它完全由流体的有关物性参数所组成，故又称物性准则。Pr 反映流体的速度分布与温度分布这两者的内在联系，表征流体动量扩散和热量扩散能力的相对大小。根据 Pr 的大小，流体可分为三类：高 Pr 流体，如各种油类，它们的黏度大而热扩散系数小，Pr 可达几十至几千；低 Pr 流体，它们的黏度小而热扩散系数大，如液态金属，Pr 为 $10^{-3} \sim 10^{-2}$；普通 Pr 流体，如空气和水等，Pr 处于 0.7 ~10 范围内。

2. 相似准则间的关系

描述现象的微分方程式表达了各物理量之间的函数关系，那么由这些量组成的准则间应存在函数关系。因此，根据相似准则的物理意义，就可以列出各类对流换热问题准则方程式。

对于无相变强迫稳态流动换热，当自然对流的影响不可忽略时，准则方程式为

$$Nu=f(Re,\ Pr,\ Gr) \tag{5-30}$$

若自然对流的影响可以忽略不计，则从式（5-30）中去掉 Gr，故强迫湍流换热准则方程式为

$$Nu=f(Re,\ Pr) \tag{5-31}$$

对于空气，Pr 可作常数处理，故空气强迫湍流换热时准则方程式为

$$Nu=f(Re) \tag{5-32}$$

对于自然对流换热，则可从式（5-30）中去掉 Re，则自然对流换热准则方程式为

$$Nu=f(Gr,\ Pr) \tag{5-33}$$

这样，按上述准则方程式整理试验数据，就能得到反映现象变化规律的实用关联式，从而解决了试验数据如何整理的问题。

在准则方程式［式（5-30）~式（5-33）］中，Nu 是一个待定的数，它包含了待定的表面传热系数，故通常把 Nu 称作待定准则。其他准则中所包含的量都是已知量，故 Re、Pr、Gr 等又统称为已定准则。已定准则的数值确定后，待定准则就可利用准则方程式求得。

3. 判别相似的条件

凡同类现象，单值性条件相似，同名的已定准则数相等，现象必定相似。单值性条件包含了准则中的各已知物理量，即影响过程特点的那些条件。下面，对于对流换热问题的单值性条件做一些说明。

1）几何条件：换热壁面的几何形状和尺寸、壁面与流体的相对几何关系（平行、垂直于壁面等）、壁面粗糙度、管子的进口形状等。

2）物理条件：流体的类别和物性等。

3）边界条件：流体的进出口温度、壁面温度或者壁面热流通量、流体在壁面上的速度。

4）时间条件：现象的各物理量是否随时间变化，以及怎样变化。稳态问题不需此条件。

上述判别现象相似的充要条件对试验研究的意义是，它不仅指出了由试验得到的准则间的具体函数式（准则方程）可以推广应用到试验范围内的其他相似现象，而且提出了模型试验的指导原则。

例 5-2 空气在 A、B 两根圆管内稳态强迫流动换热，已知 A 管直径 $d_1=200\text{mm}$，长 $l_1=10\text{m}$，壁温 $t_{w1}=120℃$，空气温度 $t_{f1}=60℃$，空气流速 $u_1=30\text{m/s}$；B 管直径 $d_2=100\text{mm}$，长 $l_2=5\text{m}$，壁温 $t_{w2}=80℃$，空气温度 $t_{f2}=40℃$，空气流速 $u_2=53.6\text{m/s}$。试判断这两个对流换热过程的流态和换热是否相似？

解： 根据物理现象相似的必要和充分条件来判断。

1）两过程都是空气在圆管内稳态强迫对流换热，它们属于同一类现象。

2）由$\dfrac{l_1}{d_1}=\dfrac{10\times10^3}{200}=50$、$\dfrac{l_2}{d_2}=50$，可知几何相似。

壁面温度、流体温度成同一比例，即边界条件相似；流体均为空气，且定性温度成同一比例，故物理条件相似。总体看来，两过程的单值性条件相似。

3）根据定性温度可知，A 管空气的 $\nu_1=18.97\times10^{-6}\text{m}^2/\text{s}$，B 管空气的 $\nu_2=16.96\times10^{-6}\text{m}^2/\text{s}$，计算出

$$Re_1=\frac{u_1d_1}{\nu_1}=\frac{30\times0.2}{18.97\times10^{-6}}=3.16\times10^5$$

$$Re_2=\frac{u_2d_2}{\nu_2}=\frac{53.6\times0.1}{16.96\times10^{-6}}=3.16\times10^5$$

两过程的 Re 相等，因此流态相似，均为湍流。

又因为空气在温度变化范围不大时，可认为 Pr 不变，即 $Pr_1=Pr_2$。至此，同名已定准则相等得到满足。根据式（5-32）的函数关系，两个现象的流动状态及换热是相似的，它们的 Nu 必相等。

例 5-3 一根外径 $d=100\text{mm}$ 的水管横置在高温烟道之中，已知水管外壁面温度 $t_w=80℃$，烟气的温度 $t_f=500℃$，烟气的流速 $u=10\text{m/s}$，单位长度水管的换热量 $\Phi_l=1.5\times10^4\text{W/m}$。假设烟气的各物性参数分别为常数。试问：若将烟气的速度降低至 $u'=5\text{m/s}$，同时水管的外径加大至 $d'=200\text{mm}$，并维持 t_w、t_f不变，这时单位管长的换热量为多少？

解： 管外烟气侧强迫对流换热特征数关联式的形式为

$$Nu=f(Re,Pr)$$

在本题中未给出表面传热系数的大小，当水管的外径增加后，它的表面传热系数将发生变化，因此不能使用牛顿冷却公式进行计算。如果两种情况下的流动过程相似，则可以根据相似现象的同名准则数相等的原则，比较容易地进行计算。因此，首先要判断流动是否相似。

根据题意，$u'=\dfrac{1}{2}u$，$d'=2d$，物性参数为常数，于是可得

$$Re'=\frac{u'd'}{\nu}=\frac{ud}{\nu}=Re,Pr'=Pr$$

因此，可知烟气流速和管径改变后的对流换热与改变前的对流换热完全相似，根据相似理论或直接由特征数关联式可得

$$Nu' = Nu$$

由$\frac{h'd'}{\lambda}=\frac{hd}{\lambda}$，得：$h'=\frac{d}{d'}h=\frac{1}{2}h$，则单位管长的换热量

$$\Phi_l' = \pi d'h'(t_f - t_w) = \pi \times 2d \times \frac{1}{2}h(t_f - t_w) = \Phi_l = 1.5 \times 10^4 \mathrm{W/m}$$

5.4.3 相似原理指导下的试验研究方法

1. 应用相似原理指导试验的安排及数据的整理

相似原理在传热学中的一个重要应用是指导试验的安排及试验数据的整理。按相似原理，对流传热的试验数据应当表示成相似准则数之间的函数关系，也应当以相似准则数作为安排试验的依据。以管内单相强迫对流为例，由上一节的分析知道，Nu 与 Re 及 Pr 有关，即 $Nu=f(Re, Pr)$。因此，应当以 Re、Pr 作为试验中区别不同工况的变量，而以 Nu 为因变量。这样，如果每个变量改变 10 次，则总共仅需 10^2次试验，而不是以单个物理量作变量时的 10^6次。那么，为什么按相似准则数安排试验既能大幅度减少试验次数，又能得出具有一定通用性的试验结果呢？这是因为，按相似准则数来安排试验时，个别试验所得出的结果已上升到了代表整个相似组的地位，从而使试验次数可以大为减少，而所得出的结果却有一定通用性（代表了该相似组）。例如，对空气（$Pr=0.7$）在管内的强迫对流传热进行试验测定得出这样一个结果：对于流速 $u=10.5\mathrm{m/s}$、直径 $d=0.1\mathrm{m}$、运动黏度 $\nu=16\times10^{-6}\mathrm{m^2/s}$、平均表面传热系数 $h=36.9\mathrm{W/(m^2 \cdot K)}$、流体的导热系数 $\lambda=0.0259\mathrm{W/(m \cdot K)}$ 的工况，计算得：

$$Re = \frac{ud}{\nu} = \frac{10.5 \times 0.1}{16 \times 10^{-6}} = 6.56 \times 10^4$$

$$Nu = \frac{hd}{\lambda} = \frac{36.9 \times 0.1}{0.0259} = 142.5$$

因此，只要 $Pr=0.7$、$Re=6.56\times10^4$，圆管内湍流强迫对流传热的 Nu 数总等于 142.5。而 $Re=6.56\times10^4$一种工况可以由许多种不同的流速及直径的组合来达到，上述试验结果即代表了这样一个相似组。

相似原理虽然原则上阐明了试验结果应整理成准则间的关联式，但具体的函数形式以及定性温度和特征长度的确定，则带有经验的性质。

在对流传热研究中，以已定准则的幂函数形式整理试验数据的方法取得很大的成功，如

$$Nu = C \cdot Re^n \tag{5-34a}$$

$$Nu = C \cdot Re^n Pr^m \tag{5-34b}$$

式中，C、n、m 等常数由试验数据确定。

这种实用关联式的形式有一个突出的优点，即它在纵、横坐标都是对数的双对数坐标图上会得到一条直线，如图 5-11 所示。

对式（5-34a）取对数就得到以下直线方程的形式：

$$\lg Nu = \lg C + n\lg Re \tag{5-35}$$

式中，n 的数值是双对数图上直线的斜率，也是直线与横坐标夹角 φ 的正切；$\lg C$ 是当 $\lg Re=0$ 时直线在纵坐标轴上的截距。

在式（5-34b）中需要确定 C、m、n 三个常数。在试验数据的整理上可分两步进行。例如，对于管内湍流对流传热，可利用舍伍德（Sherwood）得到的同一 Re 下不同种类流体的试验数据，从图 5-12 上可确定 m 值。

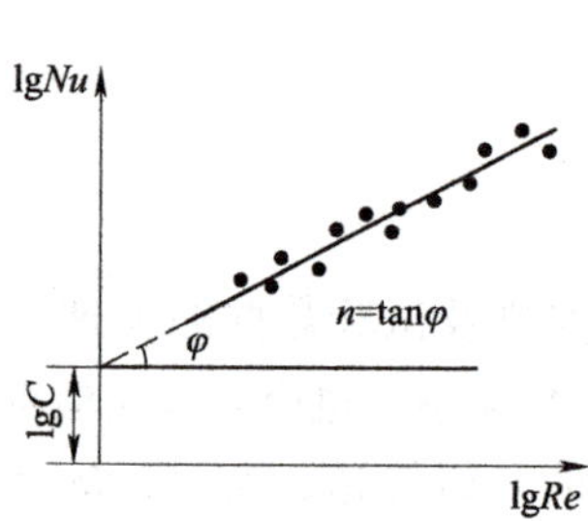

图 5-11　试验数据整理方法

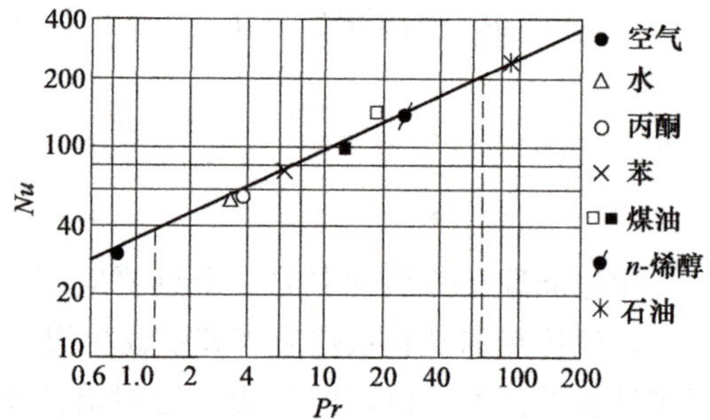

图 5-12　Pr 对管内湍流强迫对流换热的影响

由式（5-34b）得：

$$\lg Nu = \lg C' + m\lg Pr \tag{5-36}$$

式中，$C'=C\cdot Re^n$

指数 m 由图 5-13 上直线的斜率确定，即

$$m = \frac{\lg 200 - \lg 40}{\lg 62 - \lg 1.15} \approx 0.4$$

然后以 $\lg(Nu/Pr^{0.4})$ 为纵坐标，用不同 Re 的管内湍流传热试验数据确定 C 和 n，参看图 5-13。从图 5-13 上可得 $C=0.023$、$n=0.8$。于是对于管内湍流传热，当流体被加热时式（5-34b）可具体化为

$$Nu = 0.023Re^{0.8}Pr^{0.4} \tag{5-37}$$

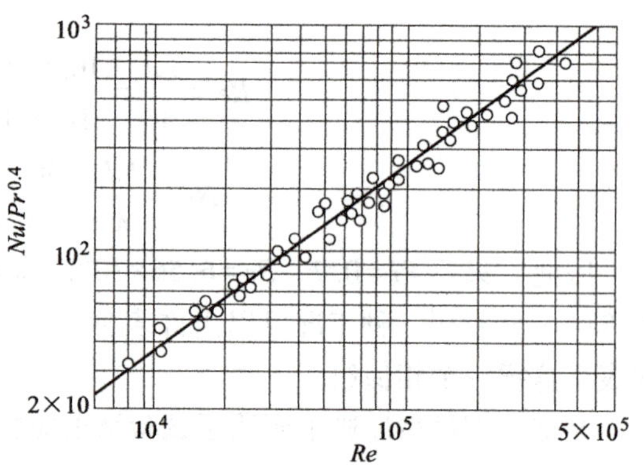

图 5-13　管内湍流强迫对流换热的试验结果

对于有大量试验点的关联式整理，采用最小二乘法确定关联式中各常数值是可靠的方法。试验点与关联式的符合程度可用多种方式表示，如用大部分试验点与关联式偏差的正负百分数，例如 90% 的试验点偏差在 ±10% 以内，或用全部试验点与关联式偏差绝对值的平均百分数以及最大偏差的百分数来表示等。

式（5-34a）和式（5-34b）是传热学文献中应用最广的一种试验数据整理形式。当试验的 Re 范围相当宽时，其指数 n 常随 Re 范围的变动而变化，这时可采用分段常数的处理方法。随着计算机应用的普及和相关数据处理软件的应用，对试验数据进行特定函数的拟合回归还是比较方便的，可以给出相关系数和误差范围等。建议读者自行学习掌握。

2. 应用相似原理指导模化试验

相似原理的另一个重要应用是指导模化试验。所谓模化试验，是指用不同于实物几何尺度的模型（在大多数情况下是缩小的模型）来研究实际装置中所进行的物理过程的试验。显然，

要使模型中的试验结果能应用到实物中去，应使模型中的过程与实际装置中的相似。这就要求实际装置及模型中所进行的物理现象的单值条件相似，已定特征数（准则）相等。但要严格做到这一点常常很困难，甚至是不可能的。以对流传热为例，单值性条件相似包括了流体物性场的相似，即模型与实物的对应点上流体的物性分布相似。除非是没有热交换的等温过程，要做到这一点是很难的，因而工程上广泛采用近似模化的方法，即只要求对过程有决定性影响的条件满足相似原理的要求。例如，对稳态的对流传热相似的要求可减少为流场几何相似、边界条件相似、Re 相等、Pr 相等，物性场的相似则通过引入定性温度来近似地实现。

前面已指出，定性温度是指计算流体物性时所采用的温度。在整理试验数据时按定性温度计算物性，则整个流场中的物性就认为是相应于定性温度下的值，即相当于把物性视为常数，于是物性场相似的条件即自动满足。定性温度的选择虽然带有经验的性质，但对大多数对流传热问题（除流体物性发生剧烈变化的情形外），采用定性温度整理试验数据仍是一种行之有效的方法。

3. 应用特征数方程的注意事项

准则方程不能任意推广到该方程的试验参数的范围以外，这种参数范围主要有 Re 范围、Pr 范围、几何参数的范围等。在使用特征数方程时应注意以下三个问题。

（1）特征长度应该按该准则式规定的方式选取　前已指出，包括在相似准则数中的几何尺度称为特征长度，例如 Re、Nu、Bi 及 Fo 中均包含特征长度。原则上，在整理试验数据时，应取所研究问题中具有代表性的尺度作为特征长度，例如管内流动时取管内径，外掠单管或管束时取管子外径等。在应用文献中已经有的特征数方程时，应该按该准则式规定的方式计算特征数。对一些较复杂的几何系统，不同准则方程可能会采用不同的特征长度，使用时应加以注意。

（2）特征速度应该按规定方式计算　计算 Re 时用到的流速称为特征速度，一般取截面平均流速，且不同的对流传热有不同的选取方式。例如，流体外掠平板传热取来流速度，管内对流传热取截面平均流速等。在应用文献中已经有特征数方程时，应该按该准则式规定的流速计算方式计算特征数。

（3）定性温度应按该准则式规定的方式选取　前面已指出，定性温度用以计算流体的物性。对同一批试验数据，定性温度不同可能使所得的准则方程也不一样。整理试验数据时定性温度的选取除应考虑试验数据对拟合公式的偏离程度外，也应照顾到工程应用的方便。常用的选取方式有：通道内部流动取进、出口截面的平均值；外部流动取边界层外的流体温度或取这一温度与壁面温度的平均值。

习　题

5.1　由对流换热微分方程 $h=\dfrac{\lambda}{\Delta t}\dfrac{\partial t}{\partial y}\bigg|_{y=0}$ 可知，该式中没有出现流速，有人因此得出结论：表面传热系数 h 与流体速度场无关。试判断这种说法的正确性。

5.2　利用数量级分析的方法，对流体外掠平板的流动，从动量微分方程导出边界层厚度的如下变化关系式：$\dfrac{\delta}{x}\sim\dfrac{1}{\sqrt{Re_x}}$，其中，$Re_x=\dfrac{u_\infty x}{\nu}$。

5.3　试比较特征数 Nu 和 Bi 的异同。

5.4　简述 Pr、Re、Gr 及 Nu 的定义式及物理意义。

5.5　试解释何谓管内强制对流换热的入口效应。

5.6　简述速度边界层和温度边界层的定义和特点。

5.7　对于油、空气和液态金属，分别有 $Pr \gg 1$、$Pr \approx 1$ 和 $Pr \ll 1$，试就外掠等温平板的层流边界层流动，定性绘出三种流体的流动边界层和热边界层的分布。

5.8　在地球表面某试验室内设计的自然对流换热试验，到太空中是否仍然有效？为什么？

5.9　在有限空间的自然对流换热，有人经过计算得出它的 $Nu=0.5$，请利用所学过的传热学知识判断这一结果的正确性。

5.10　在一台缩小为实物的 1/8 的模型中，用 20℃ 的空气来模拟实物中平均温度为 70℃ 的空气加热过程。实物中空气的平均流速为 6m/s，问：

1）模型中的流速应为多少？

2）若模型中平均表面传热系数为 195W/(m^2·K)，求相应实物中的表面传热系数。

3）Pr 随温度的变化而产生变化，此时 Pr 与实际值不同，请问是否仍有使用价值？

5.11　如图 5-14 所示，对横掠正方形截面棒的强制对流换热进行试验测定，测得的结果如下：当 $u_1=20$m/s 时，$h_1=50$W/(m^2·K)；当 $u_2=15$m/s 时，$h_2=40$W/(m^2·K)。

假定换热规律遵循如下函数形式：$Nu=CRe^m Pr^n$，其中，C，m，n 为常数。正方形截面对角线长为 $l=0.5$m。试确定：形状仍为正方形但 $l=1$m 的柱体，当空气流速为 15m/s 和 30m/s 时的平均表面传热系数是多少？如果用正方形杆的边长而不是对角线长度来作为特征长度，上述结果是否一样？假定上述各情形下的定性温度之值均相同。

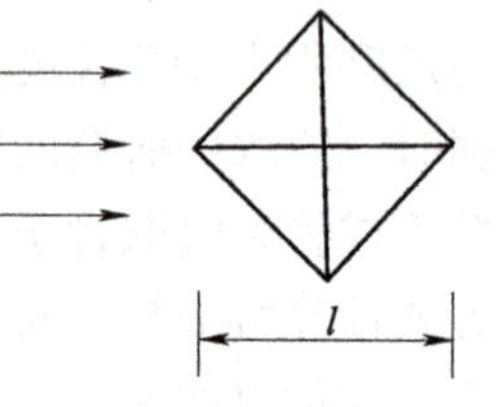

图 5-14　习题 5.11 图

5.12　在一次模拟试验中，特征长度 $l_1=0.15$m 的涡轮叶片在温度 $t_\infty=35$℃，流速 $u_1=100$m/s 的气流条件下的散热量 $\Phi_1=1500$W，表面平均温度 $t_{w1}=300$℃。另一个特征长度 $l_2=0.3$m 且与 l_1 叶片相似的叶片，表面温度 $t_{w2}=400$℃，空气温度 $t_\infty=35$℃，气流速度 $u_2=50$m/s。假定叶片表面积与叶片特征长度成正比。试确定另一叶片的散热量。

5.13　压力为 1.01325×10^5Pa 的两股空气流分别流过平板的上下表面，平板长度 $l=1$m。一股气流的温度和速度分别为 $t_{\infty1}=200$℃，$u_{\infty1}=60$m/s；另一股气流的温度和速度分别为 $t_{\infty2}=25$℃，$u_{\infty2}=10$m/s。不计平板厚度，试求平板中间点处两股气流之间的热流密度。

第 6 章

单相对流换热的工程计算

由于对流换热问题的复杂性，理论求解的方法还不能普遍适用，大都要靠试验得到的关联式计算。本章将讨论一些典型对流换热问题，即管内流动换热、横向外掠单管或管束换热、自然对流换热等，着重叙述这些换热问题的特点及其试验关联式。

6.1 管内强迫对流换热的特点和计算

单相流体在管内强迫流动换热是常见的换热现象。例如，内燃机用的管片式或管带式水散热器和机油冷却器中的对流换热，锅炉中的过热器、省煤器和管式冷凝器的管内对流换热等。因此，研究管内强迫对流换热具有重要意义。下面讨论单相流体在光滑管（圆形和非圆形断面）内强迫流动换热，并且不考虑流体的黏性耗散热和内热源。

6.1.1 管内强迫对流换热的特点

1. 两种流态

我们知道，流体在管内的流动可以分为层流与湍流两大类，其分界点为以管内直径为特征尺度的雷诺数，称为临界雷诺数，记为 Re_c，其值为 2300。一般认为，$Re>10000$ 为旺盛湍流，而 $2300\leqslant Re\leqslant 10000$ 的范围为过渡区。

2. 入口段与充分发展段

流体力学告诉我们，当流体从大空间进入圆管时，流动边界层有一个从零开始增长直到汇合于管子中心线的过程。类似地，当流体与管壁之间有热交换时，管子壁面上的热边界层也有一个从零开始增长直到汇合于管子中心线的过程。当流动边界层及热边界层汇合于管子中心线时，流动或换热已经充分发展，此后的换热强度将保持不变。从进口到充分发展段之间的区域称为入口段。入口段的热边界层较薄，局部表面传热系数要比充分发展段高，且沿着主流方向逐渐降低，如图 6-1a 所示，工程技术中常常利用入口段换热效果好这一特点来强化设备的换热。如果边界层中出现湍流，则因湍流的扰动与混合作用又会使局部表面传热系数有所提高，再逐渐趋向于一个定值，如图 6-1b 所示。试验研究表明，层流时入口段长度由下式确定：

$$\frac{l}{d} \approx 0.05Re \cdot Pr \tag{6-1}$$

当湍流时，只要$\frac{l}{d}>60$，则平均表面传热系数就不受入口段的影响。基于此，下面介绍特征数方程时先讲充分发展段的关联式，再引入入口效应的修正。

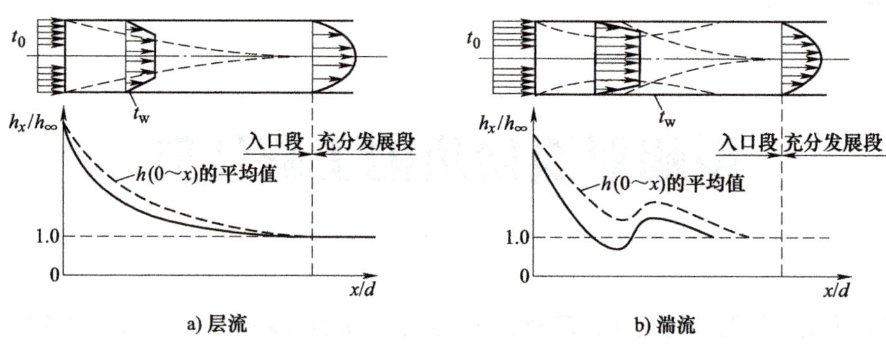

图 6-1 管内对流换热局部表面传热系数的分布

3. 典型的热边界条件——均匀热流和均匀壁温

当流体在管内被加热或被冷却时，加热或冷却壁面的热状况称为热边界条件。实际的工程传热情况是多种多样的，为便于研究与应用，从各种复杂情况中抽象出两类典型的条件：轴向与周向热流密度均匀，简称均匀热流；轴向与周向壁面温度均匀，简称均匀壁温。图 6-2 示意性地给出了在这两种热边界条件下沿主流方向流体截面平均温度 $t_f(x)$ 及管壁温度 $t_w(x)$ 的变化情况。湍流时，由于各微团之间剧烈混合，除液态金属外，两种边界条件对表面传热系数的影响可以不计。但对层流及低 Pr 介质的情况，两种边界条件下的差别是不容忽视的。

什么情况下能造成这样的热边界条件呢？采用蒸汽凝结来加热时或者液体沸腾来冷却时，壁面温度可以认为是均匀的；当采用均匀缠绕的电热丝来加热壁面时，就造成了接近均匀热流密度条件。

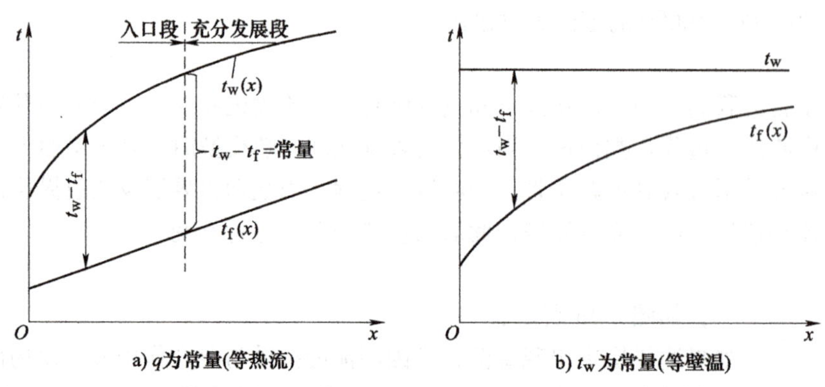

图 6-2 均匀热流和均匀壁温下流体温度与壁面温度的沿程变化

4. 流体平均温度以及流体与壁面的平均温差

计算物性的定性温度多为截面上流体的平均温度（或进、出口截面平均温度）。在用试验方法或用数值模拟确定了同一截面上的速度及温度分布后，可采用下式求解该截面上流体的平均温度：

$$t_f = \frac{\int_f c_p \rho t u \mathrm{d}f}{\int_f c_p \rho u \mathrm{d}f} \tag{6-2}$$

式中，f 为流通面积；u、t 分别为截面局部流速及温度。

当采用试验方法来测定截面平均温度时，应在测温点之前设法将截面上各部分的流体充分混合，这样才能保证测得稳定时流体的截面平均温度。值得指出，在进行对流传热的试验测定时，使加热或冷却后的流体充分混合是测得准确的流体平均温度的重要措施。图 6-3 示意性地给出了这样一种混合器的结构。图中流体进入混合器前壁面上均匀缠绕的电热丝是为了造成均匀加热的边界条件。如果要确定流体与一长通道表面间的平均表面传热系数，在应用牛顿冷却公式［式(5-1)］时要注意平均温差的确定方法。

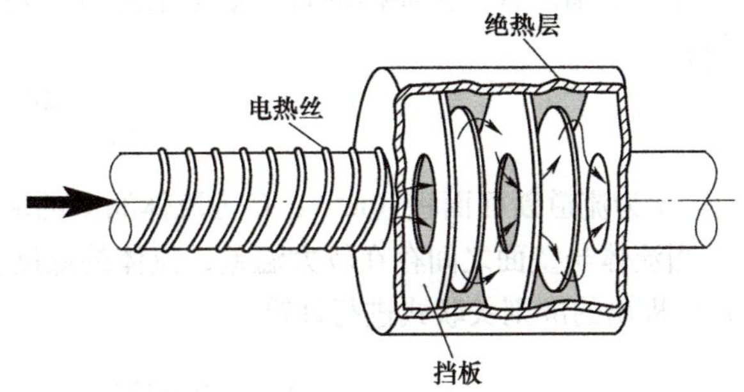

图 6-3　测定流体截面平均温度的混合器示意图

对于均匀热流的情形，如果其中充分发展段足够长，则可取充分发展段的温差 t_w-t_f 作为 Δt_m（见图 6-2a）。对于壁面温度均匀的情形，截面上的局部温差在整个换热面上是不断变化的（见图 6-2b），这时应利用以下的热平衡式求解平均的对流传热温差：

$$h_m A \Delta t_m = q_m c_p (t_f'' - t_f') \tag{6-3}$$

式中，q_m 为质量流量；t_f''、t_f' 分别为出口、进口截面上流体的平均温度；Δt_m 按对数平均温差计算，见式（6-4）。

$$\Delta t_m = \frac{t_f'' - t_f'}{\ln \dfrac{t_w - t_f'}{t_w - t_f''}} \tag{6-4}$$

当进口截面与出口截面上的温差比 $(t_w-t_f')/(t_w-t_f'')$ 在 0.5～2 时，算术平均温差 $t_w-\frac{t_f''+t_f'}{2}$ 与上述对数平均温差间的差别小于 4%。

6.1.2　管内强迫对流换热计算

1. 湍流对流换热

管内强迫对流换热准则方程式（5-31）用下列函数形式表达：

$$Nu = C \cdot Re^n \cdot Pr^m$$

式中，Nu 为努塞特数，$Nu=\frac{hd}{\lambda}$；常数 C、n、m 均由试验研究确定。

对于光滑管内湍流强迫对流换热，工程上广泛使用下面的迪图斯-贝尔特（Dittus-Boelter）公式进行计算：

$$\begin{cases} Nu_f = 0.023Re_f^{0.8}Pr_f^{0.4}(t_w > t_f\text{时}) & (6\text{-}5a) \\ Nu_f = 0.023Re_f^{0.8}Pr_f^{0.3}(t_w < t_f\text{时}) & (6\text{-}5b) \end{cases}$$

式（6-5）适用于流体与壁面具有中等以下温度差（即该温差下物性不均匀性带来的误差不超过工程允许的范围，如气体不超过50℃，液体为20℃左右）。其适用参数范围如下：$\frac{l}{d}>60$；$Re_f=10^4\sim1.2\times10^5$；$Pr_f=0.7\sim120$；特征长度为全管长流体平均温度 t_f；特征长度为管内径。

对于非圆形管，例如椭圆管、矩形槽道等，特征长度采用当量直径 d_e。d_e 按式（6-6）计算：

$$d_e = \frac{4f}{U} \tag{6-6}$$

式中，f 为流道断面面积（m^2）；U 为流体润湿的流道周长（m）。

当流体与壁面之间存在较大温差，流体的黏度变化很大时，可使用西得和塔特（Sieder-Tate）提出的准则关联式进行计算：

$$Nu_f = 0.027Re_f^{0.8}Pr_f^{1/3}\left(\frac{\mu_f}{\mu_w}\right)^{0.14} \tag{6-7}$$

式中，μ_f、μ_w 分别为流体温度 t_f 和壁温 t_w 下的流体动力黏度（Pa·s）。

当加热液体时，$t_f<t_w$，则$\left(\frac{\mu_f}{\mu_w}\right)^{0.14}>1$；反之，当冷却液体时，$\left(\frac{\mu_f}{\mu_w}\right)^{0.14}<1$。对于气体，情形正相反。式（6-7）适用条件是：$Pr_f=0.7\sim16700$；$Re_f>10^4$；$\frac{l}{d}>60$。

关于加热或冷却引起的物性变化所带来的影响修正，在这里只通过式（6-5）和式（6-7）做了扼要的介绍。但是，必须注意，这个问题是比较复杂的，因为对于液体或气体、大温差或小温差、不同的流态等情况，这种影响的程度不尽相同。严格地说，式（6-7）中的修正项较近似地符合液体被加热时的情况。对于液体，温度变化主要会引起黏度发生变化（其他物性的变化，相比之下可以忽略），因此对于液体采用黏度比$\left(\frac{\mu_f}{\mu_w}\right)^n$修正物性不均匀的影响是合适的。而对于气体，温度变化时，气体的黏度、密度及导热系数等都变化，而这些物性参数随热力学温度的变化都有一定的函数关系，所以对于气体最好采用温度比$\left(\frac{t_f}{t_w}\right)^n$来作为修正项。故对于管内湍流换热，可推荐在式（6-7）中采用下列修正项

液体：

$$\left(\frac{\mu_f}{\mu_w}\right)^n \tag{6-7a}$$

式中，$n=0.11$（加热时）；$n=0.25$（冷却时）。

气体：

$$\left(\frac{t_f}{t_w}\right)^n \tag{6-7b}$$

式中，$n=0.55$（加热时）；$n=0$（冷却时）。

上述关联式都只能应用在速度场和温度场都得到充分发展的管段。关于边界条件，只要 $Pr>0.7$，对于湍流，常壁温条件下的关联式也可适用于常热流条件下的换热计算。

对于螺旋管，由上述公式计算的数值尚须乘以管道弯曲影响的校正系数 ε_R，ε_R 由式（6-8a）和式（6-8b）计算：

气体：
$$\varepsilon_R = 1 + 1.77\frac{d}{R} \tag{6-8a}$$

液体：
$$\varepsilon_R = 1 + 10.3\left(\frac{d}{R}\right)^3 \tag{6-8b}$$

式中，R 为螺旋管曲率半径（m）；d 为管直径（m）。

至此，若将式（6-5a）展开，显示出湍流表面传热系数与各影响因素的具体函数关系：

$$h = f(u^{0.8}, \rho^{0.8}, \lambda^{0.6}, c_p^{0.4}, \mu^{-0.4}, d^{-0.2})$$

其中，流速 u 和密度 ρ 均以0.8次幂关系影响表面传热系数，是各项中影响最大者。这反映了水的表面传热系数远高于空气的现象。以流速而论，在其他条件相同时，流速由1m/s提高到1.5m/s，表面传热系数将增长40%左右。关于直径 d 的影响，由上述函数可知，在不改变流速及温度的条件下，采用小直径的管子能够提高表面传热系数。例如，把圆管改成椭圆管时，周长不变，但断面积变小，椭圆管的当量直径相应比圆管小，因此换热将有所改善。这是工程上采用椭圆管的一个原因，以后要讨论的外掠圆管换热，也有类似的情况。

例 6-1　一台管壳式蒸汽热水器，水在管内流速 $u_m=0.85\text{m/s}$，进出口间水的平均温度 $t_f=90℃$，管壁温度 $t_w=115℃$，管长为1.5m，管内径 $d=17\text{mm}$，试用式（6-7）计算它的表面传热系数。

解： 本题 $\frac{l}{d}>60$，属于长管，由附表8查取水在 t_f 及 t_w 下的物性数据：

$t_f=90℃$ 时：$\nu_f=0.326\times10^{-6}\text{m}^2/\text{s}$；$\lambda_f=0.680\text{W/(m}\cdot\text{K)}$；$\mu_f=3.15\times10^{-4}\text{Pa}\cdot\text{s}$；$Pr_f=1.95$

$t_w=115℃$ 时：$\mu_w=2.48\times10^{-4}\text{Pa}\cdot\text{s}$

$$Re_f = \frac{u_m d}{\nu_f} = \frac{0.017\times0.85}{0.326\times10^{-6}} = 4.43\times10^4$$

属于湍流工况，流体被加热，由式（6-7）得：

$$Nu_f = 0.027Re_f^{0.8}Pr_f^{1/3}\left(\frac{\mu_f}{\mu_w}\right)^{0.14}$$

$$= 0.027\times(4.43\times10^4)^{0.8}\times(1.95)^{1/3}\times\left(\frac{3.15}{2.48}\right)^{0.14} = 181.9$$

$$h = Nu_f\frac{\lambda_f}{d} = 181.9\times\frac{0.680}{0.017}\text{W/(m}^2\cdot\text{K)} = 7276\text{W/(m}^2\cdot\text{K)}$$

2. 层流对流换热

当管内层流时，西得和塔特提出以下常壁温层流换热关联式：

$$Nu_f = 1.86Re_f^{\frac{1}{3}}Pr_f^{\frac{1}{3}}\left(\frac{d}{l}\right)^{1/3}\left(\frac{\mu_f}{\mu_w}\right)^{0.14} \tag{6-9a}$$

或写成下列形式：

$$Nu_f = 1.86\left(Pe_f \cdot \frac{d}{l}\right)^{1/3}\left(\frac{\mu_f}{\mu_w}\right)^{0.14} \tag{6-9b}$$

式中，Pe 为佩克莱数，$Pe=Re \cdot Pr$。

在层流工况下，进口段的影响所波及的管段比较长，故式中引用了几何参数准则$\frac{d}{l}$。它的适用范围是 $Re \cdot Pr \cdot \frac{d}{l}>10$，$Re_f=13\sim2300$。

如果管子较长，以致 $\left(Re_f \cdot Pr_f \cdot \frac{d}{l}\right)^{1/3}\left(\frac{\mu_f}{\mu_w}\right)^{0.14} \leqslant 2$，则应将 Nu_f 作为常数处理，采用式（6-10a）及式（6-10b）计算表面传热系数。

对于常物性流体在管内层流且充分发展段的换热，可采用层流换热微分方程组分析解得到的更为简单的结果，即

$$Nu_f = 4.36(q\text{ 为常数}) \tag{6-10a}$$

$$Nu_f = 3.66(t_w\text{ 为常数}) \tag{6-10b}$$

对比式（6-10a）及式（6-10b），说明管内常热流层流换热要比常壁温高约 20%。

在此还要指出，式（6-9a）及式（6-9b）没有估计自然对流的影响。而在流速低、管径粗或温差大的情况下，很难维持纯粹的强迫对流，自然对流的影响不容忽略。

例 6-2 设计一管壳式机油冷却器。已知机油（14 号润滑油）以 90kg/h 的质量流量在内径为 10mm 的管内流动。管的内壁面温度为 20℃，要求机油从 110℃冷却到 70℃，试计算所需管长。

解：（1）计算机油的平均温度

$$t_f = \frac{1}{2}(t_f' + t_f'') = \frac{1}{2} \times (110 + 70)℃ = 90℃$$

据 t_f 由附表 A-10 查 14 号润滑油的物性值：$\rho_f=851.9\text{kg/m}^3$，$\lambda_f=0.1424\text{W/(m}\cdot\text{K)}$，$\nu_f=18.3\times10^{-6}\text{m}^2\text{/s}$，$c_p=2227\text{J/(kg}\cdot\text{K)}$，$Pr_f=244$，$\mu_f=\rho_f\nu_f=851.9\times18.3\times10^{-6}\text{kg/(m}\cdot\text{s)}=0.01559\text{kg/(m}\cdot\text{s)}$。

由 $t_w=20℃$，由附表 10 查得

$$\mu_w = \rho_w\nu_w = 892.8 \times 410.9 \times 10^{-6}\text{kg/(m}\cdot\text{s)} = 0.3669\text{kg/(m}\cdot\text{s)}$$

（2）计算 Re 值

$$u_m = \frac{m}{\pi d^2\rho/4} = \frac{90}{(\pi/4) \times 0.01^2 \times 851.9 \times 3600}\text{m/s} = 0.3736\text{m/s}$$

$$Re_f = \frac{u_m d}{\nu_f} = \frac{0.3736 \times 0.01}{18.3 \times 10^{-6}} = 204 < 2300\text{，该流动属于层流。}$$

（3）确定所需管长

根据能量平衡方程式 $h\pi dl(t_f-t_w)=mc_p(t_f'-t_f'')$，代入相应数值，有

$$h\pi \times 0.01 \times (90 - 20)l = \frac{90}{3600} \times 2227 \times (110 - 70)$$

得

$$hl = 1012.73 \tag{a}$$

假定 $Re_f \cdot Pr_f \cdot \dfrac{d}{l} > 10$，即式（6-9）适用，则：

$$\frac{h \times 0.01}{0.1424} = 1.86 \times \left(204 \times 244 \times \frac{0.01}{l}\right)^{1/3} \times \left(\frac{0.01559}{0.3669}\right)^{0.14}$$

解得

$$h = 134.9 l^{-1/3} \tag{b}$$

将式（b）代入式（a），得：$l=20.57\text{m}$。

校核：$Re_f \cdot Pr_f \cdot \dfrac{d}{l} = 204 \times 244 \times \dfrac{0.01}{20.57} = 24.2 > 10$，与假定吻合。

所以，以上计算有效，即所需管长为 20.57m。

3. 过渡流换热

在层流和旺盛湍流之间存在一个过渡区。由于流动中出现了湍流涡旋，过渡区的表面传热系数将随 Re 的增加而增加，而且随着湍流传递作用的增长，在整个过渡区，换热规律是多变的。这里介绍格尼林斯基（Gnielinski）1975 年在重新整理前人试验数据的基础上提供的关联式，即：

对于气体：　$0.6 < Pr_f < 1.5; 0.5 < \dfrac{t_f}{t_w} < 1.5; 2300 < Re_f < 10^4$

$$Nu_f = 0.0214(Re_f^{0.8} - 100)Pr_f^{0.4}\left[1 + \left(\frac{d}{l}\right)^{2/3}\right]\left(\frac{t_f}{t_w}\right)^{0.45} \tag{6-11a}$$

对于液体：$1.5<Pr_f<500$；$0.05<\dfrac{Pr_f}{Pr_w}<20$；$2300<Re_f<10^4$

$$Nu_f = 0.012(Re_f^{0.87} - 280)Pr_f^{0.4}\left[1 + \left(\frac{d}{l}\right)^{2/3}\right]\left(\frac{Pr_f}{Pr_w}\right)^{0.11} \tag{6-11b}$$

以上两式，与 1930—1974 年十余个研究者的 800 多个试验相比较，90%的试验点处在与关联式偏差为±20%的范围内。

例 6-3　内径为 10mm 的管内水流速 $u=0.309\text{m/s}$，$t_f=23.5℃$，$t_w=48.3℃$，管长 $\dfrac{l}{d}=100$，试由式（6-11）计算表面传热系数。

解：由定性温度 t_f 及 t_w，从附表 8 查得水的物性参数。

当 $t_f=23.5℃$ 时：$\nu_f=0.93\times10^{-6}\text{m}^2/\text{s}$，$\lambda_f=0.606\text{W/(m·K)}$，$\mu_f=9.3\times10^{-4}\text{Pa·s}$，$Pr_f=6.50$。

当 $t_w=48.3℃$ 时：$\mu_w=5.64\times10^{-4}\text{Pa·s}$，$Pr_w=3.65$。

所以　$Re_f = \dfrac{ud}{\nu} = \dfrac{0.309\times0.01}{0.93\times10^{-6}} = 3323$，按式（6-11b）计算：

$$\begin{aligned} Nu_f &= 0.012(Re_f^{0.87} - 280)Pr_f^{0.4}\left[1 + \left(\frac{d}{l}\right)^{2/3}\right]\left(\frac{Pr_f}{Pr_w}\right)^{0.11} \\ &= 0.012 \times (3323^{0.87} - 280) \times 6.5^{0.4} \times \left[1 + \left(\frac{1}{100}\right)^{2/3}\right] \times \left(\frac{6.5}{3.65}\right)^{0.11} \\ &= 24.8 \end{aligned}$$

所以 $h=Nu_{\mathrm{f}}\dfrac{\lambda}{d}=24.8\times\dfrac{0.606}{0.01}\mathrm{W/(m^2\cdot K)}=1503\mathrm{W/(m^2\cdot K)}$

6.2 管外强迫对流换热的特点和计算

与管内流动不同，管外强迫流动有着一个流动方向的问题。在同样压降下，横掠时的表面传热系数远比纵掠大，因此，各种热设备中的流动布置多采用横掠形式。

6.2.1 流体横掠单管对流换热

1. 流动及换热特点

流体横掠单管（圆柱）流动，与纵掠平壁的流动不同。流体沿平壁流动时，近壁处的流体压力沿程不变，即$\dfrac{\mathrm{d}p}{\mathrm{d}x}=0$。但流体横掠单管时，近壁处的流体压力沿程将发生变化，大约在圆管的前半部，压力递减，即$\dfrac{\mathrm{d}p}{\mathrm{d}x}<0$，相应地主流速度则沿程递增，即$\dfrac{\mathrm{d}u}{\mathrm{d}x}>0$。而在管的后半部，沿程压力递增，即$\dfrac{\mathrm{d}p}{\mathrm{d}x}>0$，主流速度则沿程递减，即$\dfrac{\mathrm{d}u}{\mathrm{d}x}<0$。在$\dfrac{\mathrm{d}p}{\mathrm{d}x}>0$的区段内，流体只能依靠自身的动量减少来克服压力的增加而向前流动，这对于近壁处的流体来说，由于其流速低，动量不大，在克服不断上升的压力时显得越来越困难，终于会在管壁的某点处出现速度梯度$\left.\dfrac{\partial u}{\partial y}\right|_{y=0}=0$。随后产生与原流动方向相反的回流，如图 6-4 所示。这一转折点称为绕流脱体的起点（或称分离点）。从此点起边界层内缘脱离壁面，如图 6-4 中虚线所示，故称脱体。脱体起点位置取决于 Re。当 $Re<10$ 时，不出现脱体。当 $10\leqslant Re<1.5\times10^5$时，边界层为层流，脱体发生在 $\varphi=80°\sim85°$处。当 $Re\geqslant1.5\times10^5$时，边界层在脱体前已转变为湍流，脱体的发生推后到 $\varphi\approx140°$处。

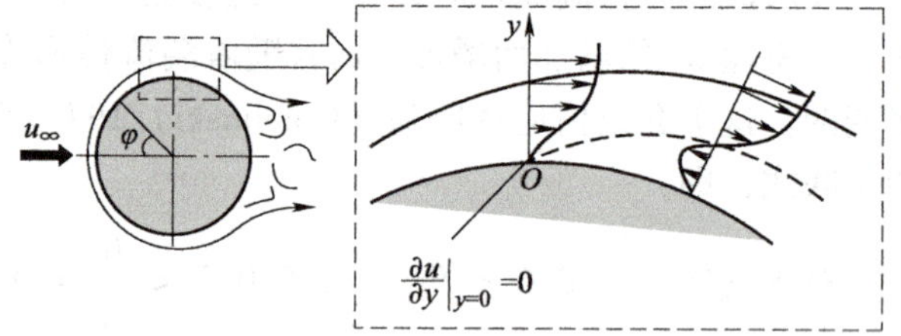

图 6-4 流体横掠单管时的流动状态示意图

边界层的成长和脱体决定了外掠圆管换热的特征。图 6-5 是恒定热流壁面横掠单管局部努塞特数随角度 φ 的变化。这些曲线在 $\varphi=0°\sim80°$的递减是由于层流边界层不断增厚。低 Re 时，回升点反映了绕流脱体的起点，这是由于脱体区的扰动强化了换热。高 Re 时，第一次回升是由于转变成湍流；第二次回升

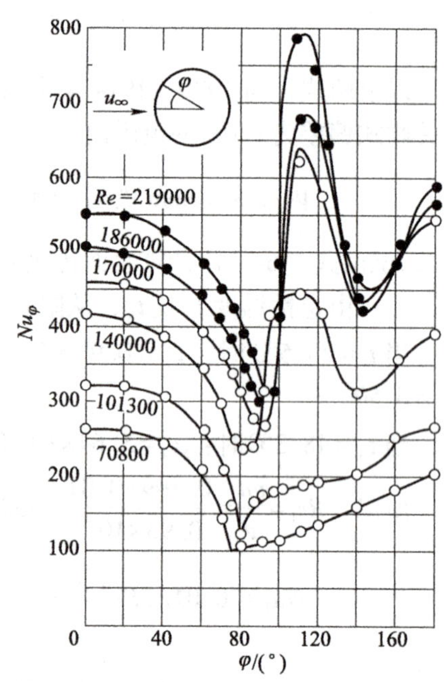

图 6-5 恒定热流壁面横掠单管局部努塞特数随角度 φ 的变化

在 $\varphi \approx 140°$，则是脱体的缘故。

2. 试验关联式

虽然局部表面传热系数变化较复杂，但在工程计算中，人们最关心的往往是沿管周边的平均表面传热系数。为计算方便，可以用下列关联式来求解平均表面传热系数：

$$Nu = C \cdot Re^{n} \cdot Pr^{1/3} \tag{6-12}$$

其中，C 和 n 的值见表 6-1；定性温度为 $(t_w+t_f)/2$；特征长度为管外径；Re 中特征速度为通道来流速度 u_∞。

式（6-12）对空气的试验温度验证范围 $t_f = 15.5 \sim 982℃$，$t_w = 21 \sim 1046℃$。值得指出，式（6-12）是根据空气的试验结果而推广到其他气体和液体的。

表 6-1 式（6-12）中的 C 与 n 值

Re	C	n
0.4～4	0.989	0.330
4～40	0.911	0.385
40～4000	0.683	0.466
$4000 \sim 4\times10^4$	0.193	0.618
$4\times10^4 \sim 4\times10^5$	0.0266	0.805

Churchill 与 Bernstein 对流体横向外掠单管提出了以下在整个试验范围内都适用的准则式：

$$Nu = 0.3 + \frac{0.62Re^{1/2}Pr^{1/3}}{\left[1 + (0.4/Pr)^{2/3}\right]^{1/4}}\left[1 + \left(\frac{Re}{282000}\right)^{5/8}\right]^{4/5} \tag{6-13}$$

此式的定性温度为 $(t_w+t_f)/2$，并适用于 $(Re \cdot Pr) > 0.2$ 的情形。

对于非圆形截面的柱体，气体外掠换热的试验结果也可以用式（6-12）的形式，其中，换热计算式中的常数与系数见表 6-2。

表 6-2 气体外掠几种非圆形截面的柱体换热计算式中的常数与系数

柱体截面	Re	C	n
正方形	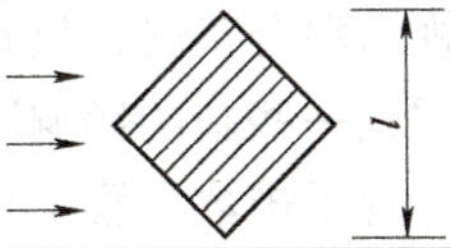 $5\times10^3 \sim 10^5$	0.246	0.588
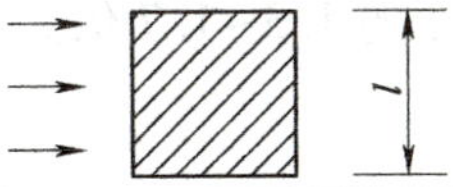 正方形	$5\times10^3 \sim 10^5$	0.102	0.675
正六边形	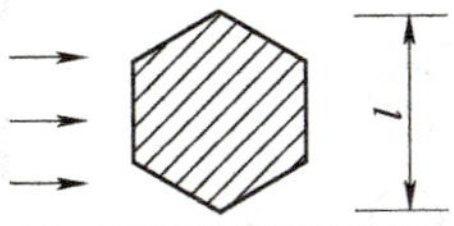 $5\times10^3 \sim 1.95\times10^4$	0.160	0.638
正六边形	$1.95\times10^4 \sim 10^5$	0.0385	0.782
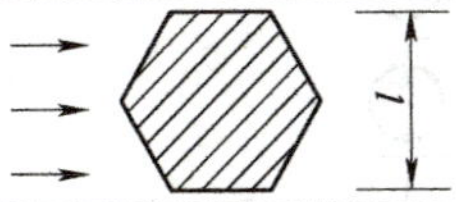 正六边形（第二种放置方式）	$5\times10^3 \sim 10^5$	0.153	0.638
竖直平面	 $4\times10^3 \sim 1.5\times10^4$	0.228	0.731

以上介绍的各试验关联式，都适用于流体的流动方向与单管（圆柱）轴线相垂直的情况。当来流方向与单管之间不垂直时，会使平均表面传热系数降低。根据上述公式计算出的 h 值，应乘以一个小于 1 的修正系数 C_ψ。C_ψ 可根据冲击角 ψ 的大小，从表 6-3 中查取。

表 6-3　修正系数 C_ψ

ψ/(°)	15	30	45	60	70	80	90	
C_ψ	0.41	0.70	0.83	0.94	0.97	0.99	1.00	ψ

6.2.2　横掠管束对流换热

1. 流动及换热特征

流体横掠管束对流换热在各种换热设备中最为常见。通常管子有顺排和叉排两种排列方式，如图 6-6 所示。叉排时流体在管间交替收缩和扩张的弯曲通道中流动，比顺排时在管间走廊通道的流动扰动剧烈。因此，一般地说叉排时的换热比顺排时强。然而，应注意到叉排管束的阻力损失大于顺排，且对于需要冲刷清洗的管束，顺排有易于清洗的优点，所以叉排、顺排的选择要全面权衡。

外掠管束的另一个重要特点是，除第一排管子保持了外掠单管的特征外，从第二排起流动将被前几排管子引起的涡旋所干扰，流动状态比较复杂。在低 Re 下（$Re<10^3$），前排管子的尾部出现的涡旋不强，由于黏滞力的作用及克服尾部压力的增长，涡旋会很快消失，对下一排管子的边界层影响很小，故管表面边界层层流占优势，可视为层流工况；随着 Re 增加，在管子间的湍流涡旋加强，当 $Re=5\times10^2\sim2\times10^5$ 时，大约管的前半周表面为处于湍流旋涡影响下的层流边界层，后半周则是涡旋流，流动状态可视为混合工况；只有 $Re>2\times10^5$ 后，管子表面湍流边界层才占优势。故管束的换热问题必须考虑到一些新的影响因素，即管子的排列方式、管子之间的距离（横向间距 S_1 和纵向间距 S_2）、管子排数、管子直径等。作为一般的估计，管束内部管子的表面传热系数可达到第一排管子的 1.3~1.7 倍。

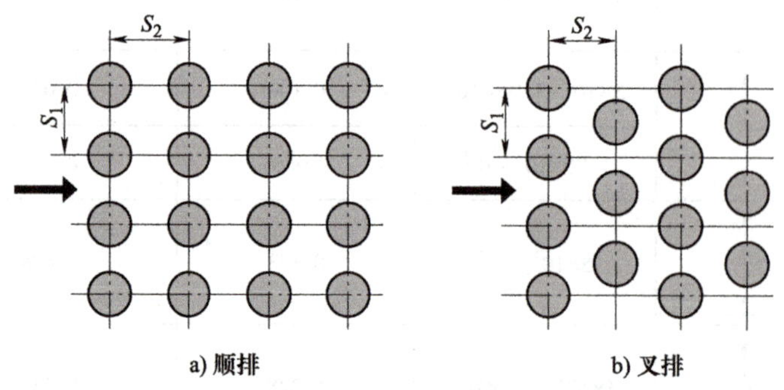

图 6-6　管束的排列方式

6-1
顺排和叉排的流动矢量图

2. 试验关联式

当用$(Pr_f/Pr_w)^{0.25}$来反映不均匀物性影响时，光滑管束的换热一般函数式为

$$Nu=f\left(Re,Pr,\left(\frac{Pr_f}{Pr_w}\right)^{0.25},\frac{S_1}{d},\frac{S_2}{d},\varepsilon_z\right)$$

或写成

$$Nu=C\cdot Re_f^n\cdot Pr_f^m\left(\frac{Pr_f}{Pr_w}\right)^{0.25}\left(\frac{S_1}{S_2}\right)^p\varepsilon_z \tag{6-14}$$

式中，$\frac{S_1}{S_2}$为相对管间距；ε_z为排数影响的校正系数。

因前排引起的扰动加强了后排的换热，故各排的换热将逐渐增大，直到20排左右。表6-4所列换热准则式是排数大于20时的平均表面传热系数。表6-4中各式的定性温度除Pr_w采用管束平均壁面温度t_w外，其他物性参数的定性温度均采用管束进、出口流体的平均温度t_f。特征长度为管外径；Re中的速度用流通截面最窄处的流速，即管束中的最大流速。若排数低于20，应采用表6-5所列排数修正系数ε_z校正，它适用于$Re>10^3$的情况。

表6-4　管束平均表面传热系数准则方程式

排列方式	适用范围 0.7<Pr<500		准则方程式	对空气或烟气的简化式 (Pr=0.7)
顺排	$Re=10^3\sim2\times10^5$		$Nu_f=0.27Re_f^{0.63}Pr_f^{0.36}\left(\frac{Pr_f}{Pr_w}\right)^{0.25}$	$Nu_f=0.24Re^{0.63}$
	$Re=2\times10^5\sim2\times10^6$		$Nu_f=0.021Re_f^{0.84}Pr_f^{0.36}\left(\frac{Pr_f}{Pr_w}\right)^{0.25}$	$Nu_f=0.018Re_f^{0.84}$
叉排	$Re=10^3\sim2\times10^5$	$\frac{S_1}{S_2}\leqslant2$	$Nu_f=0.35Re_f^{0.6}Pr_f^{0.36}\left(\frac{Pr_f}{Pr_w}\right)^{0.25}\left(\frac{S_1}{S_2}\right)^{0.2}$	$Nu_f=0.31Re_f^{0.6}\left(\frac{S_1}{S_2}\right)^{0.2}$
		$\frac{S_1}{S_2}>2$	$Nu_f=0.40Re_f^{0.6}Pr_f^{0.36}\left(\frac{Pr_f}{Pr_w}\right)^{0.25}$	$Nu_f=0.35Re_f^{0.6}$
	$Re=2\times10^5\sim2\times10^6$		$Nu_f=0.022Re_f^{0.84}Pr_f^{0.36}\left(\frac{Pr_f}{Pr_w}\right)^{0.25}$	$Nu_f=0.019Re_f^{0.84}$

对于管壳式换热器（见第10章结构示意图）管束外侧的流体，由于壳程挡板的作用，有时与管束平行地流动，有时又近似垂直地流过管束，同时还要考虑各种漏流和旁通（如管子与挡板间的缝隙，外壳与管束间间隙等造成），故换热器的结构参数对表面传热系数的影响很大，常常只达到上述公式计算值的60%。

对于供热通风工程，空气加热器和冷却器都采用带肋片的管束，横掠肋片管束换热的计算还要涉及肋片管结构参数，情况更复杂一些，需根据实际结构进行研究。读者可参阅本书第10章的叙述及一些与此有关的文献。

表 6-5　排数修正系数 ε_z

排数	1	2	3	4	5	6	8	12	16	20
顺排	0.69	0.80	0.86	0.90	0.93	0.95	0.96	0.98	0.99	1.0
叉排	0.62	0.76	0.84	0.83	0.92	0.95	0.96	0.98	0.99	1.0

例 6-4　试求空气流过光滑管束加热器的表面传热系数。已知管束为 5 排，每排 20 根管，长为 1.5m，外径 d=25mm，采用叉排，S_1=50mm，S_2=37.5mm，管壁温度 t_w=110℃，空气进口温度 t'_f=15℃，空气流量（标准状态）V_0=5000m³/h。

解：由于空气出口温度为未知数，为了确定物性数据，必须先假定出口温度，用试算法进行计算。现假定空气出口温度为 25℃和 45℃，同时进行试算（见表 6-6），从计算结果找出实际出口温度。

相邻两管间最窄流通截面面积：

$$f = l(S_1 - d) = 1.5 \times (0.05 - 0.025)\text{m}^2 = 0.0375\text{m}^2$$

每排 20 根管，叉排时总流通截面面积：

$$\sum f = 20 \times 0.0375\text{m}^2 = 0.75\text{m}^2$$

管束换热面积：

$$F = \pi dln = \pi \times 0.025 \times 1.5 \times 5 \times 20\text{m}^2 = 11.8\text{m}^2$$

空气质量流量 G（标准状态下密度 ρ=1.293kg/m³）

$$G = \frac{V_0\rho}{3600} = \frac{5000 \times 1.293}{3600}\text{kg/s} = 1.796\text{kg/s}$$

分两组按不同的空气出口温度进行计算。把两组计算结果标绘在以热量 Φ（或 Φ'）和 t''_f 为坐标的图上，按直线规律分别作出 $\Phi=f(t''_f)$ 和 $\Phi'=f(t''_f)$ 两条直线，如图 6-7 所示，它们的交点是 t''_f=37.5℃，这就是由试算求得的空气出口温度。实际上，Φ 或 Φ'与 t''_f 的关系是非线性的，因此采用图 6-7 的方法确定的 t''_f必然是近似的，故尚须按此进行校核计算，校核计算值列在表 6-6 上，结果表明 Φ 与 Φ'相差在 2%左右，基本一致，计算完毕。

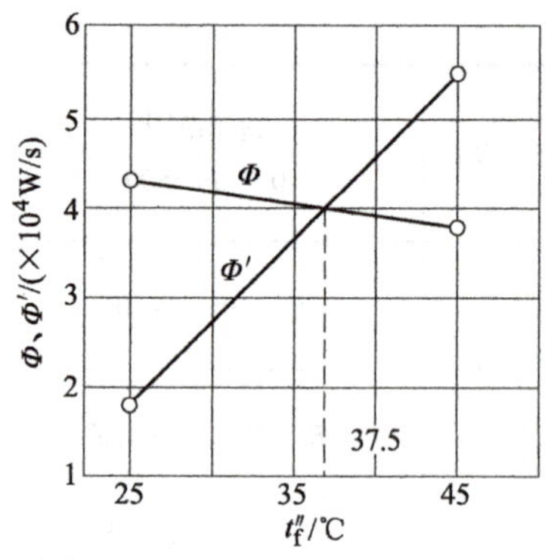

图 6-7　例 6-4 图

表 6-6　例 6-4 计算过程

计　算　项　目		t''_f=25℃	t''_f=45℃	t''_f=37.5℃
空气进出口平均温度/℃ $t_f=\frac{t'_f+t''_f}{2}$		$\frac{15+25}{2}=20$	30	26.2
以 t_f 作定性温度查物性数据	λ/[W/(m·K)]	0.0259	0.0267	0.0264
	ν/(m²/s)	15.06×10^{-6}	16.04×10^{-6}	15.64×10^{-6}
	c_p/[J/(kg·K)]	1.005×10^3	1.005×10^3	1.005×10^3
空气体积流量/(m³/h) $V=V_0\frac{T_f}{T_0}$		$5000\times\frac{273+20}{273}=5366$	5550	5480

（续）

计 算 项 目	$t_f''=25℃$	$t_f''=45℃$	$t_f''=37.5℃$
最窄截面处流速/(m/s) $u=\dfrac{V}{\sum f}$	$\dfrac{5366}{0.75\times3600}=1.99$	2.05	2.03
$Re_f=\dfrac{ud}{\nu}$	$\dfrac{1.99\times0.025}{15.06\times10^{-6}}=3303$	3108	3180
由表 6-5 取 $\varepsilon_z=0.92$ 因为$\dfrac{S_1}{S_2}=\dfrac{50}{37.5}=1.33<2$，由表 6-4 $Nu_f=0.31Re_f^{0.6}\left(\dfrac{S_1}{S_2}\right)^{0.2}\varepsilon_z$	$0.31\times3303^{0.6}\times1.33^{0.2}\times0.92=39.02$	37.62	38.2
$h/[W/(m^2\cdot K)]$ $h=Nu_f\dfrac{\lambda_f}{d}$	$39.02\times\dfrac{0.0259}{0.025}=40.4$	40.2	40.3
校核计算换热量/W $\Phi=hF\ (t_w-t_f)$	$40.4\times11.8\times(110-20)=4.29\times10^4$	3.79×10^4	3.99×10^4
校核计算空气获得热量/W $\Phi'=Gc_p\ (t_f''-t_f')$	$1.796\times1.005\times10^3\times(25-15)=1.805\times10^4$	5.42×10^4	4.06×10^4

6.3 自然对流换热的特点和计算

不依靠泵或风机等外力推动，由流体自身温度场的不均匀所引起的流动称为自然对流。自然对流换热因流体所处空间的情况分为两类：一类是流体处在很大的空间中，如室内供暖散热器对空气的换热、建筑物墙表面的换热等，因空间大，自然对流不受干扰，称为大空间自然对流换热；另一类是流体封闭在一个小空间内，如双层玻璃窗中的空气层、建筑维护结构中的封闭空气夹层、平板式太阳能集热器的空气夹层等，称为有限空间自然对流换热。

6.3.1 大空间自然对流换热

1. 流动及换热特征

冷流体沿热竖直壁面自然对流运动状况如图 6-8a 所示。当流体受浮力作用沿壁面上升时，边界层开始为层流，如果壁面有足够高度，达到某一位置后，流态将转变为湍流。从层流到湍流的转变点取决于壁面与流体间的温度差和流体的性质，由 Gr 与 Pr 的乘积来判断，一般认为对于常壁温条件，当 $Gr\cdot Pr=10^9$ 时，流态为湍流（竖壁自然对流由层流到湍流的转变，有一个较大的范围，$Gr\cdot Pr$ 可能的数值是从 $10^7\sim10^{10}$）。

边界层速度及温度分布如图 6-8b 所示，在 $y=0$ 和 $y\geqslant\delta$ 处，u 均为 0（δ 为流动边界层

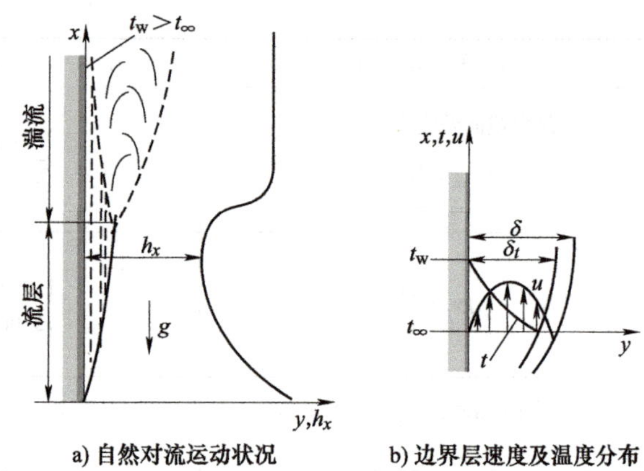

a) 自然对流运动状况　　b) 边界层速度及温度分布

图 6-8　冷流体沿热竖直壁面自然对流换热示意图

厚度)，其间有一最大流速。按照理论解确定，层流边界层内最大的自然对流速度大约在 $y=\delta/3$ 处。对于温度边界层，厚度则为 δ_t，δ_t 不一定等于 δ，取决于 Pr，图 6-8b 所示为 $Pr>1$ 的情况，即 $y=0$，$t=t_w$；$y=\delta$，$t=t_\infty$。

对应于边界层流态，可定性分析它的换热规律。在层流边界层，随着厚度的增加，局部表面传热系数 h_x 逐渐降低，当边界层由层流向湍流转变时，局部表面传热系数 h_x 趋于增大。研究表明，在常壁温或常热流边界条件下，当达到旺盛湍流时，局部表面传热系数 h_x 将保持不变，而与壁的高度无关，如图 6-8a 中的 h_x 所示。

如图 6-8 所示大空间内沿竖直壁面的自然对流换热过程，竖直壁面具有均匀温度 t_w，远离壁面处的流体处于静止状态，没有强迫对流。假设流体的温度 t_∞ 低于壁面温度，即 $t_\infty<t_w$，通过对边界层内的微元体的质量、动量及能量的平衡分析，可建立自然对流边界层换热微分方程组。在利用边界层理论对微分方程组进行数量级分析时，忽略 y 方向的动量微分方程以及 y 方向的压力变化 $\partial p/\partial y$。对于常物性、无内热源、不可压缩牛顿流体沿竖直壁面的二维稳态自然对流换热，它的微分方程组包括以下方程：

$$h_x=-\frac{\lambda}{(t_w-t_\infty)_x}\frac{\partial t}{\partial y}\bigg|_{y=0,x} \tag{6-15a}$$

$$\frac{\partial u}{\partial x}+\frac{\partial v}{\partial y}=0 \tag{6-15b}$$

$$\rho\left(u\frac{\partial u}{\partial x}+v\frac{\partial u}{\partial y}\right)=F_x-\frac{\mathrm{d}p}{\mathrm{d}x}+\mu\frac{\partial^2 u}{\partial y^2} \tag{6-15c}$$

$$u\frac{\partial t}{\partial x}+v\frac{\partial t}{\partial y}=a\frac{\partial^2 t}{\partial y^2} \tag{6-15d}$$

在重力场中，体积力项（即重力项）可表示为

$$F_x=-\rho g$$

根据伯努利方程

$$p+\rho_\infty gx+\frac{1}{2}\rho_\infty u_\infty^2=\text{常数}$$

由前面的假设可知 $u_\infty=0$，所以可得：

$$\frac{\mathrm{d}p}{\mathrm{d}x}=-\rho_\infty g$$

于是，式（6-15c）中重力项与压力梯度项之和为

$$F_x-\frac{\mathrm{d}p}{\mathrm{d}x}=-\rho g+\rho_\infty g=(\rho_\infty-\rho)g$$

则动量微分方程式（6-15c）变为

$$\rho\left(u\frac{\partial u}{\partial x}+v\frac{\partial u}{\partial y}\right)=(\rho_\infty-\rho)g+\mu\frac{\partial^2 u}{\partial y^2} \tag{6-15e}$$

式中，$(\rho_\infty-\rho)g$ 就是重力场中由于密度差而产生的浮升力项。

对于不可压缩牛顿流体，密度只是温度的函数，密度差 $\rho_\infty-\rho$ 是由温度差 $t_\infty-t$ 引起的。按照布西内斯克（J. Boussinesq）假设，微分方程中除浮升力项中的密度随温度线性变化外，其他各项中的密度及别的物性都可以近似地按常物性处理。体胀系数 β 的定义式为

$$\beta=\frac{1}{v}\left(\frac{\partial v}{\partial t}\right)_p=-\frac{1}{\rho}\left(\frac{\partial\rho}{\partial t}\right)_p\approx-\frac{1}{\rho}\frac{\rho_\infty-\rho}{t_\infty-t}$$

得

$$\rho_\infty-\rho\approx\beta\rho(t-t_\infty)=\beta\rho\theta$$

代入式（6-15e），得

$$\rho\left(u\frac{\partial u}{\partial x}+v\frac{\partial u}{\partial y}\right)=\rho g\beta\theta+\mu\frac{\partial^2 u}{\partial y^2} \tag{6-16}$$

即为体积力项和压力梯度项不忽略情况下的二维稳态对流换热动量微分方程式，式中等号左边为惯性力项，右边分别为浮升力项和黏性力项。

引进下列无量纲变量：

$$X=\frac{x}{l};Y=\frac{y}{l};U=\frac{u}{u_0};V=\frac{v}{u_0};\Theta=\frac{t-t_\infty}{t_w-t_\infty}$$

式中，u_0 为任意选择的一个参考速度。对于有强迫对流存在的情况，可取远离壁面的主流速度 u_∞；对于没有强迫对流存在的情况，可取自然对流边界层内的某一速度。

将上述无量纲量代入式（6-15a）、式（6-15b）、式（6-15d）、式（6-16）组成的微分方程组，得无量纲化方程：

$$Nu=-\left.\frac{\partial\Theta}{\partial Y}\right|_{Y=0} \tag{6-17a}$$

$$\frac{\partial U}{\partial X}+\frac{\partial V}{\partial Y}=0 \tag{6-17b}$$

$$U\frac{\partial\Theta}{\partial X}+V\frac{\partial\Theta}{\partial Y}=\frac{1}{Re\cdot Pr}\frac{\partial^2\Theta}{\partial Y^2} \tag{6-17c}$$

而动量微分方程式（6-16）变为

$$U\frac{\partial U}{\partial X}+V\frac{\partial U}{\partial Y}=\frac{Gr}{Re^2}\Theta+\frac{1}{Re}\frac{\partial^2 U}{\partial Y^2} \tag{6-17d}$$

式中，$Re=\frac{u_0 l}{\nu}$；Gr 称为格拉斯霍夫数，表征浮升力与黏性力相对大小，反映自然对流的强弱，Gr 越大，浮升力的相对作用越大，自然对流越强，$Gr=\frac{g\beta\Delta t l^3}{\nu^2}$。

$\frac{Gr}{Re^2}$反映了浮升力与惯性力之比。自然对流和强迫对流的相对强弱可以用$\frac{Gr}{Re^2}$的数值大小来判断。如果$\frac{Gr}{Re^2}$的数值接近于 1，即浮升力与惯性力的数量级相同，二者与黏性力共同决

定流体的运动，形成自然对流与强迫对流叠加的混合对流换热。

分析由式（6-17a）~式（6-17d）组成的无量纲方程组可知，自然对流换热受 Re、Gr、Pr 的影响，其特征数关联式的形式应为

$$Nu = f(Re, Gr, Pr) \tag{6-18}$$

如果$\frac{Gr}{Re^2}\ll 1$，浮升力与惯性力相比很小，式（6-17d）中的$\frac{Gr}{Re^2}\Theta$ 项可以忽略，认为流体只在惯性力与黏性力的作用下运动，可按强迫对流换热处理，特征数关联式的形式为

$$Nu = f(Re, Pr) \tag{6-19a}$$

如果$\frac{Gr}{Re^2}\gg 1$，惯性力与浮升力相比很小，可以忽略，流体只在浮升力与黏性力的作用下运动，可以按自然对流换热处理，这时的雷诺数 Re 是格拉斯霍夫数 Gr 的函数，特征数关联式的形式为

$$Nu = f(Gr, Pr) \tag{6-19b}$$

2. 试验关联式

按常壁温和常热流两种热边界条件，分别推荐试验关联式。

（1）常壁温（t_w=常数）边界条件

$$Nu = C(Gr \cdot Pr)^n \tag{6-20}$$

式中，C、n 为由试验确定的常数，几种典型形状表面及其布置情况下的取值见表 6-7，其定性温度为边界层平均温度 $t_m=\frac{1}{2}(t_w+t_\infty)$。

对于可当作理想气体处理的气体，Gr 的表达式为

$$Gr = \frac{g\beta\Delta t l^3}{\nu^2}$$

式中，β 为体胀系数，$\beta=1/T$，T 为自然对流的定性温度（热力学温度）；$\Delta t=t_w-t_\infty$，t_∞ 为远离壁面的流体温度；l 为换热面的特性尺度（m）。

在表 6-7 中，竖圆柱只有满足式（6-21）才能按竖平壁处理。

$$\frac{d}{H} \geqslant \frac{35}{Gr_H^{1/4}} \tag{6-21}$$

否则，不能作为竖平壁对待，在这种情况下，可采用式（6-22）计算，即

$$Nu = 0.686(Gr \cdot Pr)^n \tag{6-22}$$

式中，n 为指数，n 取值：层流，$n=\frac{1}{4}$；湍流，$n=\frac{1}{3}$。

（2）常热流（q_w=常数）边界条件　在常热流密度边界条件下的自然对流换热中，壁温 t_w 为未知量，故 Gr 表达式中的温差 Δt 也为未知量。为避免 Gr 中包含未知量，将试验数据整理，采用 Gr^* 代替式（6-20）中的 Gr，即

$$Gr^* = Gr \cdot Nu = \frac{g\beta q l^4}{\lambda\nu^2} \tag{6-23}$$

表 6-7　几种典型形状表面及其布置情况下的 C 和 n 取值

表面形状与位置	流动情况示意	C、n 取值			特征尺寸	适用范围 $Gr \cdot Pr$
		流态	C	n		
竖平壁或竖圆柱		层流	0.59	1/4	高度 H	$10^4 \sim 10^9$
		湍流	0.10	1/3		$10^9 \sim 10^{13}$
横圆柱		层流	0.53	1/4	外径 d	$10^4 \sim 10^9$
		湍流	0.13	1/3		$10^9 \sim 10^{12}$
热面朝上或冷面朝下的水平壁	或	层流	0.54	1/4	矩形取两个边长的平均值；非规则形状取面积与周长的比值；圆盘取 0.9d	$2\times10^4 \sim 8\times10^6$
		湍流	0.15	1/3		$8\times10^6 \sim 10^{11}$
热面朝下或冷面朝上的水平壁	或	层流	0.58	1/5		$10^5 \sim 10^{11}$

对于竖平壁和竖圆柱，Wliet 等人推荐计算平均表面传热系数的试验关联式为：

层流：
$$Nu = 0.75\,(Gr^* \cdot Pr)^{0.2} \tag{6-24}$$
适用范围
$$10^5 < (Gr^* \cdot Pr) < 10^{11}$$
湍流：
$$Nu = 0.17\,(Gr^* \cdot Pr)^{0.25} \tag{6-25}$$
适用范围
$$2 \times 10^{13} < (Gr^* \cdot Pr) < 10^{16}$$

在使用式（6-24）和式（6-25）时，由于 t_w 未知，故流体物性不能确定。因此，要先假定 t_w 值进行试算，然后用求出的 h 值校核原假定的 t_w 值，直到满足要求为止。

值得注意的是，对于湍流，式（6-20）中的 $n=1/3$，式（6-25）中的 $n=1/4$。因此，等式两边的特征长度 l 可以消去，这表明湍流自然对流换热与特征长度无关，这种现象称为自模化。利用这一特征，湍流自然对流换热的试验研究，可以利用较小尺寸的换热面进行，只要试验现象的 $Gr \cdot Pr$ 值处于湍流范围。

例 6-5　一块高 H 为 1.5m、宽 B 为 0.5m 的平板，一个侧面绝热，另一个侧表面温度维持在 85℃，试计算平板在下列三种布置位置情况下，它与 15℃ 的空气间的自然对流换热量：①竖直放置；②热面朝上水平放置；③热面朝下水平放置。

解： 根据定性温度 $t_m = \dfrac{1}{2} \times (85+15)$℃ $=50$℃ 确定空气的物性值。由附表 5 查得空气的下列物性参数值：$\lambda_f = 2.83\times10^{-2}\mathrm{W/(m \cdot K)}$，$\nu = 17.95\times10^{-6}\mathrm{m^2/s}$，$Pr = 0.698$。

$$\beta = \frac{1}{T_m} = \frac{1}{(273+50)}\mathrm{K^{-1}} = 3.096 \times 10^{-3}\mathrm{K^{-1}}$$

① 竖直放置的平板：

$$Gr=\frac{g\beta(t_w-t_\infty)H^3}{\nu^2}=\frac{9.81\times3.096\times10^{-3}\times(85-15)\times(1.5)^3}{(17.95\times10^{-6})^2}=2.223\times10^{10}$$

$Gr\cdot Pr=2.223\times10^{10}\times0.698=1.55\times10^{10}>10^9$，所以为湍流。

根据式（6-20）和表6-7查得：$C=0.1$，$n=1/3$。因此：

$$Nu=C(Gr\cdot Pr)^n=0.1\times(1.55\times10^{10})^{\frac{1}{3}}$$

$$h=\frac{\lambda_f}{H}Nu=\frac{2.83\times10^{-2}}{1.5}\times0.1\times(1.55\times10^{10})^{\frac{1}{3}}\ \text{W/(m}^2\cdot\text{K)}=4.7\ \text{W/(m}^2\cdot\text{K)}$$

自然对流换热热流量为

$$\Phi=hA(t_w-t_f)=4.7\times1.5\times0.5\times(85-15)\text{W}=246.8\text{W}$$

② 热面朝上、水平放置：

特性尺度 $$l=\frac{1}{2}(H+B)=\frac{1}{2}(1.5+0.5)\text{m}=1\text{m}$$

$Gr\cdot Pr=\dfrac{9.81\times3.096\times10^{-3}\times(85-15)\times1^3}{(17.95\times10^{-6})^2}\times0.698=4.6\times10^9>8\times10^6$，因此为湍流。

由表6-7查取式（6-20）中的 $C=0.15$，$n=1/3$，则：

$$Nu=C\,(Gr\cdot Pr)^n=0.15\times(4.6\times10^9)^{\frac{1}{3}}=249.5$$

$$h=\frac{\lambda_f}{l}Nu=\frac{2.83\times10^{-2}}{1}\times249.5\ \text{W/(m}^2\cdot\text{K)}=7.06\ \text{W/(m}^2\cdot\text{K)}$$

$$\Phi=hA\cdot\Delta t=7.06\times1.5\times0.5\times(85-15)\text{W}=370.7\text{W}$$

③ 热面朝下、水平放置：

特性尺度 $l=\frac{1}{2}(H+b)=\frac{1}{2}(1.5+0.5)=1\text{m}$

$$Gr\cdot Pr=\frac{9.81\times3.096\times10^{-3}\times(85-15)\times1^3}{(17.95\times10^{-6})^2}\times0.698=4.6\times10^9$$

由表6-7查取 $C=0.58$，$n=1/5$，则：

$$Nu=C\,(Gr\cdot Pr)^n=0.58\times(4.6\times10^9)^{\frac{1}{5}}=49.66$$

$$h=\frac{\lambda_f}{l}Nu=\frac{2.83\times10^{-2}}{1}\times49.66\ \text{W/(m}^2\cdot\text{K)}=1.4\ \text{W/(m}^2\cdot\text{K)}$$

$$\Phi=hA\cdot\Delta t=1.4\times1.5\times0.5\times(85-15)\text{W}=73.5\text{W}$$

以上结果说明：对于同一块加热平板，在热面朝上、水平放置时自然对流换热最强烈。

6.3.2 有限空间自然对流换热

1. 流动及换热特征

如果一个封闭的有限空间的两侧壁面存在温度差，则靠近热壁面的流体将因浮力而向上运动，靠近冷壁面的流体则因被冷却而向下运动，这样，封闭空间换热是靠热壁和冷壁间的

自然对流过程循环进行的。它与大空间中的自然对流换热是明显不同的两类问题。

在有限空间中，流体自然对流的情况除与流体性质、两壁温差有关外，还将受空间位置、形状、尺寸比例等的影响，情况较复杂。本节只介绍常见的扁平矩形封闭夹层自然对流换热。按它的几何位置可分为垂直、水平及倾斜 3 种，如图 6-9 所示。

1）夹层厚度 δ 与高度 H 之比较大 $\left(\dfrac{\delta}{H}>0.3\right)$，冷、热两壁的自然对流边界层不会互相干扰，如图 6-9a 所示，这时可按大空间自然对流换热规律分别计算冷壁与热壁的自然对流换热。

2）在夹层内冷热两股流动边界层能相互结合，出现行程较短的环流，如图 6-9b 所示，整个夹层内可能有若干个这样的环流；夹层内的流动特征取决于以厚度 δ 为特征长度的 $Gr_\delta=\dfrac{g\beta\Delta t\delta^3}{\nu^2}$ 或（$Gr_\delta\cdot Pr$）。在低 Gr_δ 时为层流，在高 Gr_δ 时具有湍流特征。

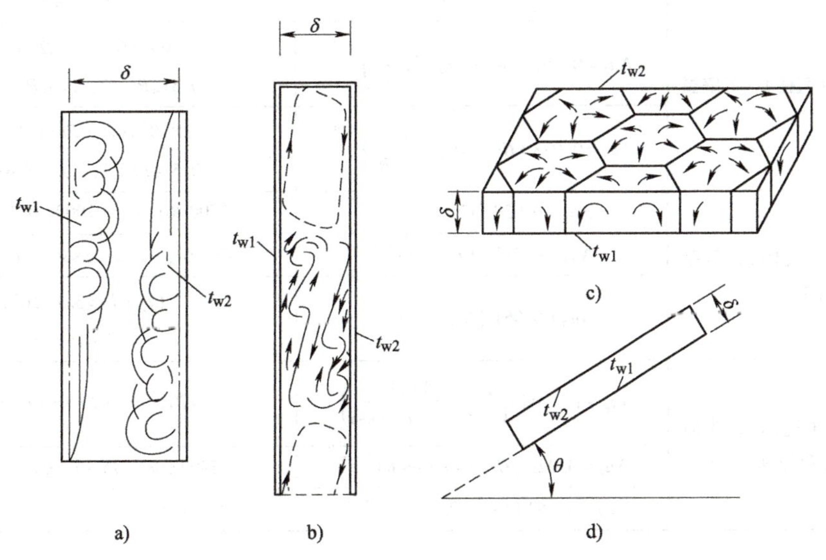

图 6-9 有限空间中的自然对流

3）两壁的温差与夹层厚度都很小，Gr_δ 很低，即 $Gr_\delta=\dfrac{g\beta\Delta t\delta^3}{\nu^2}<2000$ 时，可认为夹层内没有流动发生，通过夹层的热量可按纯导热过程计算，此时 $Nu_\delta=1$。

对于水平夹层可有两种情况：热面在上，冷、热面之间无流动发生，如无外界扰动，则应按导热问题分析。热面在下，对于气体，当 $Gr_\delta<1700$ 时，可按纯导热过程计算；当 $1700\leqslant Gr_\delta<5000$ 时，夹层流动将出现图 6-9c 的情形，形成有秩序的蜂窝状分布的环流；当 $Gr_\delta\geqslant 5000$ 时，蜂窝状流动消失，出现紊乱流动。

至于倾斜夹层，它与水平夹层相类似，当（$Gr\cdot Pr$）超过 $1700/\cos\theta$ 时，将发生蜂窝状流动。

可见，热流通过有限空间是冷、热两壁自然对流换热的综合结果，因此通常把两侧的换热用一个当量表面传热系数 h_e 来表达，则通过夹层的热流密度 q 为

$$q=h_e(t_{w1}-t_{w2}) \tag{6-26}$$

式中，t_{w1}、t_{w2}分别为热壁和冷壁的温度（℃）；h_e为当量表面传热系数［W/(m²·K)］。

2. 试验关联式

封闭夹层空间换热准则关联式用下列形式表示：

$$Nu_\delta = C(Gr_\delta \cdot Pr)^m \left(\frac{\delta}{H}\right)^n \tag{6-27}$$

式中，δ为Nu_δ及Gr_δ的特征长度，均为夹层厚度（m）；H为竖直夹层高度（m）。其中定性温度$t_m=\frac{1}{2}(t_{w1}+t_{w2})$。

计算式已列于表6-8。

表6-8　有限空间自然对流换热准则关联式

夹层位置及边界条件	Nu_δ准则方程式	适用范围
竖直夹层（气体），等壁温	$Nu_\delta=1.0$	$Gr_\delta<2000$
	$Nu_\delta=0.197(Gr_\delta \cdot Pr)^{1/4}\left(\frac{\delta}{H}\right)^{1/9}$	$6000<Gr_\delta \cdot Pr<2\times10^5$，$0.5\leqslant Pr\leqslant2$，$11\leqslant H/\delta\leqslant42$
	$Nu_\delta=0.073(Gr_\delta \cdot Pr)^{1/3}\left(\frac{\delta}{H}\right)^{1/9}$	$2\times10^5<Gr_\delta \cdot Pr<1.1\times10^7$ $0.5\leqslant Pr\leqslant2$，$11\leqslant H/\delta\leqslant42$
水平夹层（气体），等壁温，由下面加热	$Nu_\delta=0.059(Gr_\delta \cdot Pr)^{0.4}$	$1700<Gr_\delta \cdot Pr<7000$，$0.5\leqslant Pr\leqslant2$
	$Nu_\delta=0.212(Gr_\delta \cdot Pr)^{1/4}$	$7000<Gr_\delta \cdot Pr<3.2\times10^5$，$0.5\leqslant Pr\leqslant2$
	$Nu_\delta=0.061(Gr_\delta \cdot Pr)^{1/3}$	$Gr_\delta \cdot Pr>3.2\times10^5$，$0.5\leqslant Pr\leqslant2$
倾斜夹层（气体），热面在下与水平夹角为θ	$Nu_\delta=1+1.446\left(1-\frac{1708}{Gr_\delta \cdot Pr \cdot \cos\theta}\right)$	$1708<Gr_\delta \cdot Pr \cdot \cos\theta<5900$
	$Nu_\delta=0.229(Gr_\delta \cdot Pr \cdot \cos\theta)^{0.252}$	$5900<Gr_\delta \cdot Pr \cdot \cos\theta<9.23\times10^4$
	$Nu_\delta=0.157(Gr_\delta \cdot Pr \cdot \cos\theta)^{0.235}$	$9.23\times10^4\leqslant Gr_\delta \cdot Pr \cdot \cos\theta\leqslant10^6$

例6-6　两块相距25mm的平行竖板，置于大气压力下的空气中。已知板高H为1.8m，宽B为1.2m，如果两板相对板面的温度分别为50℃和10℃，试确定单位板面积的换热量（不计辐射换热的影响）。

解：选用两板面的平均温度为空气的定性温度：

$$t_m = \frac{1}{2}(t_{w1}+t_{w2}) = \frac{1}{2}\times(50+10)℃ = 30℃$$

由附表5查得空气的物性值：$\lambda=2.67\times10^{-2}$W/(m·K)，$\nu=16\times10^{-6}$m²/s，$Pr=0.701$，$\beta=\frac{1}{T_m}=\frac{1}{(273+30)}\text{K}^{-1}=3.3\times10^{-3}\text{K}^{-1}$；物性尺度$\delta=0.025$m。

$$Gr_\delta \cdot Pr = \frac{g\beta(t_{w1}-t_{w2})\delta^3}{\nu^2}Pr$$

$$= \frac{9.81\times3.3\times10^{-3}\times(50-10)\times(0.025)^3}{(16\times10^{-6})^2}\times0.701 = 5.54\times10^4$$

由表 6-8 的关联式，得：

$$Nu_{\delta} = 0.197\,(Gr_{\delta} \cdot Pr)^{1/4}\left(\frac{\delta}{H}\right)^{1/9} = 0.197 \times (5.54 \times 10^{4})^{1/4} \times \left(\frac{0.025}{1.8}\right)^{1/9} = 1.88$$

$$h = \frac{\lambda}{\delta}Nu_{\delta} = \frac{0.0267}{0.025} \times 1.88\ \mathrm{W/(m^2 \cdot K)} = 2.0\ \mathrm{W/(m^2 \cdot K)}$$

单位板面的换热量为

$$q = h(t_{w1} - t_{w2}) = 2.0 \times (50 - 10)\ \mathrm{W/m^2} = 80.3\mathrm{W/m^2}$$

应该指出，第 6.1 节分析强迫对流换热时，忽略了自然对流的影响，看作纯强迫对流换热。实际上，在强迫对流换热过程中，由于流体各部分温度的差异，流体内总存在着密度梯度，故自然对流总是存在的，只是其强弱程度能否被忽略。一般认为，$Gr/Re^2 \geqslant 0.1$ 时，自然对流的影响不能忽略；如果 $Gr/Re^2 \geqslant 10$ 时，则可作为自然对流看待，而忽略强迫对流。

6.4　对流换热的强化

强化对流换热的目的是增加总的对流换热传热量。对流换热传热量的基本计算公式是牛顿冷却公式，从中可知，传热量与三个参数有关：表面传热系数、表面积和传热温差。因此，提高表面传热系数、表面积及传热温差均可提高对流换热传热量。一般情况下，壁面和流体的温差受工艺的限制而难以改变，而表面传热系数则可以通过多种技术途径去改变。表面传热系数的大小是决定对流换热传热量最重要的参数，因此强化对流换热的主要问题就是如何提高表面传热系数。在第 5.1 节中已叙及影响对流换热的诸多因素，因此，提高表面传热系数的基本思路就要从这些影响因素中去考虑。

6.4.1　从流动的起因着手——有源技术

正如第 5.1 节中已讲述的，在外力的驱动下流体的强迫对流表面传热系数高于流体的自然对流表面传热系数。如图 6-10 所示，家用空调器的室外机（冷凝器）中的风扇的作用是把管内制冷剂蒸气通过管外肋片的自然对流换热变为强迫对流换热，从而强化换热，提高散热（冷却）效果。又如图 6-11 所示，计算机电源旁及主板上的小风扇也是为了把电路元件表面的自然对流换热变为强迫对流换热，提高散热效果。通常把在外力作用下的强化对流换热的技术称为有源技术，它是一种主动式的强化技术，需要消耗外来的能源。工程上常用的有源技术除去泵或风机的增速外，还包括机械搅拌、机械振动、超声波以及外加静电场等措施。

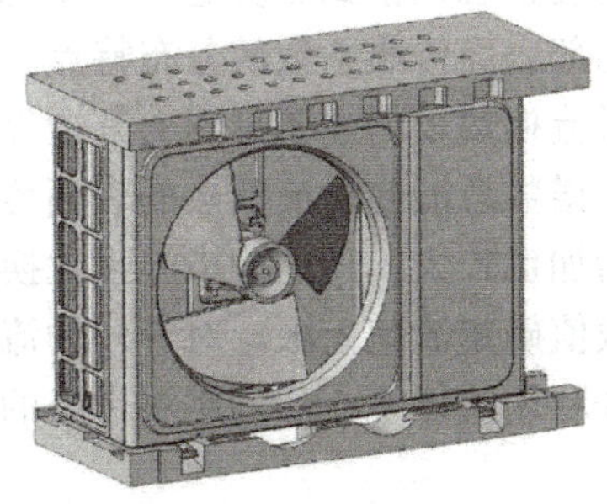

图 6-10　家用空调器室外机

图 6-11　计算机散热风扇

在化工、轻工、食品和制药等行业中有很多工艺流体的换热过程是在一些大型容器中进行的，这时必定有一侧流体处于整体静止的自然对流换热状态，表面传热系数相对很低，流体内的温度分布往往很不均匀，不利于保证产品的质量。这时，增加机械搅拌显然是一种简单易行的选择。机械搅拌器如图6-12所示。搅拌器叶轮的旋转将大大提高该侧流体的表面传热系数。

图6-12　机械搅拌器

机械振动强化分为两种，一种是设备，即换热表面振动；另一种是让流体本身产生脉动。这两种方法对单相强迫对流和自然对流换热的强化都有一定的效果。换热面振动的方法用于自然对流时，随介质的种类、形状、振动的方向和振动参数（振幅、频率）的不同，自然对流换热表面传热系数的平均强化幅度可以为7~20倍。用于强迫对流时，按照振动强度和系统的不同情况，强化倍数大致在20%~400%。也有研究者指出，在目前的技术条件下用换热面振动的方法强化传热在经济上得不偿失，所耗能量可能超过传热强化所获得的收益，因此对这种方法要谨慎使用。此外，用换热面振动的方式实现对流换热的强化在实施上有一定的困难，容易损坏设备。而通过流体本身产生脉冲或振荡的方式达到强化换热可能是一种更可取的办法。振荡频率可以从很低的亚声波（<20Hz）、声波（20~20kHz），直至超声波（>20kHz）。据文献报道，当声强超过140dB（分贝）时，自然对流的表面传热系数最多可以增大1~3.5倍。该方法对强迫对流换热同样有效，但强化的幅度略小些。根据 Re 数和声波频率的不同，强化比在25%~100%。振荡强化方法的一个特点是声频、声强均存在一个起点值，必须高于此值才会有强化作用。另外，Re 数也存在一个有效范围，大约在500~5000。

在20世纪30年代就已经发现，在静止流体中加静电场后可以使自然对流换热大大增强。随后直至20世纪70年代末，许多人研究了静电场对空气自然对流边界层以及压力分布的影响。发现局部表面传热系数可以提高1~4倍，甚至达到9倍。静电场用于管内强迫对流时，强化作用主要出现在层流段。当 $Re<10^4$ 时，表面传热系数可能提高一倍，但是从 $Re=10^4$ 开始，强化作用趋于消失。

6.4.2　从流动的状态着手——无源技术

由于对流换热的主要热阻在于边界层，因此改变流动状态归根到底决定于改变边界层的流动状态。在边界层分析中已介绍湍流和层流边界层局部表面传热系数的分布特点，在其他条件相同时湍流对流换热比层流对流换热强烈。层流对流换热较弱主要是因为其边界层以导热为主。对于管内流动问题，提高流动速度，即增大雷诺数总能使对流换热的表面传热系数得到一定程度的提高，但同时带来的副作用是阻力的增加也较大。用这种措施强化换热的空间是有限的。实际工程设计中，一般根据允许压降的数值确定流速上限。对管外的流动换热问题，在流速允许条件下，改变管束的排列方式，充分利用流体绕流后的尾涡带来的对流换热的强化是很实用的方式。

从层流边界层转化为湍流边界层除借助外力的作用外，还可以通过改变换热表面的形状和结构来破坏、干扰边界层的形成和发展。这类不需要外力的作用而仅通过在换热面表面布置扰流装置等来强化对流换热的技术措施又称为无源技术，它属于一种被动式强化对流换热的技术措施。针对不同的应用条件，工程上可采用不同形式的扰流装置。

在管内，则采用各种形式的插入物，诸如各种纽带、螺旋片、螺旋线圈、麻花铁、静态混合器等，迫使流体做螺旋运动，纽带和流体之间的相互作用导致流体中产生复杂的二次涡旋流动（二次流），增大了流体的湍流程度，尤其增大了对近壁区流体的扰动，并促进了边界层与核心区流体的掺混，从而强化了对流换热。图 6-13 为一种管内的螺旋纽带插入强化元件。各类螺旋纽带、螺纹等的强化换热的特点和计算公式可参考专题文献[⊖]。

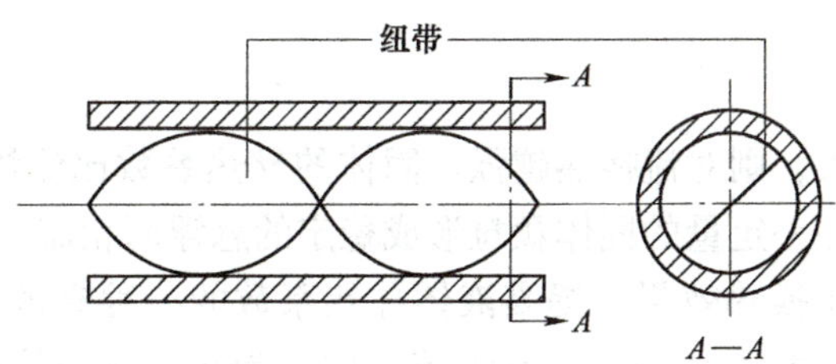

图 6-13　螺旋纽带插入强化元件

从对流换热的边界层理论知道，边界层的热阻是决定局部对流换热的根本因素。因此，在强化表面传热的时候，如果能够减薄或破坏边界层的厚度，则可大大减小对流换热的热阻，从而提高局部表面传热系数。通过改变壁面的表面形状等，则可以改变和影响流动边界层的分布特点，从而改变局部表面传热系数的分布。例如，对于管内流动，图 6-14 所示的几种强化内肋（凸起）的结构则改变了壁面处的边界层的结构，流体周期性地绕流凸出部位时会发生局部壁面边界层分离，每个凸出部位后面会形成涡旋，使边界层产生三维湍流流动，这种反复出现的分离与周期性涡旋强化了边界层内的对流换热。这类强化管已经用在动力锅炉的再热器和电动冷凝器以及石油化工等行业的热交换器中。它不但对管内的单相对流换热具有增强作用，而且对管外侧的冷凝换热也有显著的强化效果。一般把同时对提高两侧表面传热系数都有效的强化元件称为双面强化传热元件。根据试验结果，适当几何参数的螺纹槽管的总传热系数比光管高 30%~40%。影响这一类强化传热元件性能的主要因素是螺纹节距、凸起的幅度以及螺旋的倾角。针对不同流体和工作状态，必须对上述各项几何参数进行优化，以便兼顾换热增强和阻力的升高，获得最佳的综合效果。

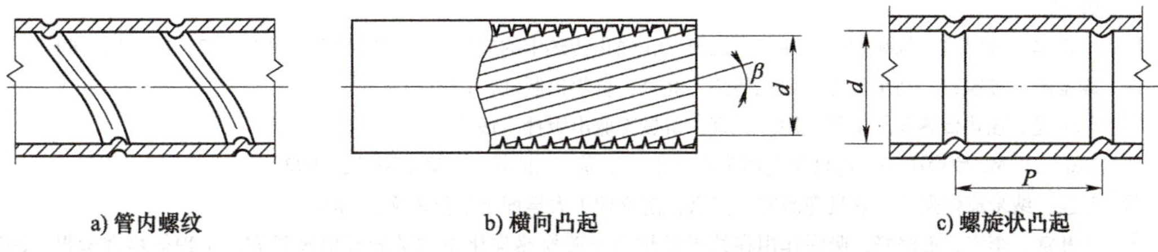

图 6-14　几种强化内肋（凸起）的结构

注：β 表示螺旋与管道中心线的夹角（螺旋倾角）；P 为相邻两个凸起的距离。

⊖ 崔海亭，彭培英，强化传热新技术及其应用，北京：化学工业出版社，2006。

在管内壁面安装“涡发生器[㊀㊁㊂]”或加工成以一定方式排列的离散微肋[㊃㊄]（实际上就是一定形状的凸起结构），促进边界层的湍流与不断的边界层的分离、涡的产生等效应，大大强化了管内的对流换热。合理设计扰流元件结构以诱发剧烈的三维扰动，能够进一步增强对流传热[㊅]。专题文献[㊆㊇㊈]对目前工程上可使用的各类有源和无源对流强化技术进行了系统论述，可参阅。

此外，把表面粗糙化，使流体流经表面时边界层的层流底层被破坏而湍流化，也是强化对流换热的一种常用方式。

6.4.3　从改变流体的物性着手

流体的导热系数越大，则对流换热越强。固体的导热系数比流体的通常大几个数量级，因此，利用在流体中添加一定量的固体颗粒形成稳定的悬浮两相流，以改变流体的导热系数等，可以达到一定的强化换热效果。提高液体导热系数的一种有效方式是在液体中添加金属、非金属或聚合物固体粒子，如 Cu、SiO_2等。迄今为止，在液体中添加的粒子都局限于毫米或微米级。由于这些毫米或微米级粒子在实际应用中容易引起磨损、堵塞和表面沉积等不良结果，而大大限制了它在工业实践中的应用。随着纳米技术的发展，添加纳米颗粒到液体中强化对流换热则成为可能。纳米颗粒在液体中具有很好的悬浮性和高的导热性，使纳米流体成为强化传热新技术的研究热点，很多研究人员对此新的热点研究课题开展了很多深入的研究工作。感兴趣的读者可参考有关的研究论文[㊉(十一)(十二)(十三)]。

气固两相流中的颗粒物也能增强总的表面传热系数，主要是因为固体颗粒的加入使气固两相流的比热容（即携带热量的能力）明显加大。同时，因为固体颗粒在气流中的不规则运动使边界层的扰动增加，颗粒破坏边界层后使局部表面传热系数增加。对温度较高的烟气来说，固体颗粒（石墨、铅粉或者玻璃珠等）的加入还导致辐射换热明显增大，增大幅度

㊀ 田丽亭，雷勇刚，何雅玲，纵向涡强化换热特性及机理分析。工程热物理学报，2008，29（12）：2128-2130。

㊁ 杨泽亮，罗福生，栗艳等，管内纵向涡强化换热的阻力特性分析。华南理工大学学报：自然科学版，2005，33（8）：16-19。

㊂ 杨泽亮，姚刚，水平矩形通道内纵向涡 LVG 强化换热的研究。华南理工大学学报：自然科学版，2001，29（8）：30-33。

㊃ 廖光亚，高川云，王朝素，三维内肋管的换热及流阻的实验研究。工程热物理学报，1990，11（4）：422-426。

㊄ 刘红，廖光亚，高川云，三维内肋管内流态的划分及过渡流判据的实验研究。工程热物理学报，1998，19（5）：621-623。

㊅ 胡振军，神家锐，扰流元诱发的二次流及其在强化传热中的应用。工程热物理学报，1997，18（1）：69-72。

㊆ 顾维藻，神家锐，马重芳等，强化传热。北京：科学出版社，1990。

㊇ 林宗虎．强化传热及其工程应用。北京：机械工业出版社，1987。

㊈ ［美］W. M. 罗森诺等，传热学应用手册（上、下册），北京：科学出版社，1992。

㊉ 李强，纳米流体强化传热机理研究。南京：南京理工大学博士学位论文，2004。

(十一) 王补宣，李宏，彭晓峰，吸附作用在纳米颗粒悬浮液换热强化中的试验与机理研究。工程热物理学报，2004，24（4）：664-666。

(十二) 李强，宣益民，姜军，徐济万，航天用纳米流体流动与传热特性的实验研究，宇航学报，2005，26（4）：391-394；414。

(十三) 李启明，彭晓峰，王补宣，纳米流体振荡热管内部流动和传热特性。工程热物理学报，2008，27（3）：479-481。

可能达到数倍，其影响不可小视。流化床锅炉内的气固两相悬浮流与壁面的换热就是典型的应用。

6.4.4 改变换热表面的几何形状

在大型电站锅炉的空气预热器和水冷器中，越来越多地使用了由椭圆管及椭圆肋片管组成的换热器（图 6-15）。用椭圆管替代同截面面积的圆管道时，当流动方向平行于椭圆管的长轴方向时，管外的表面传热系数增大而阻力却减小。在相同的管内过流面积条件下，椭圆管的周长较长，其传热面积较大。而且，在换热器外形尺寸相同的条件下，椭圆管能布置得更加紧凑。因此，相对于圆管来说，单位体积的椭圆管的传热量更大。椭圆管换热器上的肋片一般都是矩形肋片，如图 6-16 中所示的肋片式换热器结构。流体流经它时，在椭圆管及肋片表面的边界层的发生、发展和分离（涡的生成）的局部区域与圆管有些不同。当在肋片局部开孔以破坏局部边界层的分布和扰流后，会进一步增加其对流换热效果，具体可参阅有关研究文献[一][二][三][四]。

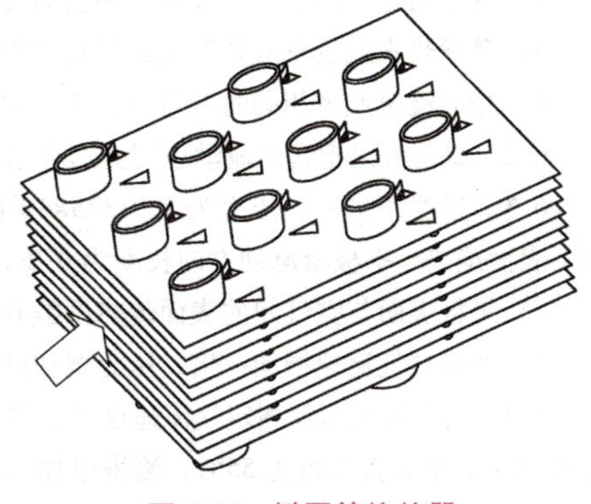

图 6-15 椭圆管换热器

工程上使用非常广泛的改变表面几何结构的技术是在对流换热相对较弱的流体一侧安装肋片，以增加换热表面的面积，从而提高总的传热量。实际上，肋片一般是非常薄的，每米长度上往往安装的肋片有几百个，即肋片间的距离往往只有几毫米。因此，安装肋片后，不仅是增大了换热面积，还影响和改变了表面（肋表面和基体表面）的表面传热系数。如图 6-16 所示，当在肋片的表面开孔或把肋片做成离散的（即把肋片沿其长度分成断开的几部分）、波纹式、百叶窗式、开孔式等不同形式，则改变了肋表面的边界层的局部分布，从而改变了局部换热特性。这类肋片式换热器具有很高的表面积与体积比，又被称为紧凑式换热器，应用十分广泛。需注意的是，开孔或离散肋片在强化了对流换热的同时，通常会造成阻力的增加。

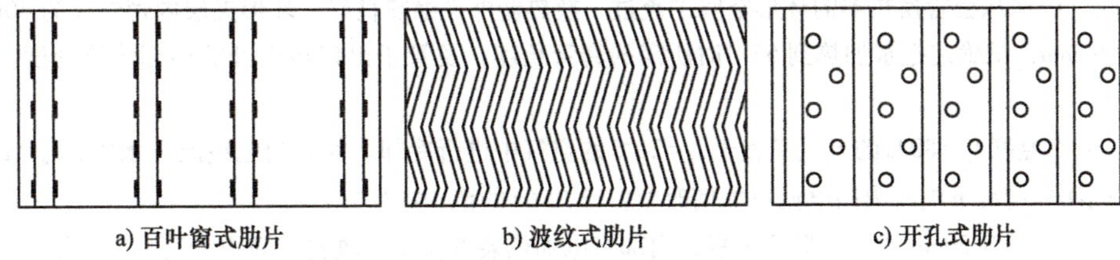

a) 百叶窗式肋片　　b) 波纹式肋片　　c) 开孔式肋片

图 6-16 肋片式换热器结构

㊀ 张春雨，李妩，椭圆管矩形翅片表面的换热规律的实验研究。动力工程，1996，16（1）：46-49。

㊁ 张来，杜小泽，杨立军等，开孔矩形翅片椭圆管流动与换热特性的数值研究。工程热物理学报，2006，27（6）：990-992。

㊂ 李妩，张春雨，带扰流孔的矩形翅片表面换热机理的实验研究。西安交通大学学报，1994，28（6）：80-85。

㊃ 胡三季，林宝庆，陈胜利，陈玉玲，钢制椭圆管矩形翅片空冷传热元件热力及阻力性能试验研究。热力发电，2007，36（8）：61-63。

习 题

6.1 试定性分析下列问题：

1）夏季与冬季顶棚内壁的表面传热系数是否一样？

2）夏季与冬季房屋外墙外表面的表面传热系数是否相同？

3）普通热水或蒸汽散热器高或矮对其外壁的表面传热系数是否有影响？

4）相同流速或者相同的流量情况下，大管和小管（管内或管外）的表面传热系数会有什么变化？

6.2 是否可以把管内流动也视为边界层型问题，采用边界层微分方程求解？为什么？

6.3 温度为50℃，压力为1.01325×10^5Pa的空气，平行掠过一块表面温度为100℃的平板上表面，平板下表面绝热。平板沿流动方向长度为0.2m，宽度为0.1m。按平板长度计算$Re=4\times10^4$。试确定：

1）平板表面与空气间的表面传热系数和传热量。

2）如果空气流速增加一倍，压力增加到10.1325×10^5Pa，平板表面与空气的表面传热系数和传热量。

6.4 用热线风速仪测定气流速度的试验中，将直径为0.1mm的电热丝与来流方向垂直放置，来流温度为25℃，电热丝温度为55℃，测得电加热功率为20W/m。假定除对流外其他热损失可忽略不计。试确定此时的来流速度。

6.5 为增强金属表面的散热，在金属表面上伸出一组圆形截面的直肋，肋根温度维持定值，肋片材料导热系数为98W/(m·K)，肋片成叉排布置，$S_1/d=S_2/d=2$，$d=10$mm。冷空气横向吹过肋片，最窄截面处空气流速为3.8m/s，气流温度$t_f=35$℃。肋片表面平均温度$t_w=65$℃。设在流动方向肋片排数大于10。要使肋片效率高于83%以便有效地利用金属，肋片应多高？

6.6 热空气在内径为20mm的管内流动并被冷却，在流动充分发展段管子中心处的流速为$u_0=2$m/s，且在某断面a处管子内壁温度$t_{wa}=250$℃，沿流动方向距a断面1m处的断面b处管子内壁温度$t_{wb}=200$℃。设该管子受均匀热流加热。取a、b处内壁温的平均温度作为定性温度。试确定a、b断面处空气的平均温度。管内层流充分发展段常热流边界条件下换热$Nu=4.36$。

6.7 水以2kg/s的质量流量流过直径为40mm，长为4m的圆管，管壁温度保持在90℃，水的进口温度为30℃。求水的出口温度和管子对水的散热量。水的物性按40℃的水查取。不考虑由温差引起的修正。

6.8 一套管式换热器，饱和蒸汽在内管中凝结，使内管外壁温度保持在100℃，初温为25℃，质量流量为0.8kg/s的水从套管换热器的环形空间中流过，换热器外壳绝热良好。环形夹层内管外径为40mm，外管内径为60mm，试确定把水加热到55℃时所需的套管长度，及管子出口截面处的局部热流密度。不考虑温差修正。

6.9 表面温度$t_w=80$℃的电线横置于$t_f=20$℃的空气中进行冷却。如果把电线放在水中，t_w，t_f均保持不变，试问两种情况下电线内的电流将如何改变？已知Gr的范围在$10^4\sim10^8$。

6.10 一边长为30cm的正方形薄平板，内部有电加热装置，垂直放置于静止空气中，左侧绝热。空气温度为35℃。为防止平板内部电热丝过热，其表面温度不允许超过150℃。平板表面辐射换热的表面传热系数取为9W/(m^2·K)。试确定电热器所允许的最大功率。

6.11 一水平封闭夹层，上下表面间距$\delta=16$mm，夹层内充满压力$p=1.013\times10^5$Pa的空气。一个表面温度为80℃，另一表面温度为40℃。试计算热表面在冷表面之上及在冷表面之下两种情形通过单位面积夹层的传热量之比。

6.12 温度为10℃、压力为1.01325×10^5Pa的空气以1m/s的速度横向冲刷外径为5mm的通电铝线，铝线表面温度为90℃，铝线电阻率为1/35(Ω·mm^2)/m。试确定通过铝线的电流。

6.13 在一台空气加热器中温度为90℃的饱和水蒸气在叉排管束的管内凝结，管束外横向掠过的空气从15℃被加热到45℃。管子外径为12mm，管束纵向间距 $S_2=18$mm，横向间距 $S_1=36$mm。进入管束前空气的质量流速为11kg/(m^2·s)。求沿气流方向的管排数。

6.14　质量流量为0.5kg/s，压力为15×10^{5}Pa，进口温度为250℃的空气，流经内径 $d=7.5$cm，长 $l=6$m的管子，管壁温度为200℃。求出口处空气的温度。

6.15　进口温度为285K，压力为1.01325×10^{5}Pa，质量流量为0.1kg/s的空气流经长度为2m，截面尺寸为75mm×150mm的矩形风道。风道内表面温度保持在400K不变。试计算空气的出口温度和风道的散热量。

6.16　流体在圆管内做单相流体湍流强制对流换热（设已充分发展），为使表面传热系数增加到原来的10倍，流速应增加到原来的多少倍?

6.17　质量流量为0.7kg/s的水在管内流动，使50℃的进口水温被冷却到20℃，假定管子是光滑的，试计算以下两种情况的压力损失：

1）内径为25mm，管壁温度为15℃。

2）内径为15mm，管壁温度为10℃。

6.18　质量流量为0.5kg/s，进口水温为10℃的水在内径为25mm，长为2m的管内流动，沿管全长壁温均高于水温15℃。试求出口水温。

6.19　边长为0.9m的正方形平板，一个表面绝热，另一表面均匀且保持在70℃。试计算下列情况下平板和温度为10℃的空气之间的换热量：

1）平板竖直放置。

2）平板水平放置，热面朝上。

3）平板水平放置，热面朝下。

6.20　啤酒罐的高度为150mm，直径为60mm。其初温为27℃，现放入温度为4℃的冰箱中冷却。为获得最大冷却速率，问啤酒罐在冰箱中是垂直放置还是水平放置好?设罐两端面的散热可忽略不计。

6.21　一外直径为30cm的管道，水平放置于空气温度为30℃的房间中，管道表面温度为310℃，试计算由于自然对流每米长管道的热损失。

6.22　一太阳能集热器被水平置于一房顶上。集热器呈正方形，尺寸为1m×1m，其吸热表面用玻璃作顶盖，形成10cm厚的空气夹层。吸热表面和玻璃内表面温度分别为90℃和30℃。试确定由于夹层空气自然对流而引起的热损失。如果吸热表面不设空气夹层，而是让该表面直接暴露于环境温度为20℃的大气中，吸热表面温度仍取为90℃。试确定此时由于空气自然对流的散热量。

6.23　一高为1m，宽0.7m的双层玻璃窗，由两层厚3mm，导热系数 $\lambda=0.74$W/(m·K) 的玻璃组成，其间空气夹层厚100mm。已知空气夹层两侧玻璃表面温度分别是16℃和−16℃。若考虑空气间隙中的自然对流，不考虑辐射换热，问在其他条件不变时双层玻璃窗的热阻为单层玻璃窗的多少倍?

6.24　计算一个40W的白炽灯灯泡在27℃的静止空气中的散热，灯泡温度为127℃。设灯泡可近似为直径为50mm的圆球。确定自然对流散热在白炽灯功率所占的百分比。

6.25　饭店中一个水平放置的烤架的尺寸为1.0m×0.8m，保持134℃，室温为20℃，计算此烤架借助自然对流所产生的热功率。

6.26　为使直径0.076mm和长0.6m的一根竖的导线在一个大气压和300K的空气中保持温度400K，需要多大电功率?导线每米的电阻为0.0118Ω。

6.27　两块平行放置的竖板相距2.5cm，板高和板宽为1.8m和1.5m，两板之间为一个大气压的空气。两板的温度分别为50℃和4℃。计算通过空气夹层的传热速率。

6.28　两个同心圆球的夹层中充了压力为344700Pa的空气，球的半径分别为10cm和7.5cm。计算内球温度为322K和外球温度为278K的情况下的传热速率。

6.29　一个大气压的空气以30mm/s的平均速度横向流过一根直径20mm的水平管。管子的温度保持为127℃，气流的平均温度为 $t_b=27$℃。若管长为1m，计算水平管对气流的传热速率。

6.30　一个滑雪度假小屋的壁炉有一块垂直放置的玻璃挡火板，用来覆盖壁炉开口。此开口高为1.2m，宽为2.50m。挡火板表面温度为230℃，室内气温为24℃。计算通过对流换热由壁炉至房间的热功率。

6.31　一根水平放置、直径为15cm的带压力的热水管从一个房间通过，房内的空气温度为24℃。热水管的表面温度为130℃，表面发射率为0.95。忽略管子的辐射热阻，计算每米热水管对空气的传热速率。

第 7 章

凝结和沸腾换热

工质在饱和温度下由气态转变为液态的过程称为凝结或冷凝；在饱和温度下，由液态转化为气态的过程称为沸腾。两者都是伴随相变的过程，是制冷机、锅炉、蒸气加热器等设备中最基本的换热过程。本章将在讨论相变换热机理的基础上介绍它们的计算方法。

7.1 凝结换热

当蒸气同低于其饱和温度的冷壁面接触时，蒸气就会在壁面上发生凝结。凝结形式有两种：当凝结液能很好地润湿壁面时，凝结液就在壁面上形成连续的液膜，称为膜状凝结；如果凝结液不能很好地润湿壁面，则凝结液将聚集成一个个液珠，称为珠状凝结，如图 7-1 所示。凝结液润湿壁面的能力主要取决于它的表面张力和它对壁面的附着力这两者的关系。若附着力大于表面张力，则会形成膜状凝结；反之，则形成珠状凝结。

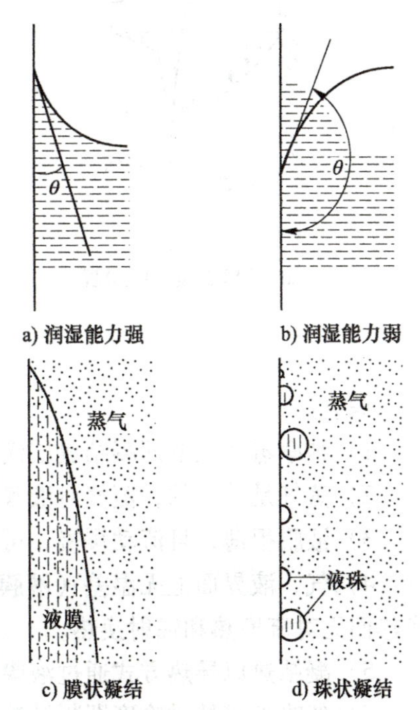

图 7-1 膜状凝结与珠状凝结

膜状凝结时，壁面总是被一薄层液膜所覆盖，把蒸气与冷凝面隔开，蒸气的凝结只能在液膜表面上进行。凝结放出的潜热，以导热和对流方式穿过液膜，到达冷凝面上。这与蒸气直接在冷凝面上凝结比较，增加了一个液膜附加热阻。因此，液膜的厚度及其流动状态（层流或湍流）对换热的影响很大。而这些影响因素又取决于壁的高度（液膜流程长度）以及蒸气与壁面之间的温度差。一般地说，层流膜状凝结换热的表面传热系数随壁的高度及温度差的增加而降低，而湍流膜状凝结表面传热系数与此相反。

珠状凝结时，凝结液在壁面上聚集成一个个分散的液珠，因不断地有蒸气在表面凝结，液珠会逐渐长大，长到一定尺寸后，重力大于它与壁面的附着力，液珠便会沿壁面滚下，扫清沿途的液珠，合并成更大的液珠，让出一片壁面，供蒸气重新凝结成新的液珠（见图 7-1）。可见，珠状凝结时，总是有部分壁面裸露在蒸气中，使液膜附加热阻明显减小；并且，液珠滚落速度较液膜流动速度大，因此，珠状凝结有较大的换热强度，平均表面传热系数要比膜状凝结高出 5~10 倍，但珠状凝结很不稳定，目前还难于获得实用的持久性珠状凝结过程。鉴于实际工业应用一般只能实现膜状凝结，本章的讨论仅限于膜状凝结换热的分析和计算。

7.1.1 膜状凝结换热

1. 层流膜状凝结换热的理论解

1916 年，努塞特根据连续液膜层流运动及导热机理，最先从理论上建立了液膜运动微分方程和能量微分方程式，得到层流膜状凝结换热的理论解，并与试验结果基本上吻合。

7-1 科学家努塞特生平

在理论分析中，努塞特对于如图 7-2a 所示的竖壁膜状凝结液膜的速度场和温度场，做了若干合理的简化假定，得到如图 7-2b 所示的情形。

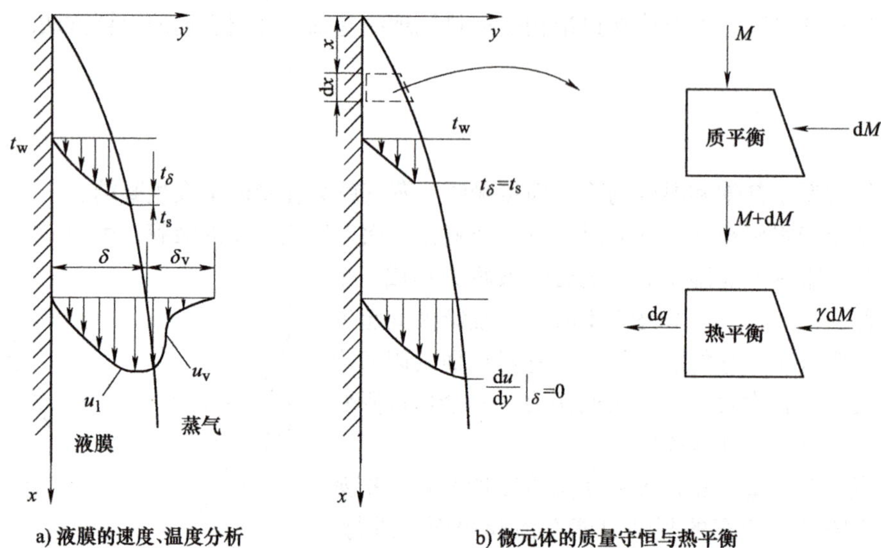

图 7-2 努塞特膜状凝结换热分析

假设：

1）纯净蒸气在壁面凝结成层流液膜，且物性为常量。

2）蒸气是静止的，蒸气对液膜表面无黏滞切应力作用。

3）液膜很薄，且流动缓慢，可以忽略液膜的惯性力。

4）气、液界面上无温差（液膜表面温度 t_δ 等于饱和蒸气温度 t_s），界面上仅发生凝结换热而无对流换热和辐射换热。

5）凝结热以导热方式通过液膜，膜内温度呈线性分布。

6）忽略液膜的过冷度即凝结液的焓为饱和液体的焓，忽略液膜放出的显热。

根据上述假定，竖壁层流膜状凝结换热可以应用第 5 章导出的边界层换热微分方程组来

描述，即

$$\frac{\partial u}{\partial x}+\frac{\partial v}{\partial y}=0 \tag{7-1a}$$

$$\rho_1\left(u\frac{\partial u}{\partial x}+v\frac{\partial u}{\partial y}\right)=-\frac{\mathrm{d}p}{\mathrm{d}x}+\rho_1 g+\mu_1\frac{\partial^2 u}{\partial y^2} \tag{7-1b}$$

$$u\frac{\partial t}{\partial x}+v\frac{\partial t}{\partial y}=a_1\frac{\partial^2 t}{\partial y^2} \tag{7-1c}$$

式中，下标“l”表示液相。$\mathrm{d}p/\mathrm{d}x$ 为液膜在 x 方向的压强梯度，它可按 $y=\delta$ 处液膜表面蒸气的压强梯度计算。

对此，将式（7-1b）应用于蒸气，以 ρ_v 表示蒸气的密度，并考虑到前述的假设 1）及 2），则由式（7-1b）可得：

$$\frac{\mathrm{d}p}{\mathrm{d}x}=\rho_v g \tag{7-1d}$$

对于上列微分方程组，按前述的假设 3）及 5），式（7-1b）和式（7-1c）中等号左边项均可舍去，并且此二式中只有 u 与 t 两个未知量，不需补充其他方程即可求解，故式（7-1a）可以舍去。将式（7-1d）代入式（7-1b）。于是，导得描述竖壁层流膜状凝结微分方程组：

$$\mu_1\frac{\mathrm{d}^2 u}{\mathrm{d}y^2}+(\rho_1-\rho_v)g=0 \tag{7-1e}$$

$$\frac{\mathrm{d}^2 t}{\mathrm{d}y^2}=0 \tag{7-1f}$$

边界条件为

$$y=0,\quad u=0,\quad t=t_w \tag{7-1g}$$

$$y=\delta,\quad \frac{\mathrm{d}u}{\mathrm{d}y}=0,\quad t=t_\delta \tag{7-1h}$$

在一般压力条件下，$\rho_1\gg\rho_v$，即相对于 $\rho_1 g$，$\rho_v g$ 可以舍去，故式（7-1e）简化为

$$\mu_1\frac{\mathrm{d}^2 u}{\mathrm{d}y^2}+\rho_1 g=0 \tag{7-1i}$$

分别对式（7-1f）和式（7-1i）积分，可得液膜的速度分布和温度分布为

$$u=\frac{\rho_1 g}{\mu_1}\left(\delta y-\frac{1}{2}y^2\right) \tag{7-1j}$$

$$t=t_w+(t_s-t_w)\frac{y}{\delta} \tag{7-1k}$$

在 $y=0\sim\delta$ 范围内，通过 x 处 1m 宽壁面的凝结液膜横截面的凝液流量，可利用式（7-1j）由式（7-1l）确定，即

$$M=\int_0^\delta \rho_1 u\mathrm{d}y=\frac{g\rho_1^2\delta^3}{3\mu_1} \tag{7-1l}$$

则流量 M 在 $\mathrm{d}x$ 距离内的增量（见图 7-2b）为

$$\frac{\mathrm{d}M}{\mathrm{d}x}\mathrm{d}x=\frac{\mathrm{d}M}{\mathrm{d}\delta}\mathrm{d}\delta$$

将式（7-1l）代入得

$$dM = \frac{\rho_l^2 g\delta^2}{\mu_l} d\delta \tag{7-1m}$$

如图 7-2b 所示，液膜微元段的热平衡关系式为

$$\gamma dM = dq$$

式中，dq 为通过液膜的导热热流量。

因此

$$\frac{\gamma g\rho_l^2\delta^2 d\delta}{\mu_l} = \lambda_l \frac{t_s - t_w}{\delta} dx$$

分离变量并积分，应用 $x=0$ 处 $\delta=0$ 的边界条件，得 x 处的液膜厚度为

$$\delta = \left[\frac{4\mu_l\lambda_l x(t_s - t_w)}{\rho_l^2 g\gamma}\right]^{\frac{1}{4}} \tag{7-1n}$$

由于在 dx 微元段内，凝结换热量等于膜层的导热量，故

$$h_x(t_s - t_w)dx = dq = \lambda_l \frac{t_s - t_w}{\delta} dx$$

解得

$$h_x = \frac{\lambda_l}{\delta}$$

将式（7-1n）代入上式，得膜层局部表面传热系数

$$h_x = \left[\frac{g\gamma\rho_l^2\lambda_l^3}{4\mu_l(t_s - t_w)\,x}\right]^{\frac{1}{4}} \tag{7-2}$$

设壁高为 l，则整个壁面的平均表面传热系数为

$$h_V = \frac{1}{l}\int_0^l h_x dx = \frac{4}{3}h_{x=l} = 0.943\left[\frac{g\gamma\rho_l^2\lambda_l^3}{\mu_l l(t_s - t_w)}\right]^{\frac{1}{4}} \tag{7-3a}$$

式（7-2）及式（7-3a）分别为竖直壁层流膜状凝结换热的局部表面传热系数及平均表面传热系数的努塞特理论计算式，式中，h 的下标“V”表示竖壁。对于与水平面形成夹角 φ 的倾斜壁，除 φ 角很小的情况外，只需将式中的 g 改为 $g\sin\varphi$ 即可。

对于水平圆管（横管）外壁面的层流膜状凝结换热，努塞特用图解积分的方法求得的平均表面传热系数理论计算式为

$$h_H = 0.725\left[\frac{g\gamma\rho_l^2\lambda_l^3}{\mu_l d(t_s - t_w)}\right]^{\frac{1}{4}} \tag{7-4a}$$

式中，d 为水平管外径；h 的下标“H”表示水平管。

式（7-2）、式（7-3a）和式（7-4a）中，除潜热按蒸气饱和温度 t_s 确定外，其他物性参数均取膜层平均温度 $t_m=(t_s+t_w)/2$ 为定性温度。将式（7-3a）与式（7-4a）比较，除系数不同外，主要是特性尺度，对于竖直壁为高度 l，对水平管则为管外径 d。在其他条件相同时，水平管的表面传热系数将高于竖壁。所以，在冷凝器设计中，通常多采用水平布置方案。

2. 层流膜状凝结换热准则关联式

为了判断液膜流态及对比、整理试验数据，需将计算式整理成准则关联式的形式。所用的准则是膜层（凝结液膜）雷诺准则和凝结准则。

所谓膜层雷诺数（Re）是根据液膜的特点取当量直径为特征长度的雷诺数。以竖直壁面为例，在离开液膜起始处为 $x=l$ 处的膜层雷诺数为

$$Re=\frac{d_e u_m \rho_l}{\mu_l} \tag{7-5a}$$

式中，u_m 为 $x=l$ 处液膜层的平均流速（m/s）；d_e 为该截面处液膜层的当量直径。

如图 7-3 所示，当液膜宽及厚度分别为 W 与 δ 时，润湿周边 $U\approx W$，液膜流通截面 $f=W\delta$，于是 $d_e=4f/U=4\delta$。代入（7-5a）得

$$Re=\frac{d_e u_m \rho_l}{\mu_l}=\frac{4\delta u_m \rho_l}{\mu_l}=\frac{4M}{\mu_l} \tag{7-5b}$$

式中，M 为宽为 1m 的竖壁底部液膜截面的凝结液的质量流量（kg/s），$M=\rho_l u_m \delta$。

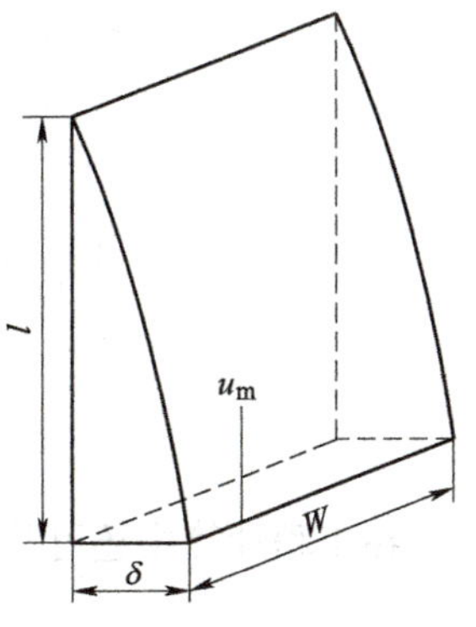

图 7-3　液膜流动示意图

因此，凝结液 M 的潜热 $M\gamma$ 就是宽为 1m、高为 l 的竖壁的凝结换热量，即

$$h(t_s-t_w)l=M\gamma$$

将上式代入式（7-5b），得膜层雷诺数的另一形式：

$$Re=\frac{4hl(t_s-t_w)}{\mu_l \gamma} \tag{7-6}$$

式中，l 为特性尺度，即壁高，对于水平圆管则用管周长 πd。

根据凝结准则，Co 定义式为

$$Co=h\left[\frac{g\rho_l^2\lambda_l^3}{\mu_l^2}\right]^{-\frac{1}{3}} \tag{7-7}$$

式（7-7）中包含待定量 h，故 Co 为待定准则，其大小反映凝结换热的强弱。

采用膜层雷诺准则和凝结准则，则式（7-3a）、式（7-4a）可改写为

竖壁理论解

$$Co=1.47Re^{-1/3} \tag{7-3b}$$

水平管理论解

$$Co=1.51Re^{-1/3} \tag{7-4b}$$

上述理论解，经试验证实，水平管的试验结果与理论解非常接近，故式（7-4b）也是水平管管外层流膜状凝结换热的试验关联式。对于竖壁，水蒸气的冷凝试验是有代表性的（见图 7-4）。

图上试验关联式［式（7-9）］与理论式［式（7-3b）］的比较表明，在 $Re>30$ 以后，理论解逐渐低于试验关联式。这种偏离主要是由于液膜表面有波动，促进了膜内热量的对流传递，这正是前述的假设 3）和 5）所忽略的。因此，在工程计算中，对于 $30<Re<1800$ 范围内的竖壁膜状凝结，一般可按平均偏低 20%考虑，提高理论式的系数作为实用计算式，即

$$h_V = 1.13\left[\frac{g\gamma\rho_l^2\lambda_l^3}{\mu_l l(t_s - t_w)}\right]^{\frac{1}{4}} \tag{7-8a}$$

或

$$Co = 1.76Re^{-1/3} \tag{7-8b}$$

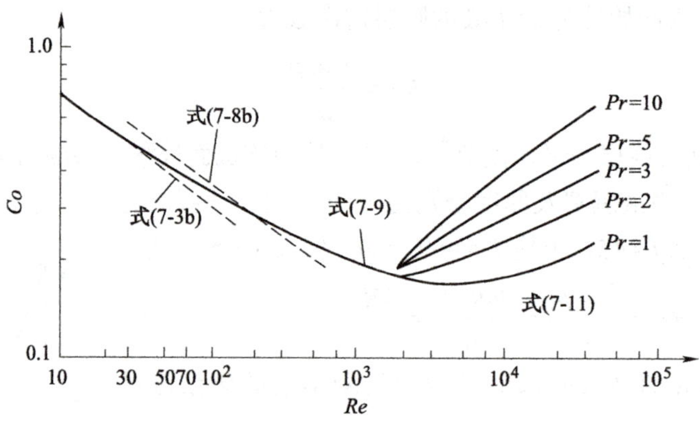

图 7-4　垂向竖壁膜状凝结理论解与试验关联式的比较

在工程计算中还可采用以下准则关联式：

$$Co = \frac{Re}{1.08Re^{1.22} - 5.2} \tag{7-9}$$

试验表明，对于竖壁，液膜由层流转变湍流的临界雷诺数 $Re_c = 1800$。对于水平管，$Re_c = 3600$。实际上，水平管因外径较小，一般均在层流范围内。

3. 湍流膜状凝结换热

对于竖壁，当 $Re>1800$ 时，膜层流态为湍流。例如蒸气与竖壁凝结换热，如果竖壁足够高，则壁的上部保持为层流，而壁的下部逐渐转变为湍流。整个竖壁将分成层流段和湍流段。在湍流液膜中，通过膜层的热量，除层流底层仍依靠导热方式传递外，在底层以外区域湍流传递是主要传递方式。这时，换热将随膜层雷诺数 Re 的增大而增强，如图 7-4 所示。整个壁面的平均表面传热系数按加权平均计算，即

$$h = h_l\frac{x_c}{l} + h_t\left(1 - \frac{x_c}{l}\right) \tag{7-10}$$

式中，h_l 为层流段的平均表面传热系数；h_t 为湍流段的平均表面传热系数；x_c 为层流转变为湍流时的转折点的高度；l 为壁的总高度。

竖直壁湍流液膜段的平均表面传热系数 h_t 可用下式计算：

$$Co = \frac{Re}{8750 + 58Pr^{-0.5}(Re^{0.75} - 253)} \tag{7-11}$$

式中，各物理量的定性温度，除潜热 γ 以饱和蒸气温度 t_s 为定性温度外，其余物理量均以膜层平均温度 $t_m = (t_s + t_w)/2$ 为定性温度。

在实际计算中，还可以采用以下试验关联式计算整个竖壁面的平均表面传热系数：

$$Nu = \left(\frac{gl^3}{v^2}\right)^{\frac{1}{3}}\frac{Re}{58Pr^{-1/2}\left(\frac{Pr_w}{Pr}\right)(Re^{3/4} - 253) + 9200} \tag{7-12}$$

式中，凝结液的物理量，除 Pr_w 用壁温作为定性温度外，其余物理量的定性温度均为饱和蒸气温度 t_s。Nu 及 Re 的特性尺度均是竖壁高度 l。

4. 水平管内凝结换热

冷冻或空调设备经常涉及蒸气在水平管内的凝结换热，由于凝液不能随时排走，而在管内集聚并随蒸气一起流动，因此蒸气流速将对换热有很大影响。当蒸气流速很小时，管内凝液顺管壁向下流动，其方向与蒸气流动方向垂直。对于图 7-5 所示的状况，管内蒸气雷诺数 Re_v（按管子进口参数计算）为

$$Re_v = \frac{\rho_v u_v d}{\mu_v} \tag{7-13a}$$

液膜

凝液

图 7-5 水平管内低速蒸气凝结

式中，u_v 为蒸气平均流速（m/s）。

当 $Re_v<35000$ 时，可采用式（7-13b）估算平均表面传热系数：

$$h = 0.555\left[\frac{g\rho_l(\rho_l - \rho_v)\lambda_l^3\gamma}{\mu_l d(t_s - t_w)}\right]^{\frac{1}{4}} \tag{7-13b}$$

5. 水平管束管外凝结换热

卧式冷凝器由多排管子组成，上一层管子的冷凝液流到下一层管子上，使下一层管面的膜层加厚，如图 7-6 所示，故下一层管的凝结表面传热系数 h 比上一层低。由式（7-4）计算的只是最上一层管子的凝结表面传热系数。对于沿冷凝液流向有 n 排管的管束，一种近似但较方便的计算方法是以 nd 作为特征长度代入式（7-4a），求得全管束的平均凝结表面传热系数。这样计算的基本论点是当管间距离较小时，凝液是平静地由上一根流到下一根管面上，且保持与高度 $l=nd$ 的竖直壁相当的层流状态。但当管间距离较大时，由上一根管滴溅到下一根管的冷凝液会使换热强于层流，计算值可能偏低。

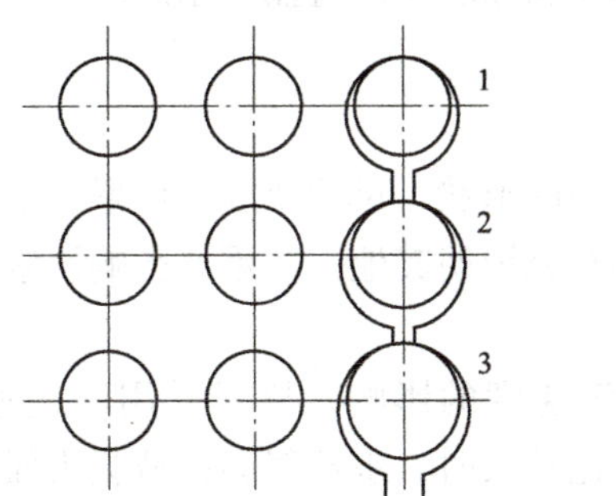

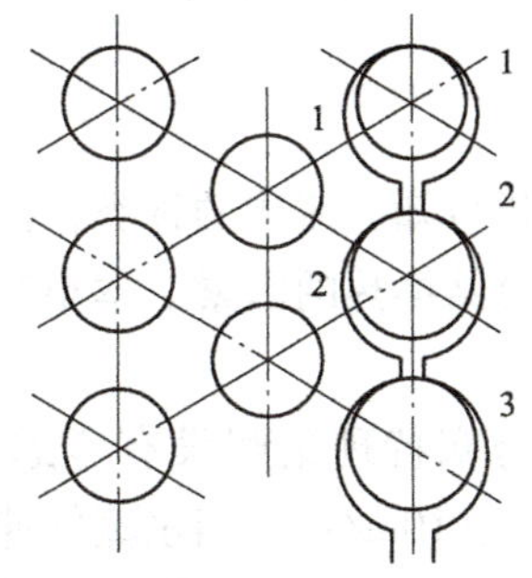

图 7-6 水平管束上的凝结液

例 7-1 一台卧式蒸汽热水器，黄铜管外径 $d=16\text{mm}$，表面温度 $t_w=60℃$，水蒸气饱和温度 $t_s=140℃$，热水器内垂直列上共有 12 根管，求凝结表面传热系数。

解： 由 $t_s=140℃$，查得潜热 $\gamma=2144.1\text{kJ/kg}$。由液膜平均温度 $t_m=\frac{t_s+t_w}{2}=\frac{140+60}{2}℃=100℃$，查附表 8 得水的物性数据：$\lambda_l=0.683\text{W/(m·K)}$；$\mu_l=2.825\times10^{-4}\text{Pa·s}$；$\rho_l=958.4\text{kg/m}^3$。

则：

$$\left(\frac{g\gamma\rho_1^2\lambda_1^3}{\mu_1}\right)^{\frac{1}{4}}=\left(\frac{9.81\times2144.1\times10^3\times958.4^2\times0.683^3}{2.825\times10^{-4}}\right)^{\frac{1}{4}}=12150$$

特征长度采用 nd，则

$$\sqrt[4]{nd(t_s-t_w)}=\sqrt[4]{12\times0.016\times(140-60)}=1.98$$

代入式（7-4a），得

$$h=0.725\times\left(\frac{g\gamma\rho_1^2\lambda_1^3}{\mu_1 nd(t_s-t_w)}\right)^{\frac{1}{4}}=0.725\times\frac{12150}{1.98}\text{W/(m}^2\cdot\text{K)}=4449\text{W/(m}^2\cdot\text{K)}$$

例 7-2 外径 50mm 的垂直管，$t_s=120$℃的饱和水蒸气在管外凝结，管长 $l=3$m，$t_w=100$℃，试求冷凝液膜由层流转变为湍流时的高度 x_c。

解： 由 $t_s=120$℃确定潜热 $\gamma=2203\times10^3$ J/kg。由液膜平均温度 $t_m=\frac{t_s+t_w}{2}=\frac{120+100}{2}$℃$=110$℃，查得水的物性数据：$\lambda_1=0.685\text{W/(m}\cdot\text{K)}$；$\rho_1=951\text{kg/m}^3$；$\mu_1=2.59\times10^{-4}\text{Pa}\cdot\text{s}$。

对于竖直管，液膜由层流转变湍流的临界雷诺数 $Re_c=1800$，代入式（7-8b）得：

$$Co=1.76Re_c^{-1/3}=1.76\times1800^{-\frac{1}{3}}=0.1447$$

由式（7-7）可得层流段的表面传热系数：

$$h=Co\left[\frac{g\rho_1^2\lambda_1^3}{\mu_1^2}\right]^{\frac{1}{3}}=0.1447\times\left[\frac{9.81\times951^2\times0.685^3}{(2.59\times10^{-4})^2}\right]^{\frac{1}{3}}\text{W/(m}^2\cdot\text{K)}$$
$$=5050.13\text{W/(m}^2\cdot\text{K)}$$

代入式（7-6）得：

$$x_c=Re_c\times\frac{\mu_1\gamma}{4h(t_s-t_w)}=1800\times\frac{2.59\times10^{-4}\times2203\times10^3}{4\times5050.13\times(120-100)}\text{m}=2.54\text{m}$$

7.1.2 膜状凝结的影响因素

由前面的分析可知，流体的种类，换热面的形状、尺寸及放置位置，以及凝结换热温差等都是影响膜状凝结换热的因素。本小节将补充说明其他一些重要影响因素。

1. 蒸气速度

膜状凝结的努塞特理论解没有考虑蒸气速度的影响，故只适用蒸气速度较低的情况（一般对水蒸气低于 10m/s），当水蒸气速度比较大时，水蒸气会在液膜表面产生比较明显的黏性应力。当蒸气向上吹时，它使液膜减速和增厚，导致凝结表面传热系数下降，而向下吹的蒸气则加速膜的运动，使之变薄，换热被加强。如果速度过大，不论向上还是向下吹，液膜将脱离壁面，促使换热增强。

2. 不凝性气体

试验证实，蒸气中含不凝结性气体，即使是极微量也会对凝结换热产生极有害的影响。例如，在一般冷凝温差下，蒸气中的不凝性气体的容积含量为 0.2%时，表面传热系数会降低 20%~30%；含量为 0.5%，降低 50%；而含量 1%时，表面传热系数将只有纯蒸气的 1/3。对此现象可做如下分析：在靠近液膜表面的蒸气侧，随着蒸气凝结，蒸气分压力减少而不凝结性气体的分压力增大。蒸气在抵达液膜表面进行凝结前，必须以扩散方式穿过聚集在界面附近的不凝结性气体。因此，不凝结性气体的存在增加了传递过程的阻力。同时，随着蒸气分压力的下降，使相应的蒸气饱和温度下降，减少了凝结的驱动力 Δt，也使凝结过程削弱。因此，在冷凝器的工作中，排除不凝结气体成为保证设计能力的关键。

3. 表面粗糙度

当凝结雷诺数较低时，凝结液易于积存在粗糙的壁上，使液膜增厚，表面传热系数可低于光滑壁 30%；但当 $Re>140$ 时，表面传热系数又可高于光滑壁。

4. 蒸气中含油

当蒸气中含有润滑油（例如水蒸气或制冷循环的氨蒸气中会含有少量的润滑油）时，如果润滑油不能溶解于冷凝液中，则润滑油会沉积在壁上从而形成油垢，油垢的导热性较差，会增加导热热阻，从而削弱换热。

5. 过热蒸气

前面讨论的都是针对饱和蒸气的凝结而言的。对于过热蒸气，如压缩式制冷机从压缩机进入冷凝器的制冷剂蒸气是过热的，这时，液膜表面仍将维持饱和温度，只有远离膜的地方维持过热温度，故液膜换热温差仍为 t_s-t_w。试验证实，用前述膜状凝结公式计算过热蒸气的凝结表面传热系数，误差约为 3%，可以忽略。但计算中，应将饱和蒸气的潜热改为过热蒸气与饱和液的焓差。

6. 液膜过冷度及温度分布的非线性

努塞特的理论分析忽略了液膜过冷度的影响，并假定液膜中的温度分布呈线性分布。分析表明，只要用 γ' 代替计算公式中的 γ，就可以照顾到这两个因素的影响：

$$\gamma' = \gamma + 0.68c_p(t_s - t_w) \tag{7-14}$$

式中，γ 为潜热（J/kg）；c_p 为冷凝液比热容［J/(kg·K)］。

其他关于物性及管子排列方式的影响前已述及，不再重复。

7.2 沸腾换热

当壁温高于液体的饱和温度时，发生沸腾过程。如水在锅炉中的沸腾汽化，制冷剂在蒸发器内的蒸发，都属于沸腾换热。

沸腾可分为大容器沸腾（或称池内沸腾）和有限空间沸腾（或称强制对流沸腾）两大类。所谓大容器沸腾是指加热壁面沉浸在具有自由表面的液体中所发生的沸腾。此时产生的气泡能自由浮升，穿过液体的自由表面进入容器空间。强制对流沸腾是指液体强制流过加热壁面所产生的沸腾，如管内强制对流沸腾。若按液体的主体温度，则可分为饱和沸腾和过冷沸腾。在一定压力下，当液体的主体温度为饱和温度 t_s，壁温 t_w 高于饱和温度 t_s 时所发生的沸腾，称为饱和沸腾（或称整体沸腾）。而在上述壁温条件下，若液体主体温度低于 t_s，这时发生的沸腾则为过冷沸腾（或称局部沸腾）。本节着重讨论大容器饱和沸腾。

7.2.1 大容器沸腾换热

1. 大容器饱和沸腾曲线

下面以大气压力下水的大容器饱和沸腾为例，介绍沸腾换热的特点。

图 7-7 为水在一个大气压 1.013×10^5Pa 下饱和沸腾时，热流密度（也称热流通量）q 与

加热壁面过热度 $\Delta t(=t_w-t_f)$ 的关系曲线，这种曲线称为沸腾曲线。图中横坐标为壁面过热度 Δt，纵坐标为热流密度 q。由图可见，随着 Δt 的增高，会出现 4 个换热规律全然不同的区段。

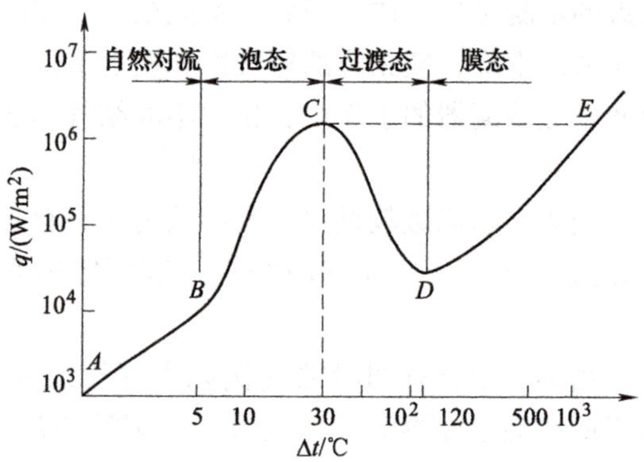

图 7-7　大容器沸腾曲线（$p=1.013\times10^5$Pa）

AB 段：加热壁面的过热度 Δt 很小（$\Delta t\leqslant$ 5℃），壁面上只有少量气泡产生，而且这些气泡不能脱离壁面而浮升，因此，看不到沸腾现象，热量依靠自然对流由壁面传递到液体主体，蒸发在液体自由表面进行。这种沸腾称为自然对流沸腾，可近似按单相流体自然对流换热计算其表面传热系数。

BC 段：随着加热壁面热流密度的增大，壁面过热度 Δt 不断升高，从 *B* 点开始，产生的气泡迅速增多，并且逐渐长大而脱离壁面向上浮升，最后冲破液面进入气相空间。由于气泡大量迅速的生成和它的激烈运动，使液体受到剧烈扰动，因此换热热流密度 q 随 Δt 急剧增大，直到达到它的峰值 q（见图 7-7 中 *C* 点）。由此可见，对于这个区段的沸腾换热，气泡的生成及运动起着决定性的影响，故称它为泡态沸腾（或称核态沸腾）。泡态沸腾具有过热度较小和换热强烈的特点，一般工业设备的沸腾换热都设计在这个范围内。

CD 段：*C* 点以后，随着过热度 Δt 继续增高，热流密度 q 呈降低趋势。这是因为生成的气泡越来越多，气泡汇聚而形成气膜覆盖在加热面上而且气膜不稳定，会突然破裂变成大气泡跃离壁面，这种气膜阻碍了传热，使换热状况恶化，这种情况持续到最低热流密度 q_{min} 为止（见图 7-7 中 *D* 点）。这一区段沸腾称为过渡沸腾，它是不稳定的沸腾过程。

DE 段：随着 Δt 再继续提高，在 *D* 点以后，加热壁面将全部被一层稳定的气膜覆盖，汽化只能在气、液界面上进行，汽化所需热量除依靠导热和对流方式通过气膜传递外，还以辐射方式传递。此时，加热面温度很高，辐射换热量急剧增高，达到相当大的数值，使 *D* 点以后的沸腾换热热流密度又继续随 Δt 增大。此区段称为稳定的膜态沸腾。这种膜态沸腾与膜状凝结比较，共同之处是热量传递都必须通过膜层，但前者的膜层为气膜，后者为液膜，气膜热阻较大，故膜态沸腾表面传热系数要比膜状凝结小。

上述典型大容器沸腾曲线是通过控制加热壁面的温度来改变沸腾工况的，如果是靠控制对壁面的加热热流来改变沸腾工况的热力设备，如电加热器等，一旦热流密度达到或超过前述的峰值 q，那么工况将突然由 *C* 点沿虚线跳跃到稳定膜态沸腾曲线（见图 7-7），壁温 t_w 将急剧地升高到 *E* 点的相应值（图 7-7 所示情况为 1000℃ 以上），从而可能导致设备被烧毁。因此，*C* 点的对应值 q_c 称为临界热流密度，*C* 点称为临界点或烧毁点。为了确保热力设备在泡态沸腾区域安全工作，设备的加热热流密度设计值必须低于峰值 q_c。

以上概述了水的饱和沸腾曲线，尽管在液体工质不同、压力不同的条件下，沸腾参数亦不同，但沸腾换热的演变和规律是类似的。

2. 泡态沸腾机理

前已述及，泡态沸腾区是较理想的沸腾区，其换热与气泡的生成及运动密切相关。下面将通过对气泡的生成、脱离和浮升等问题的分析，进一步加深对泡态沸腾现象及其换热规律的理解。图 7-8 所示为沸腾液体中一个半径为 R 的球形气泡。它同时受到表面张力 σ 及压力这两种力的作用。对于压力，设泡内为 p_v、泡外为 p_l，若不计液体深度的静压场，则 p_l 近似等于沸腾时的饱和压力 p_s。很显然，气泡存在的条件是气泡处于力平衡和热平衡条件下。

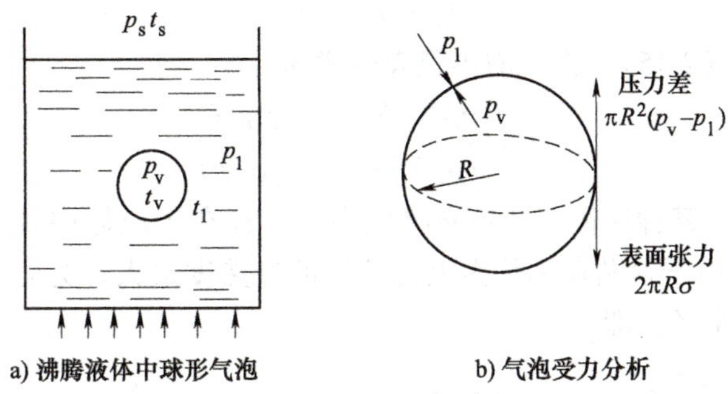

图 7-8　气泡受力示意

由力平衡条件，有 $\pi R^2(p_v-p_l)=2\pi R\sigma$，可得：

$$p_v - p_l = \frac{2\sigma}{R} \tag{7-15}$$

在沸腾时，p_l 近似等于沸腾时的饱和压力 p_s，所以：

$$p_v - p_s = \frac{2\sigma}{R} \tag{7-16}$$

由饱和压力与饱和温度相对应的关系，可以得出 $t_v>t_s$，即泡内蒸气温度高于泡外液体饱和温度。

由气泡热平衡条件得 $t_v=t_l$。根据力平衡条件已得出的 $t_v>t_s$，可知 $t_l>t_s$。这就是说，液体过热是气泡平衡状态的要求，即存在的重要条件。液体过热程度用过热度 $\Delta t(=t_l-t_s)$ 来表示。

根据气泡受力分析，如果气泡受到的压力差（p_v-p_l）作用大于表面张力，那么气泡就能继续长大，即

$$\pi R^2(p_v - p_l) > 2\pi R\sigma$$

得

$$p_v - p_l > \frac{2\sigma}{R} \tag{7-17}$$

那么，气泡就能继续长大。由上式同样可以推导出 $t_l>t_s$，即液体的过热度 Δt 也是气泡继续长大的条件。

对式（7-15）继续推导，由热力学相平衡方程得：

$$\frac{\mathrm{d}p}{\mathrm{d}T} = \frac{\gamma}{(1/\rho_v - 1/\rho_l)T_s} \tag{7-18}$$

式中，γ、ρ_l 和 ρ_v 分别为汽化潜热、液体的密度以及蒸气的密度。

除了临界点附近外，通常情况下，$\rho_l \gg \rho_v$，故式（7-18）可简化为

$$\frac{\mathrm{d}p}{\mathrm{d}T} = \frac{\gamma\rho_v}{T_s} \tag{7-19}$$

将式（7-19）表示为差分形式：

$$\frac{p_v - p_l}{T_v - T_s} = \frac{\gamma\rho_v}{T_s} \tag{7-20a}$$

由热平衡可知，$T_v = T_l$，因此式（7-20a）可改写为：

$$\frac{p_v - p_l}{T_l - T_s} = \frac{\gamma \rho_v}{T_s} \tag{7-20b}$$

将式（7-20）代入式（7-15），得气泡半径表达式为

$$R = \frac{2\sigma}{\gamma \rho_v} \frac{T_s}{T_l - T_s} = \frac{2\sigma}{\gamma \rho_v} \frac{T_s}{\Delta t} \tag{7-21}$$

式（7-21）表明，某种液体在一定沸腾压力下，存在于液体中的气泡半径 R 主要取决于液体的过热度 Δt。由于紧贴在加热面上的液体的过热度最大，为 $t_w - t_s$，因此加热面上生成的气泡具有最小的半径，即

$$R_{min} = \frac{2\sigma T_s}{\gamma \rho_v (T_w - T_s)} \tag{7-22}$$

这就是液体沸腾时为什么气泡总是首先在加热面上生成的原因之一。当然，气泡之所以总是在加热面上生成，还由于加热壁面一般总是有划痕、凹坑以及金属表面的锈蚀、水垢等原因造成表面凹凸不平，如图 7-9 的 A、C 所示。在这些地点往往残存着微量气体。当它们受到加热，就会膨胀生成气泡，这些点称为汽化核心。

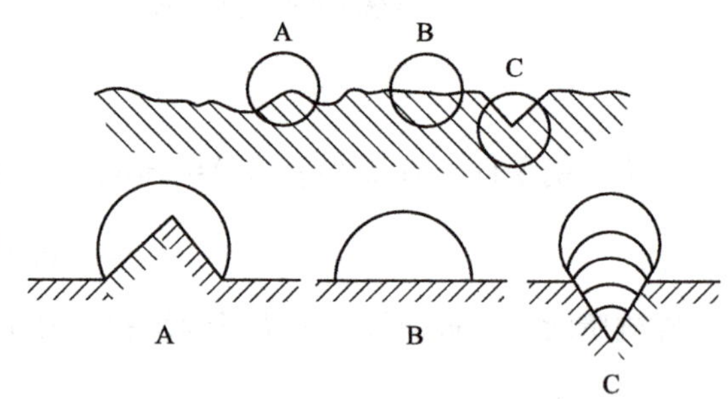

图 7-9　加热表面状况对气泡生成的影响

由式（7-22）可以看出，加热面的过热度越大，R_{min} 就越小，这意味着将会有更多的气泡生成，并且在初生的气泡中将有更多的气泡符合长大的条件。所以，过热度 Δt 提高后，气泡量将急剧增加，沸腾也随之强烈，在这个意义上说，过热度是沸腾现象的推动力。

当 $R>R_{min}$ 的气泡在汽化核心生成后，随着进一步加热，其体积将不断增大。当气泡长大到某一直径后，作用在气泡上的浮力超过壁面对气泡的附着力时，气泡就会脱离加热壁面向上浮升，这时气泡的直径称为气泡脱离直径。气泡在浮升过程中，周围的过热液体继续对它加热，气泡直径将继续增大。若液体过热度足够高，气泡可一直浮升到液体自由表面，并冲破液面与气相混合，这就是前述的饱和沸腾过程。

分析和试验表明，气泡脱离直径的大小与液体润湿壁面的能力有关。如图 7-10 所示，当润湿角 $\theta<90°$ 时，液体能润湿壁面；当 $\theta>90°$ 时，液体不能润湿壁面。对于能润湿壁面的液体，生成的气泡呈球形，附着于壁面的面积较小，气泡较易脱离壁面，脱离直径也较小；反之，不能润湿壁面的液体，气泡有较大的表面积附着于壁面，故不易脱离，脱离直径较大。

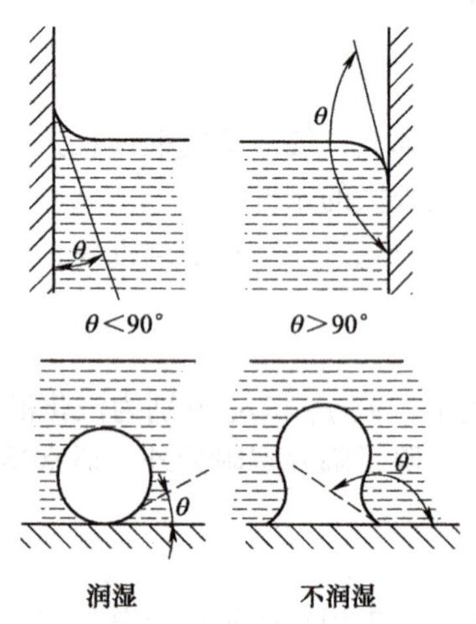

图 7-10　液体对壁面的不同润湿特点

综上所述，在沸腾过程中，由于气泡在加热面上不断生成、长大、脱离和浮升，远处较冷的液体不断流向加热面，使靠近壁面的微薄液体层处于剧烈的扰动状态：一方面是液体的对流，另一方面是液体的不断汽化。因此，对

于同种液体，沸腾时的表面传热系数将远大于无相变时的表面传热系数。

3. 大容器沸腾换热计算

（1）大容器饱和泡态沸腾　由于影响泡态沸腾的因素较多，文献中提出的计算式分歧较大，在此仅介绍两种类型的计算式，其中一种是针对水的，另一种适用于各种液体。

1）米海耶夫计算式：对于水，在 $1\times10^5\sim4\times10^6$Pa 压力范围内，米海耶夫推荐下式计算饱和泡态沸腾表面传热系数，即

$$h = 0.533q^{0.7}p^{0.15} \tag{7-23}$$

由 $q=h\Delta t$，上式可写成

$$h = 0.1224\Delta t^{2.33}p^{0.5} \tag{7-24}$$

式中，h 为沸腾表面传热系数［W/(m^2·K)］；p 为沸腾绝对压力（Pa）；q 为热流密度（W/m^2）；Δt 为加热面的过热度（℃），$\Delta t=t_w-t_s$。

2）罗森诺试验关联式：基于泡态沸腾换热主要是气泡扰动的对流换热的设想，罗森诺推荐以下适用性较广的试验关联式：

$$\frac{c_{pl}\Delta t}{\gamma Pr_l^s} = C_{wl}\left[\frac{q}{\gamma\mu_l}\sqrt{\frac{\sigma}{g(\rho_l-\rho_v)}}\right]^{0.33} \tag{7-25}$$

式中，c_{pl}为饱和液体的定压比热容［J/(kg·K)］；Pr_l 为饱和液体的普朗特数；σ 为气液界面上的表面张力（N/m），由表7-1查得；s 为经验指数，对于水，$s=1$；对于其他液体，$s=1.7$；μ_l 为饱和液体的动力黏度（Pa·s）；C_{wl}为经验常数，取决于液体与加热面的组合情况，由表7-2查得；γ 为汽化潜热（J/kg）；g 为重力加速度（m/s^2）；q 为沸腾热流密度（W/m^2）；Δt 为壁面过热度（℃）。

表7-1　表面张力 σ 的值

液　体	饱和温度 t_s/℃	$\sigma\times10^3$/(N/m)
水	0	75.6
	20	72.8
	40	69.6
	60	66.2
	80	62.6
	100	58.7
	150	48.7
	200	37.8
	250	36.2
	300	14.4
	350	3.8
	374.15	0
钠	881.1	11.2
钾	766	62.7
苯	80	27.7
酒精	78.3	21.9
氟利昂-11（三氯一氟甲烷）	44.4	8.5

表7-2　经验常数 C_{wl}的值

表面-液体组合情况	C_{wl}
水-铜	0.013
水-铂	0.013
水-黄铜	0.006
正丁醇-铜	0.00305
异丙醇-铜	0.00225
正戊烷-铬	0.015
苯-铬	0.010
乙醇-铬	0.027
水-金刚砂磨光的铜	0.0128
正戊烷-金刚砂磨光的铜	0.0154
四氯化碳-金刚砂磨光的铜	0.0070
水-金、磨光的不锈钢	0.0080
水-化学腐蚀的不锈钢	0.0133
水-机械磨光的不锈钢	0.0132

（2）大容器饱和沸腾临界热流密度　朱伯导得的半经验公式可推荐作大容器饱和沸腾临界热流密度 q_c 计算之用，即

$$q_c = K\gamma\rho_v^{1/2}\left[g\sigma(\rho_l - \rho_v)\right]^{\frac{1}{4}} \tag{7-26}$$

式中，K=0.10~0.19。对于一般液体来说，K 的平均值为 0.16。

式中各物性参数均按饱和温度确定。

（3）大容器膜态沸腾　至今，对膜态沸腾问题的研究比泡态沸腾少得多。布罗姆利建议用式（7-27）估算水平圆柱膜态沸腾表面传热系数：

$$h = 0.62\left[\frac{g\rho_v\lambda_v^3(\gamma + 0.4c_{pv}\Delta t)(\rho_l - \rho_v)}{\mu_v d_o(t_w - t_s)}\right]^{\frac{1}{4}} \tag{7-27}$$

式中，$\Delta t = t_w - t_s$（℃）；$\gamma + 0.4c_{pv}\Delta t$ 为考虑蒸气过热对潜热 γ 的修正值，称为有效汽化潜热；ρ_l、γ 按 t_s 选取，其余物性按 $t_m = (t_w + t_s)/2$ 选定；d_o 为水平圆柱直径（m）。

式（7-27）未考虑加热面辐射的影响。若辐射换热不可忽略，则可用式（7-28）近似计算表面传热系数，即

$$h = h_c + 0.75h_r \tag{7-28}$$

式中，h_c 按式（7-27）计算；h_r 为辐射表面传热系数，用式（7-29）计算。

$$h_r = \frac{\varepsilon\sigma_b(T_w^4 - T_s^4)}{T_w - T_s} \tag{7-29}$$

式中，ε 为加热壁面的黑度；σ_b 为斯特藩-玻尔兹曼常量 $[\mathrm{W/(m^2 \cdot K^4)}]$，$\sigma_b = 5.67\times10^{-8}\ \mathrm{W/(m^2 \cdot K^4)}$。

例 7-3　一块 30cm×30cm 的铜板用作水平锅底，在 1.013×10^5Pa 的压力下，铜板锅底的温度为 113.9℃，试估算锅底的热流密度和单位时间水的蒸发量。

解： 锅底过热度 $\Delta t = (113.9 - 100)℃ = 13.9℃$，它小于对应临界点的过热度（20～55℃），故本问题处在泡态沸腾区，可用式（7-25）计算。

由表 7-1 和表 7-2 分别查得 $\sigma = 58.7\times10^{-3}$N/m，水-铜组合 $C_{wl} = 0.013$。

由附录查出当 t_s = 100℃ 时，水和水蒸气的物性参数值：$c_{pl} = 4.22\mathrm{kJ/(kg \cdot ℃)}$，$\rho_l = 958.4\mathrm{kg/m^3}$，$\gamma = 2257\mathrm{kJ/kg}$，$\rho_v = 0.594\mathrm{kg/m^3}$，$Pr_l = 1.75$，$\mu_l = 0.2825\times10^{-3}\mathrm{Pa \cdot s}$。

将以上参数值代入式（7-25），得：

$$\frac{4.22\times10^3\times13.9}{2257\times10^3\times1.75} = 0.013\times\left[\frac{q}{0.2825\times10^{-3}\times2257\times10^3}\times\sqrt{\frac{58.7\times10^{-3}}{9.81\times(958.4 - 0.594)}}\right]^{0.33}$$

解得 $q = 380000\mathrm{W/m^2}$。

单位面积单位时间水的蒸发量：

$$G = \frac{q}{\gamma} = \left(\frac{380000}{2257\times10^3}\right)\mathrm{kg/(m^2 \cdot s)} = 0.168\mathrm{kg/(m^2 \cdot s)}$$

锅底单位时间水的蒸发量：

$$\dot{m} = GA = (0.168 \times 0.3^2)\text{kg/s}$$
$$= 0.015\text{kg/s}$$

7.2.2 管内沸腾简介

管内流动沸腾是常见的一种强制对流沸腾，如水管锅炉和制冷系统管式蒸发器中的沸腾等。由于管内空间的限制，沸腾产生的蒸气混入液体中，构成气液两相混合物，出现多种不同形式的两相流结构。因此，管内沸腾换热是涉及两相流的换热问题。作为举例，图 7-11 显示了低热流密度条件下，液体在竖直管内流动沸腾的流动类型及换热类型。设从竖直管下端流入管内的液体温度低于饱和温度，这时液体与管壁之间将发生单相液体对流换热。随着液体向前流动达到一定距离时，靠近壁面的液体被壁面先加热到饱和温度，并开始在壁面上产生气泡。所生成的气泡或停留在壁面上，或脱离壁面并在过冷液体中凝结消失；而管中心的液体主体尚未达到饱和温度，处于过冷状态，这时的沸腾为过冷沸腾，流型结构为泡状流。流动液体继续被加热，当其整个横截面达到饱和温度时，生成的气泡增多，进入饱和泡态沸腾。它的流动类型先是气泡小而分散的泡状流，而后气泡越来越多，小气泡汇合成大气泡，流型也逐渐变为块状流（或称栓塞流），而换热仍属于泡态沸腾换热。向前流动的液体再继续被加热，气液两相流中蒸气所占的比例越来越大，大气泡将进一步合并，在管中心形成气芯，把液体排挤到管壁上，形成环状液膜，称为环状流。此时的热量主要以对流方式通过液膜传递，汽化过程主要发生在液气界面上，故称为液膜对流沸腾。随着环状液膜不断受热汽化，液膜逐渐减薄，一直到汽化完毕（称为蒸干），湿蒸气直接与壁面接触进行换热。对湿蒸气再继续加热，最后成为干蒸气而进入单相蒸气流的对流换热区。

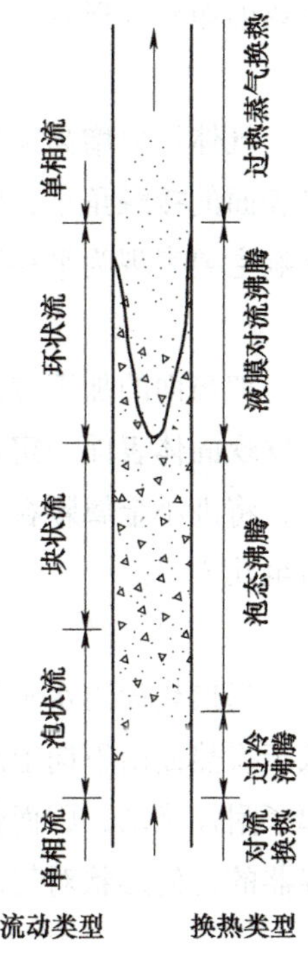

图 7-11 竖直管内流动沸腾的流动类型和换热类型

对于水平管内的沸腾，当流速较低时，由于受重力场影响，气液将分别趋于集中在管的上半部和下半部，与上述竖直管内沸腾比较，流动类型及换热具有新的特点。如图 7-12 所示。

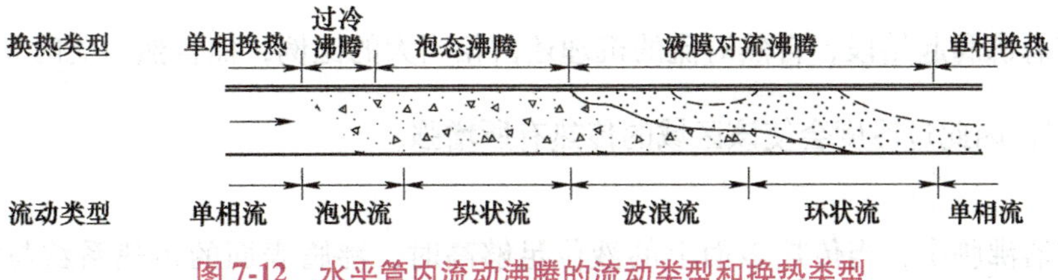

图 7-12 水平管内流动沸腾的流动类型和换热类型

由上所述可以得出：管内流动沸腾取决于管的相对位置（水平、竖直或倾斜）、管长与管径、壁面状况、含气量、压力、液体的初参数和流量等许多因素，情况比大容器沸腾复杂得多。

7.2.3 沸腾传热的影响因素

影响核态沸腾的因素较多，主要有液体的特性参数、加热面的表面物理性质和粗糙度、换热面布置及形状、不凝结气体、过冷度、液位高度以及重力加速度等。

1. 液体的特性参数

气体压力增高能增加汽化核心数，增大气泡脱离频率，因而能强化沸腾传热。流体与换热表面的接触角小，则气泡脱离频率增高，也能增强沸腾传热。而试验发现，液体热物性的影响主要表现为平移沸腾曲线，并不改变它的斜率。

2. 加热面的表面物理性质和粗糙度

加热面的加工方法、表面粗糙度、材料特性以及新旧程度都能影响沸腾传热的强弱。试验发现固体表面一定形状的凹槽，即所称活化中心的数目对沸腾传热的强弱有显著影响。据此，将细小金属颗粒沉积于金属板或管上，制成金属多孔表面，可使沸腾传热系数提高十几倍至几十倍。

3. 换热面布置及形状

当换热面为水平平板且由上向下放热时，由于气泡不易从换热面上散出，因而传热系数低于换热面由下向上放热的情况。对水平放置的管束，由于上升的蒸气在上部流速较大，引起了附加扰动，因而位于其上部管子的传热系数比下部管子的传热系数高。此外，换热面和容器的几何形状对气泡运动和沸腾传热均有影响。

4. 不凝结气体

与膜状凝结不同的是，溶解于液体中的不凝结气体会增强沸腾传热，这是因为随着工作液体温度的升高，不凝结气体从液体中逸出，使壁面附近的微小凹坑得以活化，称为气泡胚芽，从而使沸腾曲线向着过热度减小的方向移动，即在相同的过热度下产生更高的热流密度，从而强化传热。但若沸腾传热设备处于稳定运行工作状态下，凝结气体一旦逸出就起不到强化作用，必须不断地向工作液体注入不凝结气体。

5. 过冷度

如果在大容器沸腾中流体主要部分的温度低于相应压力下的饱和温度的沸腾，则称为过冷沸腾。对于大容器沸腾，除了在核态沸腾起始点附近区域，过冷度对沸腾传热的强度没有影响。在核态沸腾起始段，自然对流的机理还占相当大的比例，而自然对流时 $h \propto \Delta t\frac{1}{4}$，即 $h=(t_w-t_f)^{1/4}$，因此过冷度会使该区域的传热有所增强。

6. 液位高度

在大容器沸腾中，当传热表面上的液位足够高时，沸腾表面的传热系数与液位高度无关。液位高度对沸腾传热的影响主要体现在当液位降低到一定程度时，沸腾表面的传热系数会明显地随液位的降低而升高。这一特定的液位高度称为临界液位，水在常压下的临界液位高度为5mm。低液位沸腾时由于受到自由液面张力的阻碍，气泡上升速度迅速减缓，以致加热面上新生气泡的生长和脱离也受到前一气泡的限制，这就延长了后一气泡泡底微层液膜蒸发时间，从而传热得以强化。目前低液位沸腾在热管及电子器件冷却中已经有所应用。图7-13给出了一个标准大气压下液位高度对表面传热系数的影响规律。

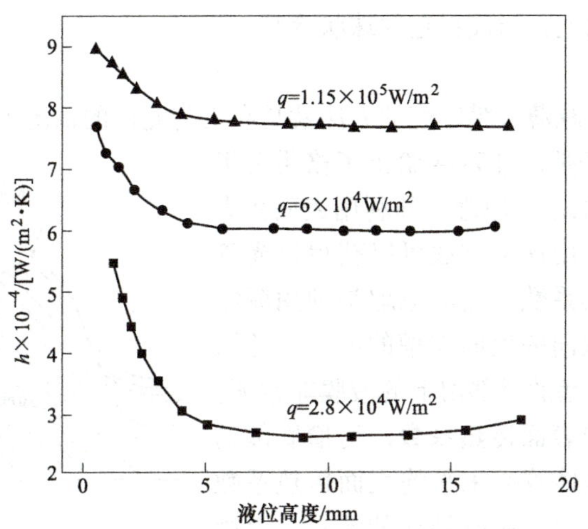

图 7-13　一个标准大气压下液位高度对表面传热系数的影响

7. 重力加速度

重力加速度对沸腾传热的影响主要体现在航空航天领域。目前的研究结果表明：在重力加速度（0.10~100）×9.8m/s^{2}的变化范围内，重力场对核态沸腾传热几乎没有影响，但是重力加速度会对液体自然对流有显著的影响，即自然对流随加速度的增大而加强。对零重力场下的沸腾传热的研究还比较少。

7.3　相变传热的强化

相变传热领域内的强化换热技术一直是传热研究的一个重点方向。相变传热强化技术可以分为主动强化技术和被动强化技术。主动强化是有源强化，需要消耗外部能量，如采用电场、磁场、光照射、搅拌、喷射或超声波技术等手段来增强传热技术，但此类主动技术往往装置比较复杂，而且难以量产和实现工业化，因此其实用性比较差。被动强化是无源强化技术，除了输送传热介质的功率消耗外不需要消耗外部能量，是换热器强化传热主要采用的方法，如传热管的表面处理（涂层表面、粗糙表面、扩展表面）、传热管的形状变化、管内加入插入物、涡流发生器、改变支撑物等，这些被动措施能达到很好的强化效果。下面将重点讲述被动强化相变传热技术。

7.3.1　凝结传热的强化

一般来说，凝结换热是高效热传递过程，水蒸气膜状凝结传热系数的量级为5000~10000W/(m^2·K)，但有机蒸气的凝结传热系数仅为水蒸气的1/10左右，因此强化凝结换热十分重要。目前工业设备上发生的基本上都是膜状凝结，故提高膜状凝结的表面传热系数是强化凝结换热的主要方向。由前面论述的蒸气膜状凝结的机理可知，其热阻取决于通过液膜层的导热。因此使液膜层的导热热阻尽可能减小，也就是尽量使液膜层厚度减薄是强化膜状凝结的基本手段和出发点。为此，可以从几个方面着手：降低蒸气凝结时直接黏滞在固体表面上的液膜厚度；促进液膜湍动；减少滞留角；及时将传热表面上产生的凝结液体排走，不使其积存在传热表面上；形成稳定的珠状冷凝。

1. 减薄液膜厚度的技术

对于竖壁或竖管，减薄液膜厚度的方法就是在工艺允许的情况下，尽量降低传热面的高度，或者将竖管改为横管。图 7-14 给出了格雷戈里格（Gregorig）效应管的基本原理，即利用表面张力减薄液膜厚度的原理。用这种方法可以获得比光管大几倍的凝结表面传热系数。它的原理是利用凝结液的表面张力把液膜拉向壁表面沟槽的凹部，并顺沟槽迅速排走，而在凸起的脊部留下的液膜非常薄。于是脊部就具有很高的表面传热系数，沟槽底部的传热系数虽较低，但总体算起来平均表面传热系数仍大大超过光管，但需要控制凝结液的流量，否则会因凝结液过多造成溢流现象。

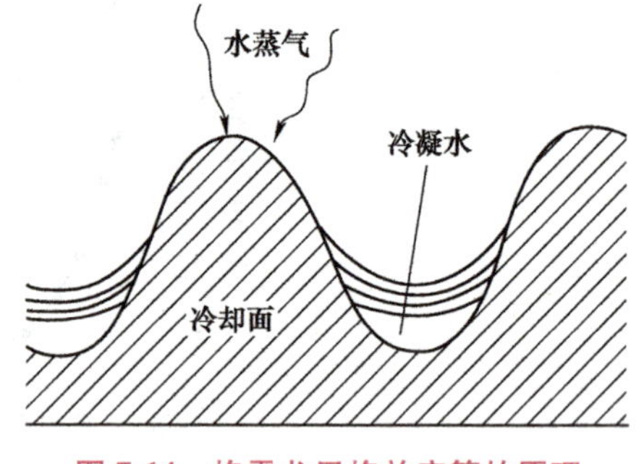

图 7-14　格雷戈里格效应管的原理

根据这一原理开发出了多种强化表面，如最开始的整体式低肋管，以及用于强化蒸气在管外凝结的各种锯齿管（见图 7-15）。低肋管可以强化凝结换热是由于凝结液在低肋片上的表面张力对冷凝换热的强化起主导作用。锯齿形翅片管是一种新型传热管，是指在普通光滑管基础上利用专用设备进行加工，并使光滑管内/外表面或内、外表面同时形成各种整体翅或其他复杂表面，从而使表面积扩大和传热效果得以强化的换热管。其翅片外缘有锯齿缺口，加强了流体的扰动，促进对流换热，增加了换热量。同时，锯齿管的锯齿结构导致了周向效应，促使凝结液存积角减小，增大了肋外缘周长，换热面积增大，因而对凝结换热起到了强化作用，使锯齿管有比低肋管更高的换热效率。锯齿管的传热系数是光滑管的 5~6 倍，是低肋管的 1.5~2 倍。常用的锯齿管有花瓣形翅片管、Turbo-C 和 Turbo-DX。

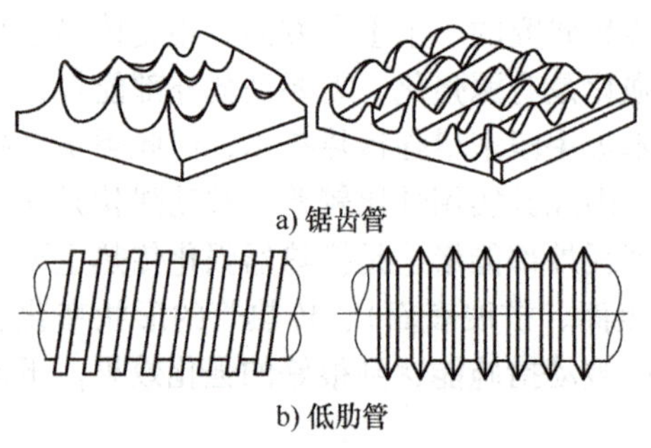
a) 锯齿管

b) 低肋管

c) 低肋管实物

图 7-15　锯齿管与低肋管

花瓣形翅片管是一种特殊的三维翅片结构强化传热管，从截面上看，各翅片像花瓣状而得此名，如图 7-16 所示。花瓣形翅片管既能显著地强化低表面张力介质及其混合物和含不凝性气体的水蒸气的冷凝传热，又能显著地强化空气和高黏性流体的冷却传热，有研究表明：自然对流条件下，其传热系数比锯齿形翅片管提高了 8%～10%；在强制对流下，是光滑管的 5～6 倍。

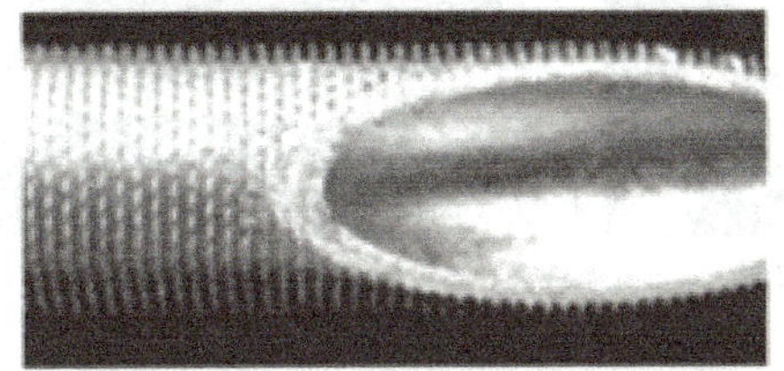
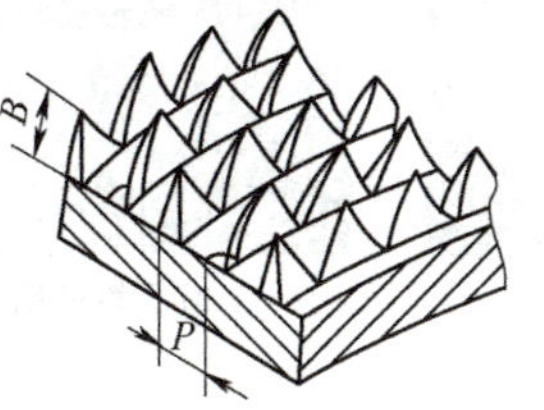

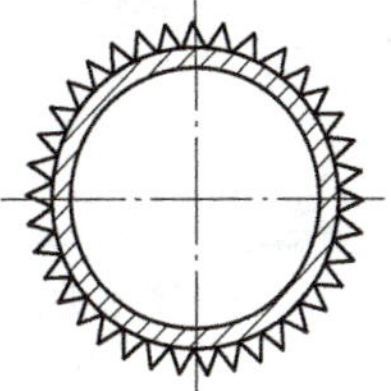

图 7-16　花瓣形翅片管

图 7-17 所示为双侧强化管及其内表面螺纹的剖面，如高效冷凝管。当制冷剂蒸气在光滑管外凝结时，其凝结传热系数较管内冷却水的传热系数小得多，传热过程的主要热阻在蒸气凝结侧。但当管外得到有效强化后，外侧热阻明显减小，管内侧的热阻就会突显出来，于是就出现了对内表面采用螺旋线结构的这种强化管，称为双侧强化管，使整个传热过程得到更为有效的强化。

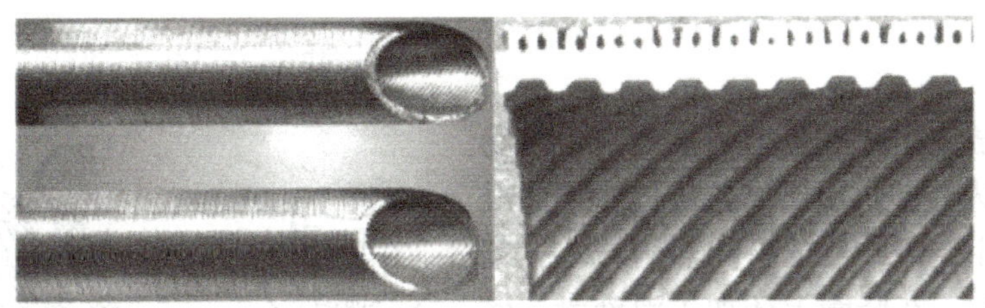

图 7-17　双侧强化管及其纵截面图

工业上有许多凝结过程发生在管内，如冰箱和空调机组的冷凝器以及集中供热工程中广泛采用的大型板式冷凝换热器。此类工况下的强化凝结传热技术主要有管内加肋（螺旋形微肋）、管内插入物体以及采用波纹状表面以增强液膜的湍流等。内螺纹管单位长度的内表面积为普通光面铜管的 1.5～2 倍，其传热系数为同规格光面铜管的 1.5～2.4 倍。而对载体流阻仅增加 3%～5%，可节能 20%～35%，使制冷空调器整机重量减少了 10%～25%。图 7-18a 与图 7-18b 所示为一种二维微肋管，管径为 7～9mm，肋片高度为 0.1～0.2mm，周长方向的肋片数为 50～70 个。图 7-18c 所示为三维微肋管。上述这类内螺纹强化管已广泛应用于制冷、空调设备中，在中央空调机上它主要应用于干式蒸发器上。热交换时，管外的水被管内蒸发膨胀的冷媒所冷却。它也应用于家用和商用空调热交换器上。

蒸气在水平管外凝结时，由于重力作用凝结液膜流向管子底部，造成底部液膜厚度增加（见图 7-19a），凝结传热系数相对较小。改用低肋管后情况有很大改善，如图 7-19b 所示，此时凝结液体聚集在肋间下部，肋片上液膜厚度减小，整个传热面上的平均凝结传热系数增大。而图 7-19c 所示的高热流冷凝管因其端部尖锐的锯齿形肋片更易使凝结液滴落，从而使高热流冷凝管外液膜减薄，减小热阻，增大凝结传热系数。

2. 及时排液的方法

图 7-20 给出了两种常见的加速排液的措施。图 7-20a 所示的竖管外开 V 形纵槽，使得

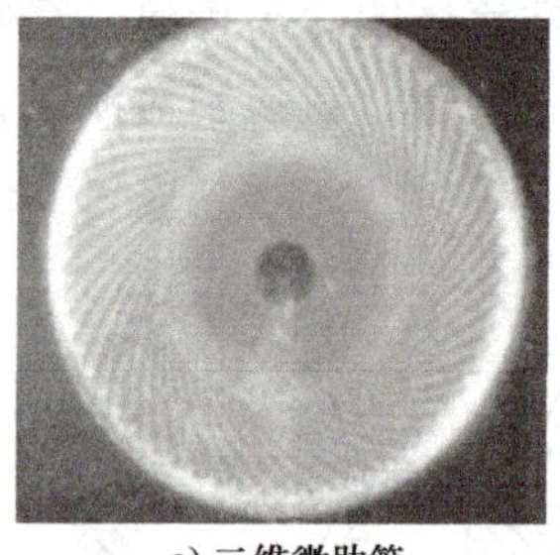

a) 二维微肋管

b) 二维微肋截面

c) 三维微肋管

图 7-18　二维、三维微肋管照片

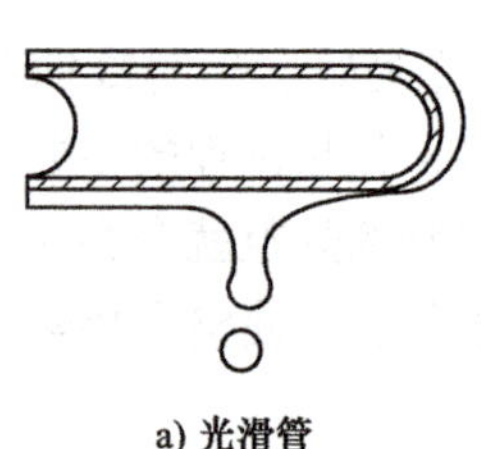

a) 光滑管

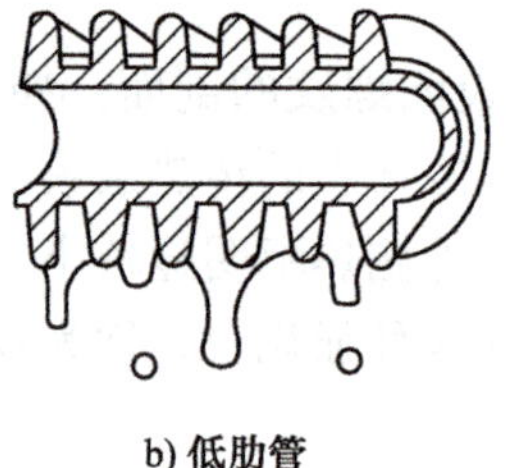

b) 低肋管

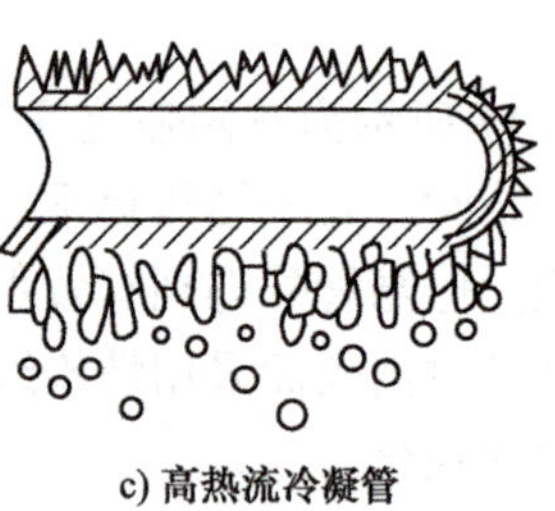

c) 高热流冷凝管

图 7-19　光滑管、低肋管和高热流冷凝管凝结示意图

管外表面的凝结液在表面张力的推动下，向肋片根部 V 形槽内流动，使一部分传热面上的凝结液膜厚度减小，凝结侧的平均热阻减小，凝结传热系数增大。在竖管上还加了泄液盘，使得凝结液体下流的过程中分段排泄，降低了竖壁高度，可有效地控制液膜的厚度，凝结传热系数进一步提高。竖管外开 V 形纵槽加泄液盘的方法，可使凝结传热系数提高 3~5 倍，普遍用于强化立式冷凝器的凝结换热上。图 7-20b 所示的泄液板用于卧式冷凝器中，如大型电站的凝汽器，图中的泄液板可使布置在该板上部水平管束上的冷凝液体不会集聚到其下的其他管束上。

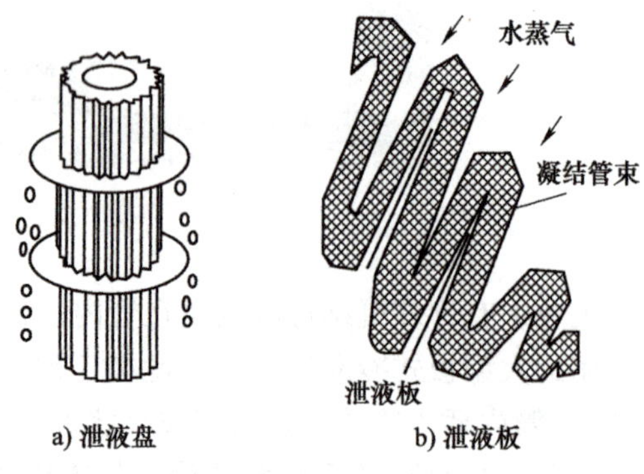

a) 泄液盘　　b) 泄液板

图 7-20　及时排液的措施

在动力冷凝器中，如果系统密封良好，则纯净水蒸气膜状凝结传热表面传热系数很大，凝结侧热阻不占主导地位。但实际运行中凝汽器的泄漏是不可避免的，空气的漏入使冷凝器平均表面传热系数明显下降。实践表明，采用强化措施可以收到实际效益。在制冷剂的冷凝器中，主要热阻在凝结一侧，凝结传热的强化就有更大的意义。

3. 促成珠状凝结

如在凝结壁面上涂、镀对凝结液附着力很小的材料（如聚四氟乙烯等），在蒸气中加珠凝促进剂（如油酸、辛醇等）以促进珠状凝结的形成，如图 7-21 所示。可在金属表面涂上疏水基有机化合物涂层、金属硫化物涂层、贵金属涂层、高分子聚合物涂层，往蒸气中注入不润湿性介质等。

7.3.2 沸腾传热的强化

图 7-21 珠状凝结照片
（最大直径约为 1mm）

沸腾传热强化目的是采取措施提高沸腾传热的热流密度或减小沸腾传热温差。其中大容器核态沸腾和管内强制流动沸腾的强化一直是传热学研究最重要的领域之一。大容器沸腾和管内沸腾的共同特点都是在加热面上产生气泡，这也是对流传热比无相变传热强烈的最基本原因。从核态沸腾的形成机理可以看出，强化沸腾传热的基本原则是尽量增加受热面上的汽化核心，增强气泡在沸腾表面上形成即脱离的可能性，增强加热面上薄液膜的蒸发能力。采取的强化方法大致可以分为以下 3 个方面：强化表面法，包括微结构表面、复合化学涂层表面、微孔表面；加入添加剂法，如加入固体颗粒和添加剂（表面活性剂）；外加矢量法，如采用流体诱导振动、水基磁性流体池沸腾传热强化等。下面主要讲述强化表面法，即增强加热面上的微小凹坑的技术。

1. 表面粗糙化

沸腾传热领域表面粗糙化最重要的代表是具有内凹形空穴的多孔表面。这种表面能够产生大量稳定的汽化核心，同时增大换热表面积，相当于表面肋化。图 7-22 所示是用不同方法进行表面处理后的加热面微细结构，此类多孔管以美国联合碳化物公司（UC）的高热流烧结多孔管最具代表性。

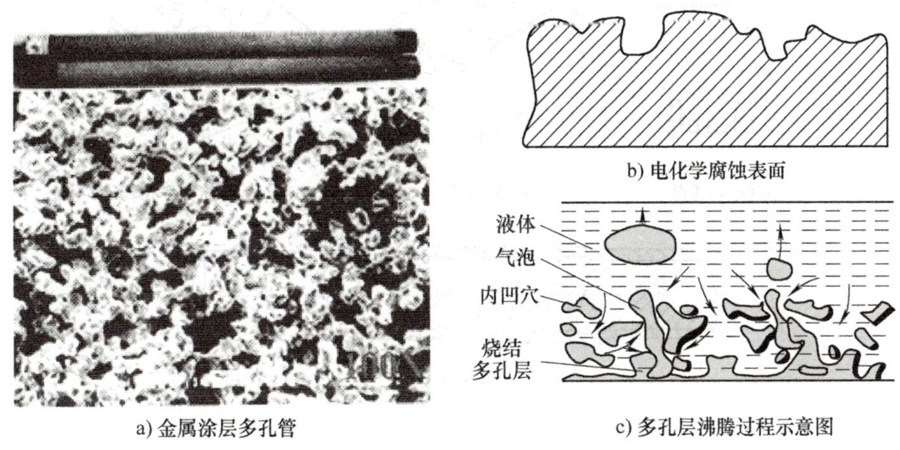

a) 金属涂层多孔管　b) 电化学腐蚀表面　c) 多孔层沸腾过程示意图

图 7-22 用不同方法进行表面处理后的加热面微细结构

图 7-22a 所示表面是通过高温烧结或火焰喷涂使造孔剂的金属粉末附着在普通光滑管表面上而形成的多孔层；图 7-22b 所示的多孔表面层为采用电化学腐蚀而形成的；此外，通过钎焊、电离沉积等方法也可得到多孔层。图 7-22c 所示为多孔层沸腾过程示意图。在沸腾传热时，多孔层中的大量微孔变成为气泡形成的核心，由于微孔内的气泡处于四周受热状态，气泡核迅速膨大充满内腔，持续受热使气泡内压力快速增大，促使气泡从管表面细缝中极速喷出。气泡喷出时带有较大的冲刷力量，并产生一定的局部负压，使周围较低温度的液体涌入微孔内，形成持续不断的沸腾。这些表面缺陷中吸附的气体不易被液体带走，也不易被污

垢堵塞，因而可以成为持久的汽化核心，增强了沸腾传热。

此外，采用机械加工方法在传热管表面上造成多孔结构，是目前沸腾传热强化的主要技术手段。目前最成功的商品化沸腾传热元件有日本日立公司的 Thermoexcel-E 管、德国 Wieland-Werke 公司的 Gewa-T 管和交错式 T 形管 ECR-40 等。我国也已生产了 DAE 高效蒸发管。它们都通过采用各种被动式措施达到了很好的强化效果。Griffith 等对汽化核心的研究结果指出，孔穴的开口尺寸决定了初始沸腾所需要的壁面过热度，而孔穴内部的形状则决定了沸腾的稳定性。由于制冷剂液体的沸腾传热系数相对而言不是很高，因此这种用表面处理的方法对于制冷剂液体的沸腾传热强化显得特别有意义。

图 7-23 给出了几种目前应用较多的强化沸腾传热表面的结构示意图。这种多孔表面管的传热强度与光滑管相比，常常要高一个数量级，已经广泛应用于普冷、深冷、天然气液化、乙烯分离、海水淡化等化工行业。Thermoexcel-E 多孔管外表面上开有许多三角形小孔，以其内接圆直径（0. 03~0. 2mm）为特征尺寸，三角形小孔与下面的通道相通。同一通道上的三角形小孔之间的节距一般为 0. 6~0. 7mm，各通道相互平行，通道之间的节距一般为 0. 4~0. 6mm；通道高度为 0. 4~0. 62mm；通道宽度为 0. 14~0. 25mm。多孔表面上的三角形小孔呈叉排布置。通道内的液体被壁面迅速加热形成蒸气，蒸气经通道上方的小孔以气泡形式脱离多孔表面，但在通道中还截留有残余液体可供连续蒸发使用。当蒸气从通道中逸出时，液体即由邻近小孔流入通道进行补充。

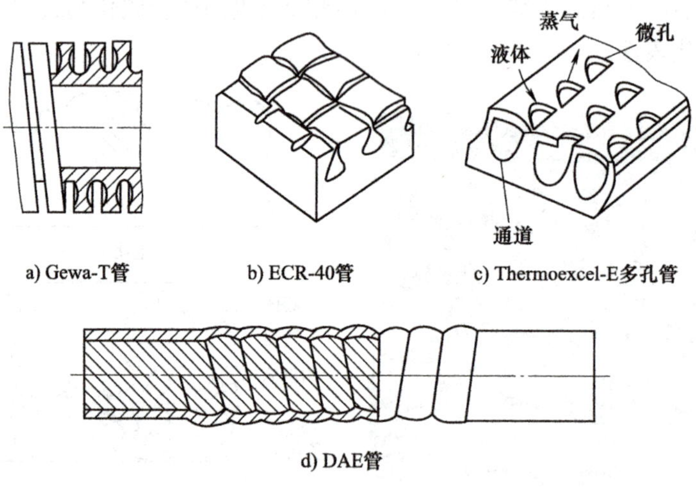

图 7-23　强化沸腾传热表面结构示意图

Gewa-T 管的外表面具有多条螺旋的 T 形翅片，以增加汽化核心，并显著地增大了传热面积，具有优良的传热性能，结构如图 7-24 所示。T 形翅片管是由光管经过滚轧加工成形的一种高效换热管。其结构特点是在管外表面形成一系列螺旋环状 T 形通道。管外介质受热时在通道中形成一系列的气泡核，由于在通道腔内处于四周受热状态，气泡核迅速膨大充满内腔，持续受热使气泡内压力快速增大，促使气泡从管表面细缝中极速喷出。气泡喷出时带有较大的冲刷力量，并产生一定的局部负压，使周围较低温度液体涌入 T 形通道，形成持续不断的沸腾。关于 T 形管的沸腾换热强化机理，研究者发现主要是由于 T 形肋形成的通道，而不是肋本身的肋效应。

a) Gewa-T管结构

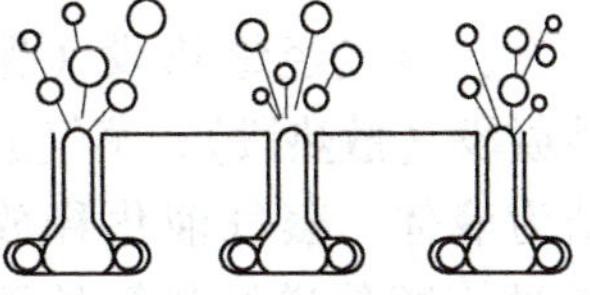

b) Gewa-T管沸腾传热示意图

图 7-24 Gewa-T 管结构和沸腾传热示意图

2. 强化管内沸腾的表面结构

原则上前述强化大容器核态沸腾的各项措施都可应用于强化管内强制流动沸腾。但实际上各种内肋管，包括内螺纹管、锯齿形内肋管等都是传热学研究的主要强化管形式。为了防止管内沸腾蒸干区域管壁温度飞升，电站锅炉中广泛采用内螺纹管结构，肋片的高度在1mm 左右。内螺纹管和三维微肋管也广泛应用于制冷工质的管内沸腾传热，如图 7-25 所示。

a) 内螺纹管

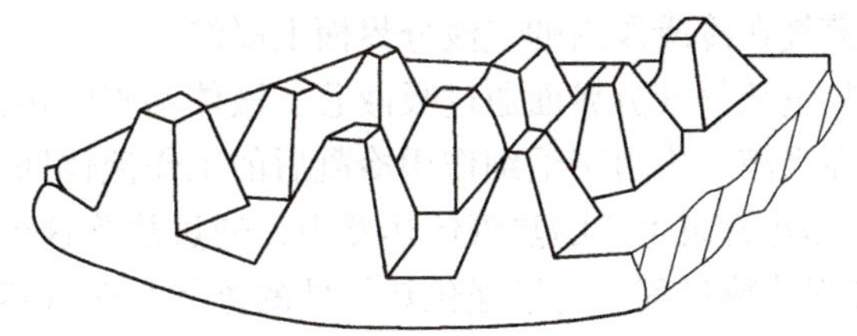

b) 三维微肋管示意图

图 7-25 内螺纹管与三维微肋管示意图

3. 窄缝通道

随着现代换热科学研究的深入，发现窄缝通道内流动沸腾传热系数与大通道相比有较大提高。对于窄通道换热器而言，发生流动沸腾时，减小通道尺寸会直接影响气泡在通道中的流动特性，由于通道的间隙与气泡的尺寸接近，所以气泡会受到挤压变形，此时气泡会带走大量的潜热和引起气液界面的扰动，从而其换热性能及机理都会发生变化。因此，与常规通道相比较，窄通道的流动沸腾传热系数有较大提高，其换热机理也更加复杂。

7.4 热管技术

7.4.1 热管的工作原理

热管（heat pipe）是 1963 年美国 Los Alamos 国家实验室的 George Grover 发明的一种传热元件，它充分利用了热传导原理与相变介质的快速热传递性质，透过热管将发热物体的热量迅速传递到热源外，其导热能力超过任何已知金属的导热能力。

典型的热管由管壳、吸液芯和端盖组成，工作原理示意图如图 7-26 所示。

管壳采用金属管，将管内抽成 10^{-4}～1.3×10^{-1}Pa 的负压后充以适量的工作液体，使紧贴管内壁的吸液芯毛细多孔材料中充满液体后加以密封。管的一端为蒸发段（加热段），另一端为冷凝段（冷却段），根据应用需要在两段中间可布置绝热段。工作时，蒸发段（吸热段）的工作液被热管外的热流体加热，吸取潜热蒸发，蒸气经绝热段（保温段）流向冷凝段（散热段），蒸气放出潜热，凝结为液体。蒸气液化释放出来的潜热通过管壁传递给热管外面的冷流体。积聚在冷凝段吸液芯中的凝结液借助吸液芯毛细力的作用返回到加热段再吸热蒸发。工作液的这种循环就把热量从加热段传递到冷凝段。热管在实现这一热量转移的过程中，包含了以下 6 个相互关联的主要过程：

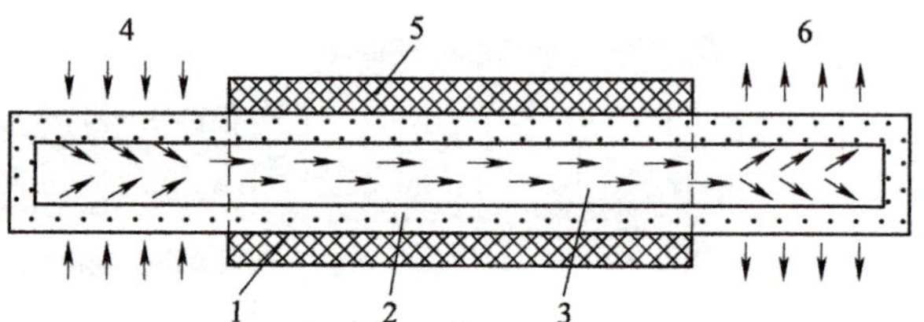

图 7-26　热管结构及工作原理示意图

1—管壳　2—吸液芯　3—工作液蒸气　4—加热段（蒸发段）　5—保温段　6—散热段（冷凝段）

1）热量从热源通过热管管壁和充满工作液体的吸液芯传递到液-气分界面。

2）液体在蒸发段内的液气分界面上蒸发。

3）蒸气腔内的蒸气从蒸发段流到冷凝段。

4）蒸气在冷凝段内的气液分界面上凝结。

5）热量从气液分界面通过吸液芯、液体和管壁传给冷源。

6）在吸液芯内由于毛细作用冷凝后的工作液体回流到蒸发段。

在由热管管束组成的热管传热器中，通过热管这个中间媒介，热流体的热量就可传给冷流体，实现传热过程。为了强化热管外的流体与热管蒸发段、冷凝段的传热过程，在热管的这两个传热段外面常常加翅片。

带有吸液芯的热管具有以下突出优点。

1）传热能力极强。热管内部主要靠工作液体的气、液相变传热，热阻很小，因此具有很高的导热能力。与银、铜、铝等金属相比，单位质量的热管可多传递几个数量级的热量。当然，高导热性也是相对而言的，温差总是存在的，不可能违反热力学第二定律，并且热管的传热能力受到各种因素的限制，存在着一些传热极限；热管的轴向导热性很强，径向并无太大的改善（径向热管除外）。分析证明，一根内、外径分别为 21mm、25mm，蒸发段和冷凝段各长为 1m 的碳钢热管的传热能力大致相当于一根长为 2m、直径为 25mm 的纯铜棒 [$\lambda=400\mathrm{W/(m\cdot K)}$] 导热能力的 1500 倍。

2）热流方向的可逆性，对蒸发段和冷凝段的位置没有任何的限制。一根水平放置的有芯热管，由于其内部循环动力是毛细力，因此任意一端受热就可作为蒸发段，而另一端向外散热就成为冷凝段。

3）热流密度可变性。热管可以独立改变蒸发段或冷却段的加热面积，即以较小的加热面积输入热量，而以较大的冷却面积输出热量，或者热管可以较大的传热面积输入热量，而以较小的冷却面积输出热量，这样可以改变热流密度，解决一些其他方法难以解决的传热难题。

4）优良的等温性。热管内腔的蒸气处于饱和状态，饱和蒸气的压力取决于饱和温度，饱和蒸气从蒸发段流向冷凝段所产生的压降很小，根据热力学中的方程式可知，温降也很小，因而热管具有优良的等温性。

当加热段在下，冷却段在上，热管呈竖直放置时，工作液体的回流靠重力足可满足，无须毛细结构的管芯，这种不具有多孔管芯的热管被称为重力热管或热虹吸管。重力热管结构简单，主要由管壳、端盖、工质三部分组成，工作原理如图 7-27 所示。

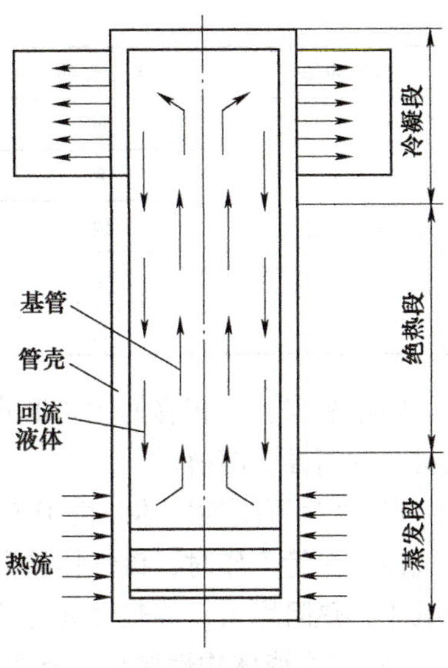

图 7-27 重力热管工作原理示意图

重力热管的工作介质积聚在热管的底部，当该处受到热管外流体加热时，工作液体蒸发，其中蒸气上升到热管上半部被管外流体冷却而凝结成液体，凝结液在重力作用下沿内壁流下返回到蒸发段而完成一个循环。这样，通过工作液体的不断蒸发、凝结，把热管下半部热源的热量连续地传递到热管上半部的冷源中去。重力热管中应用最广的是钢-水热管，目前广泛应用于节能（余热回收）领域。

由于重力热管内没有吸液芯这一重要特点，所以和普通热管相比，不仅热阻小、热响应快、结构简单、制造方便、成本低廉，而且传热性能优良、没有毛细极限的传热限制、工作可靠，因此在地面上的各类传热设备中都可作为高效传热元件，其应用领域与日俱增。

7.4.2 热管壳体材料与工质之间的相容性及寿命

热管的相容性是指热管在预期的设计寿命内，管内工作液体同壳体不发生显著的化学反应或物理变化，或有变化但不足以影响热管的工作性能。相容性在热管的应用中具有重要的意义。只有长期相容性良好的热管，才能保证稳定的传热性能、长期的工作寿命及工业应用的可能性。如果两者不相容，则经过长时间的运行后，不凝结气体或表面沉积物会大大影响相变传热的效果。碳钢-水热管正是通过化学处理的方法，有效地解决了碳钢与水的化学反应问题，才使得碳钢-水热管这种高性能、长寿命、低成本的热管得以在工业中大规模推广使用。表 7-3 列出了在常见的使用温度范围内，热管常用的工质及其相容的金属材料性质。

表 7-3 热管常用的工质及其相容的金属材料性质

热管种类	工作介质	相容材料	工作温度/℃
低温热管	氨	铝、低碳钢、不锈钢	-60~100
常温热管	己烷	黄铜、不锈钢	0~100
	丙酮	铝、铜、不锈钢	0~120
	乙醇	铜、不锈钢	0~130
	甲醇	铜、碳钢、不锈钢	12~130
	甲苯	不锈钢、低碳钢、低合金钢	0~290
	水	铜、内壁经过化学处理的碳钢	20~250
中温热管	萘	铝、不锈钢、碳钢	147~350
	联苯	碳钢、不锈钢	147~300
	导热姆 A	铜、碳钢、不锈钢	150~395
	导热姆 E	不锈钢、碳钢、镍	147~300
	汞	奥氏体不锈钢	250~650

（续）

热管种类	工作介质	相容材料	工作温度/℃
高温热管	钾	不锈钢	400～1000
	铯	钛、铌	400～1100
	钠	不锈钢、Ni-Cr 系奥氏体耐热合金	500～1200
	锂	钨、钽、钼、铌	1000～1800
	银	钨、钽	1800～2300

归结起来，不相容的主要形式有以下三方面：产生不凝性气体；工作液体物性恶化；管壳材料的腐蚀、溶解。

1）产生不凝性气体。由于工作液体与管壳材料发生化学反应或电化学反应，产生不凝性气体，热管工作时，该气体被蒸气流吹扫到冷凝段聚集起来形成气塞，从而使有效冷凝面积减小，热阻增大，传热性能恶化，传热能力降低甚至失效。

2）工作液体物性恶化。有机工作介质在一定温度下，会逐渐发生分解，这主要是由于有机工作液体的性质不稳定，或与壳体材料发生化学反应，使工作介质改变其物理性能，如甲苯、烷、烃类等有机工作液体易发生该类不相容现象。

3）管壳材料的腐蚀、溶解。工作液体在管壳内连续流动，同时存在着温差、杂质等因素，使管壳材料发生溶解和腐蚀，流动阻力增大，使热管传热性能降低。当管壳被腐蚀后，引起强度下降，甚至引起管壳的腐蚀穿孔，使热管完全失效。这类现象常发生在碱金属高温热管中。

7.4.3 热管的应用

热管是依靠自身内部工作液体相变来实现传热的传热元件，具有很高的导热性、优良的等温性、热流密度可变性、热流方向的可逆性、可远距离传热性能、恒温特性（可控热管）、热二极管与热开关性能等一系列优点，并且由热管组成的换热器具有传热效率高、结构紧凑、流体摩擦损失小等优点。由于其特殊的传热特性，因而可控制管壁温度，避免露点腐蚀，因此热管技术被广泛应用在航空航天、太阳能利用、电力、化学工业、石油化工、建材、建筑、纺织、冶金工业、电子工业、动力机械以及低温热管等行业。

1. 在航空航天领域中的应用

热管是适应航天技术的发展要求而发展的，其超导热性以及等温性使它成为宇航技术中控制温度的理想工具。航天领域中对热管运行的可靠性及其本身的各种性能都有严格要求，这也促进了热管技术的发展。如等温蜂窝板、超声速热管机翼以及大型空间站热管散热器等。热管在航天器上用于以下两个方面：

1）使航天器结构或内部设备等温化。利用热管使航天器外部结构各部分减小温差，实现部分等温化，以改善太阳能电池的工作温度条件，提高输出功率。实现仪器舱结构和内部仪器的温度均匀化，改善工作温度条件。美国一技术卫星的柱体为 1.5m×1.5m 的圆柱，在未装热管前，向阳面与背阳面的温差达 145℃，而安装了 8 根热管后温差减小到 17℃（见图 7-28）。由于向阳面温度的大幅度降低，太阳能电池的输出功率增加了 20%，而安装热管仅使卫星质量增加了 5%。

2）解决航天器所载电子设备、元器件的散热问题。应用热管可以把热量分布到较大的散热面（辐射板）上，变成低热流密度的热量向外排散。这种把可变热导热管和辐射板组合在一起的装置称为可变热导热管辐射器。一些通信卫星使用可变热导热管辐射器解决了电子设备的散热和温度控制问题。此外，这类热管在航天器空间制冷技术中也得到了应用。

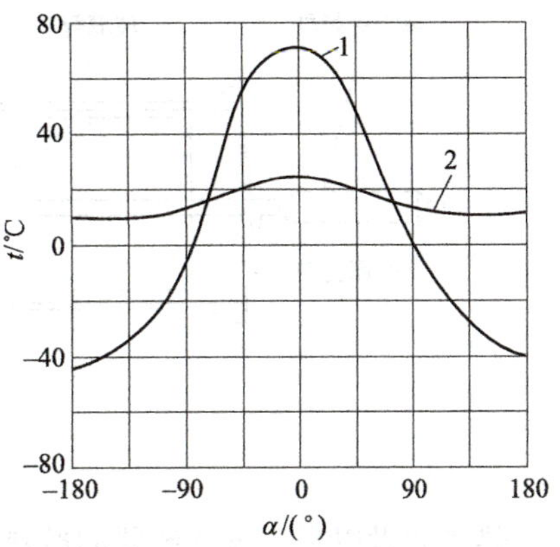

图 7-28 热管用于卫星表面等温化

1—用热管前 2—用热管后

航天器的微小型化对热控系统提出了新的要求和挑战。热控系统除了具备微小型的尺寸、轻质的特性外，还必须具备高热流密度散热能力。微机电系统（micro electro mechanical system，MEMS）技术的发展为解决星载微机电系统高热流密度、微尺度散热问题提供了新思路，通过 MEMS 技术可将整个热控系统安装在线路板上，从而实现基于 MEMS 的微型热控系统集成。这种线路板级的散热系统使冷媒与热源间的距离缩短，降低了传热热阻，从而解决了微小空间系统的散热问题。典型的微型热传输技术如微型泵驱动流体回路、微型环路热管等，其极限热流密度可以达到 $100W/cm^2$以上。

2. 在太阳能利用中的应用

太阳能是一种清洁、高效的能源。热管的诸多优点加之其热二极管性，防止了太阳能系统的逆循环，使得热管成为太阳能系统中传热元件的良好选择。热管式真空集热管及其太阳能集热器、太阳能热水器都已成为我国太阳能行业中的高科技产品，也成为国际市场中极具竞争力的太阳能产品。

热管式真空集热管由热管冷凝段、热管蒸发段、金属吸热板、玻璃管、金属封盖、弹簧支架、蒸散型消气剂和非蒸散型消气剂等部分构成，其中热管又包括蒸发段和冷凝段两部分，如图 7-29 所示。

在热管式真空集热管工作时，太阳辐射穿过玻璃管后投射在金属吸热板上。吸热板吸收太阳辐射并将其转换为热能，再传导给紧密结合在吸热板中间的热管，使热管蒸发段内的工质迅速汽化。工质蒸气上升到热管冷凝段后，在较冷的内表面上凝结，释放出蒸发潜热，将热量传递给集热器的传热工质，凝结后的液态工质依靠其自身的重力流回到蒸发段，然后重复上述过程。

目前国内大都使用铜-水热管，国外也有使用有机物质作为热管工质的，但必须满足工质与热管材料的相容性。由于采用了热管技术，热管式真空集热管具有许多优点：真空集热管内没有水，因此耐冰冻，即使在 −40 °C 的环境温度下也冻不坏；热管工质的热容量小，因此真空集热管启动快；热管有热二极管效应，热量只能从下部传递到上部，而不能从上部传递到下部，因而真空集热管具有保温好等优点。

3. 在电子领域中的应用

电子技术在近年来迅速发展，电子器件的高频、高速以及集成电路的密集和小型化使得单位体积电子器件的发热量快速提高，而电子器件正常工作必须在一定的温度范围之内，电子器件的散热成为其发展的一个瓶颈。因此，电子技术的发展需要有良好的散热手段来保证。

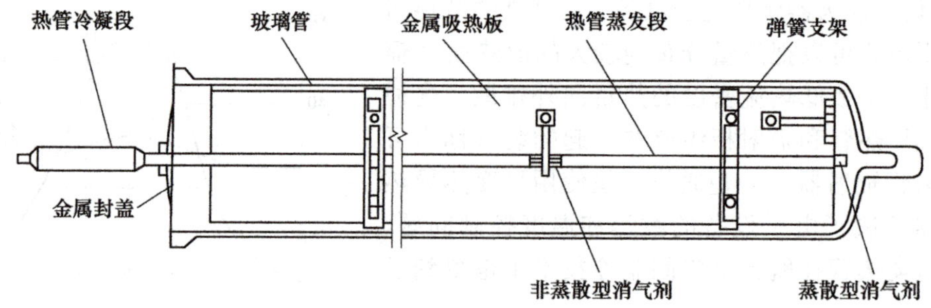

图 7-29　热管式真空集热管

热管问世以来，电子装置的散热系统有了新的发展。热管热流密度的可调节性使它可以用于高热流密度的电子元器件。热管的应用范围迅速扩大，因为热管自然冷却散热系统不需要风扇、没有噪声、免维修、安全可靠；热管强制风冷甚至可以取代水冷系统，节约水资源和相关辅助设备投资。此外，热管散热还能将发热件集中，甚至密封，而将散热部分移到外部或远处，能防尘、防潮、防爆，提高电气设备的安全可靠性和应用范围。近年来，大功率电子器件的冷却上采用了热管，取得了较好效果。如图 7-30 所示，热管的蒸发段用来冷却高热流密度的大功率晶体管，而用扩大冷凝段面积的方法使冷凝段仍然可以采用常规的空气对流传热方式来冷却。热管还广泛应用于计算机芯片和主板的冷却技术中（见图 7-31），多根热管并联使用可增强散热效果。冷凝器侧敷设有翅片；两个蒸发器用薄铜板紧密相连，该铜板紧贴于芯片上。

4. 低温热管的应用

低温热管技术是 20 世纪 60 年代发展起来的，是不需要外加动力、用于寒区土木工程中的冷冻技术。近 20 年来，热管技术在交通工程上的应用领域有很大的拓展，解决了很多问题，例如高寒高海拔地区的道路、桥梁、石油管线的保护，越来越多地依赖热管元件。最具有代表性的是我国青藏铁路的建设，青藏铁路穿过很多冻土区域，因环保的要求，不能随意采取措施来保护铁路而去破坏土壤环境，热管不但能满足环保的要求，而且能满足保护铁路的要求，如图 7-32 所示。此外，佳木斯机场利用低温热管技术保持地表面温度始终为 4℃，保持机场不积雪；辽河油田利用低温热管保持井口处冻土不冻，保证原油顺利输送。

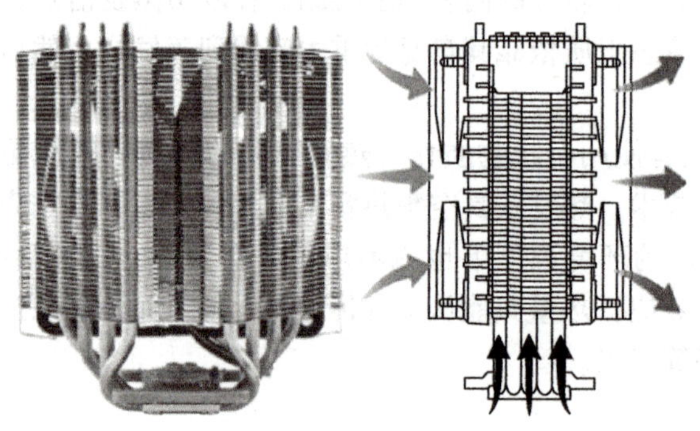

图 7-30　热管应用于大功率晶体管冷却

图 7-31　计算机芯片冷却用热管

低温热管的工作原理如下：将装液氮工质的重力热管插入冻土层。在寒季，空气的温度

图 7-32 低温热管应用

低于冻土的温度，热管中的液体工质吸收冻土中的热量，蒸发成气体，蒸气在压力差的驱动下沿热管腔向上流动至上部，遇到较冷的管壁放出汽化潜热，冷凝成液体，液体工质在重力作用下流回蒸发段再蒸发，如此循环，把冻土中的热量源源不断地传输到大气中。在暖季，空气中的温度高于冻土的温度，液体工质蒸发的蒸气到上部后，由于管壁温度较高，蒸气不能冷凝，达到气液相平衡后，液体停止蒸发，热管停止工作（重力热管的单向传热特性），大气中的热量不会传到冻土中。这样就始终保持冻土中的温度是上高下低，不会使冻土中的泥土从下开始融化而形成翻浦。

此外，热管及热管换热器近年来在石油化工领域中的应用已越来越受人们的重视，它具有体积紧凑、压力降小、可以控制露点腐蚀等优点，提高了设备的运行效率和可靠性。它在石化领域的应用可谓是无所不在，如合成氨工业、硫酸工业的余热回收利用，在石化领域中热管裂解炉、热管乙苯脱氢反应器、热管氧化反应器、催化裂化再生取热器等。

在电力工业中，热管换热器可作为各种锅炉的尾部受热面。如热管式空气预热器可替代传统的回转式空气预热器和列管式空气预热器，提高受热面壁温，避免露点腐蚀，提高炉膛进风温度和炉膛含氧量，减少漏风，延长锅炉运行周期；应用于电力输送线路的保护，高海拔及寒冷地区的电力输送塔、变电站等都需要热管来保护其地基不会因季节变化而过度膨胀或者融沉。

习 题

7.1 为什么蒸气中含有不凝结气体会影响凝结换热的强度？

7.2 空气横掠管束时，沿流动方向管排数越多，换热越强，而蒸气在水平管束外凝结时，沿液膜流动方向管束排数越多，换热强度越低。试对上述现象做出解释。

7.3 在电厂动力冷凝器中，主要冷凝介质是水蒸气，而在制冷剂（氟利昂）的冷凝器中，冷凝介质是氟利昂蒸气。在工程实际中，常常要强化制冷设备中的凝结换热，而对电厂动力设备一般无须强化。试从传热角度加以解释。

7.4 两滴完全相同的水滴在大气压下分别滴在表面温度为 120℃ 和 400℃ 的铁板上，试问滴在哪块板上的水滴先被烧干？为什么？

7.5 一横管，长度为直径的256倍，水蒸气在其表面发生层流膜状凝结。如果把管子竖放，在其他条件不变时，其平均表面传热系数将是横管的多少倍？

7.6 一块0.5m×0.5m的正方形竖板，其表面温度均匀为84℃，一侧暴露在压力为1.01325×10^5Pa的饱和水蒸气中。试确定：

1）竖板沿高度方向中间位置和底部的局部表面传热系数。

2）整个竖板的平均表面传热系数。

3）平板上凝结液的凝结率。

7.7 一竖直壁面被置于饱和水蒸气中，如将壁面高度增加为原来的n倍，其他条件不变，且液膜仍然处于层流状态，则凝结表面传热系数和凝结量将如何变化？

7.8 压力为1.013×10^5Pa的饱和水蒸气在一根长为1m的水平管外凝结，管子外表面温度为70℃。为使凝结量为125kg/h，试求管子的外径。

7.9 压力为5×10^5Pa的饱和水蒸气，在直径为16mm，长为2.4m的水平单管外凝结，为获取23.4kg/h的凝结水量，试确定管子外表面的温度。

7.10 锅炉总面积为$2m^2$，管子材料为不锈钢，壁温为150℃，产生压力为3.61×10^5Pa的饱和水蒸气。求每小时所产生的水蒸气量。

7.11 压力为3.61×10^5Pa的饱和水蒸气由直径为5cm的电加热铜棒产生，铜棒表面温度高于饱和温度5℃。要维持90kg/h的产汽率，需要多长的铜棒？

7.12 一直径为23cm的铜质水壶以18kg/h的速率在大气压力下使水沸腾而变成水蒸气。试确定：

1）水壶底表面的温度。

2）水的临界热流密度。

7.13 直径为5mm，长为100mm的机械抛光不锈钢薄壁管，被置于压力为1.013×10^5Pa的水容器中，水温已接近饱和温度。对该不锈钢管两端通电以作为加热表面。试计算当加热功率为1.9W和100W时，水与钢管表面间的表面传热系数。

第 8 章

辐射换热的基本定律

本章介绍热辐射的有关基本概念和基本定律，为研究物体间的辐射换热过程和定量计算提供基础知识。物体的热辐射是物体对外发射波长范围在 0.1~100μm 电磁波，该电磁波具有热的效应。不同物体的表面特性以及其自身的温度不同，使得它对外发射热辐射的能力不同。因此，在讨论物体的热辐射之前，首先要讨论它的表面发射和吸收等特性，然后介绍物体对外发射的热辐射的量，即辐射强度和辐射力。在这些基础上，进一步讨论计算物体辐射力的三个重要的基本定律。通常物体的吸收和发射特性与物体的自身温度及外来辐射的波长等有关，因此表征其表面辐射特性的重要参数——吸收率和发射率等往往是波长的函数，因此，在计算某特定波长范围的热辐射时，就涉及一个黑体辐射函数。学习本章时要深刻理解有关的基本概念，并熟练掌握应用黑体辐射函数的计算。

8.1 热辐射的基本概念

由于物体内部微观粒子的热运动（或者说由于物体自身的温度）而使物体向外发射辐射能的现象称为热辐射。从本质上看，热辐射是物体由于热的原因向外发射电磁波的过程。电磁波的波长范围很广，如图 8-1 所示。只有波长范围在 0.1~100μm 的电磁波才具有热的效应，它们称为热射线，包括可见光、部分红外线和紫外线。可见光的波长范围为 0.38~0.76μm。当物体的温度比较低时，它发出的热辐射为红外线，如在工业实践中低于 2000K 时，物体发出的红外辐射的波长在 0.75~20μm。太阳的温度大约为 5800K，它发出的辐射主要集中在 0.2~2μm，其中可见光大约占太阳辐射总能量的 45%。

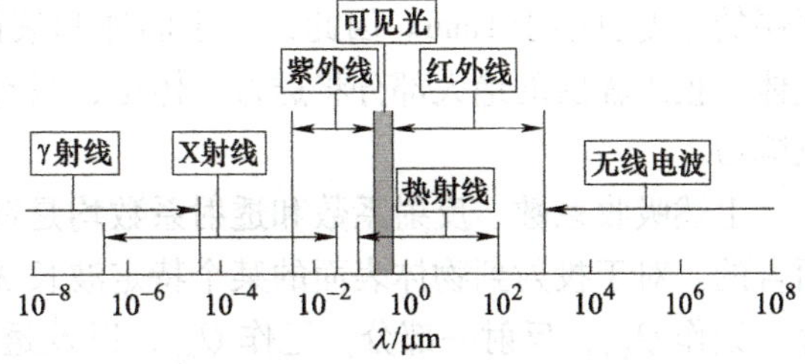

图 8-1 电磁波的波长范围

热辐射是一种电磁波，它也具有电磁波的一些特性。热辐射的传播无须借助任何介质，可在真空中进行。太阳辐射能够穿过浩瀚的太空到达地面，为地球上的一切生命活动提供了无尽的能源。这是辐射传热和导热、对流换热的不同点，导热和

对流都需要一定的介质。热辐射的电磁波是物体内部的微观粒子的热运动状态发生改变时激发出来的能量，只要物体温度高于绝对零度，就不停地向外辐射能量。同时，物体也在不断地吸收来自其他物体的热辐射。当物体和环境处于热平衡时，它们之间的辐射换热依然在进行，只是它们之间的辐射净换热量为零。因此，物体间的辐射换热是一种动平衡。在辐射换热过程中，不仅有能量的转移，而且有能量的转换，即当物体发射辐射时，其热能转换为辐射能，而物体吸收辐射时，辐射能又转换为物体的热能。不同的物体发射辐射和吸收外来辐射的能力不同，也就是物体的表面辐射特性不同。这些表面辐射特性可用其对外来辐射的吸收、反射与透射特点来描述。

8.1.1 吸收、反射与透射

如图 8-2 所示，有一个表面受到外来的一个热辐射的作用。单位时间内投射到单位面积物体表面上的全波长范围内的辐射能称为投入辐射，记作 Q，单位为 $\mathrm{W/m^2}$。投入辐射的一部分被物体所吸收，转化为物体的热能，记作 Q_α；一部分被物体所反射，记作 Q_ρ；一部分透过物体，记作 Q_τ。被物体所吸收的部分辐射能与投入物体表面的总辐射能（投入辐射）的比，称为物体的吸收系数，或吸收率、吸收比，记作 α，表示为

$$\alpha = \frac{Q_\alpha}{Q} \tag{8-1a}$$

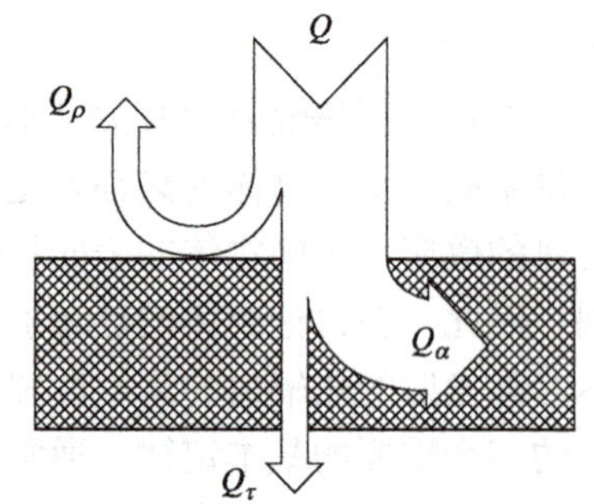

图 8-2 物体对投入辐射的吸收、反射和透射

同样，被物体反射的部分辐射能与投入辐射的比称为物体的反射系数，或反射率、反射比，表示为

$$\rho = \frac{Q_\rho}{Q} \tag{8-1b}$$

透过物体的部分辐射能与投入辐射的比称为物体的透射系数，或透射率、透射比，表示为

$$\tau = \frac{Q_\tau}{Q} \tag{8-1c}$$

显然，

$$\alpha + \rho + \tau = 1 \tag{8-2}$$

当热辐射投射到固体或液体表面时，一部分被反射，其余部分在很薄的表面层内被完全吸收。对于金属，这一表面层的厚度只有 1μm 的量级；对于绝大多数非金属材料，这一表面层的厚度也小于 1mm。因此，对于固体和液体，可认为对热辐射的透射率为零。而对于气体，投入辐射的绝大部分将透过气体层，只有少数气体对特定波长的热辐射具有一定的吸收能力。

上述吸收系数、反射系数和透射系数均是针对投射到物体表面的全部波长范围的热辐射而言的。对于投射到物体表面的某个特定波长 λ 的热辐射能 Q_λ，物体表面同样会吸收一部分，记作 $Q_{\lambda\alpha}$，反射一部分，记作 $Q_{\lambda\rho}$，以及透射一部分，记作 $Q_{\lambda\tau}$。则该物体对某个波长的热辐射所吸收、反射和透射的部分辐射能与该波长的投入辐射的比，分别称为**光谱吸收率（或单色吸收率）**、**光谱反射率（或单色反射率）**和**光谱透射率（或单色透射率）**，表示为

$$\alpha_\lambda = \frac{Q_{\lambda\alpha}}{Q_\lambda} \tag{8-3a}$$

$$\rho_\lambda = \frac{Q_{\lambda\rho}}{Q_\lambda} \tag{8-3b}$$

$$\tau_\lambda = \frac{Q_{\lambda\tau}}{Q_\lambda} \tag{8-3c}$$

显然有，

$$\alpha_\lambda + \rho_\lambda + \tau_\lambda = 1 \tag{8-4}$$

单色投入辐射在全部波长范围积分即为总的投入辐射，即

$$Q = \int_0^\infty Q_\lambda \mathrm{d}\lambda$$

物体对总的投入辐射的吸收量为其单色吸收量的积分：

$$Q_\alpha = \int_0^\infty \alpha_\lambda Q_\lambda \mathrm{d}\lambda$$

因此，可知物体的吸收率与单色吸收率有如下关系：

$$\alpha = \frac{\int_0^\infty \alpha_\lambda Q_\lambda \mathrm{d}\lambda}{\int_0^\infty Q_\lambda \mathrm{d}\lambda} \tag{8-5}$$

同理，物体的反射率、透射率与其单色反射率、单色透射率间的关系为

$$\rho = \frac{\int_0^\infty \rho_\lambda Q_\lambda \mathrm{d}\lambda}{\int_0^\infty Q_\lambda \mathrm{d}\lambda} \tag{8-6}$$

$$\tau = \frac{\int_0^\infty \tau_\lambda Q_\lambda \mathrm{d}\lambda}{\int_0^\infty Q_\lambda \mathrm{d}\lambda} \tag{8-7}$$

α_λ、ρ_λ、τ_λ 是物体的辐射特性，取决于物体的种类、温度和表面状况，一般是波长 λ 的函数。图 8-3、图 8-4 给出了几种金属和非金属材料在室温下的光谱吸收率随波长的变化。可以看出，有些材料，如磨光的铜和铝，光谱吸收比随波长变化不大；但有些材料，如阳极氧化的铝、粉墙面、白瓷砖等，光谱吸收率随波长变化很大。这种辐射特性随波长变化的性质称为辐射特性对波长的选择性。

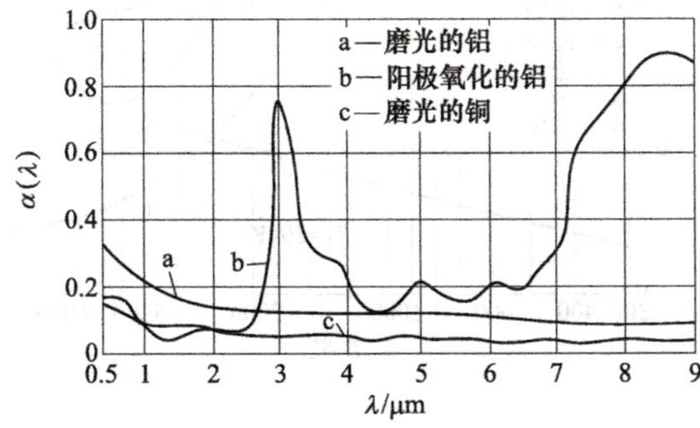

图 8-3 几种金属材料的光谱吸收比

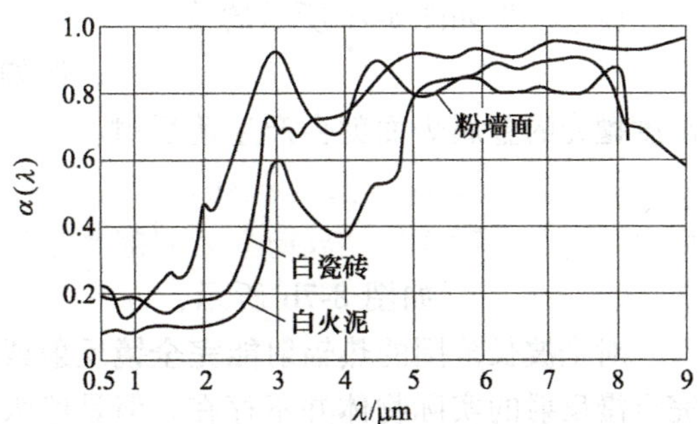

图 8-4 几种非金属材料的光谱吸收比

玻璃和一些塑料薄膜能让太阳辐射中的可见光（短波）大部分透射而对低温表面发出的红外辐射（长波）大部分吸收，从而使得在覆盖了玻璃或塑料薄膜的房间或大棚，在白天能让阳光进入，同时有效地阻止房间或大棚内的地面、墙面及物体发出的红外辐射能量的离开，达到温室的效果。图 8-5 所示为浮法玻璃的光谱吸收率、发射率和透射率随投入辐射波长的分布，在短波范围，如可见光和近红外范围，它的透射率很高，吸收率和反射率都很低，保证了可见光能有效地透过玻璃进入室内。而对于室内物体发出的长波红外辐射，它的吸收率很高，透射率为零，使室内的热量难以以热辐射的方式离开。

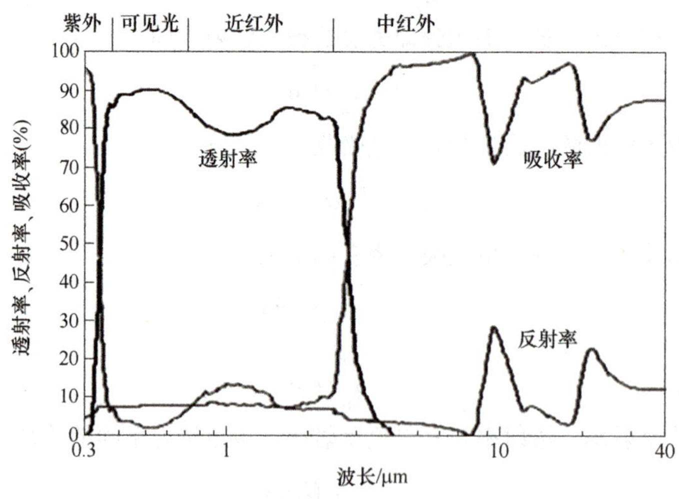

图 8-5　浮法玻璃的辐射光谱特性

由式（8-5）~式（8-7）可知，物体的总的吸收率 α、反射率 ρ、透射率 τ 不仅取决于物体的种类、温度及表面性质，还与投入辐射的波长分布有关，因此和投入辐射能的发射体的温度有关。图 8-6 绘出了一些材料在室温（$T_1=294\text{K}$）下对黑体辐射的吸收率随黑体温度 T_2 的变化。

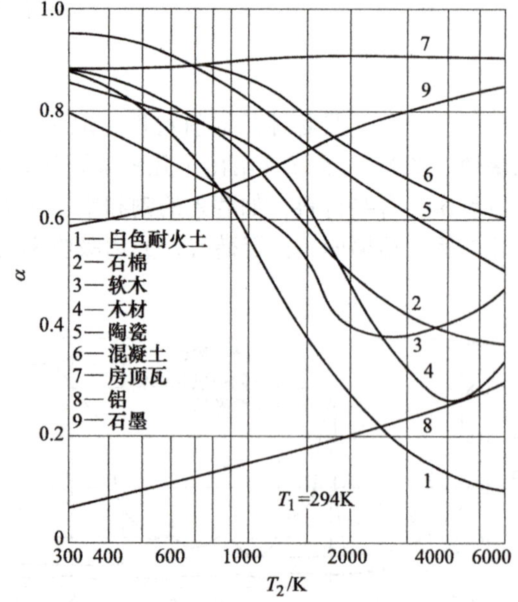

图 8-6　不同材料对黑体辐射的吸收率随该黑体温度的变化

物体表面对热辐射的反射情况取决于物体表面的粗糙程度和投入辐射能的波长。当物体表面粗糙尺度小于投入辐射能的波长时，就会产生如图 8-7a 所示的情况，投入辐射的入射角等于反射角，称为镜反射，例如高度抛光的金属表面就会产生镜反射。当物体表面粗糙尺度大于投入辐射能的波长时，被反射的辐射能在物体表面上方空间各个方向上均匀分布，如图 8-7b 所示，称为漫反射。对全波长范围的热辐射能完全镜反射或完全漫反射的实际物体并不存在，但是绝大多数工程材料对热辐射的反射都近似于漫反射。

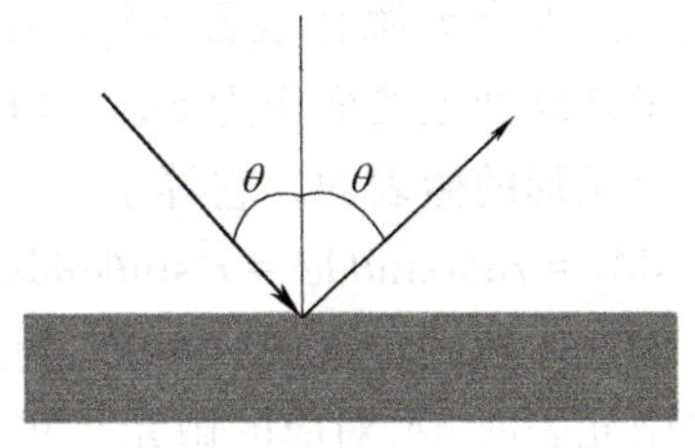

a) 镜反射

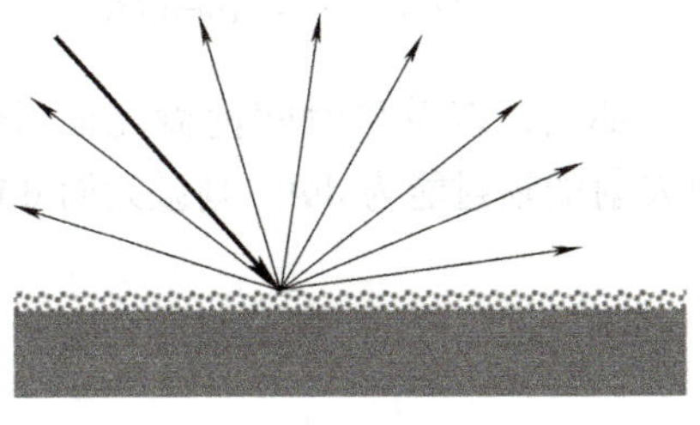
b) 漫反射

图 8-7　镜反射和漫反射

8.1.2　灰体与黑体

由于物体的单色辐射特性（α_λ、ρ_λ、τ_λ）与热辐射的波长有关，因此使得工程上在计算辐射换热时比较麻烦，因此引入一种光谱辐射特性不随波长而变化的假想物体，称为灰体。也就是说，灰体的光谱辐射特性（α_λ、ρ_λ、τ_λ）都是常数。则由式（8-5）~式（8-7）可得

$$\begin{cases}\alpha = \alpha_\lambda \\ \rho = \rho_\lambda \\ \tau = \tau_\lambda\end{cases} \tag{8-8}$$

实际物体单色辐射特性随波长的变化给辐射换热计算带来很大的困难，因此才引进单色辐射特性不随波长变化的假想物体——灰体的概念。由于工程上的热辐射主要位于0.76~10μm 的红外波长范围内，绝大多数工程材料的单色辐射特性在此波长范围内变化不大，因此在工程计算时可以近似地当作灰体处理，不会产生很大的误差。

吸收率 $\alpha=1$ 的物体称为绝对黑体，简称黑体。黑体是对辐射具有最大吸收能力的物体。反射率 $\rho=1$ 的物体称为镜体，也称为白体。透射率 $\tau=1$ 的物体称为绝对透明体。它们都是理想物体，在自然界中并不存在。在特殊条件下可以构造出人工黑体，如图 8-8 所示的开有小孔的空腔，它的内表面的吸收率较高，空腔的壁面上有一个小孔。当小孔的尺寸与空腔的尺寸相比很小时，则从小孔进入空腔的辐射能经过空腔壁面的多次吸收和反射后，几乎全部被吸收，相当于小孔的吸收率接近于 1，即接近于黑体。在第 9 章中的辐射换热计算中我们会知道当小孔的孔径为何值时该黑体模型可接近于黑体。

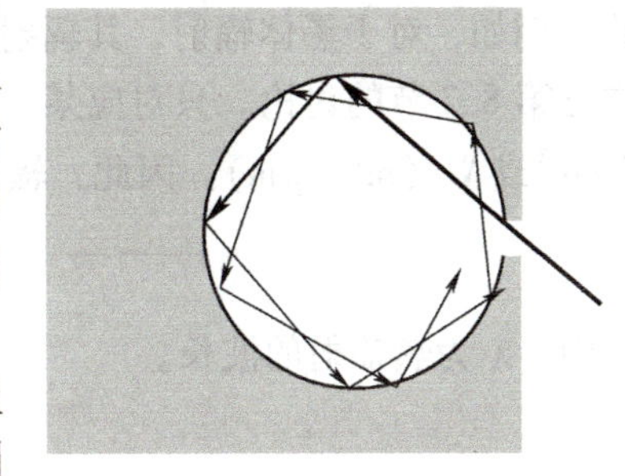
图 8-8　人工黑体模型

这里所说的黑体和白体，都是针对物体对热辐射的吸收和反射能力来说的。日常生活中的黑颜色和白颜色，则是对太阳辐射中的可见光的反射而说的。而可见光在热辐射的波长范围中只占很小部分，所以不能凭物体颜色的黑白来判断它对热辐射的吸收率的大小。例如，白雪对红外线的吸收率高达 0.94，对可见光来说，雪是白色的，对红外辐射来说，雪则接近于黑体。白布和黑布对可见光的吸收率差别很大，但对红外线的吸收率基本相同。

8.1.3　辐射强度

物体对外发射辐射是向该物体表面以上的整个半球空间发射的。因此，在讨论物体表面发射的辐射能在半球空间的分布特点的时候，就不得不涉及空间立体角的概念。空间立体角定义为半径为 r 的球面上的面积 A 与球心所对应的空间角度，用 Ω 表示，单位为球面度，用 sr 表示。

$$\Omega = \frac{A}{r^2} \tag{8-9}$$

由式（8-9）可知整个半球空间所对应的空间立体角为 2πsr。如图 8-9 所示，有一个发

射热辐射的微元物体表面 dA_1，在 θ 方向对应的半球球面上的面积为 dA_2，dA_2可近似看作一个矩形的微表面，它等于：

$$dA_2 = rd\theta r\sin\theta d\varphi = r^2\sin\theta d\theta d\varphi \quad (8\text{-}10)$$

由立体角的定义式（8-9）及式（8-10）可得微元表面 dA_1对应的微元空间立体角：

$$d\Omega = \frac{dA_2}{r^2} = \sin\theta d\theta d\varphi \quad (8\text{-}11)$$

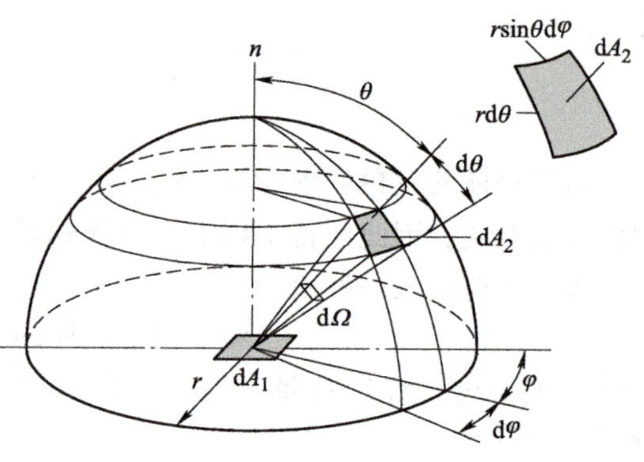

图 8-9 立体角

那么，若单位时间内微元面 dA_1 向 dA_2 所发射的辐射能为 $d\Phi$，则微元面 dA_1的单位投影面积所发出的包含在单位立体角内的辐射能，称为辐射强度，或称为定向辐射强度，单位是 W/(m² · sr)，辐射强度 $L(\theta)$ 可由式（8-12）表示：

$$L(\theta) = \frac{d\Phi}{dA_1\cos\theta d\Omega} \quad (8\text{-}12)$$

式（8-12）表明，辐射强度不仅取决于物体种类、表面性质、温度，还与方向有关。

8.1.4 辐射力

在单位时间内，单位面积的物体表面向半球空间发射的全部波长的辐射能总和称为该物体表面的辐射力，用符号 E 表示，单位为 W/m²。它从总体上反映物体发射热辐射的能力的大小。在不同温度和表面性质条件下，物体表面所发射出的不同波长的辐射能的多少是不同的。例如，对于黑体辐射，其辐射力与波长和温度等的关系由普朗克（Planck）定律决定，详见第 8.2 节的讨论。只对应某一波长辐射能的辐射力称为光谱辐射力，记作 E_λ，单位为 W/m³或 W/(m² · μm)。因此，辐射力和光谱辐射力的关系为

$$E = \int_0^\infty E_\lambda d\lambda \quad (8\text{-}13)$$

式中，λ 为热辐射的波长。

在单位时间内，单位面积物体表面向某个方向发射的单位立体角内的辐射能称为定向辐射力，记作 E_θ，单位是 W/(m² · sr)。辐射力和定向辐射力的关系为

$$E = \int_{\Omega=2\pi} E_\theta d\Omega \quad (8\text{-}14)$$

由定向辐射力和辐射强度的定义，有：

$$E_\theta = L(\theta)\cos\theta \quad (8\text{-}15)$$

因此，式（8-14）还可表示为式（8-16）：

$$E = \int_{\Omega=2\pi} L(\theta)\cos\theta d\Omega \quad (8\text{-}16)$$

8.2 黑体辐射的基本定律

黑体辐射的基本定律包括普朗克定律、斯特藩-玻尔兹曼定律和朗伯定律。普朗克定律从理论上确定了黑体辐射的光谱分布规律。斯特藩-玻尔兹曼定律确定了黑体的辐射力与热

力学温度之间的关系。郎伯定律确定了黑体辐射强度所遵循的空间分布规律。

8.2.1　普朗克定律

8-1 科学家普朗克生平

1900 年，**普朗克**（M. Planck）在量子理论的基础上，给出黑体的光谱辐射力的计算公式：

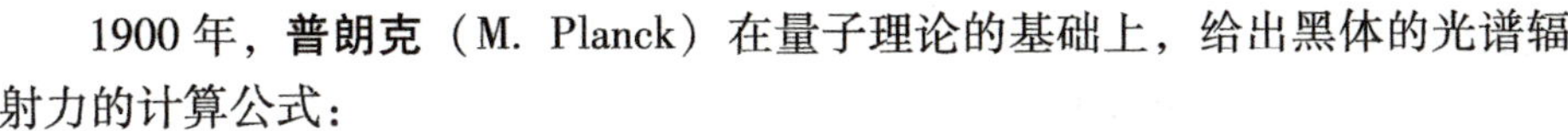

$$E_{b\lambda}=\frac{C_1\lambda^{-5}}{e^{C_2/(\lambda T)}-1} \tag{8-17}$$

式中，$E_{b\lambda}$为黑体的光谱辐射力（W/m^3）；C_1为普朗克第一常数，$C_1=3.743\times10^{-16}\ W\cdot m^2$；$C_2$为普朗克第二常数，$C_2=1.439\times10^{-2}\ m\cdot K$，$T$为热力学温度（K），$\lambda$为波长（m）。普朗克定律对物理学的发展做出了很大的贡献。图 8-10 是在不同温度时由式（8-17）绘出的黑体的光谱辐射力随波长的分布。从图 8-10 可以看出，温度越高，同一波长下的光谱辐射力越大。在一定的温度下，黑体的光谱辐射力随波长连续变化，并在某一波长下具有最大值。随着温度的升高，光谱辐射力取得最大值的波长 λ_{max}越来越小，即在 λ 坐标中的位置向短波方向移动。

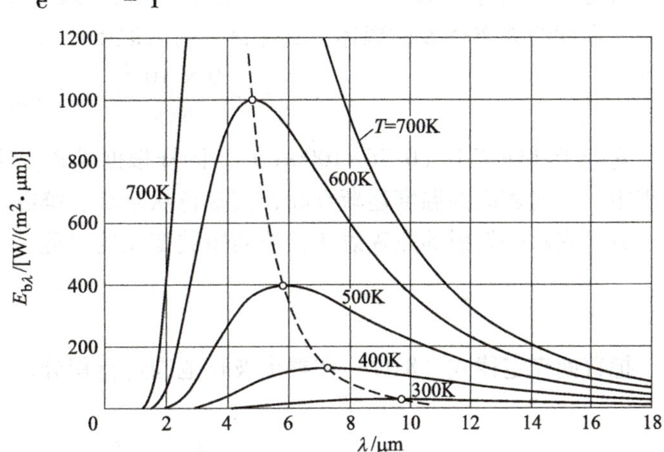

图 8-10　黑体的光谱辐射力随波长的分布

在温度不变的情况下，由普朗克定律表达式［式（8-17）］求极值，得黑体的光谱辐射力 $E_{b\lambda}$为最大值时的波长 λ_{max}与热力学温度 T 之间的关系：

$$\lambda_{max}T=2.8976\times10^{-3}m\cdot K\approx2.9\times10^{-3}m\cdot K \tag{8-18}$$

式（8-18）反映了波长 λ_{max}与热力学温度 T 成反比的规律，称为维恩位移定律。

维恩（Wien，1864 年—1928 年）因发现维恩位移定律和建立了黑体辐射按波长分布的维恩公式[⊖]，获得了 1911 年诺贝尔物理学奖。不过维恩公式在短波波段与试验符合得很好，但在长波波段与试验有明显的偏离。后来普朗克（M. Planck）在量子理论的基础上得到的

⊖ 维恩公式是计算黑体短波段的辐射力的公式，它的表达式为：$E_{b\lambda}=\frac{C_1\lambda^{-5}}{e^{C_2/(\lambda T)}}$。当 $C_2/(\lambda T)\gg1$ 时，由普朗克定律，式（8-17），$E_{b\lambda}=\frac{C_1\lambda^{-5}}{e^{C_2/(\lambda T)}-1}\approx\frac{C_1\lambda^{-5}}{e^{C_2/(\lambda T)}}$，这就是维恩公式。当 $\lambda T=2898\mu m\cdot K$ 时，由维恩公式和普朗克定律计算出的黑体辐射力相差 0.7%，在长波波段，$e^{C_2/(\lambda T)}=1+\frac{C_2}{\lambda T}+\frac{1}{2!}\left(\frac{C_2}{\lambda T}\right)^2+\cdots\approx1+\frac{C_2}{\lambda T}$，代入普朗克定律式（8-17），可得黑体在长波波段的辐射力：$E_{b\lambda}=\frac{C_1\lambda^{-5}}{e^{C_2/(\lambda T)}-1}=\frac{C_1\lambda^{-5}}{1+\frac{C_2}{\lambda T}-1}=\frac{C_1}{C_2}\frac{T}{\lambda^4}$，它就是瑞利-金斯公式。当 $\lambda T=100000\mu m\cdot K$ 时，瑞利-金斯公式和普朗克定律计算出的黑体辐射力相差 7.54%。

黑体辐射公式［式（8-17）］则在所有波长范围都能与试验很好地吻合。

8-2
科学家维恩生平

根据维恩位移定律，可以确定任意温度下黑体的光谱辐射力取得最大值的波长。例如，太阳可以近似为表面温度约为5800K的黑体，其光谱辐射力取得最大值的波长为

$$\lambda_{max}=\frac{2.9\times10^{-3}}{5800}\text{m}=0.5\mu\text{m}$$

可见光范围为0.38~0.76μm，因此太阳辐射的最大光谱辐射力的波长位于可见光区段。而对于温度约为2000K的黑体，其光谱辐射力取得最大值的波长为

$$\lambda_{max}=\frac{2.9\times10^{-3}}{2000}\text{m}=1.45\mu\text{m}$$

它处于红外范围（0.76~1000μm）。同样根据维恩位移定律可以很好地解释在工业加热过程中，金属表面的温度逐渐升高，其颜色从暗红、鲜红、橘黄，一直变化到白炽的变化过程，就是它对外发射的热辐射从长波向短波变化的过程。

8.2.2 斯特藩-玻尔兹曼定律

把普朗克定律式（8-17）在整个波长范围进行积分，可得到如式（8-19）所示的黑体辐射力的斯特藩-玻尔兹曼定律：

$$E_b=\sigma T^4 \tag{8-19}$$

式中，σ为斯特藩-玻尔兹曼常数，又称为黑体辐射常数，$\sigma=5.67\times10^{-8}\text{W}/(\text{m}^2\cdot\text{K}^4)$，$T$为黑体表面的热力学温度（K），$E_b$为黑体辐射力（$\text{W/m}^2$）。

它表明了黑体辐射力与其热力学温度呈四次方的关系，因此，斯特藩-玻尔兹曼定律又称为四次方定律。1879年，斯洛文尼亚物理学家**斯特藩**（J. Stefan）在总结试验观测的基础上提出热物体发射的总能量同物体绝对温度T的4次方成正比。1884年，奥地利物理学家**玻尔兹曼**（Ludwig Boltzmann）把热力学理论和麦克斯韦电磁场理论相结合，从理论上严格证明了空腔辐射的辐射力与其热力学温度的4次方关系。

8-3
科学家斯特藩生平

8-4
科学家玻尔兹曼生平

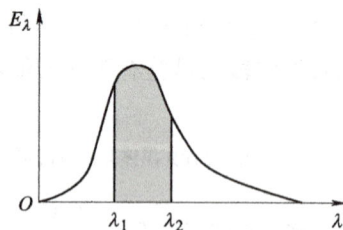

由于黑体光谱辐射力随波长而变化，对如图8-11所示的一个特定波段内的黑体辐射能可通过光谱辐射力在该波长区间进行积分计算：

$$E_{b(\lambda_1-\lambda_2)}=\int_{\lambda_1}^{\lambda_2}E_{b\lambda}\text{d}\lambda=\int_0^{\lambda_2}E_{b\lambda}\text{d}\lambda-\int_0^{\lambda_1}E_{b\lambda}\text{d}\lambda$$

图8-11 特定波段内的黑体辐射能

这一波段的辐射能占黑体辐射力E_b的百分数为

$$F_{b(\lambda_1-\lambda_2)}=\frac{E_{b(\lambda_1-\lambda_2)}}{E_b}=\frac{\int_0^{\lambda_2}E_{b\lambda}\text{d}\lambda}{E_b}-\frac{\int_0^{\lambda_1}E_{b\lambda}\text{d}\lambda}{E_b}=F_{b(0-\lambda_2)}-F_{b(0-\lambda_1)} \tag{8-20}$$

式中，$F_{b(0-\lambda_1)}$、$F_{b(0-\lambda_2)}$分别表示温度为T的黑体所发射的在波段$0\sim\lambda_1$和$0\sim\lambda_2$内的辐射能占

同温度下黑体辐射力的百分数，称为黑体辐射函数，定义式为

$$F_{b(0-\lambda)}=\frac{\int^{\lambda_0}E_{b\lambda}\mathrm{d}\lambda}{\sigma T^4}=\int_0^{\lambda T}\frac{E_{b\lambda}\mathrm{d}(\lambda T)}{\sigma T^5} \tag{8-21}$$

在波段 $\lambda_1\sim\lambda_2$ 的黑体辐射力可以计算为

$$E_{b(\lambda_1-\lambda_2)}=(F_{b(0-\lambda_2)}-F_{b(0-\lambda_1)})E_b \tag{8-22}$$

为计算方便，部分黑体辐射函数已编成表格，见表 8-1。

表 8-1　部分黑体辐射函数

λT/μm·K	$F_{b(0-\lambda)}$(%)	λT/μm·K	$F_{b(0-\lambda)}$(%)
700	0.000	6000	73.81
800	0.002	6500	77.66
900	0.009	7000	80.83
1000	0.0323	7500	83.46
1100	0.0916	8000	85.64
1200	0.214	8500	87.47
1300	0.434	9000	89.07
1400	0.782	9500	90.32
1500	1.290	10000	91.43
1600	1.979	12000	94.51
1700	2.862	14000	96.29
1800	3.946	16000	97.38
1900	5.225	18000	98.08
2000	6.690	20000	98.56
2200	10.11	22000	98.89
2400	14.05	24000	99.12
2600	18.34	26000	99.30
2800	22.82	28000	99.43
3000	27.36	30000	99.53
3200	31.85	35000	99.70
3400	36.21	40000	99.79
3600	40.40	45000	99.85
3800	44.38	50000	99.89
4000	48.13	55000	99.92
4200	51.64	60000	99.94
4400	54.92	70000	99.96
4600	57.96	80000	99.97
4800	60.79	90000	99.98
5000	63.41	100000	99.99
5500	69.12		

例 8-1　试计算太阳辐射中可见光所占的比例。已知太阳是温度为 5800K 的黑体。

解：可见光的波长范围为 0.38~0.76μm，即 $\lambda_1=0.38\mu m$，$\lambda_2=0.76\mu m$，于是

$\lambda_1 T=0.38\times 5800\mu m\cdot K\approx 2200\mu m\cdot K, \lambda_2 T=0.76\times 5800\mu m\cdot K\approx 4400\mu m\cdot K$

查表 8-1，得：$F_{b(0-\lambda_1)}=10.11\%$，$F_{b(0-\lambda_2)}=54.92\%$，

可见光所占的比例：$F_{b(\lambda_1-\lambda_2)}=F_{b(0-\lambda_2)}-F_{b(0-\lambda_1)}=54.92\%-10.11\%=44.81\%$。

8.2.3 朗伯定律

物体向半球空间发射热辐射时，在不同的空间角度其定向辐射力和定向辐射强度是不同的。定向辐射强度在空间各个方向上都相等的物体叫作漫发射体（或称为漫射体）。理论上可以证明，黑体辐射的定向辐射强度与方向无关。因此，黑体表面具有漫辐射的性质，其定向辐射强度为常数，即

$$L(\theta,\varphi)=L=\text{常数} \tag{8-23}$$

定向辐射强度与方向无关的规律称为**朗伯（Lambert）定律**。黑体辐射符合朗伯定律。由式（8-15）及朗伯定律可知，黑体表面法向（$\theta=0$）的定向辐射力和定向辐射强度相等，即

$$E_n=L \tag{8-24}$$

因此，式（8-24）代入式（8-15），得：

$$E_\theta=L\cos\theta=E_n\cos\theta \tag{8-25}$$

式（8-25）说明，黑体表面定向辐射力在空间不同方向上是不同的，等于该表面的法向辐射力与法向夹角的余弦的乘积。因此，朗伯定律也称为余弦定律。

将式（8-11）代入式（8-16），应用漫射体定向辐射强度为常数的特点，在整个半球空间积分，得漫射体的辐射力：

$$\begin{aligned} E&=\int_0^{2\pi}\mathrm{d}\varphi\int_0^{\pi/2}L\sin\theta\cos\theta\mathrm{d}\theta \\ &=L\int_0^{2\pi}\mathrm{d}\varphi\int_0^{\pi/2}\sin\theta\cos\theta\mathrm{d}\theta=\pi L \end{aligned} \tag{8-26}$$

例 8-2　求离开漫射表面在 0~θ 方向上的辐射占半球总辐射力的份额。

解：漫射体的辐射力为其定向辐射力在整个半球空间的积分，即式（8-26）。则离开漫射表面在 0~θ 方向上的辐射可由定向辐射力在 0~θ 上积分计算：

$$\begin{aligned} \Delta E&=\int_0^{2\pi}\mathrm{d}\varphi\int_0^{\theta}L\sin\theta\cos\theta\mathrm{d}\theta=2\pi L\int_0^{\theta}\sin\theta\cos\theta\mathrm{d}\theta \\ &=2\pi L\int_0^{\theta}\sin\theta\mathrm{d}(\sin\theta)=2\pi L\frac{\sin^2\theta}{2}=\pi L\sin^2\theta \end{aligned}$$

因此，离开漫射表面在 0~θ 方向上的辐射占半球总辐射力的份额：

$$\frac{\Delta E}{E}=\frac{\pi L\sin^2\theta}{\pi L}=\sin^2\theta$$

当在 0°~30°方向上时，漫射表面的辐射占其辐射力的 1/4，在 0°~60°方向上占 3/4。

例 8-3　一漫射表面在某一温度下的光谱辐射强度与波长的关系如图 8-12 所示。

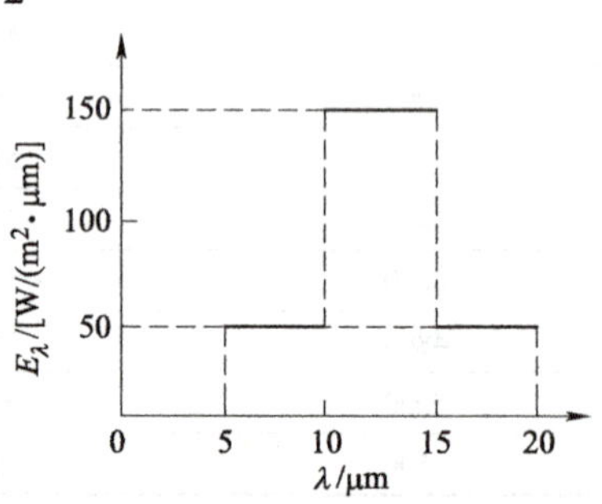

图 8-12　例 8-3 的图

1）计算此时的辐射力。

2）计算此时法线方向的定向辐射强度，及与法向成60°角处的定向辐射强度。

解：1）漫射表面的辐射力：

$$E = \int_0^\infty E_\lambda \mathrm{d}\lambda = \int_0^5 0\mathrm{d}\lambda + \int_5^{10} 50\mathrm{d}\lambda + \int_{10}^{15} 150\mathrm{d}\lambda + \int_{15}^{20} 50\mathrm{d}\lambda + \int_{20}^\infty 0\mathrm{d}\lambda$$

$$= (50 \times 5 + 150 \times 5 + 50 \times 5)\mathrm{W/m^2} = 1250\mathrm{W/m^2}$$

2）漫射表面定向辐射强度为常数，其法线方向的定向辐射强度及与法向成60°角处的定向辐射强度相等。由式（8-26），得：

$$L = E/\pi = (1250/3.1416)\mathrm{W/(m^2 \cdot sr)} = 398\mathrm{W/(m^2 \cdot sr)}$$

8.3　实际物体的发射特性与基尔霍夫定律

8.3.1　实际物体的发射特性

实际物体的光谱辐射力与黑体及灰体的光谱辐射力比较如图8-13所示。可见，实际物体的光谱辐射力与黑体十分接近，近似满足普朗克定律，只是数值上比黑体辐射力小。为应用简单起见，以黑体辐射为基础，把实际物体的辐射特性用黑体的辐射特性进行修正。引入一个发射率，表示实际物体对外发射辐射的能力，用符号 ε 表示，定义为实际物体的辐射力与同温度下黑体的辐射力之比，即

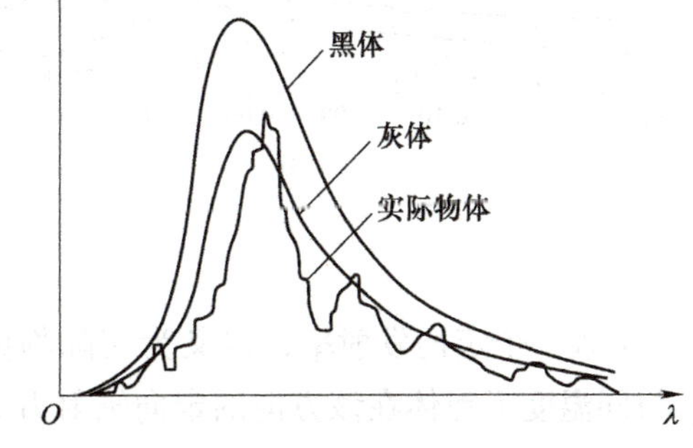

图8-13　实际物体的光谱辐射力与黑体及灰体的光谱辐射力比较

$$\varepsilon = \frac{E}{E_b} \tag{8-27}$$

式中，E 为实际物体的辐射力；E_b 为同温度下黑体的辐射力；ε 为实际物体的黑度，它表示了实际物体的发射辐射的能力接近黑体的程度。

实际物体的光谱发射率（或称为单色发射率）定义式为

$$\varepsilon_\lambda = \frac{E_\lambda}{E_{b\lambda}} \tag{8-28}$$

式中，E_λ 为实际物体的光谱辐射力；$E_{b\lambda}$ 为同温度下黑体的光谱辐射力。

由式（8-27）和式（8-28）可得实际物体的发射率与其光谱发射率的关系：

$$\varepsilon = \frac{\int_0^\infty \varepsilon_\lambda E_{b\lambda} \mathrm{d}\lambda}{E_b} \tag{8-29}$$

对于灰体，它的发射率与波长无关，因此，有：

$$\varepsilon = \frac{\varepsilon_\lambda \int_0^\infty E_{b\lambda} d\lambda}{E_b} = \varepsilon_\lambda \tag{8-30}$$

在工程计算中，实际物体的辐射力就可用简单公式［式（8-31）］进行：

$$E = \varepsilon E_b = \varepsilon \sigma T^4 \tag{8-31}$$

应该指出，实际物体的辐射力并不严格与热力学温度的四次方成正比，所存在的偏差包含在由试验确定的发射率 ε 数值之中。

实际物体的发射率在半球空间的分布也不是均匀的。如图 8-14 所示，5 种不同的金属材料沿与辐射表面法向夹角 θ 的分布，在 0°~50°范围近乎不变，而在 50°~90°范围则迅速增大。对非金属材料，其发射率沿半球空间的分布也不是恒定值，在 0°~60°范围近乎不变，而在 60°~90°范围则迅速减小，如图 8-15 所示。

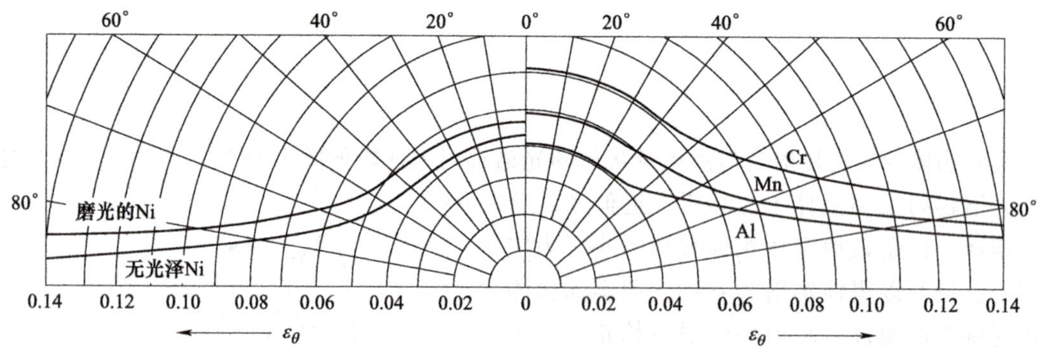

图 8-14 不同的金属材料的发射率沿与辐射表面法向夹角的分布（t=150℃）

引入一个定向发射率，定义为实际物体在与辐射表面法向夹角 θ 方向上的定向辐射力 E_θ 与同温度下黑体在该方向的定向辐射力 $E_{b\theta}$之比，即

$$\varepsilon_\theta = \frac{E_\theta}{E_{b\theta}} = \frac{L(\theta)}{L_b} \tag{8-32}$$

式中，$L(\theta)$ 和 L_b分别为实际物体与黑体在 θ 方向的辐射强度。

从图 8-14 和图 8-15 看到，实际物体的发射特性（发射率）仅取决于其自身状况（表面温度、表面状况和物质种类），与外界条件无关。大部分非金属材料的发射率在 0.85~0.95，且与表面状况关系不大，缺乏资料时可取为 0.9。对同种材料而言，表面越粗糙，其发射率越大，氧化表面的发射率大于非氧化面的发射率。光滑表面物体的半球平均发射率 ε 可取其法向发射率 ε_n的 0.95 倍，即

$$\varepsilon = 0.95\varepsilon_n \tag{8-33}$$

对于表面粗糙的物体，半球平均发射率可取其法向发射率的 0.98 倍，即

$$\varepsilon = 0.98\varepsilon_n \tag{8-34}$$

但对高度抛光的金属表面半球平均发射率为

$$\varepsilon = 1.2\varepsilon_n \tag{8-35}$$

在工程计算中，一般假定物体的定向发射率等于其法向发射率，且近似等于其半球平均发射率：

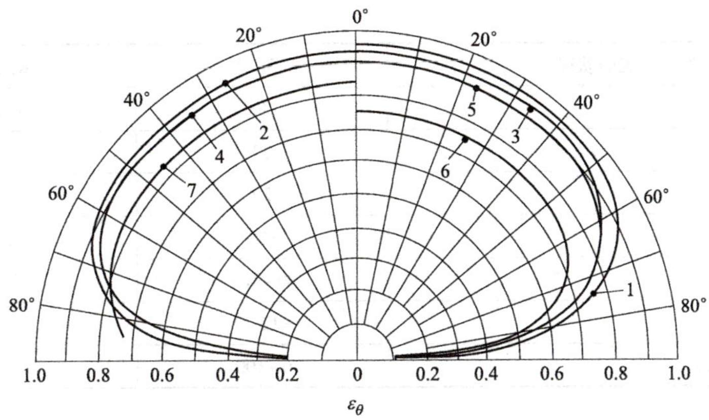

图 8-15 不同的非金属材料的发射率沿与辐射表面法向夹角的分布（t=0~93.3℃）

1—潮湿的冰 2—木材 3—玻璃 4—纸 5—黏土 6—氧化铜 7—氧化铝

$$\varepsilon = \varepsilon_n \tag{8-36}$$

表 8-2 给出了常用材料的法向发射率。

表 8-2 常用材料的法向发射率 ε_n 值

材料类别与表面状况		温度/℃	法向发射率 ε_n
铝	高度抛光	50~500	0.04~0.06
	工业用铝板	100	0.09
	严重氧化的	50~500	0.2~0.31
黄铜	高度抛光的	260	0.03
	无光泽	40~260	0.22
	氧化的	40~260	0.46~0.56
铜	高度抛光的电解铜	100	0.02
	轻微抛光的	40	0.12
	氧化变黑的	40	0.76
金	高度抛光的纯金	100~600	0.02~0.35
钢	抛光的	40~260	0.07~0.1
	轧制的钢板	40	0.65
	严重氧化的钢板	40	0.8
铸铁	抛光的	200	0.21
	新车削的	40	0.44
	氧化的	40~260	0.57~0.68
不锈钢	抛光的	40	0.07~0.17
铬	抛光板	40~550	0.08~0.27
红砖		20	0.27~0.88
耐火砖		500~1000	0.80~0.90
玻璃		40	0.94

（续）

材料类别与表面状况	温度/℃	法向发射率 ε_n
木材	20	0.80~0.92
抹灰的墙	20	0.94
上釉的瓷器	20	0.93
各种颜色的油漆	100	0.92~0.96
石棉纸	40~400	0.93~0.94
雪	-12~0	0.82
水（厚度大于 0.1mm）	0~100	0.96

例 8-4 试验测得 2500K 钨丝的法向单色发射率如图 8-16 所示，计算其辐射力及发光效率。

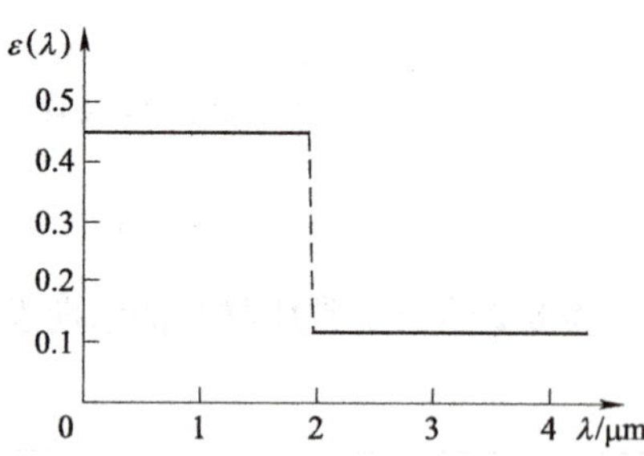

图 8-16 钨丝的法向单色发射率

思路：辐射力由式（8-31）计算，其中的发射率由式（8-29）计算。发光效率是它发射的辐射能中可见光所占的比例。

解：设钨丝为漫射表面，半球空间内的总辐射力可通过发射率 ε 确定。由式（8-29）：

$$\varepsilon = \frac{E}{E_b} = \frac{\int_0^\infty \varepsilon(\lambda) E_{b\lambda} d\lambda}{E_b}$$

$$= \frac{\int_0^2 \varepsilon(\lambda) E_{b\lambda} d\lambda + \int_2^\infty \varepsilon(\lambda) E_{b\lambda} d\lambda}{E_b}$$

$$= 0.45 \times \frac{\int_0^2 E_{b\lambda} d\lambda}{E_b} + 0.1 \times \frac{\int_2^\infty E_{b\lambda} d\lambda}{E_b} = 0.45 F_{b(0-2)} + 0.1(1 - F_{b(0-2)})$$

$\lambda_1 T = 2\times2500\mu m \cdot K = 5000\mu m \cdot K$，查表 8-1，得：$F_{b(0-2)} = 0.6341$，因此，

$$\varepsilon = 0.45 \times 0.6341 + 0.1 \times (1 - 0.6341) = 0.322,$$

辐射力：$E = \varepsilon E_b = \varepsilon\sigma T^4 = (0.322\times5.67\times10^{-8}\times2500^4) W/m^2 = 7.13\times10^5 W/m^2$。

可见光的波长范围是 0.38~0.76μm，$\lambda_1 T = (0.38\times2500)\mu m \cdot K = 950\mu m \cdot K$，$\lambda_2 T = (0.76\times2500)\mu m \cdot K = 1900\mu m \cdot K$，查表 8-1，得：$F_{b(0-0.38)} = 0.0003$，$F_{b(0-0.76)} = 0.0523$。

灯丝发出的辐射能在可见光波长范围的辐射能量为

$$E_{(0.38-0.76)} = (F_{b(0-0.76)} - F_{b(0-0.38)})\varepsilon E_b$$

$$= (0.0523 - 0.0003) \times 0.45 \times 5.67 \times 10^{-8} \times 2500^4 W/m^2$$

$$= 5.18 \times 10^4 W/m^2$$

所以，发光效率为

$$\eta = \frac{E_{(0.38-0.76)}}{E} = \frac{5.18 \times 10^4}{7.13 \times 10^5} = 7.27\%$$

例 8-5　已知氧化锆基陶瓷的单色发射率如图 8-17 所示，如将它作为灯泡的灯丝，求：

1）它在 3000K 时的发射率。

2）比较在灯丝表面积相同的条件下，它与钨丝在 3000K 时消耗的功率以及发光效率的大小。假设钨丝在 3000K 时的单色发射率为例 8-4 所示。

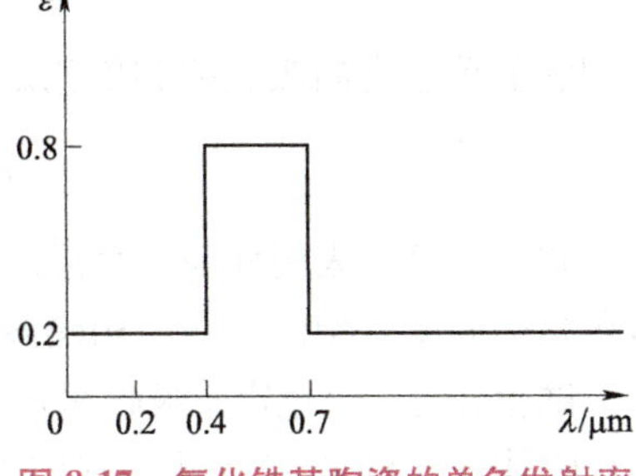

图 8-17　氧化锆基陶瓷的单色发射率

解：求解思路同例 8-4，具体如下：

1）氧化锆的发射率为

$$\varepsilon=\frac{E}{E_b}=\frac{\int_0^\infty \varepsilon(\lambda)E_{b\lambda}\mathrm{d}\lambda}{E_b}=\frac{\int_0^2 \varepsilon(\lambda)E_{b\lambda}\mathrm{d}\lambda+\int_2^\infty \varepsilon(\lambda)E_{b\lambda}\mathrm{d}\lambda}{E_b}$$

$$=0.2F_{b(0-0.4)}+0.8\times(F_{b(0-0.7)}-F_{b(0-0.4)})+0.2\times(1-F_{b(0-0.7)})$$

$$\lambda_1 T=(0.4\times3000)\mu\text{m}\cdot\text{K}=1200\mu\text{m}\cdot\text{K},\text{查表 8-1,得:}F_{b(0-0.4)}=0.0021$$

$$\lambda_2 T=(0.7\times3000)\mu\text{m}\cdot\text{K}=2100\mu\text{m}\cdot\text{K},\text{查表 8-1,得:}F_{b(0-0.7)}=0.0838$$

因此，$\varepsilon=0.2\times0.0021+0.8\times(0.0838-0.0021)+0.2\times(1-0.0838)=0.249$，

同样的方法，可得钨丝在 3000K 时的发射率 $\varepsilon=0.358$。

2）当忽略自然对流散热损失及灯泡到灯丝的反射辐射时，灯丝消耗的电功率就是它的辐射力。

对氧化锆灯丝：

$$E=\varepsilon E_b=\varepsilon\sigma T^4=(0.249\times5.67\times10^{-8}\times3000^4)\text{W/m}^2=1.14\times10^6\text{W/m}^2$$

对钨丝灯丝：

$$E=\varepsilon E_b=\varepsilon\sigma T^4=(0.358\times5.67\times10^{-8}\times3000^4)\text{W/m}^2=1.64\times10^6\text{W/m}^2$$

可见，在灯丝表面积相同的条件下，氧化锆灯丝消耗的功率较钨丝灯丝少。

按照例 8-4 的方法，可计算出它们的发光效率：

对氧化锆灯丝：

$$\eta=0.263=26.3\%;$$

对钨丝灯丝：

$$\eta=0.103=10.3\%;$$

此外，单位灯丝面积产生的可见光辐射力为 $E_{0.38\sim0.76}=E\eta$，可得两种灯丝产生的可见光辐射力：

对氧化锆灯丝：

$$E_{0.38\sim0.76}=E\eta=(1.14\times10^6\times0.263)\text{W/m}^2=3.00\times10^5\text{W/m}^2$$

对钨丝灯丝：

$$E_{0.38\sim0.76}=E\eta=(1.64\times10^6\times0.103)\text{W/m}^2=1.69\times10^5\text{W/m}^2$$

结果表明，氧化锆灯丝消耗的电功率少，而产生的可见光辐射力却更多；也说明了在辐射应用中研究不同材料的单色辐射特性对于提高能量利用效率是十分有帮助的。

8.3.2　基尔霍夫定律

基尔霍夫（G. R. Kirchhoff）于 1859 年揭示了物体吸收辐射能的能力与发射辐射能的能

力之间的关系，称为基尔霍夫定律。当一个表面与温度相同的黑体表面处于热平衡时，可以得到它的单色定向吸收率和单色定向发射率的关系如下：

$$\alpha_\lambda(\theta,\varphi,T)=\varepsilon_\lambda(\theta,\varphi,T) \tag{8-37}$$

式（8-37）表明任何一个温度为 T 的物体在（θ，φ）方向上的光谱吸收率就等于该物体在相同温度、相同方向、相同波长的光谱发射率。

试验证明，单色定向吸收率 $\alpha_\lambda(\theta,\ \varphi,\ T)$ 和单色定向发射率 $\varepsilon_\lambda(\theta,\ \varphi,\ T)$ 都是物体表面的辐射特性，它们取决于物体的温度，即使不是热平衡条件，表面间存在热辐射，式（8-37）依然成立[⊖]。

8-5 科学家基尔霍夫生平

对于漫射体，辐射特性与方向无关，基尔霍夫定律表达式为

$$\alpha_\lambda(T)=\varepsilon_\lambda(T) \tag{8-38}$$

对于漫射、灰体，辐射特性与波长无关，$\varepsilon=\varepsilon_\lambda$，$\alpha=\alpha_\lambda$，因此，基尔霍夫定律表达式为

$$\alpha(T)=\varepsilon(T) \tag{8-39}$$

式（8-38）和式（8-39）都表示在相同温度时的吸收率和发射率。

基尔霍夫定律表明吸收辐射能的能力越强的物体，发射辐射能的能力也就越强。在温度相同的物体中，黑体吸收辐射能的能力最强，发射辐射能的能力也最强。对于工程上常见的温度范围（$T\leqslant 2000\text{K}$），大部分辐射能都处于红外波长范围内，绝大多数工程材料都可以近似为漫射、灰体。

例 8-6 一层燃炉的炉墙内表面温度为 500K，其光谱发射率近似表示为：当 $0\leqslant\lambda<1.5\mu\text{m}$ 时，$\varepsilon=0.1$；当 $\lambda=1.5\sim10\mu\text{m}$ 时，$\varepsilon=0.5$；当 $\lambda>10\mu\text{m}$ 时，$\varepsilon=0.8$（见图 8-18）。炉墙内壁接受来自燃烧着的煤层的辐射，煤层温度为 2000K。设煤层的辐射可以看作黑体辐射，炉墙为漫射表面。计算其发射率及对煤层的辐射吸收比。

解： 1）发射率：

$$\varepsilon=\frac{E}{E_b}=\frac{\int_0^\infty \varepsilon(\lambda)E_{b\lambda}\mathrm{d}\lambda}{E_b}$$

$$=0.1\times\frac{\int_0^{1.5}E_{b\lambda}\mathrm{d}\lambda}{E_b}+0.5\times\frac{\int_{1.5}^{10}E_{b\lambda}\mathrm{d}\lambda}{E_b}+0.8\times\frac{\int_{10}^{\infty}E_{b\lambda}\mathrm{d}\lambda}{E_b}$$

$$=0.1F_{b(0-1.5)}+0.5F_{b(1.5-10)}+0.8F_{b(10-\infty)}$$

由 $T=500\text{K}$，$\lambda T=750\mu\text{m}\cdot\text{K}$ 及 $5000\mu\text{m}\cdot\text{K}$，查表 8-1，得各黑体辐射函数，代入式中，得：

$$\varepsilon=0.1\times0+0.5\times0.634+0.8\times(1-0.634)=0.61$$

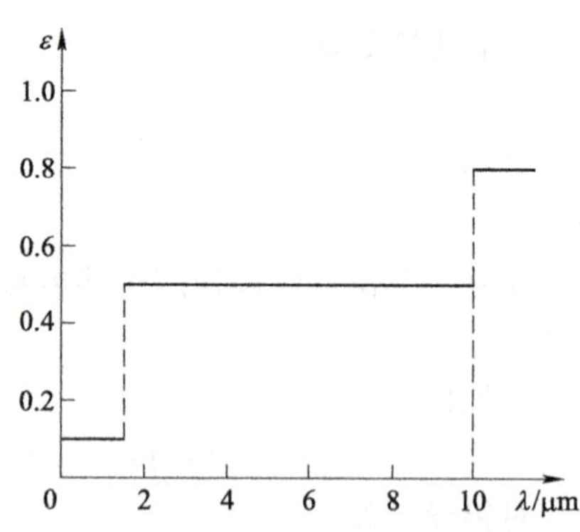

图 8-18 炉墙内表面的光谱发射率

2）对煤层的辐射吸收比：

⊖ E. M. Sparrow，R. D. Cess 著，顾传保，张学学译，辐射传热，北京：高等教育出版社，1982，P10。

炉墙为漫射表面，对于漫射体基尔霍夫定律表达式为

$$\alpha_\lambda(T)=\varepsilon_\lambda(T)$$

煤层的辐射是温度为2000K的黑体辐射，炉墙对煤层的吸收率等于炉墙在2000K时的发射率。因此，

$$\alpha=\varepsilon(2000\mathrm{K})=0.1\times\frac{\int_0^{1.5}E_{\mathrm{b}\lambda}\mathrm{d}\lambda}{E_\mathrm{b}}+0.5\times\frac{\int_{1.5}^{10}E_{\mathrm{b}\lambda}\mathrm{d}\lambda}{E_\mathrm{b}}+0.8\times\frac{\int_{10}^{\infty}E_{\mathrm{b}\lambda}\mathrm{d}\lambda}{E_\mathrm{b}}$$

$$=0.1F_{\mathrm{b}(0-1.5)}+0.5F_{\mathrm{b}(1.5-10)}+0.8F_{\mathrm{b}(10-\infty)}$$

由 $T=2000\mathrm{K}$，$\lambda T=3000\mu\mathrm{m}\cdot\mathrm{K}$ 及 $20000\mu\mathrm{m}\cdot\mathrm{K}$，查表8-1，得各黑体辐射函数，代入上式：

$$\alpha=0.1\times0.274+0.5\times(0.986-0.274)+0.8\times(1-0.986)=0.395$$

习　题

8.1　已知黑体温度为115℃，计算它的辐射力、单色辐射力最大时的波长及最大单色辐射力。

8.2　一炉膛内火焰的平均温度为1500K，炉墙上有一个火焰观测孔。请计算当火焰观测孔打开时，从单位孔的面积向外辐射的辐射能。该辐射能中波长为2μm的光谱辐射力是多少？对应最大光谱辐射力的波长是多少？

8.3 用特定的仪器测得某黑体炉向半球空间发出的波长为0.7μm的辐射能为 10^8 W/m³，则该炉的工作温度是多少？如果该炉的辐射孔的开口面积为 $4\times10^{-4}\mathrm{m}^2$，它的加热功率是多少？

8.4　求离开一漫射表面在 $\pi/4\leqslant\theta\leqslant\pi$，$0\leqslant\varphi\leqslant\pi$ 的方向上的辐射占半球总辐射的百分比。

8.5　利用光学仪器测得来自太阳的辐射光谱，其中最大单色辐射力的波长为0.5μm，请计算太阳的表面温度。

8.6　试确定一个电功率为100W的灯泡的发光效率。设该灯泡的钨丝可看成温度为2900K的黑体，形状为2mm×5mm的矩形薄片。

8.7　普通玻璃和有色玻璃的光谱透射率分别为

普通玻璃：$\tau_\lambda=0.9$，$0.3\mu\mathrm{m}\leqslant\lambda\leqslant2.5\mu\mathrm{m}$；

有色玻璃：$\tau_\lambda=0.9$，$0.5\mu\mathrm{m}\leqslant\lambda\leqslant1.5\mu\mathrm{m}$。

在上述波长范围外，两种玻璃的光谱透射率都为零。比较这两种玻璃对太阳能的透射率和它们对太阳辐射中可见光的透射率。太阳可视为温度为5800K的黑体。

8.8　计算工作温度为1000K的加热炉的小窗口的辐射力，波长为2μm的光谱辐射强度以及波长范围在2~6μm的辐射力的份额。

8.9　白天投射到一个水平屋顶的太阳辐射为1100W/m²，屋顶表面的表面传热系数为25W/(m²·K)，空气温度为27℃。屋顶表面对太阳辐射的吸收系数为0.6，其发射率为0.2，屋顶的下表面绝热，求稳态时屋顶的温度。

8.10　已知太阳可视为温度为5800K的黑体。某选择性材料的表面光谱吸收率随波长的变化如图8-19所示。当太阳的投入辐射为 $G_s=800\mathrm{W/m^2}$ 时，计算该表面对太阳辐射的总吸收率和单位面积吸收的太阳能。

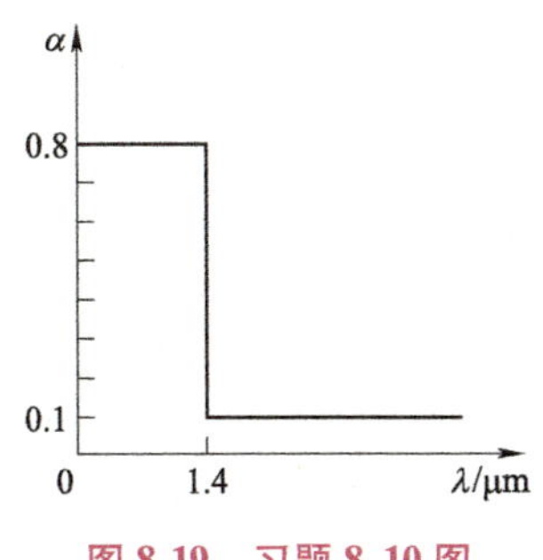

图8-19　习题8.10图

8.11　一漫发射表面，在800K时的光谱发射率、吸收率及光谱投入辐射如图8-20所示，求它的发射率和吸收率。该表面在此投射辐射作用

下温度是逐渐升高还是降低？

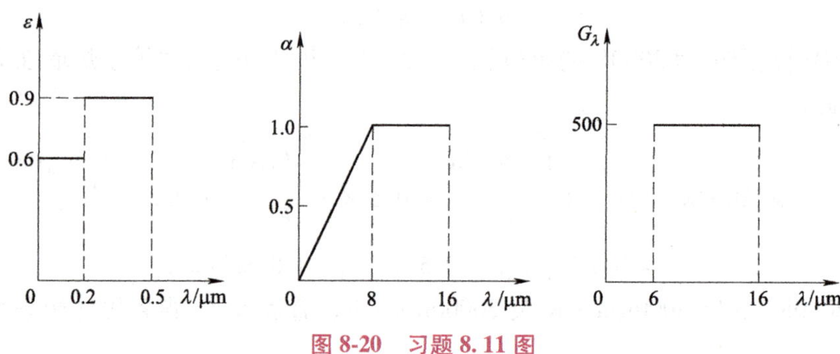

图 8-20　习题 8.11 图

8.12　已知钨丝的法向单色发射率如图 8-16 所示，其直径为 0.8mm，长度为 20mm 的圆柱形钨丝，封闭在真空的灯泡内，通电时温度为 2900K。计算：

1）当电流中断后，灯丝的起始冷却率是多少？

2）灯丝冷却到 1300K 时所需的时间，设灯丝冷却到 1300K 时无可见光发出。假定在每个瞬时灯丝的温度都均匀，在冷却过程其黑度是定值，且忽略灯丝和环境的辐射换热。钨的密度 $\rho = 19300\text{kg/m}^3$，比热容 $c_p = 185\text{J/(kg·K)}$。

8.13　一个表面的单色吸收率如图 8-21 所示，计算它对太阳辐射（太阳看作 5800K 的黑体）的吸收率。若它的单色发射率等于它的单色吸收率，则该表面温度为 340K 时其总发射率是多少？

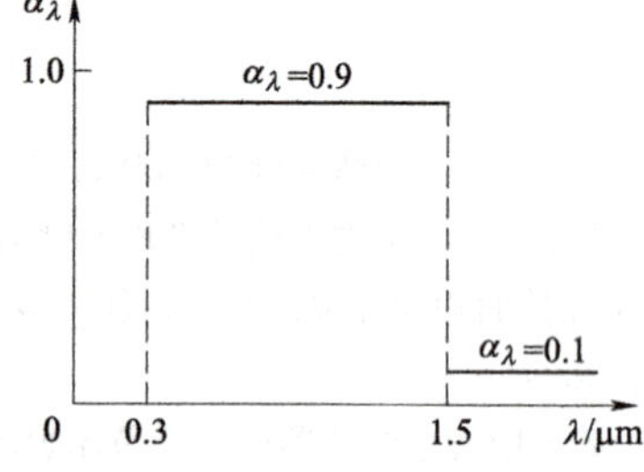

图 8-21　习题 8.13 图

第 9 章

辐射换热的计算

不同表面间的辐射换热过程和它们对外发射辐射的能力、表面的相互位置以及表面间是否有能吸收该热辐射的介质等有关。本章首先讨论辐射换热表面的相互位置对它们之间的辐射换热量的影响关系，即角系数的计算。由于黑体对外来的投入辐射全部吸收，而其他物体则对外来投入辐射部分吸收、部分反射，换热过程较复杂。因此，在学习角系数的基础上，首先讨论黑体表面间的辐射换热的计算，然后讨论灰体表面间的辐射计算。在认识了辐射热阻和辐射换热过程的基础上了解辐射换热的强化措施。对气体辐射和太阳辐射做简单介绍。

由于表面之间的辐射换热和它们的表面性质、它们之间的介质等有关，因此，在讨论物体间的相互辐射换热量的计算时，可做如下的假定：

1）进行辐射换热的物体表面之间是不参与辐射的介质（如单原子或具有对称分子结构的双原子气体、空气）或真空。

2）参与辐射换热的物体表面都是漫射（漫发射、漫反射）、灰体或黑体表面。

3）每个表面的温度、辐射特性及投入辐射等分布均匀。

9.1 辐射换热的角系数

9.1.1 角系数的定义

两个表面间的辐射换热和它们的相对位置有很大的关系。由于热辐射是电磁波，从一个漫射表面发出的热辐射在空间各个方向上传递，其中可能只有一部分才能落到另一个表面。两个表面的相对位置不同时，从一个表面发出的热辐射落到另一个表面上的百分比也不同。

引入一个角系数，定义为从表面 A_1 发出（自身发射与反射）的总辐射能中直接投射到表面 A_2 上的辐射能所占总辐射能的百分数称为表面 A_1 对表面 A_2 的角系数，记作 $X_{1,2}$，即

$$X_{1,2}=\frac{\text{直接投射到 }A_2\text{ 上的由 }A_1\text{ 发出的辐射能}}{A_1\text{ 发出的总辐射能}}\times 100\% \tag{9-1}$$

如图 9-1 所示，假设微元表面 dA_1、dA_2为黑体，则 dA_1发出的总辐射能为 $E_{b1}dA_1$，其中落到 dA_2上的由 dA_1发出的辐射能为

$$d\Phi_{1\to2}=L_{b1}dA_1\cos\theta_1 d\Omega_1 \tag{9-2}$$

式中，$d\Phi_{1\to2}$表示由 dA_1发出的直接投射到 dA_2上的辐射能。由式（8-26）知，$L_{b1}=\frac{E_{b1}}{\pi}$，由立体角的定义知$d\Omega_1=\frac{dA_2\cos\theta_2}{r^2}$，代入式（9-2），得：

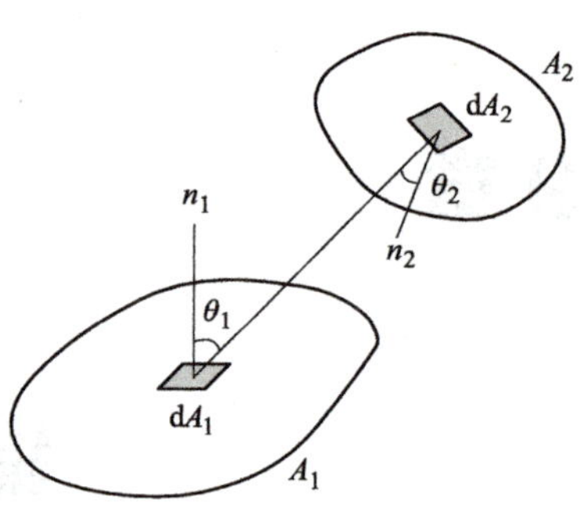

图 9-1　角系数

$$d\Phi_{1\to2}=\frac{E_{b1}\cos\theta_1\cos\theta_2 dA_1 dA_2}{\pi r^2} \tag{9-3}$$

对式（9-3）积分，可得表面 A_1发出的辐射能落到 A_2上的部分为

$$\Phi_{1\to2}=\int_{A_1}\int_{A_2}E_{b1}\frac{\cos\theta_1\cos\theta_2}{\pi r^2}dA_1dA_2=E_{b1}\int_{A_1}\int_{A_2}\frac{\cos\theta_1\cos\theta_2}{\pi r^2}dA_1dA_2 \tag{9-4}$$

由定义式（9-1）可得表面 A_1对表面 A_2的角系数为

$$X_{1,2}=\frac{\Phi_{1\to2}}{A_1E_{b1}}=\frac{1}{A_1}\int_{A_1}\int_{A_2}\frac{\cos\theta_1\cos\theta_2}{\pi r^2}dA_1dA_2 \tag{9-5a}$$

同样的方法可得表面 A_2对表面 A_1的角系数为

$$X_{2,1}=\frac{\Phi_{2\to1}}{A_2E_{b2}}=\frac{1}{A_2}\int_{A_1}\int_{A_2}\frac{\cos\theta_1\cos\theta_2}{\pi r^2}dA_1dA_2 \tag{9-5b}$$

式（9-5a）和式（9-5b）是角系数的一般计算公式，可用于计算所有类型的表面间角系数。虽然它是从黑体表面的辐射换热推导而来的，但从该式可见，角系数纯粹与两个辐射换热表面的几何因素有关，而与物体是否是黑体无关。因此，它们同样适用于非黑体表面的辐射换热计算。但是，需要注意的是，在推导过程中使用了漫射表面及该表面温度、辐射特性及投入辐射等分布均匀的条件。

以图 9-2 所示的微表面 dA_1和圆表面 A_2间的辐射换热为例，利用角系数的定义来进行计算。在 A_2中取一个半径为 x 的微圆环 dA_2，则：

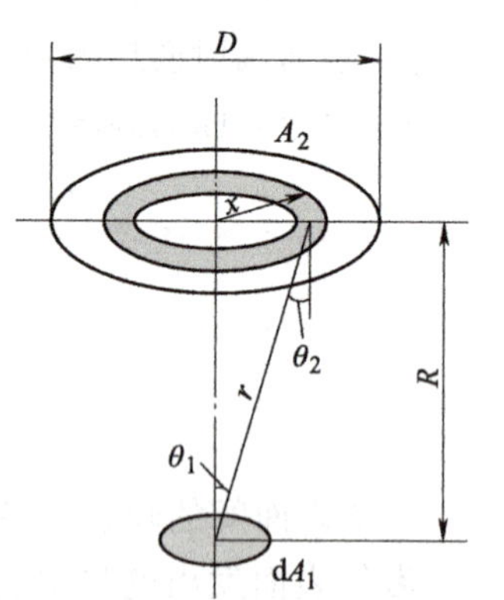

图 9-2　两个圆盘的角系数

$$dA_2=2\pi x dx$$

由式（9-5a），微表面 dA_1和圆表面 A_2间的辐射换热角系数为

$$X_{1,2}=\frac{\Phi_{1\to2}}{dA_1E_{b1}}=\frac{1}{dA_1}\int_{A_1}\int_{A_2}\frac{\cos\theta_1\cos\theta_2}{\pi r^2}dA_1dA_2=\int_{A_2}\frac{\cos\theta_1\cos\theta_2}{\pi r^2}dA_2$$

两个方向角 $\theta_1=\theta_2$，$r=\sqrt{R^2+x^2}$，$\cos\theta=\frac{R}{\sqrt{R^2+x^2}}$，代入上式，并在 0~$D/2$ 上积分，得：

$$X_{1,2}=\int_0^{D/2}\frac{2R^2x\mathrm{d}x}{(R^2+x^2)^2}=\frac{D^2}{4R^2+D^2} \tag{9-6}$$

辐射角系数的积分计算比较复杂，表 9-1 给出了部分表面间的辐射换热角系数的解析表达式，图 9-3 给出了它们的曲线分布。对于一些特殊的换热表面的辐射换热角系数，则可以利用角系数的基本性质进行计算。

表 9-1　部分表面间的辐射换热角系数的解析表达式

表面形状	角系数表达式
平行的等面积矩形	$X_{1,2}=\frac{2}{\pi xy}\left[\ln\sqrt{\frac{(1+x^2)(1+y^2)}{(1+x^2+y^2)}}+x\sqrt{1+y^2}\arctan\frac{x}{\sqrt{1+y^2}}+y\sqrt{1+x^2}\arctan\frac{y}{\sqrt{1+x^2}}-x\arctan x-y\arctan y\right]$ 式中，$x=X/D$，$y=Y/D$
平行的等面积同轴圆	$X_{1,2}=\frac{X-\sqrt{X^2-4}}{2}$， 式中，$X=\frac{2R^2+1}{R^2}$，$R=\frac{d}{2x}$
垂直的两个矩形	$X_{1,2}=\frac{1}{\pi W}\left[W\arctan\frac{1}{W}+H\arctan\frac{1}{H}-\sqrt{H^2+W^2}\arctan\frac{1}{\sqrt{H^2+W^2}}+\frac{1}{4}\ln(ABC)\right]$ 式中，$A=\frac{(1+W^2)(1+H^2)}{1+W^2+H^2}$，$B=\left[\frac{W^2(1+W^2+H^2)}{(1+W^2)(W^2+H^2)}\right]^{W^2}$，$C=\left[\frac{H^2(1+W^2+H^2)}{(1+H^2)(W^2+H^2)}\right]^{H^2}$， $H=\frac{Z}{X}$，$W=\frac{Y}{X}$
平行的同轴圆	$X_{1,2}=\frac{X-\sqrt{X^2-4(R_2/R_1)^2}}{2}$， 式中，$X=1+\frac{R_2^2+1}{R_1^2}$，$R_1=\frac{d_1}{2x}$，$R_2=\frac{d_2}{2x}$

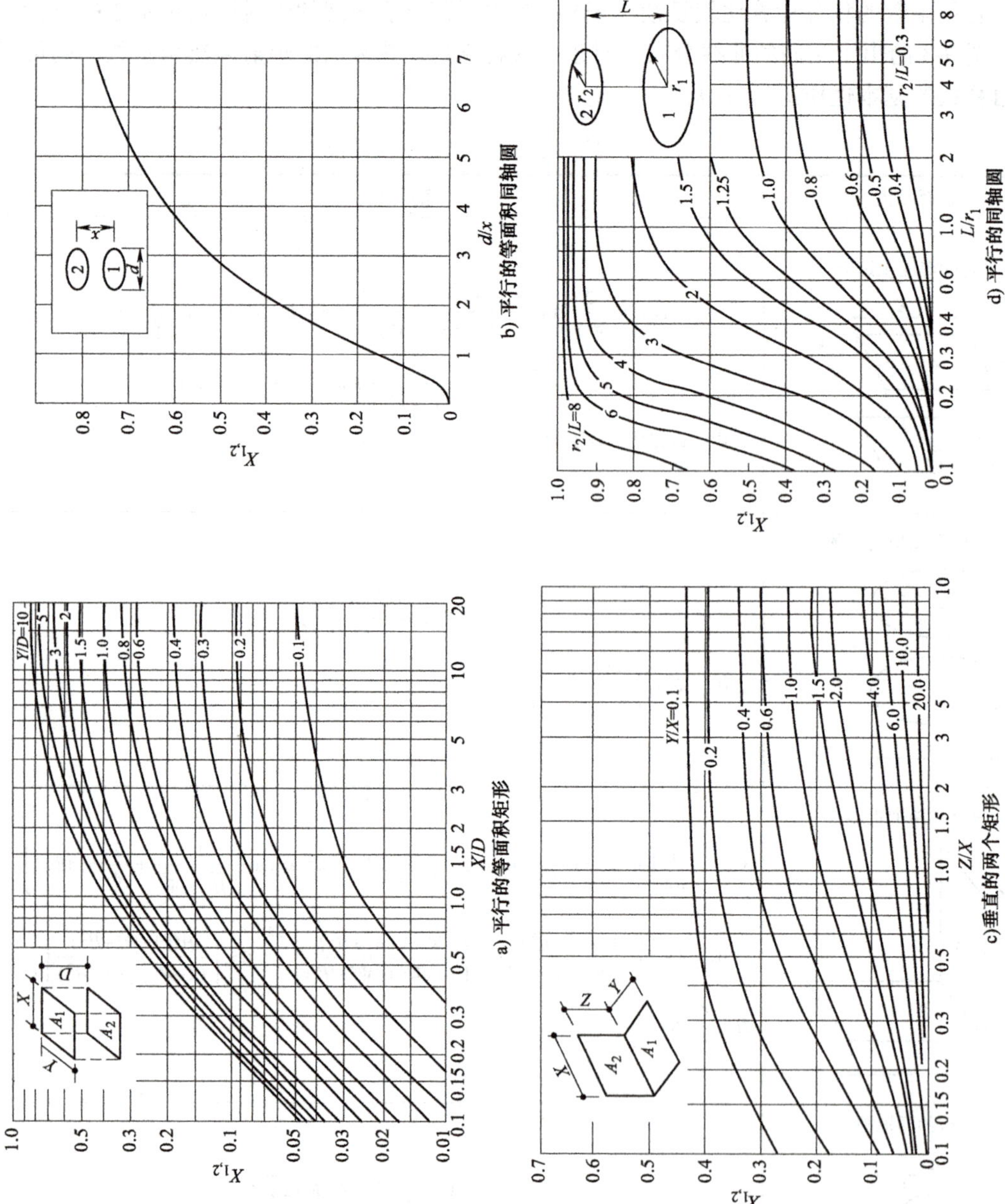

图 9-3　几种表面间的辐射换热角系数曲线

9.1.2 角系数的性质

比较式（9-5）和式（9-6），发现：

$$A_1X_{1,2}=A_2X_{2,1} \tag{9-7}$$

式（9-7）称为角系数的相对性，也称为互换性。

对于一个由多个表面组成的封闭空腔，从其中任何一个表面发出的辐射能一定全部落到封闭空腔的所有表面上。因此，封闭空腔的所有表面的角系数之和等于 1，即

$$\sum_{j=1}^{n}X_{i,j}=X_{i,1}+X_{i,2}+\cdots+X_{i,i}+\cdots+X_{i,n}=1 \tag{9-8}$$

式中，$X_{i,j}$为第 i 个表面对第 j 个表面的角系数。

式（9-8）称为角系数的完整性。

对于非凹表面，例如平面和凸表面，它对外发出的热辐射不能落到自身上，因此，非凹表面对自身的角系数等于零，即

$$X_{i,i}=0 \tag{9-9}$$

对如图 9-4a 所示的两个黑体表面，由表面 1 发出的辐射能落到表面 2 上去的部分就等于落到 a、b 两个部分上辐射能的和，即

$$A_1E_{b1}X_{1,2}=A_1E_{b1}X_{1,a}+A_1E_{b1}X_{1,b}$$

消去 A_1E_{b1}，得：

$$X_{1,2}=X_{1,a}+X_{1,b} \tag{9-10a}$$

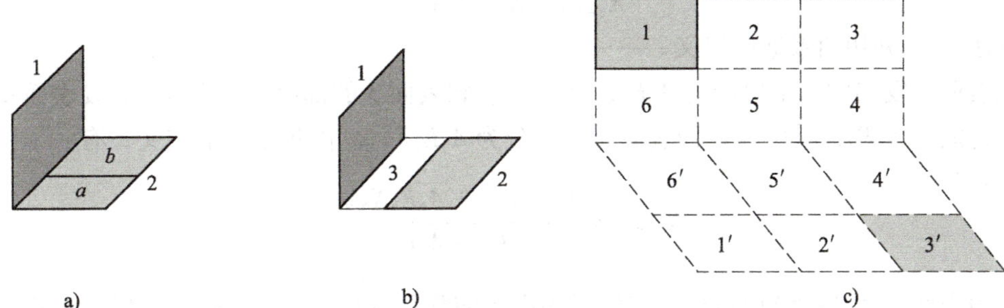

图 9-4 两个黑体表面

对如图 9-4b 所示的两个黑体表面，由表面 1 发出的辐射能落到表面（2+3）上去的部分也等于落到 2、3 两个部分上辐射能的和，即

$$A_1E_{b1}X_{1,(2+3)}=A_1E_{b1}X_{1,2}+A_1E_{b1}X_{1,3}$$

消去 A_1E_{b1}，得：

$$X_{1,(2+3)}=X_{1,2}+X_{1,3} \tag{9-10b}$$

式（9-10a）和式（9-10b）称为角系数的可加性。

对如图 9-4c 所示的两个垂直的矩形平板中的矩形面积 1 和 3′的角系数有如下的关系：

$$A_1X_{1,3'}=A_{3'}X_{3',1}=A_3X_{3,1'}=A_{1'}X_{1'3}$$

利用角系数的互换性，可得角系数 $X_{1,3'}$ 计算：

$$\begin{aligned}A_1X_{1,3'}=\frac{1}{2}(&K_{(1+2+3+4+5+6)^2}-K_{(2+3+4+5)^2}-K_{(1+2+5+6)^2}+K_{(4+5+6)^2}-\\&K_{(4+5+6)-(1'+2'+3'+4'+5'+6')}-K_{(1+2+3+4+5+6)-(4'+5'+6')}+\\&K_{(1+2+5+6)-(5'+6')}+K_{(2+3+4+5)-(4'+5')}+K_{(5+6)-(1'+2'+5'+6')}+\\&K_{(4+5)-(2'+3'+4'+5')}+K_{(2+5)^2}-\\&K_{(2+5)-5'}-K_{(5+6)^2}-K_{(4+5)^2}-K_{5-(2'+5')}+K_{5^2})\end{aligned}\tag{9-11a}$$

式中含 K 项计算如下：

$$\begin{cases}K_{m-n}=A_mX_{m,n}\\K_{(m)^2}=A_mX_{m,m'}\end{cases}\tag{9-11b}$$

例 9-1 如图 9-5 所示一个圆筒封闭空腔，前后两个面为 1 和 2，周向表面为 3。证明：$X_{1+2,3}=X_{1,3}=X_{2,3}$。

解： 方法 1)：利用角系数的基本性质。由角系数的相对性，有：

$$A_{1+2}X_{1+2,3}=A_3X_{3,1+2}$$

由角系数的可加性，有：$X_{3,1+2}=X_{3,1}+X_{3,2}=2X_{3,1}=2X_{3,2}$，因此，有：

$$A_{1+2}X_{1+2,3}=A_3X_{3,1+2}=2A_3X_{3,1}=2A_1X_{1,3}\text{。}$$

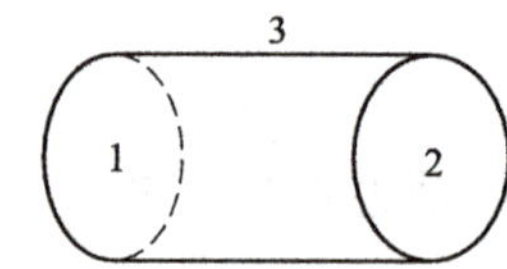

图 9-5 圆筒封闭空腔

由于 $A_{1+2}=2A_1$，所以有：

$$X_{1+2,3}=X_{1,3}=X_{2,3}$$

方法 2)：利用角系数的定义。

设表面 1 发出的总辐射能为 A_1E_1，其中投射到表面 3 的部分为 $A_1E_1X_{1,3}$。设表面 2 发出的总辐射能为 A_2E_2，其中投射到表面 3 的部分为 $A_2E_2X_{2,3}$。由角系数的定义，有：

$$X_{1+2,3}=\frac{A_1E_1X_{1,3}+A_2E_2X_{2,3}}{A_1E_1+A_2E_2}$$

因为表面 1 和 2 的结构对称，它们对表面 3 的角系数相等，$X_{1,3}=X_{2,3}$，代入上式，得：

$$X_{1+2,3}=X_{1,3}=X_{2,3}$$

9.1.3 角系数的计算方法

角系数的确定方法有多种，有积分法、代数法、图解法（或投影法）及光、电模拟法等。其中积分法是根据角系数的定义，通过积分运算求得角系数，如前所述。对于几何形状和相对位置复杂一些的系统，积分运算将会非常烦琐和困难。为了工程计算方便，已将常见几何系统的角系数计算结果用公式或线算图的形式给出（见表 9-1 和图 9-3）。

代数法是利用角系数的定义及它的三个基本性质，通过代数运算确定角系数的方法。它

相对简单且实用。

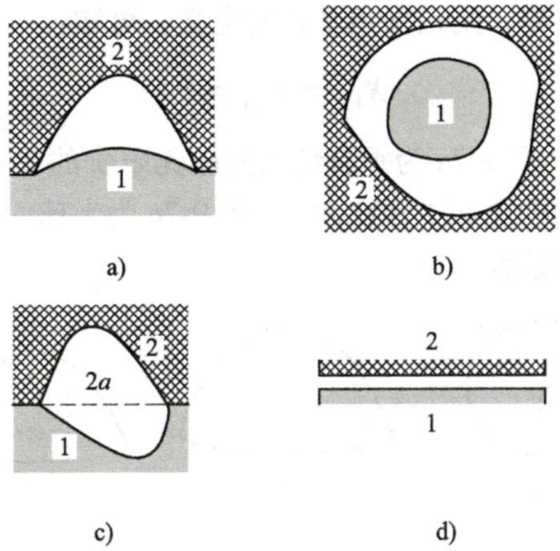

图 9-6 两个表面组成的封闭空腔

如图 9-6a 和图 9-6b 所示，一个凸表面 1 和一个凹表面 2 组成的封闭空腔，表面 1 发出的辐射能将全部落到表面 2 上，而表面 2 发出的辐射能一部分落到表面 1 上，另一部分将落到自身。因此，由角系数的定义可知，表面 1 对表面 2 的角系数为 1，即

$$X_{1,2}=1 \tag{9-12a}$$

根据角系数的相对性，有：$A_1X_{1,2}=A_2X_{2,1}$，因此，表面 2 对表面 1 的角系数为

$$X_{2,1}=\frac{A_1}{A_2} \tag{9-12b}$$

图 9-6c 是一个由两个凹表面 1 和 2 组成的封闭空腔，凹表面发射的辐射能除部分落到其他表面外，一部分还将落到自身上，使得两个凹表面间的辐射角系数的计算变得复杂。由图 9-6a 和图 9-6b 所示的一个凸表面和一个凹表面组成的封闭空腔的角系数的计算看到，凹表面和非凹表面间的辐射角系数的计算很简单，因此，我们在图 9-6c 所示的两个凹表面间做一个假想的平面 $2a$，如图 9-6c 中的虚线所示，这样，从表面 1 发出的投射到表面 2 上的辐射能也都将全部穿过假想表面 $2a$。因此根据角系数的定义很容易得出下面的关系：

$$X_{1,2}=X_{1,2a} \tag{9-13}$$

根据式（9-12）可知凹表面 1 和非凹表面 $2a$ 间的角系数为 $X_{1,2a}=\frac{A_{2a}}{A_1}$，因此，

$$X_{1,2}=\frac{A_{2a}}{A_1} \tag{9-14a}$$

同理，

$$X_{2,1}=\frac{A_{2a}}{A_2} \tag{9-14b}$$

如图 9-6d 所示的两个平面，当平面间的距离远远小于其长度时，两个表面间的相互辐射通过边缘出去的部分可忽略，则根据角系数的定义，可知：

$$X_{1,2}=X_{2,1}=1 \tag{9-15}$$

例 9-2 如图 9-7 所示，图 9-7a 为垂直纸面方向无限长的 3/4 个圆弧内表面 1 和过圆心垂直折线 2；图 9-7b 为半球内表面 1 和底面 2；图 9-7c 为半球内表面 1 和 1/4 个底面 2；求这三种情况下 1 和 2 间的角系数。

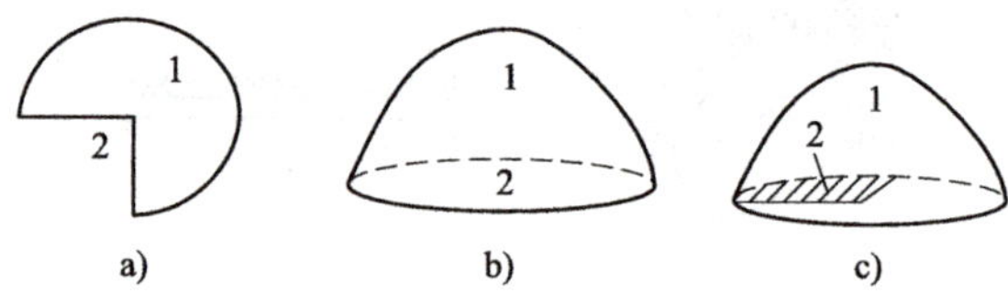

图 9-7 例 9-2 的示意图

解： 这 3 组表面都是一个非凹表面和一个凹表面构成一个封闭空腔。$X_{2,1}=1$，$X_{1,2}=A_2/A_1$，因此：

对于图 9-7a：$X_{1,2}=A_2/A_1=2R/(2\pi R\times3/4)=4/(3\pi)=0.4246$

对于图 9-7b：$X_{1,2}=A_2/A_1=\pi R^2/2\pi R^2=0.5$

对于图 9-7c：$X_{1,2}=A_2/A_1=(\pi R^2/4)/2\pi R^2=0.5/4=0.125$

如图 9-8a 所示，三个垂直纸面方向无限长的非凹表面组成封闭空腔，三个表面的面积分别为 A_1、A_2、A_3。由于非凹表面对自身的角系数为零，即 $X_{i,i}=0$，则由角系数的完整性，分别可写出下列表达式：

$$A_1X_{1,2}+A_1X_{1,3}=A_1 \tag{1}$$

$$A_2X_{2,1}+A_2X_{2,3}=A_2 \tag{2}$$

$$A_3X_{3,1}+A_3X_{3,2}=A_3 \tag{3}$$

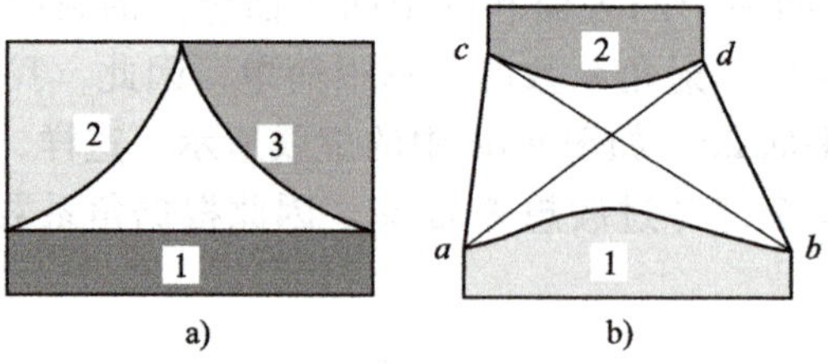

图 9-8 交叉线法求角系数

此外，由角系数的相对性，有：$A_1X_{1,2}=A_2X_{2,1}$，$A_1X_{1,3}=A_3X_{3,1}$，$A_2X_{2,3}=A_3X_{3,2}$，求解式(1)~式(3)，可得它们的角系数：

$$X_{1,2}=\frac{A_1+A_2-A_3}{2A_1}=\frac{l_1+l_2-l_3}{2l_1} \tag{9-16}$$

$$X_{1,3}=\frac{A_1+A_3-A_2}{2A_1}=\frac{l_1+l_3-l_2}{2l_1} \tag{9-17}$$

$$X_{2,3}=\frac{A_2+A_3-A_1}{2A_2}=\frac{l_2+l_3-l_1}{2l_2} \tag{9-18}$$

式中，l_1、l_2、l_3 分别为三个表面的横断面边长。

如图 9-8b 所示，两个垂直纸面方向无限长的非凹表面 1 和 2，它们没有组成封闭空腔，它们发出辐射能除落到彼此表面上以外，还有一部分落到其他表面。为利用封闭空腔表面间辐射角系数的计算方法，做辅助平面，如图中 ac、ad、bc 和 bd。这样，有表面 1、2、ac、和 bd 构成一个封闭空腔，由角系数的完整性，有：

$$X_{1,2}=1-X_{1,ac}-X_{1,bd} \tag{9-19}$$

此外，表面 1、ac、bc 构成一个封闭空腔，由式（9-16）可得到 $X_{1,ac}$：

$$X_{1,ac}=\frac{ab+ac-bc}{2l_1} \tag{9-20}$$

式中，l_1 为表面 1 的横断面边长。

表面 1、ad、bd 构成一个封闭空腔，由式（9-16）可得到 $X_{1,bd}$：

$$X_{1,bd}=\frac{ab+bd-ad}{2l_1} \tag{9-21}$$

将式（9-20）和式（9-21）代入式（9-19），得：

$$X_{1,2}=\frac{(ad+bc)-(ac+bd)}{2ab} \tag{9-22}$$

式（9-22）可表述为

$$X_{1,2}=\frac{\text{交叉线长度之和}-\text{非交叉线长度之和}}{\text{2 倍表面 1 的横断面线段长度}}$$

这种计算角系数的方法称为交叉线法，适用于求解无限长延伸表面间的角系数。

例 9-3　求如图 9-9 所示一个无限大平面 2 和它上面的一个球表面 1 间的角系数。

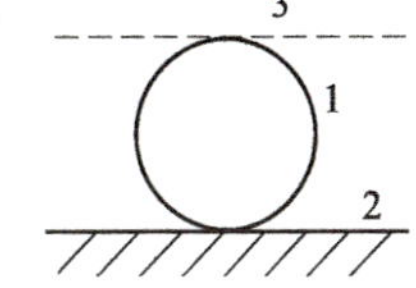

图 9-9　例 9-3 的图

解： 在球的上面做一个无限大辅助平面 3，则表面 1、2、3 构成一个封闭空腔，由角系数的完整性，$X_{1,1}+X_{1,2}+X_{1,3}=1$。球面为非凹表面，$X_{1,1}=0$。又由几何结构的对称性可知，$X_{1,2}=X_{1,3}$。因此，$X_{1,2}+X_{1,3}=2X_{1,2}=1$，则 $X_{1,2}=0.5$。

9.2　黑体表面间的辐射换热计算

如图 9-10 所示，两个黑体表面间有辐射换热时，由于黑体表面的吸收率为 1，因此黑体表面对外来的投入辐射将全部吸收。任意布置的两个黑体表面 1、2，从表面 1 发出并直接投射到表面 2 上的辐射能为

$$\Phi_{1\to2}=A_1X_{1,2}E_{b1}$$

式中，$\Phi_{1\to2}$为从 1 发出的直接投射到 2 的辐射能；A_1为表面 1 的面积；$X_{1,2}$为表面 1 对表面 2 的角系数；E_{b1}为表面 1 的辐射力。

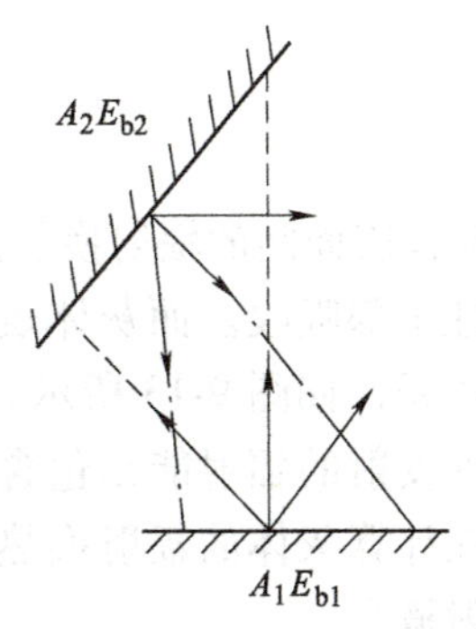

图 9-10　黑体表面的辐射与吸收

从表面 2 发出并直接投射到表面 1 上的辐射能为

$$\Phi_{2\to1} = A_2X_{2,1}E_{b2}$$

则表面 1 和 2 间的直接辐射换热量为

$$\Phi_{1,2} = \Phi_{1\to2} - \Phi_{2\to1} = A_1X_{1,2}E_{b1} - A_2X_{2,1}E_{b2}$$

式中，$\Phi_{1,2}$表示表面 1 和 2 间的直接辐射换热量。

由角系数的相对性，有 $A_1X_{1,2}=A_2X_{2,1}$，则

$$\Phi_{1,2} = A_1X_{1,2}(E_{b1} - E_{b2}) = A_2X_{2,1}(E_{b1} - E_{b2}) \tag{9-23}$$

式（9-23）改写为式（9-24）的形式：

$$\Phi_{1,2} = (E_{b1} - E_{b2})/\left(\frac{1}{A_1X_{1,2}}\right) \tag{9-24}$$

式中，$\frac{1}{A_1X_{1,2}}$为辐射换热的空间辐射热阻，它只和两个表面的相互位置有关。

需要注意的是，式（9-23）或式（9-24）计算的是两个任意位置的黑体表面 1、2 之间直接的辐射换热量，并不等于表面 1 净损失的辐射能量或表面 2 净获得的辐射能量。因为它们还要和周围其他表面之间进行辐射交换。如果两个黑体表面构成封闭空腔，则上式计算的辐射换热量既是表面 1 净损失的热量，也是表面 2 净获得的热量。

两个黑体表面构成封闭空腔的辐射换热网络如图 9-11 所示。图 9-12 所示为三个黑体表面构成封闭空腔的辐射换热网络。

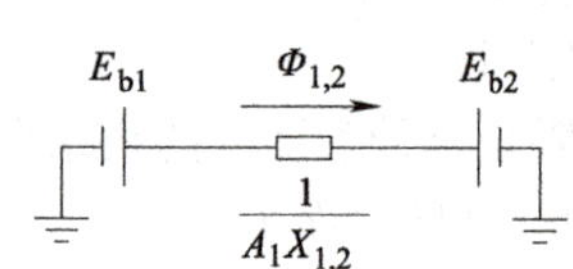

图 9-11　两个黑体表面构成封闭空腔的辐射换热网络

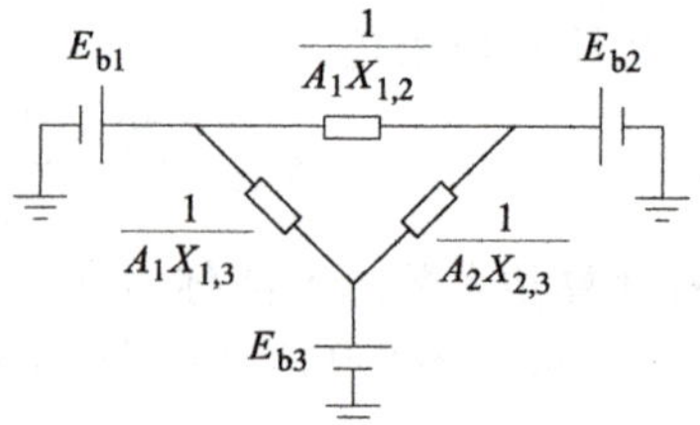

图 9-12　三个黑体表面构成封闭空腔的辐射换热网络

由 n 个黑体表面构成封闭空腔，那么每个表面的净辐射换热量应该是该表面与封闭空腔的所有表面之间辐射换热量的代数和，即

$$\Phi_i = \sum_{j=1}^{n}\Phi_{i,j} = \sum_{j=1}^{n}A_iX_{i,j}(E_{bi} - E_{bj}) \tag{9-25}$$

9.3　灰体表面间的辐射换热计算

灰体表面间的辐射换热比黑体要复杂得多。黑体表面的吸收率为 1，对投入的辐射是一次性全部吸收。而灰体表面则有一个对投入辐射的吸收、反射、再吸收等多次的吸收、反射过程，如图 9-13 所示。黑体表面对外发射的辐射能即其自身的对外辐射，而灰体表面对外发射的辐射能则包含了其自身的对外辐射以及它反射的外来投入辐射的部分。为避免在计算灰体的辐射换热时遇到的多次吸收和反射的复杂性，首先引入灰体表面的有效辐射概念。

9.3.1 有效辐射

有效辐射定义为单位时间内离开单位面积表面的总辐射能，用符号 J 表示，单位为W/m^2。如图 9-14 所示，单位时间投射到灰体表面单位面积的辐射能为 G，称为投入辐射，单位为W/m^2,其中一部分被灰体表面吸收（αG），另一部分被反射出去（ρG）。此外，灰体表面自身对外发射的辐射能为 εE_b，它和被灰体表面反射出去的投入辐射（ρG）共同表现为灰体表面对外的辐射，即有效辐射。因此，有下面的关系：

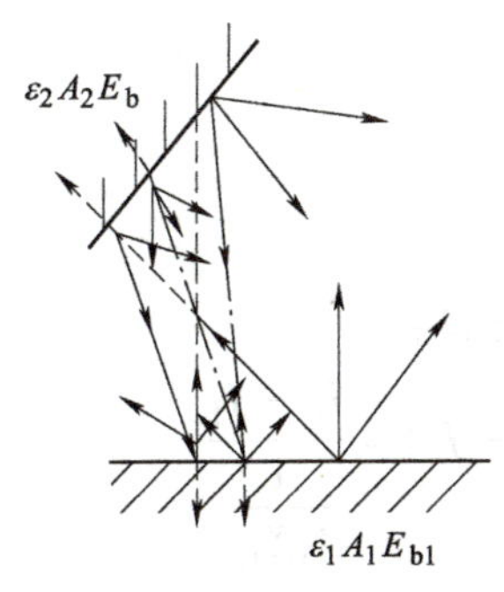

图 9-13 灰体表面的辐射换热

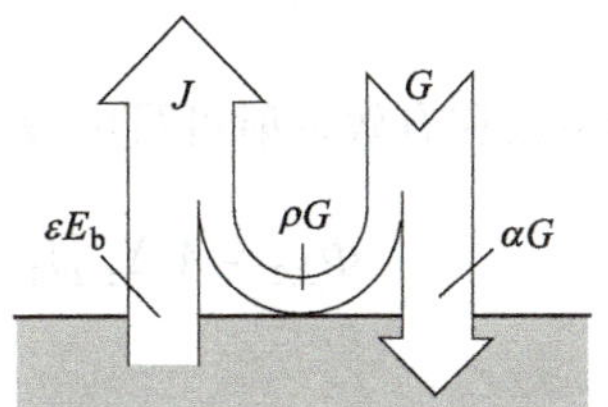

图 9-14 灰体表面的有效辐射

$$J = E + \rho G = \varepsilon E_b + (1 - \alpha) G \tag{9-26}$$

式中，α、ρ、ε 分别为灰体表面的吸收率、反射率和发射率（黑度）。

那么，该灰体表面的辐射能量收支平衡，也就是它的单位面积的净辐射换热量，就应该等于有效辐射与投入辐射之差：

$$\frac{\Phi}{A} = J - G \tag{9-27}$$

将式（9-26）代入式（9-27），得：

$$\frac{\Phi}{A} = \varepsilon E_b - \alpha G \tag{9-28}$$

式（9-28）说明它的单位面积的辐射换热量也等于自身辐射力与吸收的投入辐射能之差。根据基尔霍夫定律，漫灰表面 $\alpha=\varepsilon$，由式（9-27）和式（9-28）消去 G，得：

$$\Phi = \frac{A\varepsilon}{1 - \varepsilon}(E_b - J) = \frac{E_b - J}{\dfrac{1 - \varepsilon}{A\varepsilon}} \tag{9-29}$$

式中，$\dfrac{1-\varepsilon}{A\varepsilon}$为灰体表面的表面辐射热阻，它只和表面性质有关。

式（9-29）可表示为图 9-15 所示的辐射热阻网络图。

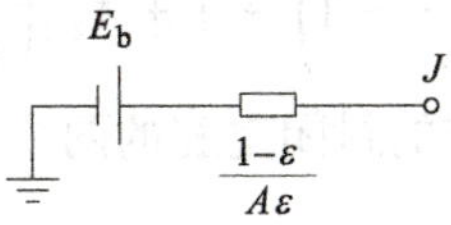

E_b J $\dfrac{1-\varepsilon}{A\varepsilon}$

图 9-15 表面辐射热阻网络图

9.3.2 两个漫灰表面构成的封闭空腔中的辐射换热

对两个漫灰表面组成的封闭空腔，例如图 9-6a、b 所示的封闭空腔，假设 $T_1>T_2$，由式（9-29）可知表面 1 净损失的热量：

$$\Phi_1=\frac{E_{b1}-J_1}{\dfrac{1-\varepsilon_1}{A_1\varepsilon_1}} \tag{9-30}$$

表面 2 净获得的热量：

$$\Phi_2=\frac{J_2-E_{b2}}{\dfrac{1-\varepsilon_2}{A_2\varepsilon_2}} \tag{9-31}$$

由角系数和有效辐射可写出表面 1、2 之间净辐射换热量：

$$\Phi_{1,2}=A_1X_{1,2}J_1-A_2X_{2,1}J_2=A_1X_{1,2}(J_1-J_2)=\frac{J_1-J_2}{\dfrac{1}{A_1X_{1,2}}} \tag{9-32}$$

式（9-32）可表示为如图 9-16 所示的辐射网络图。

图 9-16 空间辐射网络图

由于表面 1、2 构成一个封闭空腔，所以表面 1 净损失的热量等于表面 2 净获得的热量，也等于表面 1、2 之间净辐射换热量，即 $\Phi_1=\Phi_2=\Phi_{1,2}$。联立式（9-30）~式（9-32），消去有效辐射，则得表面 1、2 之间净辐射换热量为

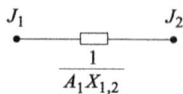

$$\Phi_{1,2}=\frac{E_{b1}-E_{b2}}{\dfrac{1-\varepsilon_1}{A_1\varepsilon_1}+\dfrac{1}{A_1X_{1,2}}+\dfrac{1-\varepsilon_2}{A_2\varepsilon_2}} \tag{9-33}$$

式（9-33）可整理为式（9-34）：

$$\begin{aligned}\Phi_{1,2}&=\frac{E_{b1}-E_{b2}}{\dfrac{1-\varepsilon_1}{A_1\varepsilon_1}+\dfrac{1}{A_1X_{1,2}}+\dfrac{1-\varepsilon_2}{A_2\varepsilon_2}}\\&=\frac{A_1X_{1,2}(E_{b1}-E_{b2})}{X_{1,2}\left(\dfrac{1}{\varepsilon_1}-1\right)+1+\dfrac{A_1X_{1,2}}{A_2}\left(\dfrac{1}{\varepsilon_2}-1\right)}=\frac{A_1X_{1,2}(E_{b1}-E_{b2})}{X_{1,2}\left(\dfrac{1}{\varepsilon_1}-1\right)+1+X_{2,1}\left(\dfrac{1}{\varepsilon_2}-1\right)}\\&=\varepsilon_sA_1X_{1,2}(E_{b1}-E_{b2})\end{aligned} \tag{9-34}$$

式中，ε_s 为系统黑度。

$$\varepsilon_s=\left[X_{1,2}\left(\frac{1}{\varepsilon_1}-1\right)+1+X_{2,1}\left(\frac{1}{\varepsilon_2}-1\right)\right]^{-1} \tag{9-35}$$

式（9-34）为两个漫灰表面组成的封闭空腔的两个表面间的净辐射换热量，其网络图如图 9-17 所示。

对图 9-6b 所示的凸型小物体 1 和包壳 2 之间的辐射换热，由于 $X_{1,2}=1$，代入式(9-33)，

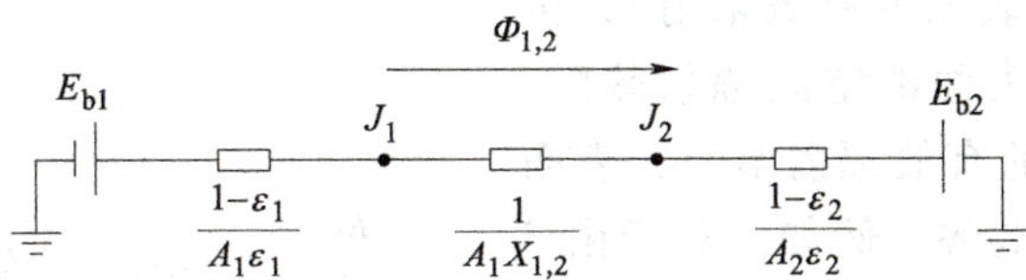

图 9-17 两个漫灰表面组成的封闭空腔的辐射网络图

得表面 1 和 2 间的净辐射换热量为

$$\Phi_{1,2}=\frac{A_1(E_{b1}-E_{b2})}{\dfrac{1}{\varepsilon_1}+\dfrac{A_1}{A_2}\left(\dfrac{1}{\varepsilon_2}-1\right)} \tag{9-36}$$

当 $A_1 \ll A_2$时，式（9-36）化简为

$$\Phi_{1,2}=A_1\varepsilon_1(E_{b1}-E_{b2}) \tag{9-37}$$

对图 9-6d 所示的两块平行壁面构成的封闭空腔，$A_1=A_2$，$X_{1,2}=X_{2,1}=1$，代入式(9-33)，得表面 1 和 2 间的净辐射换热量为

$$\Phi_{1,2}=\frac{A(E_{b1}-E_{b2})}{\dfrac{1}{\varepsilon_1}+\dfrac{1}{\varepsilon_2}-1}=A\varepsilon_{1,2}(E_{b1}-E_{b2}) \tag{9-38}$$

式中，$\varepsilon_{1,2}$是此种条件下的系统黑度，$\varepsilon_{1,2}=\dfrac{1}{\dfrac{1}{\varepsilon_1}+\dfrac{1}{\varepsilon_2}-1}$。

9.3.3 多个漫灰表面构成的封闭空腔中的辐射换热

利用有效辐射和辐射表面热阻的概念，参考式（9-30）可知由多个漫灰表面构成的封闭空腔内的辐射换热，封闭空腔内的任意一个表面 i 净损失的辐射热流量为

$$\Phi_i=\frac{E_{bi}-J_i}{\dfrac{1-\varepsilon_i}{A_i\varepsilon_i}} \tag{9-39}$$

它等于 i 表面与封闭空腔中所有其他表面间分别交换的辐射热流量的代数和，即

$$\Phi_i=\frac{E_{bi}-J_i}{\dfrac{1-\varepsilon_i}{A_i\varepsilon_i}}=\sum_{j=1}^{n}A_iX_{i,j}(J_i-J_j)=\sum_{j=1}^{n}\frac{J_i-J_j}{\dfrac{1}{A_iX_{i,j}}} \tag{9-40}$$

图 9-18 给出了多个漫灰表面构成的封闭空腔内的辐射换热网络图，它表示了离开 i 表面的辐射能量将全部落到封闭空腔的其他表面上去，这是封闭空腔内辐射能的能量守恒。在两个节点，如图 9-18 中的电势 E_{bi}（表面 i 的自身辐射力）和 J_i（表面 i 的有效辐射）的差除以它们之间的阻力（表面辐射热阻）就是离开表面 i 的热流量，它一定等于从节点 J_i出发到其他节点（其他各表面的有效辐射）的热流量的和。

辐射换热网络图对于分析辐射换热表面的能量平衡关系十分有帮助，应该熟练掌握辐射换热网络图的画法。参考图 9-17，对于 2 个辐射换热表面，首先画出参与辐射换热表面的源电势（也就是它的自身发射辐射），然后是它的表面辐射热阻，接着是该表面的第二个电势

（节点电势，也就是该表面的有效辐射），再接着是该表面对其他表面的空间辐射热阻，然后到达第 2 个表面的有效辐射节点、表面辐射热阻、发射辐射电势。例如，对于由 3 个漫灰表面组成的封闭空腔，其辐射网络图如图 9-19a 所示。如果某个表面为黑体表面，则它的表面辐射热阻为零，在辐射网络图中相应的表面辐射热阻去掉即可。例如，图 9-19a 中的第 3 个表面为黑体，则该 3 个表面（2 个漫灰表面和 1 个黑体表面）组成的封闭空腔的辐射网络图修正为图 9-19b 所示。此时 $J_3=E_{b3}$。

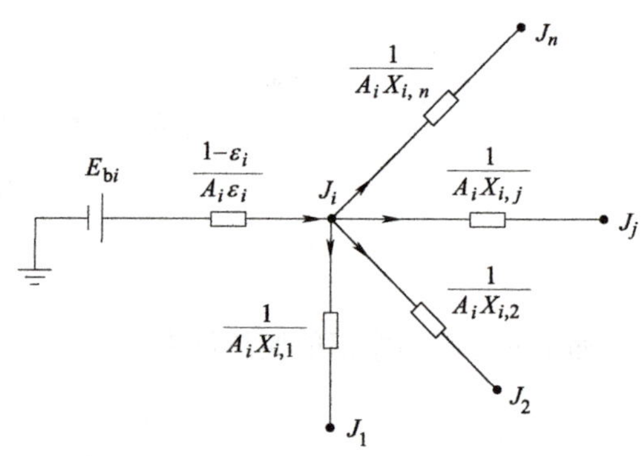

图 9-18　多个漫灰表面构成的封闭空腔的辐射网络图

原则上，对于任意多个漫灰表面构成的封闭空腔，都可以绘出辐射网络。但是当表面的数量较多时，画起来就相当烦琐。其实可以不必画出辐射网络，而是直接根据下式写出每个节点的节点方程：

$$\frac{E_{bi}-J_i}{\dfrac{1-\varepsilon_i}{A_i\varepsilon_i}}=\sum_{j=1}^{n}\frac{J_i-J_j}{\dfrac{1}{A_iX_{i,j}}} \tag{9-41}$$

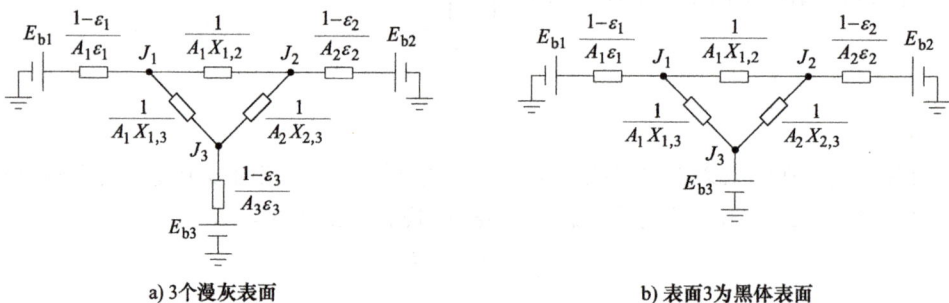

a) 3个漫灰表面

b) 表面3为黑体表面

图 9-19　3 个表面组成的封闭空腔的辐射网络图

通过求解线性方程组得到各表面的有效辐射 J_i，再由式（9-42）求每个表面的净辐射换热量：

$$\Phi_i=\frac{A_i\varepsilon_i}{1-\varepsilon_i}(E_{bi}-J_i)=\frac{E_{bi}-J_i}{\dfrac{1-\varepsilon_i}{A_i\varepsilon_i}} \tag{9-42}$$

例 9-4　如图 9-20 所示，一黑体炉的圆柱形炉腔的直径 $d=$ 10cm、深度 $l=40$cm，炉腔内壁面黑度 $\varepsilon=0.9$，炉内温度为 1000℃。问：

1）如果室内壁面温度为 27℃，炉门打开时，单位时间内从炉门的净辐射散热损失为多少？

2）单位时间内从炉门发射出多少辐射能？

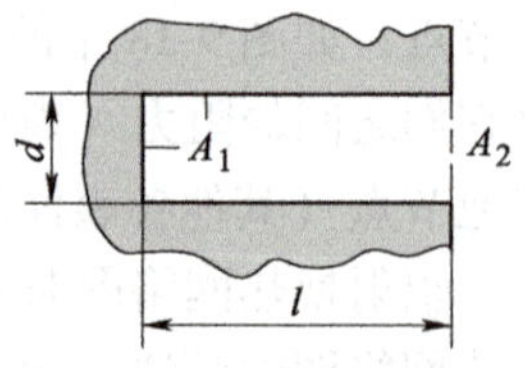

图 9-20　例 9-4 图

解： 1）因为从炉内发射出的辐射能几乎全部被室内的物体吸收，所以可以将炉门开口假想为一黑体表面 A_2，温度为27℃，从炉门的净辐射散热损失就等于炉腔内壁面 A_1 与 A_2 间的辐射换热量。由式（9-33）得两个漫灰表面组成的封闭空腔表面间净辐射换热量：

$$\Phi_{1,2}=\frac{E_{b1}-E_{b2}}{\dfrac{1-\varepsilon_1}{A_1\varepsilon_1}+\dfrac{1}{A_1X_{1,2}}+\dfrac{1-\varepsilon_2}{A_2\varepsilon_2}}$$

其中，$\varepsilon_2=1$，根据角系数的相对性，有 $A_1X_{1,2}=A_2X_{2,1}=A_2$，则：

$$\Phi_{1,2}=\frac{E_{b1}-E_{b2}}{\dfrac{1-\varepsilon_1}{A_1\varepsilon_1}+\dfrac{1}{A_2}}=\frac{\sigma(T_1^4-T_2^4)}{\dfrac{1-\varepsilon_1}{A_1\varepsilon_1}+\dfrac{1}{A_2}}$$

代入已知条件：

$$T_1=(273+1000)\text{K}=1273\text{K}, T_2=(273+27)\text{K}=300\text{K},$$

$$A_1=\pi dl+\frac{1}{4}\pi d^2=\pi\times0.1\text{m}\times0.4\text{m}+\frac{1}{4}\times\pi\times(0.1\text{m})^2=13.36\times10^{-2}\text{m}^2,$$

$$A_2=\frac{1}{4}\times\pi\times(0.1\text{m})^2=0.79\times10^{-2}\text{m}^2, \sigma=5.67\times10^{-8}\text{W}/(\text{m}^2\cdot\text{K}^4)$$

得：$\Phi_{1,2}=1165\text{W}$。

2）如果假想黑体表面 A_2 的热力学温度为0K，则 A_1 与 A_2 之间的辐射换热量就等于从炉门发射出的辐射能量。

$$\Phi_{1,2}'=\frac{E_{b1}-E_{b2}}{\dfrac{1-\varepsilon_1}{A_1\varepsilon_1}+\dfrac{1}{A_2}}=\frac{\sigma T_1^4}{\dfrac{1-\varepsilon_1}{A_1\varepsilon_1}+\dfrac{1}{A_2}}=\frac{5.67\times10^{-8}\text{W}/(\text{m}^2\cdot\text{K}^4)\times(1273\text{K})^4}{\dfrac{1-0.9}{13.36\times10^{-2}\text{m}^2\times0.9}+\dfrac{1}{0.79\times10^{-2}\text{m}^2}}=1168\text{W}$$

例 9-5 如图9-21所示，设计一个开口半径 $r=1\text{cm}$、开口发射率 $\varepsilon_2=0.999$ 的球形人工黑体腔。已知空腔内壁材料表面黑度 $\varepsilon_1=0.9$，试确定黑体腔半径 R 的大小。

解： 根据发射率的定义，开口发射率可表示为

$$\varepsilon_2=\frac{E}{E_{b1}}$$

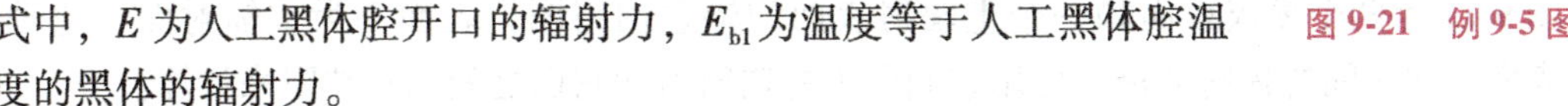

图 9-21 例 9-5 图

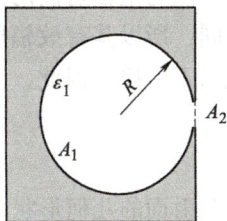

式中，E 为人工黑体腔开口的辐射力，E_{b1} 为温度等于人工黑体腔温度的黑体的辐射力。

从例9-3的第2）问可以知道，从人工黑体腔开口发射出去的辐射能为

$$\Phi_{1,2}=\frac{E_{b1}}{\dfrac{1-\varepsilon_1}{A_1\varepsilon_1}+\dfrac{1}{A_2}}$$

式中，$\Phi_{1,2}$ 为单位时间内炉门发射出的辐射能。

$\Phi_{1,2}=A_2E$，$E=\varepsilon_2E_{b1}$，则 $\Phi_{1,2}=A_2E=A_2\varepsilon_2E_{b1}$，

$$A_2\varepsilon_2E_{b1}=\frac{E_{b1}}{\dfrac{1-\varepsilon_1}{A_1\varepsilon_1}+\dfrac{1}{A_2}}$$

消去 E_{b1}，可得人工黑体模型的开口黑度的表达式：

$$\varepsilon_2 = \frac{1}{\frac{A_2}{A_1}\left(\frac{1}{\varepsilon_1} - 1\right) + 1}$$

由此可知，空腔的开口相对于空腔内表面积越小，内壁面发射率越大，则人工黑体越接近于绝对黑体。由此式可得出口面积 A_1 和黑体腔面积 A_2 的关系，代入已知数据，得：

$$\frac{A_2}{A_1} = \frac{r^2}{4R^2} = \frac{\frac{1}{\varepsilon_2} - 1}{\frac{1}{\varepsilon_1} - 1} = \frac{\varepsilon_1(1 - \varepsilon_2)}{\varepsilon_2(1 - \varepsilon_1)} = \frac{0.9 \times (1 - 0.999)}{0.999 \times (1 - 0.9)} = \frac{1}{111}$$

因此，得黑体腔半径：$R=5.27\text{cm}$。

9.3.4 重辐射面

当一个表面的净辐射换热量为零时，该表面称为辐射绝热面。由式（9-27）可知，其有效辐射等于投入辐射，它的作用相当于从各方向把投入的辐射能又如数发射出去，因此，辐射绝热面又被称为重辐射面或再辐射面（re-radiation）。由式（9-42）可知，重辐射面的有效辐射等于在该表面温度时的黑体辐射力，即

$$E_{bi} = J_i \tag{9-43a}$$

此时，重辐射表面的有效辐射 J_i 取决于其他表面的有效辐射（因为封闭空腔各表面的有效辐射是相互关联的，由式（9-41）表示的方程组确定），因此它的表面温度由该表面与其他表面间的辐射换热能量平衡关系确定。因为重辐射面的温度与其他表面的温度不同，所以其有效辐射的光谱与投入辐射的光谱不一样。因此，重辐射面的存在改变了封闭空腔中辐射能的光谱分布。同时，重辐射面的存在改变了辐射能的方向分布，所以重辐射面的几何形状、尺寸及相对位置将影响整个系统的辐射换热。

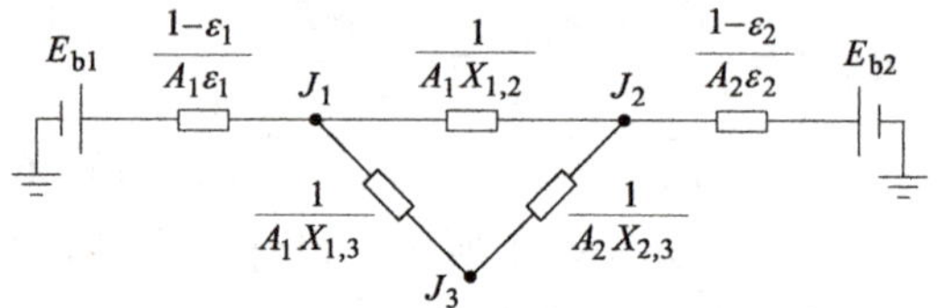

图 9-22 两个漫灰表面和一个重辐射表面的辐射网络图

图 9-22 为两个漫灰表面和一个重辐射表面的辐射网络图，表面 3 为重辐射面。此时，漫灰表面 1 和 2 间的辐射换热量可用它们两个的辐射力和它们之间的总热阻来计算：

$$\Phi_{1,2} = \frac{E_{b1} - E_{b2}}{\frac{1 - \varepsilon_1}{A_1\varepsilon_1} + R + \frac{1 - \varepsilon_2}{A_2\varepsilon_2}} \tag{9-43b}$$

式中，R 为漫灰表面 1 和 2 间的总空间辐射热阻。

参照图 9-22 的辐射网络图，R 可按热阻的串、并联方式计算：

$$\frac{1}{R} = \frac{1}{\frac{1}{A_1X_{1,2}}} + \frac{1}{\frac{1}{A_1X_{1,3}} + \frac{1}{A_2X_{2,3}}} \tag{9-43c}$$

在工业应用中有很多应用重辐射面的情况，如熔炉中的反射拱、保温良好的炉墙、工业

锅炉的层燃炉中的反射拱等都是重辐射面，通过反射辐射，使得辐射能在炉内分布更加均匀。对于层燃工业锅炉，反射拱反射的辐射热利于提高煤层的温度，从而改善其着火和燃烧过程。此外，生活中使用的烤馕和**烤面包的炉子**的内壁，也是重辐射面。

例 9-6　有一半球形容器 $r=1\text{m}$，底部过圆心的圆上有温度为 200℃ 的辐射表面 1 和温度为 40℃ 的吸热表面 2，它们各占底部圆形面积的一半，如图 9-23 所示。1、2 表面均为黑表面，容器壁面 3 是绝热表面。试计算表面 1、2 之间的辐射换热和容器壁 3 的温度。

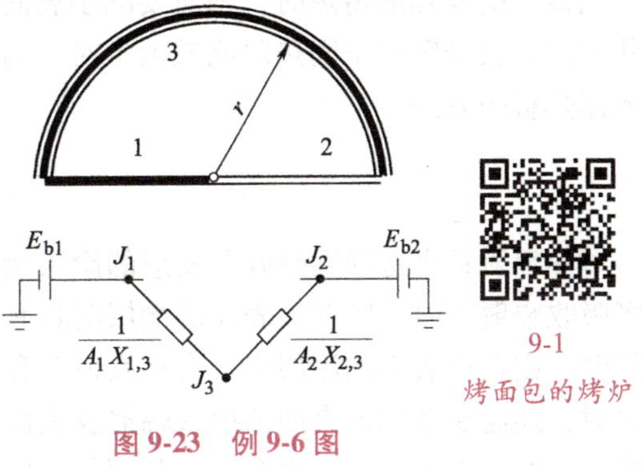

图 9-23　例 9-6 图

9-1
烤面包的烤炉

解： 本题是由三个表面组成的封闭空腔，可利用封闭空腔网络法计算。根据绘制辐射换热热阻网络的原则，得辐射换热热阻网络图如图 9-23 所示。

角系数 $X_{1,3}=X_{2,3}=1$，由角系数的完整性，得 $X_{1,2}=0$，因此表面 1、2 之间没有直接辐射换热，仅是依靠绝热表面 3 间接地进行辐射换热。由网络图可得 1、2 表面间的换热量：

$$\Phi_{1,2}=\frac{E_{b1}-E_{b2}}{\dfrac{1}{A_1X_{1,3}}+\dfrac{1}{A_2X_{2,3}}}=1800\text{W}$$

表面 3 为绝热表面，它的有效辐射等于该表面温度下的黑体辐射力，即 $J_3=E_{b3}$，由辐射网络图可得下面的关系：

$$\Phi_{1,2}=\frac{E_{b1}-J_3}{\dfrac{1}{A_1X_{1,3}}}=\frac{J_3-E_{b2}}{\dfrac{1}{A_2X_{2,3}}}$$

因此，有：$\dfrac{E_{b1}-E_{b3}}{\dfrac{1}{A_3X_{3,1}}}=\dfrac{E_{b3}-E_{b2}}{\dfrac{1}{A_3X_{3,2}}}$

角系数 $X_{3,1}=X_{3,2}$，则：$E_{b3}=\dfrac{E_{b2}+E_{b2}}{2}$

从而得到容器壁 3 的温度，$T_3^4=\dfrac{T_1^4+T_2^4}{2}$，$T_3=142℃$。

9.4　辐射换热的强化与削弱

辐射传热过程涉及两个热阻：表面辐射热阻和空间辐射热阻，分别与辐射表面的特性（发射率）和表面间的相对位置（角系数）有关。因此，在讨论对辐射传热的强化或削弱的时候，就是要讨论这两个辐射热阻的增大和减小问题。具体的强化或削弱的技术途径也要从这两个热阻的构成出发。当传热过程要强化的时候，应该想办法使其传热热阻减小。当传热过程要削弱的时候，应该想办法使其传热热阻增加。

表面辐射热阻决定于该表面的发射率，而空间热阻则决定于表面间的角系数。因此，当需要强化辐射传热时，就需要减小表面辐射热阻和空间辐射热阻。具体措施包括增加表面发射率和改变辐射换热面的角系数。例如在辐射表面镀上一薄层特殊发射和吸收特性的表面涂层。当需要削弱辐射传热时，则需要减小表面发射率和增加辐射空间热阻。当通过调整表面的相对位置改变辐射空间热阻比较困难时，则可考虑增加空间热阻的总量，例如在表面之间插入遮热板的方法。

9.4.1 改变表面辐射热阻——表面涂层

对热辐射具有选择性吸收和发射的涂层能够显著改善表面的热平衡。当辐射表面的目的是多吸收辐射能时，则在该表面的涂层应具有高吸收率和低发射率的特性。当辐射表面用于散热时，则在该表面的涂层应具有高发射率和低吸收率的特性。当然，在考虑涂层的吸收和发射时，还需要考虑该表面的投入辐射及表面自身的发射辐射的波长范围。例如，对一个太阳能集热器，它用于吸收更多的太阳辐射，同时尽量降低其自身对外发射的辐射，以保持集热器内的工质获得最大的热能。因此，在选择涂层时，应使涂层材料对太阳能中的可见光具有较高的吸收率。集热器自身发射的是低温下的长波红外辐射，因此涂层材料对红外辐射的发射率应尽量小，这样才能吸收更多的太阳辐射而减少自身的辐射散热损失。

选择性涂层可以通过下列方式进行：①对金属表面进行化学处理；②由铅、钼、铝等多层薄膜构成；③用等离子体喷射法在金属基体上喷镀特定材料构成。当涂层材料的吸收率和发射率的比 α/ε 越大，则吸热表面的温度越高。表 9-2 给出了几种选择性涂层材料的辐射特性。此外，可参阅论述太阳能利用过程选择性涂层的专著㊀。

表 9-2　几种选择性涂层材料的辐射特性*

涂层材料	制作工艺	吸收率 α	发射率 ε（低温）	发射率 ε（高温）	稳定性
锗（Ge）	真空蒸镀	0.91	0.2（240℃）	0.5（350℃）	
硅（Si）	化学气相沉积	0.75		0.08（500℃）	<500℃
硫化铅（PbS）	结晶生长	0.98	0.2（240℃）	0.3（300℃）	>300℃
碳化钨+钴（WC+Co）	等离子体喷镀	0.95（600℃）	0.28（200℃）	0.4（600℃）	>800℃
Co_3O_4	热氧化法	0.90	0.3（140℃）		>1000℃
Al_2O_3+Mo+ Al_2O_3	真空蒸镀	0.85	0.34（100℃）	0.4（350℃）	<900℃

* 引自：郭廷玮，刘鉴民，M Daguent. 太阳能的利用．北京：科学技术文献出版社，1987。

太空飞行器中的辐射散热表面要求具有高的发射率和低的吸收率，以便更有效地散热。美国 NASA 对多种材料和制作工艺下的涂层的发射率和吸收率进行了试验研究，其中一种白色热控涂层的两种材料：Z-93（在硅酸钾黏合剂中的氧化锌颜料）和 YB-71（在硅酸钾黏合剂中的钛酸锌颜料）具有最好的发射和吸收特性，发射率大于 0.9，吸收率小于 0.2。NASA 在美国“自由号”空间站的设计中采用了 Z-93 作为辐射散热表面的选择性涂层材料㊁。

例 9-7　有两种材料 A 和 B，它们的光谱吸收率如图 9-24 所示。如果把它们用作屋顶的

㊀ 葛新石，龚堡，俞善庆，太阳能利用中的光谱选择性涂层，北京：科学出版社，1980。

㊁ Joyce A Denver，Elvin Rodriguez，Wayne S Slemp，et al，Evaluation of thermal coatings for use on dynamic radiators in low earth orbit，NASA TM 104335；1991，AIAA 91-1327.

覆盖材料，那么采用哪一种可使屋顶的温度较低？哪一种适合冬天使用，哪一种适合夏天使用？

解： 用作屋顶材料时，如果使屋顶的温度低，则材料对太阳辐射的吸收率应更小，而自身的发射应更大。太阳辐射的可见光为短波，屋顶的发射辐射为长波的红外辐射。

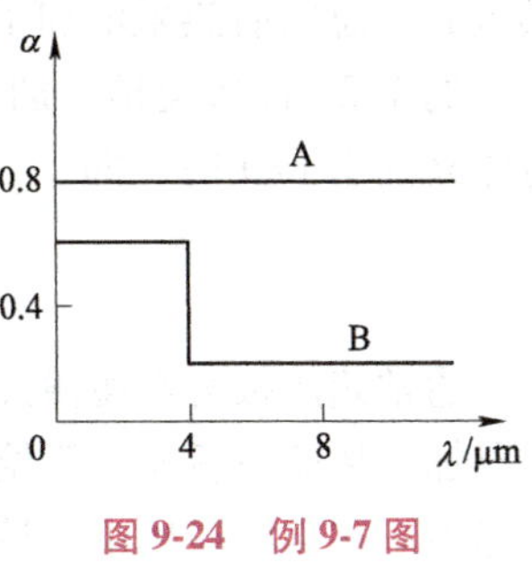

图 9-24　例 9-7 图

比较材料 A 和 B，它们在短波范围的吸收率很接近，即在白天能吸收的太阳辐射接近。在长波范围，材料 A 的吸收率远大于 B 的吸收率，根据基尔霍夫定律，$\alpha=\varepsilon$，则材料 A 在长波范围的发射率也远大于材料 B，说明：在夜间（在白天也是如此）材料 A 能散更多的辐射热，因此使用材料 A 能使屋顶温度更低。在夏天，屋顶需要散热快，因此材料 A 适合夏天使用。在冬天，屋顶散热应减少，因此材料 B 适合冬天使用。

9.4.2　改变空间辐射热阻——遮热板

如图 9-25a 所示，两块平行大平板，温度分别为 T_1、T_2，表面发射率都为 ε，面积为 A。它们的辐射网络图如图 9-26a 所示，辐射热阻包括平板 1、2 的表面热阻和它们之间的空间辐射热阻。两块平板间的辐射换热量为

$$\Phi_{1,2}=\frac{A(E_{b1}-E_{b2})}{\dfrac{1}{\varepsilon_1}+\dfrac{1}{\varepsilon_2}-1}=\frac{A\sigma(T_1^4-T_2^4)}{\dfrac{2}{\varepsilon}-1} \tag{9-44}$$

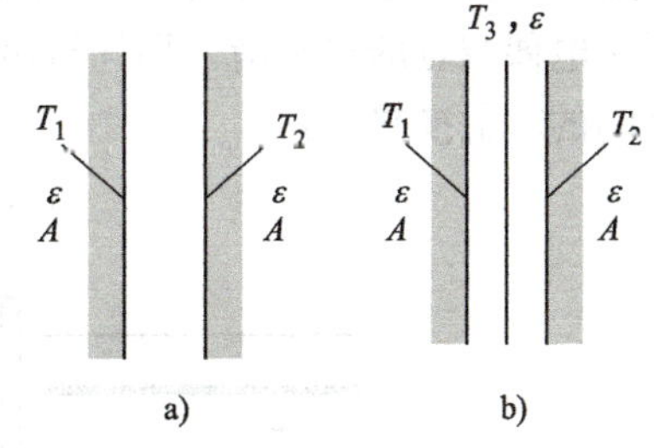

图 9-25　遮热板

在这两个大平板间插入一块面积和发射率与平板 1、2 相同的平板 3，如图 9-25b 所示，平板 3 的温度由它们之间的辐射热平衡决定。此时，从平板 1 到平板 2 之间的辐射传热过程必须首先要经过平板 3，也就是平板 1 首先与平板 3 交换辐射换热量，然后热量从平板 3 传递到平板 2，其辐射网络图如图 9-26b 所示。与图 9-26a 的对比发现，当插入一块平板 3 后，平板 1 和平板 2 间的辐射热阻总量增加了 1 倍。此时，平板 1 和 2 间的辐射换热量为

$$\Phi_{1,2}^{(1)}=\frac{A(E_{b1}-E_{b2})}{\left(\dfrac{1}{\varepsilon_1}+\dfrac{1}{\varepsilon_2}-1\right)\times 2}=\frac{1}{2}\Phi_{1,2} \tag{9-45}$$

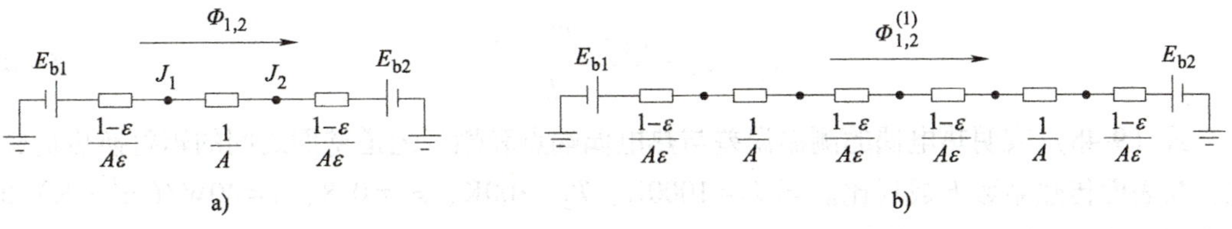

a)　　b)

图 9-26　遮热板的辐射网络图

平板 3 起到了屏蔽辐射传热的作用，通常被称为遮热板。与未加遮热板相比，加 1 块遮

热板后，总辐射热阻增加了1倍，在平板1、2温度保持不变的情况下，辐射换热量减少为原来的1/2。依次类推，加n层同样的遮热板，则辐射热阻将增大n倍，辐射换热量将减少为原来的$1/(n+1)$，即

$$\Phi_{1,2}^{(n)}=\frac{1}{n+1}\Phi_{1,2} \tag{9-46}$$

通常遮热板为金属薄片，导热热阻很小，可以忽略，因此遮热板两面的温度基本相同，所以加一块遮热板相当于给两块平壁之间的辐射换热增加了两个表面辐射热阻、一个空间辐射热阻。在实际应用中，遮热板通常采用表面反射率高、发射率小的材料，如表面高度抛光的薄铝板，使表面辐射热阻很大，其削弱辐射换热的效果要比上式的计算结果好得多。例如，在发射率为0.8的两个平行表面之间插入一块发射率为0.05的铝箔，可使辐射换热量减少到原来的1/27。

由于在辐射换热的同时，还往往存在导热和对流换热，所以在工程应用中，为了增加隔热保温的效果，通常在多层遮热板中间抽真空，将导热和对流换热减少到最低限度。这种隔热保温技术在航天、低温工程中得到广泛的应用。

在工业上测量高温烟气的温度时也应用了遮热板的原理以减小测温误差。如图9-27a所示，用热电偶测量炉膛烟气或高温燃气管道中的烟气温度。假设烟气的实际温度为T_f，管道壁面的温度为T_2。当用热电偶测量温度时，热电偶的读数实际是其端点处的温度T_1。如果用裸露的热电偶进行测量，如图9-27a所示，当忽略热电偶连线的导热时，根据稳态情况下热电偶端点的热平衡，烟气与热电偶端点之间的对流换热量应等于热电偶端点与周围管壁之间的辐射换热量：

$$Ah(T_f-T_1)=A\varepsilon_1\sigma(T_1^4-T_2^4) \tag{9-47}$$

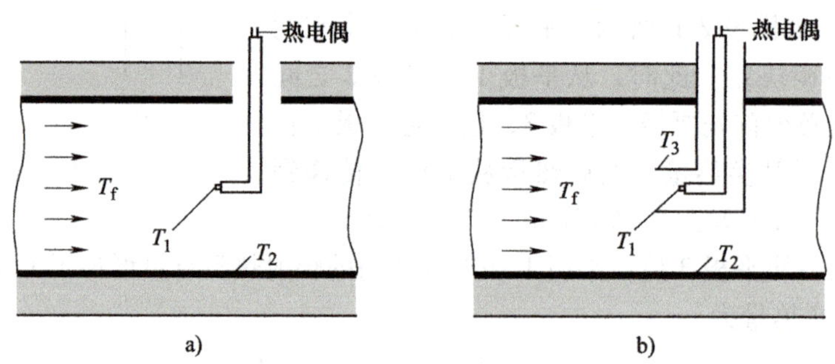

图9-27　热电偶测量高温

测量误差（即烟气实际温度和热电偶读数的差）为

$$T_f-T_1=\frac{\varepsilon_1\sigma(T_1^4-T_2^4)}{h} \tag{9-48}$$

式（9-48）表明热电偶的测温误差与热电偶端点和燃气通道壁面之间的辐射换热量成正比，与表面传热系数h成反比。当$T_f=1000\text{K}$、$T_2=800\text{K}$、$\varepsilon_1=0.8$、$h=40\text{W}/(\text{m}^2\cdot\text{K})$时，测温误差可达144K，相对误差为14.4%。

如果给热电偶端部加一个表面发射率$\varepsilon_3=0.2$的遮热罩，如图9-27b所示，热电偶端点的热平衡表达式变为

$$h(T_f - T_1) = \varepsilon_1\sigma(T_1^4 - T_3^4) \tag{9-49}$$

式（9-49）中有两个未知数，热电偶读数 T_1 和遮热罩温度 T_3。考虑遮热罩的热平衡：它被热烟气加热，同时和管壁、热电偶端点进行辐射换热。由于热电偶端点面积很小，且热电偶读数 T_1 和遮热罩温度 T_3 相差较小，因此热电偶端点与遮热罩之间的辐射换热可以忽略。遮热罩内、外壁面与燃气的对流换热量应等于遮热罩外壁面与燃气管道壁面之间的辐射换热量，因此遮热罩的热平衡表达式为

$$2h(T_f - T_3) = \varepsilon_3\sigma(T_3^4 - T_2^4) \tag{9-50}$$

联立求解式（9-49）和式（9-50），当 $T_f = 1000\text{K}$、$T_2 = 800\text{K}$、$\varepsilon_1 = 0.8$、$\varepsilon_3 = 0.2$、$h = 40\text{W}/(\text{m}^2 \cdot \text{K})$ 时，测温误差为44K，相对误差为4.4%。

此外，增加表面传热系数可进一步减小测量误差，在工程应用中使用遮热罩抽气式热电偶。热电偶端点距离遮热罩的进口应大于2~2.2倍的遮热罩直径。

9.5 气体辐射

近年来，世界各国面临的共同的热点话题是全球变暖问题和“温室效应”。由于地球大气层的温度持续增加，带来了一系列的环境和生态问题，从而使各国政府和研究机构对人类活动对全球气候变化的影响给予了密切的关注，并举行了多次的国际会议进行政策性和技术性的研讨。为处理这一问题，国际社会制定了《联合国气候变化框架公约》（以下简称《公约》）。《公约》于1992年5月9日在纽约联合国总部举行的气候变化框架公约政府间谈判委员会第5次会议上通过。1994年3月21日，即得到第50个国家的批准90天后，《公约》开始生效。《公约》的最终目标是将大气中温室气体的浓度稳定在防止气候系统受到危险的人为干扰的水平上。《公约》第一届缔约方会议于1995年在德国召开。在这届会议上，与会代表们通过了“柏林授权”，要求各缔约方进行谈判，以通过量化目标和规定时限进行减排。这在1997年12月于日本京都举行的第三次缔约方会议上促生了《公约》的第一个附加协议，即《京都议定书》（以下简称《议定书》）。《议定书》已于2005年2月16日生效。《议定书》规定了《公约》附件——国家的量化减排指标，即在2008年—2012年间（第一承诺期）其温室气体排放量在1990年的水平上平均削减5.2%。《议定书》中规定了6种温室气体，分别是二氧化碳（CO_2）、甲烷（CH_4）、氧化亚氮（N_2O）、氢氟碳化物（HFCs）、全氟化碳（PFCs）、六氟化硫（SF_6）。

其中，CO_2的排放是最为重要的焦点。工业革命以来，矿石燃料（如石油、天然气、煤等）的大量使用，使大量的 CO_2 排放到大气中，而 CO_2 具有增温效应，破坏了地球的热量平衡，导致气候变暖。

那么，为什么 CO_2 会有增温效应？这就涉及气体对热辐射的选择性吸收以及发射特性。

9.5.1 气体辐射的选择性吸收和发射

空气中大约21%是 O_2，78%是 N_2。O_2、N_2 等具有对称结构的双原子气体无发射和吸收辐射的能力，即它们对来到地球表面的太阳辐射以及地面发出的低温红外辐射是透明的。而 CO_2、H_2O（气）、SO_2、氟利昂等三原子、多原子及不对称分子结构的双原子气体（CO）具有辐射能力（包括吸收和发射）。气体只对某一波段的辐射具有吸收特性，而对其他波段

的辐射不吸收，同样，气体也只在某些波长范围内具有发射辐射的能力，这叫作对辐射的选择性吸收和发射。CO_2、H_2O（水蒸气）等气体吸收和发射辐射的波长范围（称为光带）位于红外线波长范围。太阳辐射中可见光占了大约45%，它们可以穿过大气层到达地面，被地面所吸收。而地面同样向外太空发射辐射，但由于地面温度低，它发出的辐射都是长波的红外辐射。大气层中的CO_2、H_2O等气体将会吸收这些红外辐射，而不让它们逃逸出大气层，这等于给地球穿了一件“棉衣”，太阳辐射可以源源不断地来到地面，而地面发出的热辐射却不能离开大气层，从而使得大气层内的温度持续升高，这一现象就是温室效应。CO_2、H_2O等气体也就被称为温室气体。

气体辐射具有以下特点：

1）对波长具有选择性（包括吸收和发射），它们只发射和吸收特定波长范围内的热辐射。气体有辐射能力的波长范围称为光带，在光带以外气体不吸收也不发射。CO_2的光带为2.65~2.80μm、4.15~4.45μm、13.0~17.0μm，而水蒸气的光带为2.55~2.84μm、5.6~7.6μm和12~30μm。这些光带都位于红外线区域（红外线的波长范围为0.76~1000μm）。由于气体的选择性辐射特性，气体不是灰体。

2）气体辐射在整个容积空间进行，而固体和液体的辐射和吸收都在表面进行。因此，在讨论气体的发射和吸收时，必须交代气体所在空间的形状和容积大小。当一热辐射穿过吸收性气体层时，辐射能被沿途的气体不断吸收而衰减。若沿途遇到的气体分子越多，则被吸收的能量越多，从而辐射衰减得越厉害。在给定温度下，当气体的压力比较大时，则表示气体分子数目越多，辐射被吸收越多。

如图9-28所示，对辐射强度为L_λ的某一波长的单色辐射，进入一厚度为dx的吸收性气体层，由于气体的吸收引起的辐射强度的衰减假设正比于气体层的厚度，则：

$$\mathrm{d}L_\lambda(x) = -K_\lambda L_\lambda \mathrm{d}x \tag{9-51}$$

式中，K_λ为单色衰减系数（m^{-1}），表示单位距离单色辐射强度衰减的百分比，与气体的性质、温度以及热射线波长有关。

对式（9-51）在整个气体层厚度S上积分，得：

$$\int_{L_{\lambda,0}}^{L_{\lambda,S}} \frac{\mathrm{d}L_\lambda}{L_\lambda} = \int_0^S -K_\lambda \mathrm{d}x$$

$$L_{\lambda,S} = L_{\lambda,0}\mathrm{e}^{-K_\lambda S} \tag{9-52}$$

图9-28　光谱辐射在气体层的衰减

式（9-52）称为比尔定律（Beer's law），它表明辐射能穿过吸收性气体层时，因被吸收而按指数规律衰减。辐射穿过气体层后的辐射强度和进入气体层前的辐射强度的比就是该气体层对入射辐射的透射率，即$\tau_\lambda = L_{\lambda,S}/L_{\lambda,0} = \mathrm{e}^{-K_\lambda S}$。气体的反射率为0，则它的吸收率为

$$\alpha(\lambda,S) = 1 - \mathrm{e}^{-K_\lambda S} = \varepsilon(\lambda,S) \tag{9-53}$$

由式（9-53）知道，气体的单色辐射吸收率与气体层的厚度S有关。在不同的空间的气体层的厚度不同，因此热辐射穿过不同容器中的吸收性气体时，该气体层厚度用式（9-54）近似计算：

$$S = 3.6\frac{V}{A} \tag{9-54}$$

式中，S为射线平均行程；V为气体所在空间的气体体积；A为该空间的表面积。表9-3给

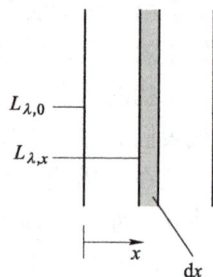

出了部分形状的空间中气体辐射的射线平均行程。

表 9-3　气体辐射的射线平均行程

气体体积		特征尺寸	射线平均行程 S
无限大平板间气体		平板间距 L	1.8L
无限长圆柱	对圆柱凸表面的辐射	直径 D	0.95D
半无限长圆柱	对底面中心的辐射	直径 D	0.9D
	对整个底面的辐射	直径 D	0.65D
高度等于直径的圆柱	对底面中心的辐射	直径 D	0.71D
	整个表面的辐射	直径 D	0.6D
高度等于直径2倍的圆柱	对端面的辐射	直径 D	0.6D
	对整个表面的辐射	直径 D	0.73D
	对圆柱内凸表面的辐射	直径 D	0.76D
球	对整个球内表面的辐射	直径 D	0.65D
正立方体	对任何表面	边长 L	0.6L
位于无限长管束间的气体对任一单管的辐射	叉排，等边三角形　$S=2D$	管径 D，管中心距 S	3.0 $(S-D)$
	叉排，等边三角形　$S=3D$		3.8 $(S-D)$
	顺排，正方形		3.5 $(S-D)$

按照发射率的定义，气体的发射率可表示为

$$\varepsilon_g=\frac{E_g}{E_{bg}}=\frac{\int_0^\infty \varepsilon_{\lambda,g}E_{b\lambda}\mathrm{d}\lambda}{E_{bg}}=\frac{\int_0^\infty (1-\mathrm{e}^{-K_\lambda S})E_{b\lambda}\mathrm{d}\lambda}{\sigma T_g^4}\tag{9-55}$$

单色衰减系数 K_λ 与热辐射沿途遇到到气体分子个数有关，而沿途气体分子个数与气体的分压有关。因此，由式（9-55）知，气体的发射率与气体的自身温度、分压、射线平均行程等参数有关，可表示为下面的函数关系：

$$\varepsilon_g=f(T_g,pS)$$

式中，p 为气体的分压。

气体发射率通常由试验测定，Hottel 和 Egbert[⊖]给出了 H_2O（水蒸气）和 CO_2 的发射率，如图 9-29、图 9-31 所示。

图 9-29 中水蒸气和其他透热气体的混合物在气体总压力为 10^5Pa，并把水蒸气的分压外推为零的条件下绘出的，横坐标是气体的温度，纵坐标为水蒸气的发射率，图中的变量 p_{H_2O} 为气体中水蒸气的分压。当气体总压力不等于 10^5Pa 时，水蒸气的发射率按式（9-56）进行修正：

$$\varepsilon_{H_2O}=C_{H_2O}\varepsilon^*_{H_2O}\tag{9-56}$$

式中，$\varepsilon^*_{H_2O}$为由图 9-29 查出的总压力为 10^5Pa 时的水蒸气发射率；C_{H_2O}为修正系数，由图 9-30 确定。

图 9-31 是 CO_2与其他非辐射气体的混合物在气体总压力为 10^5Pa 时的发射率。当气体总

⊖ H. C. Hottel, R. B. Egbert, Radiant heat transmission from water vapor. Trans, AIChE, 1942, 38: 531.

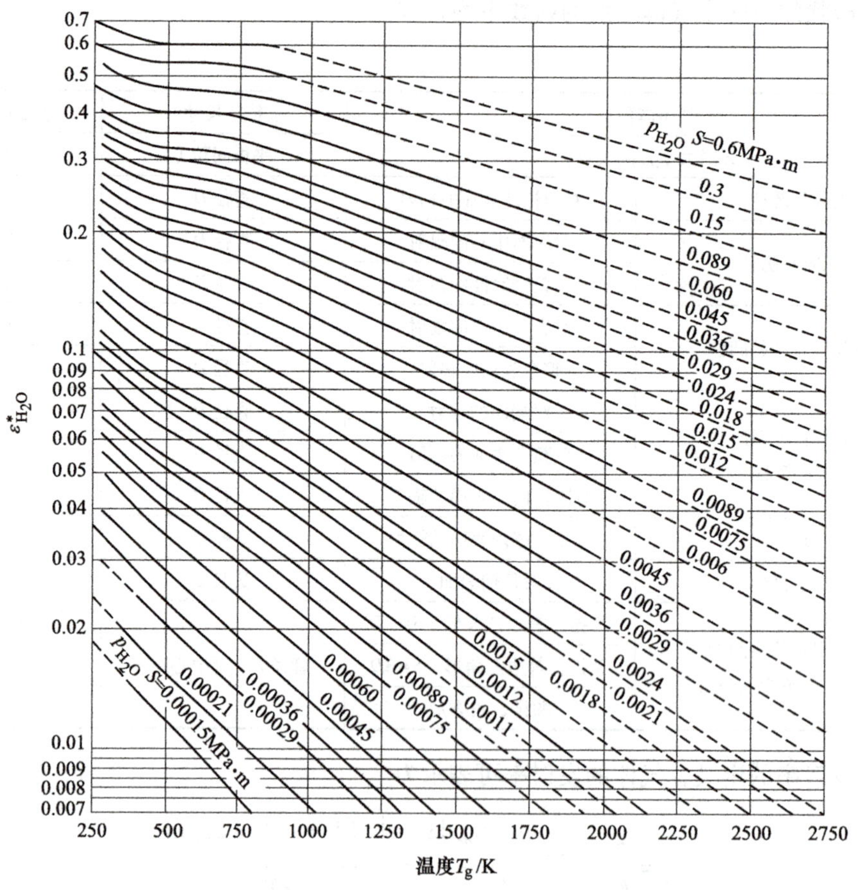

图 9-29 H_2O（水蒸气）与其他非辐射气体混合时的发射率（气体总压为 10^5Pa）

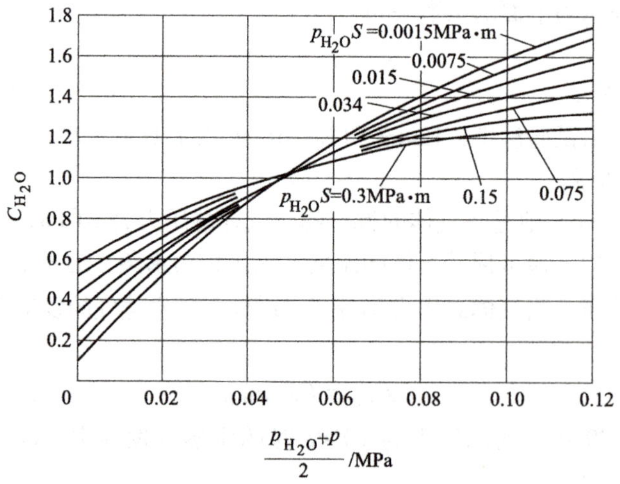

图 9-30 H_2O（水蒸气）的压力修正系数 C_{H_2O}

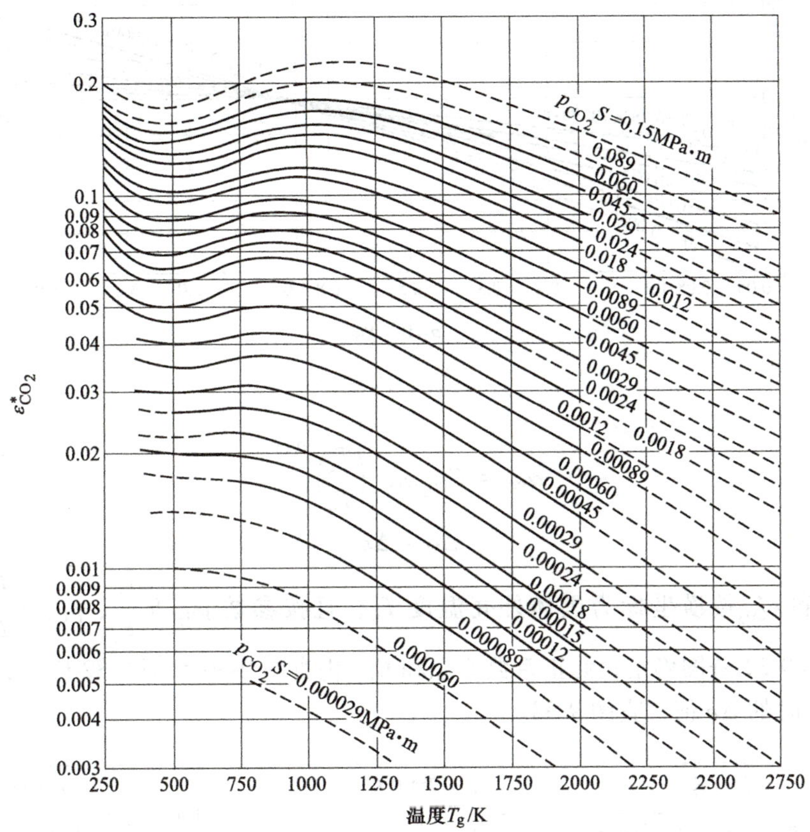

图 9-31　CO_2与其他非辐射气体混合时的发射率（气体总压为10^5Pa）

压力不等于10^5Pa时，CO_2的发射率按式（9-57）进行修正：

$$\varepsilon_{CO_2} = C_{CO_2}\varepsilon^*_{CO_2} \tag{9-57}$$

式中，$\varepsilon^*_{CO_2}$为由图9-31查出的总压力为10^5Pa时的CO_2发射率；C_{CO_2}为修正系数，由图9-32确定。

当气体中同时有CO_2和H_2O（水蒸气）时，气体的发射率由式（9-58）计算：

$$\varepsilon_g = C_{H_2O}\varepsilon^*_{H_2O} + C_{CO_2}\varepsilon^*_{CO_2} - \Delta\varepsilon \tag{9-58}$$

式中，修正量$\Delta\varepsilon$由图9-33确定，它是考虑到CO_2和H_2O（水蒸气）共存时，它们的光带有重合，导致两者互相吸收而引起的发射率的减弱做的修正。

CO_2和H_2O（水蒸气）共存时混合气体对包容气体的黑体外壳的辐射吸收率按式（9-59）计算：

$$\alpha_g = \alpha_{H_2O} + \alpha_{CO_2} - \Delta\alpha \tag{9-59}$$

式中，α_g为混合气体对温度为T_w的黑体外壳的吸收率。

CO_2和H_2O（水蒸气）的吸收率分别按下面的经验公式计算：

$$\alpha_{H_2O} = C_{H_2O}\varepsilon^*_{H_2O}\left(\frac{T_g}{T_w}\right)^{0.45} \tag{9-60}$$

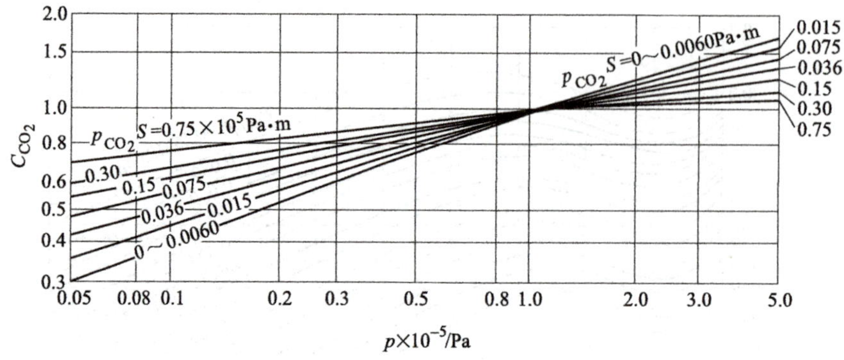

图 9-32　CO_2的压力修正系数

$$\alpha_{CO_2} = C_{CO_2}\varepsilon_{CO_2}^*\left(\frac{T_g}{T_w}\right)^{0.65} \tag{9-61}$$

$$\Delta\alpha = \Delta\varepsilon \tag{9-62}$$

式中，$\varepsilon_{H_2O}^*$和$\varepsilon_{CO_2}^*$按横坐标为黑体外壳温度T_w，且按参数$p_{H_2O}S\dfrac{T_w}{T_g}$、$p_{CO_2}S\dfrac{T_w}{T_g}$的数值由图 9-29 和图 9-31 查图确定；修正系数C_{H_2O}和C_{CO_2}仍查图 9-30 和图 9-32 确定；修正量$\Delta\alpha$取温度为T_w时的$\Delta\varepsilon$值，查图 9-33。

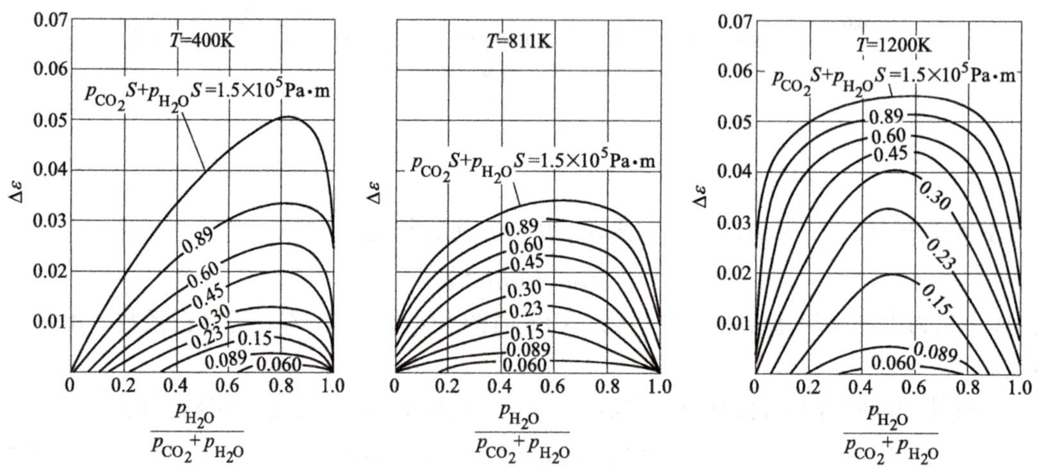

图 9-33　CO_2和 H_2O（水蒸气）共存时气体发射率的修正

例 9-8　某锅炉的炉膛容积为 35m³，炉膛面积为 55m²，烟气中水蒸气的容积百分比$\varphi_{H_2O}=7.6\%$，CO_2的容积百分比$\varphi_{CO_2}=18.6\%$，烟气的总压为1.013×10^5Pa，炉内平均温度为1200℃。求烟气的发射率ε_g。

解：该烟气为CO_2和水蒸气共存的混合气体，其发射率由式（9-58）确定，因此需要分别查出CO_2和水蒸气的发射率及其修正系数。首先，由它们的容积百分比计算其分压：

$$p_{H_2O} = p\varphi_{H_2O} = 1.013\times10^5\times0.076\text{Pa} = 0.077\times10^5\text{Pa}$$

$$p_{CO_2} = p\varphi_{CO_2} = 1.013\times10^5\times0.186\text{Pa} = 0.188\times10^5\text{Pa}$$

射线平均行程 $S=3.6\dfrac{V}{A}=3.6\times\dfrac{35}{55}\text{m}=2.29\text{m}$，则：

$$p_{H_2O}S=0.077\times10^5\text{Pa}\times2.29\text{m}=0.176\times10^5\text{Pa}\cdot\text{m}$$

$$p_{CO_2}S=0.188\times10^5\text{Pa}\times2.29\text{m}=0.431\times10^5\text{Pa}\cdot\text{m}$$

查图 9-29，得 $\varepsilon_{H_2O}^*=0.13$，查图 9-31，得 $\varepsilon_{CO_2}^*=0.16$。

查图 9-30，得 $C_{H_2O}=1.05$，查图 9-32，得 $C_{CO_2}=1.0$，查图 9-33，得 $\Delta\varepsilon=0.045$；

烟气的发射率：

$$\begin{aligned}\varepsilon_g&=C_{H_2O}\varepsilon_{H_2O}^*+C_{CO_2}\varepsilon_{CO_2}^*-\Delta\varepsilon\\&=1.05\times0.13+1.0\times0.16-0.045=0.252\end{aligned}$$

例 9-9 在例 9-8 中，若炉膛壁温 $t_w=537℃$，发射率 $\varepsilon_w=1$，求烟气对炉膛壁面的吸收率。

解： CO_2和 H_2O（水蒸气）共存时混合气体对黑体外壳的辐射吸收率按式（9-59）计算。此时，需重新计算查图所需参数：

$$p_{H_2O}S\frac{T_w}{T_g}=\left(0.176\times10^5\times\frac{537+273}{1200+273}\right)\text{Pa}\cdot\text{m}=0.097\times10^5\text{Pa}\cdot\text{m}$$

$$p_{CO_2}S\frac{T_w}{T_g}=\left(0.431\times10^5\times\frac{537+273}{1200+273}\right)\text{Pa}\cdot\text{m}=0.237\times10^5\text{Pa}\cdot\text{m}$$

横坐标为炉膛壁面温度 $T_w=810\text{K}$，按上述参数查图 9-29，得 $\varepsilon_{H_2O}^*=0.163$，查图 9-31，得 $\varepsilon_{CO_2}^*=0.14$，修正系数同例 9-8，$C_{H_2O}=1.05$，$C_{CO_2}=1.0$，得：

$$\alpha_{H_2O}=C_{H_2O}\varepsilon_{H_2O}^*\left(\frac{T_g}{T_w}\right)^{0.45}=1.05\times0.163\times\left(\frac{1200+273}{537+273}\right)^{0.45}=0.224$$

$$\alpha_{CO_2}=C_{CO_2}\varepsilon_{CO_2}^*\left(\frac{T_g}{T_w}\right)^{0.65}=1.0\times0.14\times\left(\frac{1200+273}{537+273}\right)^{0.65}=0.2065$$

由 $T_w=810\text{K}$，$p_{H_2O}/(p_{H_2O}+p_{CO_2})=0.29$，查图 9-33，得 $\Delta\alpha=0.024$。

烟气的吸收率：

$$\alpha_g=\alpha_{H_2O}+\alpha_{CO_2}-\Delta\alpha=0.224+0.2065-0.024=0.4065$$

9.5.2 气体与封闭表面的辐射换热

考虑一个黑体空腔和其中的气体之间的辐射换热过程。假设黑体空腔表面的温度为 T_w，气体温度为 T_g。由于气体辐射的选择性，它所吸收的黑体表面的辐射能和它自身发射的辐射是不一样的，它们之间的换热量为

$$\begin{aligned}\Phi&=\text{气体发射的辐射}-\text{黑体表面发射的被气体吸收的辐射}\\&=A(\varepsilon_g\sigma T_g^4-\alpha_g\sigma T_w^4)\end{aligned}\tag{9-63}$$

式中，ε_g 为温度为 T_g的气体的发射率；α_g 为气体对温度为 T_w的黑体表面的吸收率，对 CO_2 和 H_2O 组成的混合气体，α_g 由式（9-59）计算。

对于由两个平行平板组成的封闭空腔中的气体的辐射的计算则较为复杂，如图 9-34 所示，两个平板的温度分别为 T_1和 T_2，分析每一块平板的能量平衡（净换热量），有：

平板 1：

$$\Phi_1 = A_1G_1 - A_1E_{b1} \tag{9-64}$$

平板 2：

$$\Phi_2 = A_2G_2 - A_2E_{b2} \tag{9-65}$$

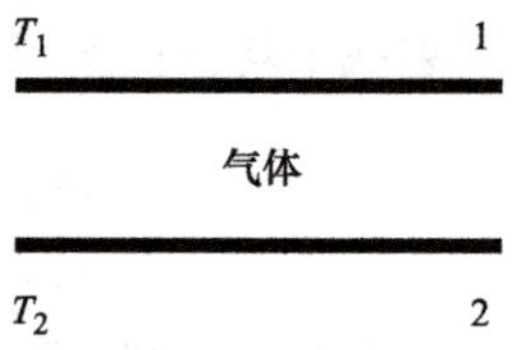

式中，G 为每块板表面的投入辐射。它应该等于气体发射的投入该板表面的辐射加上由对面的平板发射的、穿过气体后到达该平板表面的辐射。

T_1 1

气体

T_2 2

图 9-34　平行平板间的气体辐射

对平板 1，则可写出如式（9-66）的能量关系式：

$$A_1G_1 = A_gX_{g,1}\varepsilon_gE_{bg} + A_2X_{2,1}\tau_g(T_2)E_{b2} \tag{9-66}$$

式中，$X_{g,1}$、$X_{2,1}$分别为气体、平板 2 对平板 1 的角系数，$\tau_g(T_2)$ 为气体对来自平板 2 的辐射的透射率，由式（9-67）计算：

$$\tau_g(T_2) = 1 - \alpha_g(T_2) \tag{9-67}$$

式中，$\alpha_g(T_2)$ 按式（9-59）计算。同样，对平板 2 表面的投入辐射由式（9-68）计算：

$$A_2G_2 = A_gX_{g,2}\varepsilon_gE_{bg} + A_1X_{1,2}\tau_g(T_1)E_{b1} \tag{9-68}$$

式中，$X_{g,2}$、$X_{1,2}$分别为气体、平板 1 对平板 2 的角系数；$\tau_g(T_1)$ 为气体对来自平板 1 的辐射的透射率，计算方法同式（9-67）。

当平行平板系统中的各面积取 $A_g=A_1=A_2$ 时，角系数 $X_{g,1}=X_{g,2}=1$，$X_{2,1}=X_{1,2}=1$。由式（9-66）和式（9-68）确定 G_1、G_2后，则可由式（9-64）和式（9-65）确定平板 1 和 2 的净换热量。

一个灰体空腔和其中的气体之间的辐射换热过程要复杂得多，涉及气体和壁面间的多次吸收、反射过程。当灰体表面的发射率 $\varepsilon_w>0.8$ 时，灰体空腔表面与气体的辐射换热量可近似由式（9-69）计算：

$$\Phi = \frac{\varepsilon_w + 1}{2}\Phi_b \tag{9-69}$$

式中，Φ_b 是黑体空腔的换热量，由式（9-63）计算。

9.6　太阳辐射简介

9.6.1　太阳辐射的基本概念

太阳是一个炽热的气体球，直径为 1.39×10^6km，质量约为 2.2×10^{27}t，是地球质量的 332000 倍，而平均密度大约是地球的 1/4，体积是地球的 1.3×10^6倍。太阳距地球的平均距离为 1.5×10^8km。通过对太阳光谱分析，发现太阳上存在 68 种元素，太阳的主要成分是氢和氦。

太阳表面的有效温度为 5762K，而内部中心区域的温度则高达几千万摄氏度（范围大约在 8×10^6~40×10^6K），压力为 3×10^{11}atm（1atm=101325Pa）。在这样高的温度下，氢原子失去其核外电子而只剩下它的原子核——质子，质子在高温下因高速的热运动而互相碰撞、发生热核反应，由 4 个质子聚合为一个氦核，并释放出大量的热。太阳每秒将 657×10^6t 氢通过热核反应变成 653×10^6t 氦，产生 390×10^{21}kW 的能量，其中 173×10^{12}kW 的能量以辐射（电磁波）的方式到达地球大气层上边缘（上界），在穿过大气层过程中衰减，最终有大约

85×10^{12}kW 的能量到达地球表面，它相当于全世界发电量的几十万倍。根据目前太阳产生核能的速度估算，太阳中氢的储量可以维持 600 亿 a，而地球的寿命大约为 50 亿 a，因此，太阳的辐射能是取之不尽用之不竭的。

太阳的结构如图 9-35 所示。太阳辐射能的 90%产生于 0~0.23R（R 为太阳半径）的太阳内核区域，该部分的质量占太阳总质量的 40%，温度为 800 万~4000 万 K，密度为水的 80~100 倍。从 0.23R~0.7R 的区域为辐射输能区，温度下降到 13 万 K，密度下降到 0.079g/cm^3，在这里对流过程开始起重要作用。在 0.7R~1.0R 的区域称为对流区。在该区，温度大约降至 5000K，密度大约降为 10^{-8}g/cm^3。

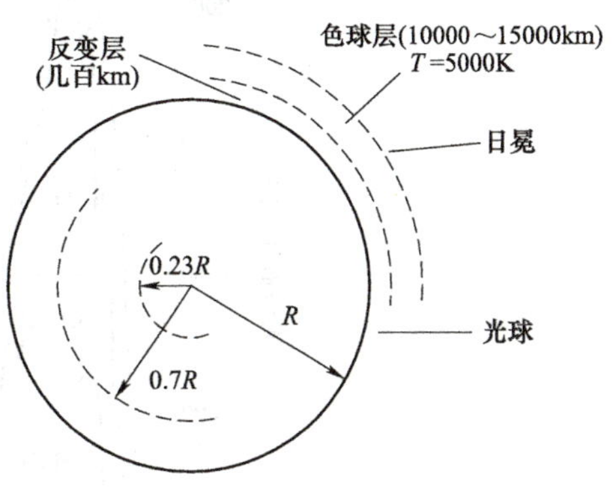

图 9-35 太阳的结构

人们肉眼看到的太阳表面为对流区的外层，称为光球，温度为 5762K，厚约为 500km，密度为 10^{-6}g/cm^3。光球由电离气体组成，能够吸收和发射连续的辐射光谱，是太阳的最大辐射源。光球外面分布着能发光且几乎透明的太阳大气，由非常稀薄的气体组成，厚度为几百 km，称为反变层。它的外面是色球层，厚度约为 10000~15000km，大部分由氢和氦组成，温度大约为 5000K，密度大约为 10^{-8}g/cm^3。最外面一层是日冕，其密度很小而温度很高（10^6K）。

因此，太阳并不是一个固定温度的黑体，它所发射的辐射是其各层发射和吸收各种波长的辐射综合作用的结果，而且它的辐射光谱的超短波和超长波部分的光谱强度的分布随时间略有变动。一般地在计算太阳的热转换过程时，把太阳看作 6000K 的黑体。

太阳辐射以 3×10^8m/s 的速度传播，从太阳到地球大气层大约需要 8min。太阳常数指大气层外的太阳与地球平均距离上垂直太阳光线的单位面积上所得到的太阳辐射能，记作 S_C。根据 1981 年 10 月在墨西哥召开的世界气象组织仪器和观测委员会第八届会议通过的数据，太阳常数为 $S_C=(1367\pm7)$ W/m^2。一年内太阳常数的变化波动大约为 ±7W/m^2，其中部分原因是日—地距离发生变化。

太阳辐射能在穿越大气层时，一方面被大气中的 O_2、O_3、H_2O（气）、CO_2等吸收，同时被空气分子、水蒸气以及粉尘等散射，因此到达地面的太阳辐射比其在大气层的强度要低，也就是太阳辐射在大气层中的衰减。通常用大气质量来表示太阳辐射在大气层中穿越的距离。大气质量是一个无量纲量，是指太阳光线穿过地球大气层的路径与太阳光线在天顶角方向时穿过大气层的路径之比，记作 m，并假定在标准大气压（101325Pa）和气温为 0℃时海平面上太阳光线垂直入射的路径为 1，那么地球大气层上界的大气质量 $m=0$，当天顶角为 60°时，$m=2$。

太阳光谱辐射力取得最大值的波长约为 0.5μm，位于可见光范围内。太阳辐射能中紫外线（$\lambda=4\times10^{-3}$~0.38μm）约占 8.7%，可见光（$\lambda=0.38$~0.76μm）约占 44.6%，红外线（$\lambda=0.76$~10^3μm）约占 45.4%。约 98%的太阳辐射位于 $\lambda=0.2$~3.0μm 的波长范围内。大气层外缘太阳辐射光谱分布如图 9-36 所示。

地球大气层外缘某区域水平面上单位面积所接受到的太阳辐射能为

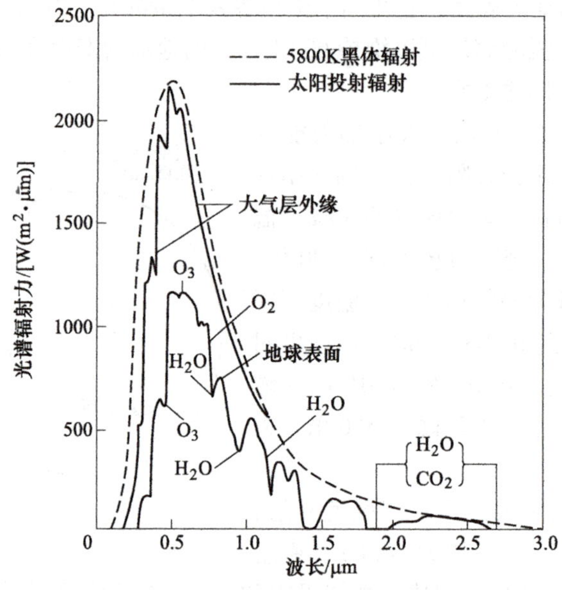

图 9-36 太阳辐射光谱分布

$$G_{S,0} = S_C f \cos\theta \tag{9-70}$$

式中，f 为考虑地球饶太阳运行轨道的椭圆形而加的修正系数，f=0.97~1.03；θ 为太阳射线与水平面法线的夹角，称为天顶角，如图 9-37 所示。

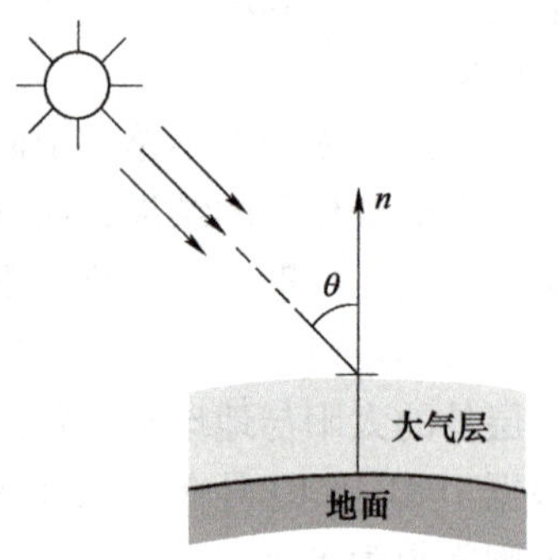

图 9-37 大气层外缘太阳辐射

太阳射线在穿过大气层时，沿程被大气层中的 O_3（臭氧）、O_2、H_2O、CO_2以及尘埃等吸收、散射和反射，强度逐渐减弱，减弱程度与太阳射线在大气中的行程长度、大气的成分及被污染的程度有关，而射线行程长度又取决于一年四季的日期、一天的时间以及所在的地球纬度。在夏季理想的大气透明度条件下，中午前后到达地面的太阳辐射约为 1000W/m^2。

大气层中的 O_3、O_2、H_2O、CO_2等气体对太阳辐射的吸收具有选择性，它们只能吸收一定波长范围的辐射能。例如，臭氧对紫外线有强烈的吸收作用，$\lambda<$ 0.3μm 的紫外线几乎全部被吸收，0.4μm 以下的射线被大大衰减，所以大气中的臭氧层能保护人类免受紫外线的伤害。近些年来，如何保护臭氧层免遭破坏已成为全世界关注的环境保护热点问题之一。O_3和 O_2对可见光也有一定的吸收作用；H_2O 和 CO_2主要吸收红外线区域内的辐射能。在整个太阳光谱范围内，大气中的灰尘等悬浮颗粒对太阳辐射都具有吸收作用。

太阳辐射在大气层中会发生两种散射现象：一种是由气体分子引起的几乎各个方向分布均匀的散射，称为瑞利散射（或分子散射）。由于气体分子对短波辐射散射强烈，所以晴朗的天空看起来是蓝色的。另一种是由大气中的灰尘和悬浮颗粒引起的主要向着原射线方向的散射，称为米散射。因此，到达地球表面的太阳总辐射是直接辐射与散射辐射之和。在晴天，散射辐射约占太阳总辐射的 10%，而阴天时，到达地面的太阳辐射主要是散射辐射。

利用太阳能，实际上是利用太阳的总辐射，但是对于大多数太阳能设备来说，主要是利用太阳辐射能中的直接辐射部分。

经过大气层的吸收、散射和反射之后，到达地球表面的太阳辐射光谱比大气层外缘的太阳辐射光谱削弱很多。太阳辐射光谱分布如图 9-36 所示。

太阳辐射能常用辐射通量、辐照度和曝辐射量等表示。辐射通量指太阳以辐射形式发出的功率，单位为 W，辐照度指投射到单位面积上的辐射通量，单位为 W/m^2，曝辐射量指从单位面积上接收到的辐射能，单位为 J/m^2。

由于大气层的存在，到达地球表面的太阳辐射能和多个因素有关，如太阳高度、大气质量、大气透明度、地理纬度、日照时间和海拔等。太阳高度是指太阳位于地平面以上的高度角，常用太阳光线和地平线的夹角（入射角）来表示。该角度大则太阳高，辐照度大，该角度小则太阳低，辐照度小。太阳高度在早晨最低，为 0°，在正午最高，为 90°，下午又逐渐减小。此外，太阳高度与地球绕太阳公转也有关系，从而产生每年的季节变化。当太阳高度为 90°时，太阳辐射中红外线占 50%，可见光占 46%，紫外线占 4%；当太阳高度为 30°时，太阳辐射中红外线占 53%，可见光占 44%，紫外线占 3%；当太阳高度为 5°时，太阳辐射中红外线占 72%，可见光占 28%，紫外线接近于 0。

太阳高度低的时候，太阳辐射穿过大气层的路程长，因而能量衰减多。大气质量越大，表示太阳辐射经过大气的路程越长，因而能量衰减越多。大气透明度与云层的多少以及大气中的灰尘有关，大气透明度越高，则太阳辐射被云层和灰尘等吸收、散射的就越少，到达地面的太阳辐射能就越多。而地球上的地理纬度越高，如南北极，则太阳辐射经过大气层达到该地区地面的路程越长，因而高纬度地区的太阳辐射通量越小。而同纬度地区海拔越高，太阳辐射经过大气层达到该地区地面的路程越短，从而太阳直接辐射也越高。同样，日照时间长的地区接收到的太阳辐射能也越多。

9.6.2　我国太阳能的分布

我国幅员辽阔，是世界上太阳能资源丰富的数个国家之一，全国总面积 2/3 以上地区年日照时数大于 2200h，具备利用太阳能的良好条件。据估算，我国陆地表面每年接受的太阳辐射能约为 50×10^{18}kJ，全国各地太阳年辐射总量达 335～837kJ/(cm^2·a)，中值为 586 kJ/(cm^2·a)。从全国太阳年辐射总量的分布来看，西藏、青海、新疆、内蒙古南部、山西、陕西北部、河北、山东、辽宁、吉林西部、云南中部和西南部、广东东南部、福建东南部、海南岛东部和西部以及台湾省的西南部等广大地区的太阳辐射总量很大。尤其是青藏高原地区最大，那里平均海拔在 4000m 以上，大气层薄而清洁，透明度好，纬度低，日照时间长。例如被人们称为“日光城”的拉萨市，1961 年—1970 年的年平均日照时间为 3005.7h，相对日照为 68%，年平均晴天为 108.5d，阴天为 98.8d，年平均云量为 4.8，太阳总辐射为 816kJ/(cm^2·a)，比全国其他省区和同纬度的地区都高。全国以四川和贵州两省的太阳年辐射总量最小，其中尤以四川盆地为最，那里雨多、雾多，晴天较少。例如素有“雾都”之称的成都市，年平均日照时数仅为 1152.2h，相对日照为 26%，年平均晴天为 24.7d，阴天达 244.6d，年平均云量高达 8.4。其他地区的太阳年辐射总量居中。

我国太阳能资源分布的主要特点有：太阳能的高值中心和低值中心都处在北纬 22°～35°这一带，青藏高原是高值中心，四川盆地是低值中心；太阳年辐射总量，西部地区高于东部

地区，而且除西藏和新疆两个自治区外，基本上是南部低于北部；由于南方多数地区云、雾、雨多，在北纬30°~40°地区，太阳能的分布情况与一般的太阳能随纬度而变化的规律相反，太阳能不是随着纬度的增加而减少，而是随着纬度的增加而增长。

按接受太阳能辐射量的大小，我国大陆地区大致上可分为五类地区：

(1) 一类地区　全年日照时数为3200~3300h，辐射量在670~837×10^4kJ/(cm^2·a)。相当于225~285kg标准煤燃烧所发出的热量。一类地区主要包括西藏西部、新疆东南部、青海西部、甘肃西部等地。这是我国太阳能资源最丰富的地区，与印度和巴基斯坦北部的太阳能资源相当。特别是西藏，地势高，大气的透明度也好，太阳辐射量仅次于撒哈拉大沙漠，居世界第二位，其中拉萨是世界著名的阳光城。

(2) 二类地区　全年日照时数为3000~3200h，辐射量在(586~670)×10^4kJ/(cm^2·a)，相当于200~225kg标准煤燃烧所发出的热量。二类地区主要包括西藏东南部、新疆南部、青海东部、宁夏南部、甘肃中部、内蒙古、山西北部、河北西北部等地。此区为我国太阳能资源较丰富区。

(3) 三类地区　全年日照时数为2200~3000h，辐射量在(502~586)×10^4kJ/(cm^2·a)，相当于170~200kg标准煤燃烧所发出的热量。三类地区主要包括新疆北部、甘肃东南部、山西南部、陕西北部、河北东南部、山东、河南、吉林、辽宁、云南、广东南部、福建南部、江苏北部、安徽北部等地。

(4) 四类地区　全年日照时数为1400~2200h，辐射量在(419~502)×10^4kJ/(cm^2·a)。相当于140~170kg标准煤燃烧所发出的热量。四类地区主要包括湖南、广西、江西、浙江、湖北、福建北部、广东北部、陕西南部、江苏南部、安徽南部、黑龙江等地区。这些地区春夏多阴雨，秋冬季太阳能资源还可以。

(5) 五类地区　全年日照时数约1000~1400h，辐射量在(335~419)×10^4kJ/(cm^2·a)。相当于115~140kg标准煤燃烧所发出的热量。五类地区主要包括四川、贵州两省。此区是我国太阳能资源最少的地区。

一、二、三类地区，年日照时数大于2000h，辐射总量高于586kJ/(cm^2·a)，是我国太阳能资源丰富或较丰富的地区，面积较大，约占全国总面积的2/3以上，具有利用太阳能的良好条件。四、五类地区虽然太阳能资源条件较差，但仍有一定的利用价值。我国部分地区的太阳能资源及分布见表9-4。

表9-4　我国部分地区的太阳能资源及分布

类型	地　区	年日照时数/h	年辐射总量/[10^4kJ/(cm^2·a)]
一	西藏西部、新疆东南部、青海西部、甘肃西部	3200~3300	670~837
二	西藏东南部、新疆南部、青海东部、宁夏南部、甘肃中部、内蒙古、山西北部、河北西北部	3000~3200	586~670
三	新疆北部、甘肃东南部、山西南部、陕西北部、河北东南部、山东、河南、吉林、辽宁、云南、广东南部、福建南部、江苏北部、安徽北部	2200~3000	502~586

（续）

类型	地　区	年日照时数/h	年辐射总量/[10^4kJ/(cm^2·a)]
四	湖南、广西、江西、浙江、湖北、福建北部、广东北部、陕西南部、江苏南部、安徽南部、黑龙江	1400～2200	419～502
五	四川、贵州	1000～1400	335～419

9.6.3　太阳能的利用方式

太阳能的利用方式包括光热利用、光电利用以及光化学利用、光生物利用等。目前能够规模化利用太阳能的主要技术途径是光热利用和光电利用。

光热利用是指把太阳辐射能转换为热能的利用方式，包括太阳能热水器和热水工程以及太阳能的空调制冷、太阳房、太阳能温室等。光电利用是指把太阳辐射能转换为电能的利用方式，现阶段主要是直接发电，即采用太阳能电池进行光电的直接转换。此外，太阳能的间接发电技术是很具有发展潜力的发电技术，它是基于热动力循环的一种光-热-电利用技术，即利用太阳集热器收集太阳能并用它加热气体工质，转化为工质的内能，驱动热机系统发电。可参考太阳能利用技术的专题文献[㊀㊁㊂]。光化学利用是指利用太阳能分解水制氢，而光生物利用是指利用生物吸收太阳光，通过光合作用把太阳能转化为化学能的过程。

太阳能集热器是吸收太阳辐射能并将之转换为热能的一种装置，包括平板型、真空管型和聚焦型等主要形式。平板型集热器主要构成如图9-38所示。太阳辐射透过玻璃盖板被吸热板吸收，加热吸热管中的水。吸热板表面为高吸收率和低发射率的选择性涂层。为防止散热损失，在管道下面以及集热器的侧面都加装隔热保温材料。分析集热器的能量平衡，可知：吸热器吸收太阳的入射辐射，一部分传递给吸热管中的水，提高其温度，热水输出的能量也就是太阳能集热器的输出能量；其余部分通过玻璃盖板表面对天空辐射出去，此外，盖板表面也通过对流换热损失一部分热量。

例9-10　对图9-38所示的平板型集热器，已知：集热器的面积为$3m^2$，投射在集热器上的太阳辐射为$700W/m^2$，90%的太阳辐射穿过玻璃盖板并被吸热板吸收，剩余的10%被集热器反射出去。水在吸热板下的管道中流过，从进口温度T_i加热到出口温度T_o。工作温度为30℃的玻璃盖板的发射率为0.94，与处于-10℃的天空之间进行辐射换热。玻璃盖板与25℃的环境空气间的表面传热系数为$10W/(m^2\cdot K)$。求稳态时：

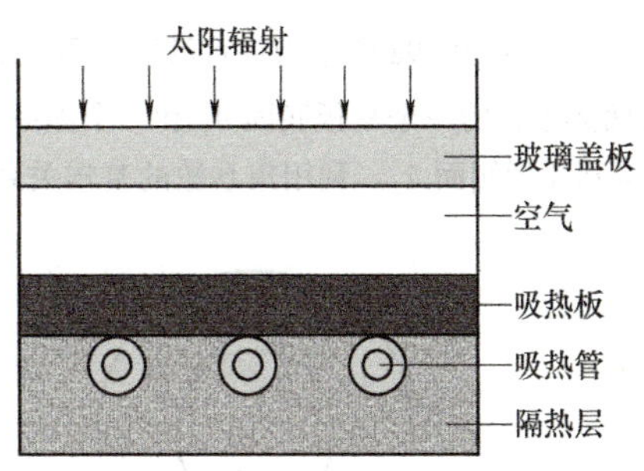

图9-38　平板型集热器主要构成

1）集热器单位面积收集的热量。

㊀ 罗运俊、何梓年，王长贵，太阳能利用技术，北京：化学工业出版社，2005。
㊁ 苏亚欣，毛玉如，赵敬德，新能源与可再生能源概论。北京：化学工业出版社，2006。
㊂ 葛新石，龚堡，陆维德，太阳能工程——原理与应用，北京：科学出版社，1988。

2）当水的流量为 0.01kg/s 时，水的进、出口温差，水的比热容为 4179J/(kg·K)。

3）集热器的集热效率。

解： 该集热器的能量平衡为

$$集热器吸收的能量 q_1 - 散失的能量 q_2 = 水的能量的增加 q_3$$

集热器单位面积收集的热量也就是热水所输出的热能。其中集热器散失的热量包括玻璃盖板和天空的辐射换热损失以及和环境空气的对流换热损失。因此，依次求解如下：

集热器吸收的能量：$q_1 = 0.9q_{solar} = 0.9 \times 700\text{W/m}^2 = 630\text{W/m}^2$

集热器损失的能量：$q_2 = q_r + q_c$

其中，辐射热损失：$q_r = \varepsilon\sigma(T^4 - T_{sky}{}^4) = 0.94 \times 5.67 \times 10^{-8} \times [(273+30)^4 - (273-10)^4]\text{W/m}^2 = 194\text{W/m}^2$

对流热损失：$q_c = h(T - T_\infty) = 10 \times (30-25)\text{W/m}^2 = 50\text{W/m}^2$

式中，q_{solar}为投影到集热器上的太阳辐射；q_r、q_c 分别为辐射和对流热损失；T 为玻璃盖板的温度；T_{sky}为天空的温度；T_∞为空气的温度。

因此，水的能量的增加为

$$q_3 = q_1 - q_2 = (630 - 194 - 50)\text{W/m}^2 = 386\text{W/m}^2$$

也就是集热器单位面积收集的热量。

水的能量增加等于其温差和比热容、质量流量的乘积，即：

$$Aq_3 = \dot{m}c(T_o - T_i) = 0.01\text{kg/s} \times 4179\text{J/(kg·K)} \times (T_o - T_i) = 386\text{W/m}^2 \times 3\text{m}^2$$

则水的进出口温差：$T_o - T_i = 386 \times 3/(0.01 \times 4179)℃ = 27.7℃$

集热效率等于集热器收集的能量与入射太阳辐射总能量的比，即

$$\eta = \frac{q_3}{q_{solar}} = \frac{386}{700} = 55\%。$$

习　题

9.1　图 9-39a 所示为垂直纸面无限长的一个圆筒外表面 A_1 和半圆筒的内表面 A_2；图 9-39b 所示为垂直纸面无限长的一个平板底面 A_1 和一个侧面 A_2；图 9-39c 所示为垂直纸面无限长的一个平板底面 A_1 和一个 1/4 圆弧形侧面 A_2。利用角系数的基本关系，确定下列表面间的角系数 $X_{1,2}$、$X_{2,1}$。

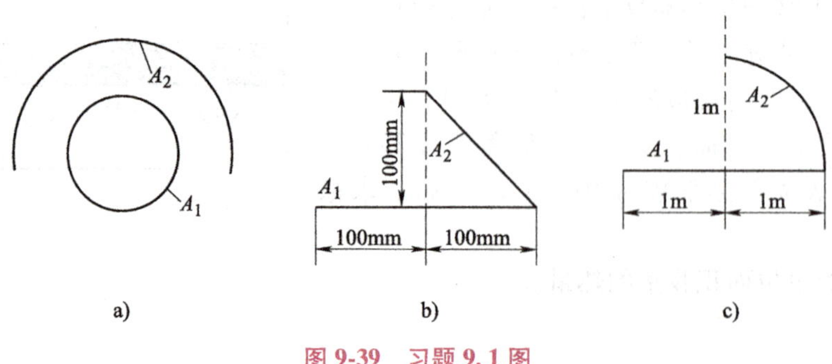

图 9-39　习题 9.1 图

9.2　利用角系数的基本关系，确定如图 9-40 所示的凹槽和周围环境间的角系数。

9.3　计算图 9-41 中两个互相垂直的矩形平面 1 和 2 的角系数。

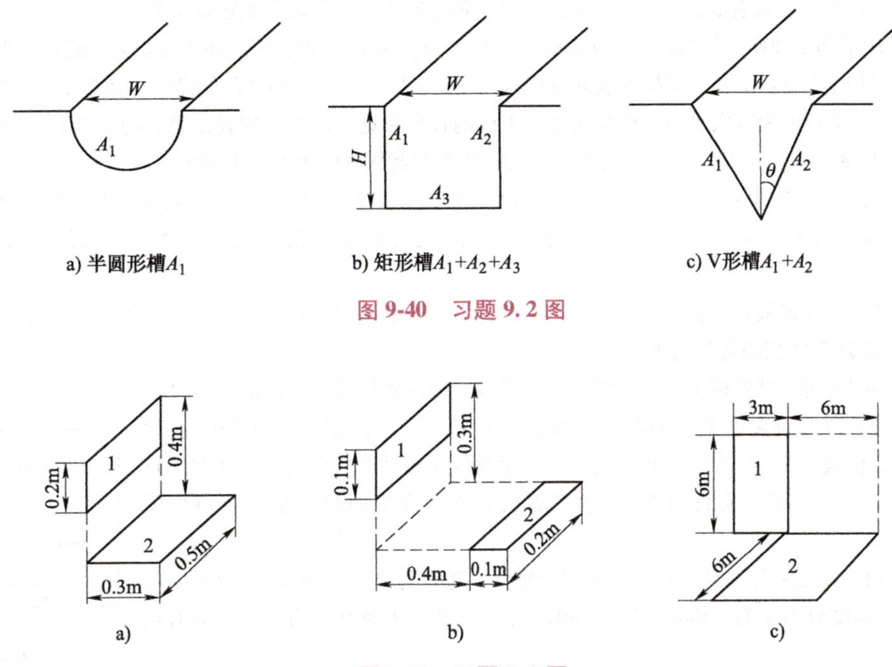

图 9-40 习题 9.2 图

图 9-41 习题 9.3 图

9.4 如图 9-42 所示，由一个小圆表面和一个一端开口另一端封闭的圆筒构成的三个表面，均为黑体，其中 A_1 为一个小的圆表面，A_2 为直径为 3m 的上圆表面，A_3 为高 2m、直径为 3m 的侧表面。计算 A_1 和 A_3 间的角系数。若 A_1 的面积为 0.05m^2，$T_1=1000K$，$T_3=500K$，求表面 A_1 和 A_3 间的净辐射换热量。

9.5 如图 9-43 所示，一个直径为 D、深度为 L 的圆柱形腔体，其底面 A_1 和侧面 A_2 分别保持 $T_1=1000K$ 和 $T_2=700K$，它们都可视为黑体。若 $L=20mm$，$D=10mm$，求该腔体出口单位面积上离开的辐射能即出口的辐射力。

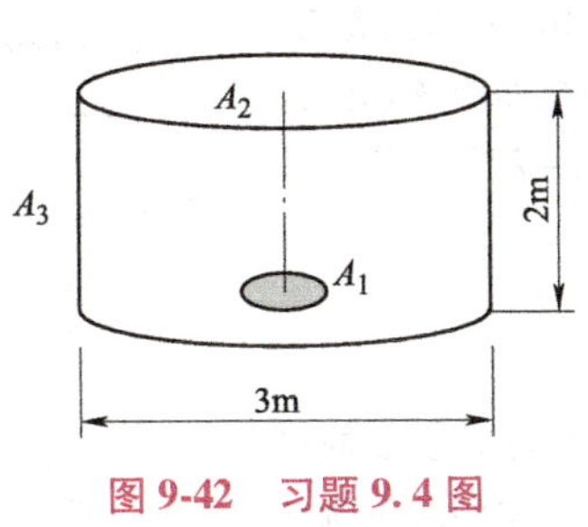

图 9-42 习题 9.4 图

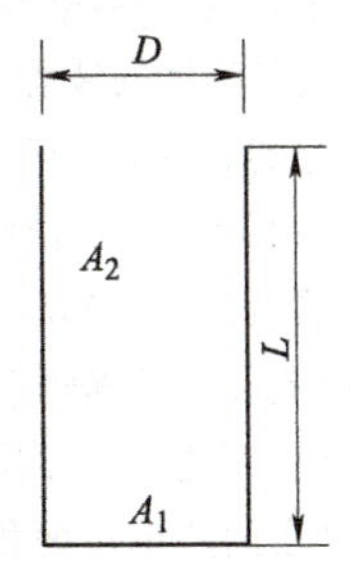

图 9-43 习题 9.5 图

9.6 在一个漫射材料内钻一个直径 $D=6mm$、深度 $L=24mm$ 的平底孔，材料的黑度 $\varepsilon_1=0.8$，内表面温度均匀且都等于 $T_1=1000K$。求离开腔口的辐射能。如腔口的有效黑度定义为离开腔口的辐射能与具有腔口面积和空腔内表面温度的黑体辐射能的比，计算此腔口的有效黑度（可参考习题 9.5 图）。

9.7 一个直径 $D=100mm$、深度 $L=50mm$ 的圆柱形空腔，其内壁为漫灰表面，黑度为 0.6，具有均匀的温度 1500K。假设腔口的周围环境很大，且温度为 300K，求离开腔口的净辐射能。

9.8 两个同心圆球，直径分别为 $D_1=0.8m$，$D_2=1.2m$，它们的表面温度分别为 $T_1=400K$，$T_2=300K$。问：

1）若两球都是黑表面，则它们之间的净辐射换热量是多少？

2）若两球都是漫灰表面，$\varepsilon_1=0.5$，$\varepsilon_2=0.05$，则它们之间的净辐射换热量是多少？

3）若 D_2增加至 20m，且保持 $D_1=0.8$m，$\varepsilon_1=0.5$，$\varepsilon_2=0.05$，则它们之间的净辐射换热量是多少？

4）若保持条件 3）不变，而把外表面看作黑体（$\varepsilon_2=1$），此时它们之间的净辐射换热量是多少？

9.9　两个平行的漫灰大平板，板间距远小于板的长度和宽度，若板的表面黑度均为 0.8。为使两平板间的辐射换热量减少到原来的 1/10，问在它们之间放置的遮热板的黑度应为多少？

9.10　两个平行的漫灰大平板，板的表面温度分别为 T_1、T_2，且 $T_1>T_2$。为减少两平板间的辐射热流，可用一个两表面具有不同黑度的薄板插在它们中间。已知该遮热板一面的黑度为 ε，另一面的黑度为 2ε。问：

1）为使遮热效果最好（板间的辐射换热量最小），该遮热板应如何放置？也就是说应该把黑度为 ε 的一面朝向温度为 T_1的板还是朝向温度为 T_2的板？

2）不同朝向时，哪种情况下遮热板的温度较高？假设遮热板很薄，是等温的。

9.11　在一个壁面温度 $T_2=300$K 的大真空室底部，放一个直径 $D=0.1$m、温度 $T_1=77$K 的黑仪表板。为减少仪表板的受热，在紧靠仪表板处放一个与其直径相同且黑度 $\varepsilon=0.05$ 的遮热板（见图 9-44）。求仪表板表面的净辐射热流量及遮热板的温度。

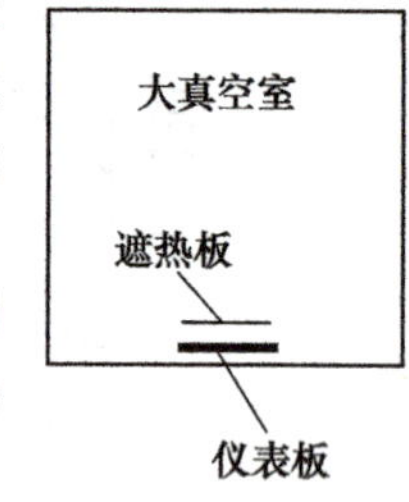

图 9-44　习题 9.11 图

9.12　两个相互平行的且正对着的正方形平面，边长为 0.4m× 0.4m，两平面间距为 0.8m，温度分别为 $T_1=500$K，$T_2=800$K。求下列条件下离开表面 1 的净辐射热流量：

1）两表面都是黑表面。

2）两表面都是黑体，且与另一个重辐射表面组成一个封闭空腔。

3）两表面都是漫灰表面，$\varepsilon_1=0.6$，$\varepsilon_2=0.8$，并向温度为 0K 的周围环境辐射。

4）两表面都是漫灰表面，$\varepsilon_1=0.6$，$\varepsilon_2=0.8$，且与另一个重辐射表面组成一个封闭空腔。

9.13　用热电偶测量管道内流动的空气的温度，可参考图 9-31。热电偶的读数 $t_1=400$℃，管壁的温度 $t_2=350$℃，热电偶头部的发射率 $\varepsilon_1=0.8$，管壁的发射率 $\varepsilon_2=0.7$，空气与热电偶端点之间的表面传热系数 $h=35\text{W}/(\text{m}^2\cdot\text{K})$，计算此时热电偶的测温误差和气流的实际温度。如果用一个发射率 $\varepsilon_3=0.5$ 的遮热罩把热电偶的头部罩起来，空气与遮热罩之间的表面传热系数 $h=20\text{W}/(\text{m}^2\cdot\text{K})$，此时热电偶的读数是多少？

9.14　用于标定热流计的装置如图 9-45 所示，它是直径 $d_1=10$mm 的黑表面，并用水冷却以保持它的温度 $t_1=17$℃。一个直径 $d_2=200$mm 的加热器距该热流计 0.5m，保持温度 $T_2=800$K，也可视为黑表面。周围环境的温度 $t_3=27$℃，热流计和空气间的表面传热系数 $h=15\text{W}/(\text{m}^2\cdot\text{K})$。求：

1）加热器和热流计间的净辐射换热量。

2）到达热流计表面的单位面积上的净辐射能。

3）到达热流计表面的单位面积上的净换热量（提示：到达热流计表面的单位面积上的净辐射能包括它和加热器、周围环境间的辐射换热量，而到达热流计表面的单位面积上的净换热量还包括它和周围空气的对流换热量）。

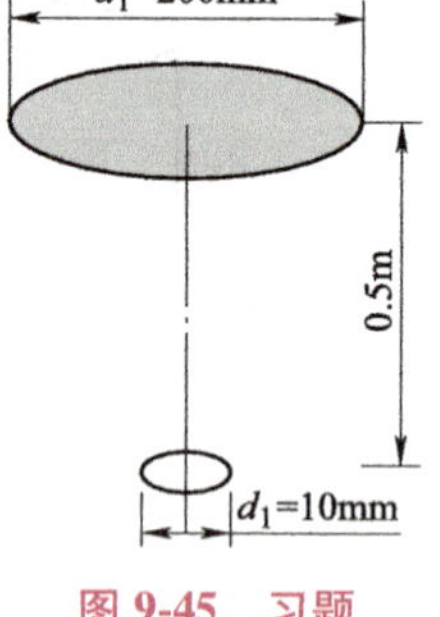

图 9-45　习题 9.14 图

9.15　在一热加工工艺中，采用辐射方式对一个细铜棒加热，在铜棒的表面镀有一薄层黑度为 1 的涂层，然后把此铜棒放进一个温度为 1650K 的大真空箱中加热。已知铜棒的直径为 10mm，初始温度为 300K，求铜棒刚放进真空箱加热时的温度随时间的变化率。已知铜的物性参数：$\rho=8933\text{kg/m}^3$，$c_p=385\text{J}/(\text{kg}\cdot\text{K})$，$\lambda=401\text{W}/(\text{m}\cdot\text{K})$。（提示：铜棒可用集总参数法计算，分析其能量平衡）。

9.16　一加热炉具有直径为 0.5m 的球形内腔，其中装有压力为 1atm、温度为 1400K 的混合气体，其中 CO_2的分压为 0.25atm，N_2的分压为 0.75atm。若腔体表面为黑体，要保持其壁面温度为 500K 需要多大的冷却率？［提示：1atm 可近似当成 10^5Pa，腔体壁面的能量平衡包括：到达壁面的能量（气体发出的投射到壁面上的辐射能）和离开壁面的能量（壁面发出的被气体所吸收的辐射能以及冷却带走的能量）]。

9.17 一燃气轮机的燃烧室可近似看作直径 $D=0.4\mathrm{m}$ 的无限长管道，燃气压力为 1atm，燃气温度为 1000℃，燃烧室表面温度为 500℃，燃气中的 CO_2 和水蒸气的摩尔分数都是 0.15。燃烧室表面为黑体，求燃气和燃烧室表面间的净辐射换热量（提示：只计算单位长管道的辐射换热量即可）。

9.18 烟气的总压力为 1atm，所含 CO_2 和水蒸气的分压分别为 0.05atm 和 0.1atm，若流过直径为 1m，表面温度为 400K 的长烟道，求烟气和烟道表面的净辐射换热量。设烟道表面为黑体，只算单位长的辐射换热量。

9.19 一水平放置的 1.1m×1.1m 太阳能集热器，吸热表面的发射率为 0.2，对太阳辐射的吸收率为 0.9。当太阳的投入辐射 $G=800\mathrm{W/m^2}$ 时，测得集热器吸热表面的温度为 90℃。此时环境温度为 30℃，天空可视为 23K 的黑体。求此集热器的集热效率。设吸热面直接暴露于空气中，其上无夹层。集热效率定义为它所吸收的太阳能和太阳投入辐射能的比。

第10章

传热过程和换热器

在前面几章中，我们详细讨论了导热、对流换热和辐射换热等三种基本热传递过程的规律和计算方法。但工程中的大量传热问题往往是由几种基本热传递过程所构成的复杂传热问题，例如通过肋壁的传热、各类换热器中复杂流道内的传热等。对于这类问题的求解，要求工程技术人员掌握包括热阻网络图分析在内的传热分析方法，具有综合应用导热、对流换热和辐射换热的有关公式及能量守恒定律求解问题的能力。为此，本章将重点讨论肋壁传热、复合换热以及传热过程的削弱与强化。在此基础上，介绍各类间壁式换热器的构造原理和传热计算方法。

10.1 传热过程的分析和计算

10.1.1 基本传热过程

1. 通过平壁的传热

如图 10-1 所示，通过平壁的传热方程式为

$$\Phi = KA(t_{f1} - t_{f2}) \tag{10-1}$$

式中，K 为总传热系数（简称传热系数）。

由于平壁两侧的面积是相等的，因此传热系数的数值不论对哪一侧壁面来说都是相等的。在稳态传热时，通过平壁传热的传热系数可按式（10-2）计算：

$$K = \frac{1}{\dfrac{1}{h_1} + \dfrac{\delta}{\lambda} + \dfrac{1}{h_2}} \tag{10-2}$$

式中，h_1和 h_2为表面传热系数，可以根据具体情况确定。

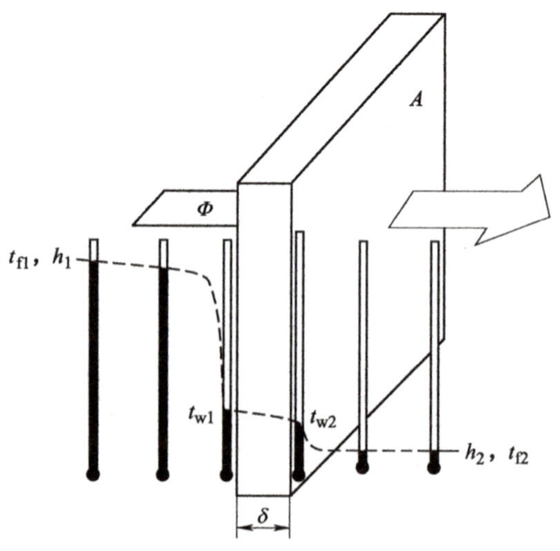

图 10-1 通过平壁的传热过程

2. 通过圆筒壁的传热

图 10-2 所示为内、外半径分别为 r_1、r_2 的长圆筒壁的传热过程，热流体和冷流体的温度分别为 t_{f1} 和 t_{f2}，筒壁材料的导热系数为 λ，筒壁两侧的表面传热系数为 h_1 和 h_2，圆筒的内、外壁温度为 t_{w1} 和 t_{w2}。通常，在传热过程中 t_{w1} 和 t_{w2} 是未知的。下面根据长圆筒的特点，分析计算两侧流体温度和壁内温度只沿半径方向变化的一维稳态传热的情况。

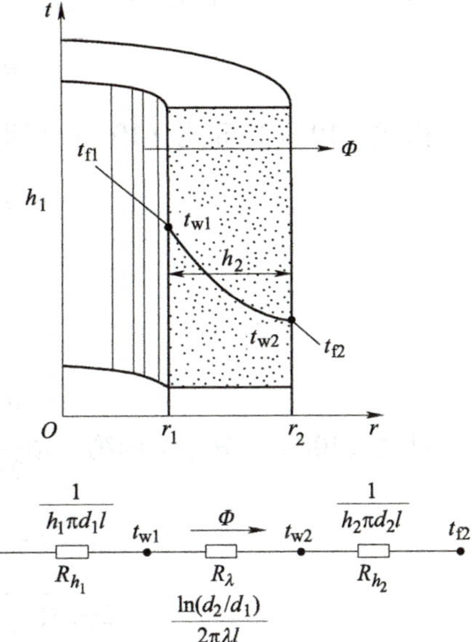

图 10-2　通过圆筒壁的传热过程

在长圆筒中截取长为 l 的一段。在稳态传热时，热流体传给内壁的热量、导过筒壁的热量和外壁传给冷流体的热量均相同，并可分别表示为

$$\begin{cases}\Phi = h_1A_1(t_{f1}-t_{w1})\\ \Phi = \dfrac{2\pi\lambda l(t_{w1}-t_{w2})}{\ln\dfrac{r_2}{r_1}}\\ \Phi = h_2A_2(t_{w2}-t_{f2})\end{cases} \tag{10-3a}$$

式中，A_1、A_2 分别为圆筒内、外壁面积，$A_1=2\pi r_1 l$，$A_2=2\pi r_2 l$。

根据式（10-3a）可得各局部热阻：

$$\begin{cases}\dfrac{1}{h_1A_1}=\dfrac{t_{f1}-t_{w1}}{\Phi}\\ \dfrac{\ln\dfrac{r_2}{r_1}}{2\pi\lambda l}=\dfrac{t_{w1}-t_{w2}}{\Phi}\\ \dfrac{1}{h_2A_2}=\dfrac{t_{w2}-t_{f2}}{\Phi}\end{cases} \tag{10-3b}$$

式（10-3b）中的三个局部热阻之和即为该传热过程的总热阻。相加后，可得长度为 l 的圆筒的传热方程式：

$$\Phi = \frac{t_{f1}-t_{f2}}{\dfrac{1}{h_1A_1}+\dfrac{\ln\dfrac{r_2}{r_1}}{2\pi\lambda l}+\dfrac{1}{h_2A_2}} \tag{10-3c}$$

式（10-3c）显示，通过圆筒壁的传热量等于两侧流体的总温差与传热总热阻之比。传热方程式（10-3c）仍可以式（10-1）的形式表示，即

$$\Phi = KA(t_{f1}-t_{f2})$$

由于圆筒壁的内、外表面积 A_1 和 A_2 不等，在工程上，传热系数 K 通常取圆筒外壁面为计算面积，这样上式可写为

$$\Phi = KA_2(t_{f1}-t_{f2}) \tag{10-4}$$

而单位外壁面积的传热量（即热流密度）为

$$q=\frac{\Phi}{A_2}=K(t_{f1}-t_{f2}) \tag{10-5}$$

由式（10-3c）和式（10-4）可得以外壁面积计算的传热系数：

$$K=\frac{1}{\dfrac{1}{h_1}\dfrac{A_2}{A_1}+\dfrac{A_2\ln\dfrac{r_2}{r_1}}{2\pi\lambda l}+\dfrac{1}{h_2}} \tag{10-6a}$$

对式（10-3c）分母中的第二项$\dfrac{\ln\dfrac{r_2}{r_1}}{2\pi\lambda l}$的分子和分母同时乘以（$r_2-r_1$），则有

$$\frac{\ln\dfrac{r_2}{r_1}(r_2-r_1)}{2\pi\lambda l(r_2-r_1)}=\frac{\ln\dfrac{A_2}{A_1}\Delta r}{\lambda(A_2-A_1)}=\frac{\Delta r}{\lambda A_m}$$

式中，$\Delta r=r_2-r_1$；A_m 为对数平均面积，$A_m=\dfrac{A_2-A_1}{\ln\dfrac{A_2}{A_1}}$。

因此，式（10-6a）可以写成

$$K=\frac{1}{\dfrac{1}{h_1}\dfrac{A_2}{A_1}+\dfrac{\Delta rA_2}{\lambda A_m}+\dfrac{1}{h_2}} \tag{10-6b}$$

显然，对于平壁来说，因两侧壁面积完全相等，故在式（10-6b）中，若取 $A_1=A_2=A_m=A$，则完全适用于平壁的传热。

对于一般的薄壁圆筒，即$\dfrac{r_2}{r_1}=\dfrac{A_2}{A_1}$较小时，为便于计算，可用算术平均面积$\dfrac{A_1+A_2}{2}$代替对数平均面积 A_m。当$\dfrac{r_2}{r_1}\leqslant 2$时，计算误差小于4%。

3. 通过肋壁的传热

在传热过程中，当温差一定时，为了减小表面传热热阻，以增大传热量，一个有效的办法就是采用壁面敷设肋片、肋柱等延伸体，也就是所谓壁面肋化的办法，从而使壁面的传热面积 A 增大，使之成为肋壁。

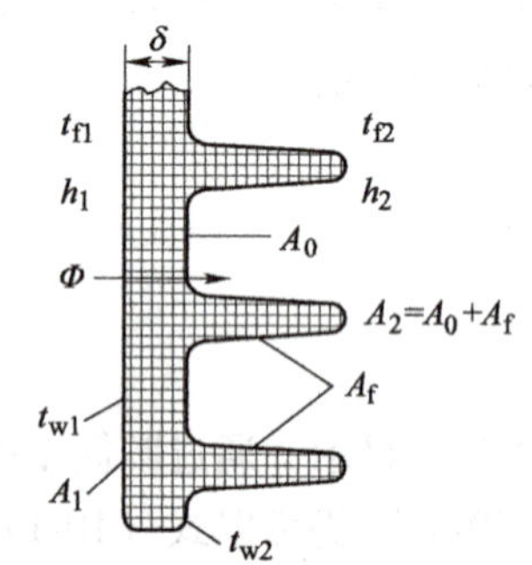

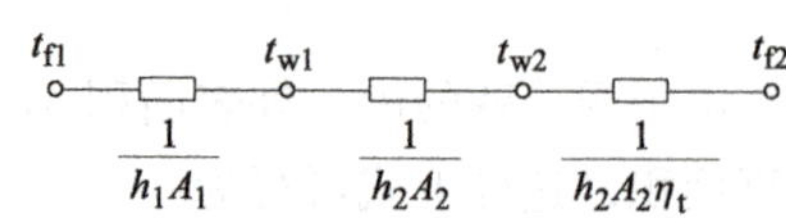

图 10-3　通过肋壁的传热过程

图 10-3 所示为大平壁右侧加装肋片后通过肋壁的传热过程。肋片表面的布置应顺着流体的流动方向，以免流体流动受阻而影响对流传热。平壁的厚度和导热系数分别为 δ 和 λ。平壁左侧的参数：高温流体温度 t_{f1}、表面传热系数 h_1、壁温 t_{w1} 和壁面积 A_1；平壁右侧的参数：低温流体温度 t_{f2}、表面传热系数 h_2、肋基温度 t_{w2} 和总面积 A_2。其中，A_2 为肋片之间的基部面积 A_0

和肋片面积 A_f 之和，即 $A_2=A_0+A_f$。

在通过肋壁的传热过程中，右侧肋面和流体之间的传热量可以分为两部分，即肋基面积 A_0 的传热量 Φ' 和肋片面积 A_f 的传热量 Φ''。显然 $\Phi'=h_2A_0(t_{w2}-t_{f2})$，而 Φ'' 的计算则可根据第 2 章有关肋片效率的定义进行，即 $\Phi''=h_2A_f\eta_f(t_{w2}-t_{f2})$。因此，当肋壁传热处于稳态时，两侧流体之间的传热量 Φ 可表示为

$$\Phi=h_1A_1(t_{f1}-t_{w1}) \tag{10-7a}$$

$$\Phi=\frac{\lambda}{\delta}A_1(t_{w1}-t_{w2}) \tag{10-7b}$$

$$\Phi=\Phi'+\Phi''=h_2A_0(t_{w2}-t_{f2})+h_2A_f\eta_f(t_{w2}-t_{f2})=h_2A_2\eta_t(t_{w2}-t_{f2}) \tag{10-7c}$$

式中，η_t 为肋壁效率，$\eta_t=\dfrac{A_0+\eta_fA_f}{A_2}$，对于高肋，因为 $A_0\ll A_f$，故可近似取 $A_2\approx A_f$，此时肋壁效率可由肋片效率代替，即 $\eta_t\approx\eta_f$。

在式（10-7a）~式（10-7c）中消去未知的壁温 t_{w1} 和 t_{w2}，得：

$$\Phi=\frac{t_{f1}-t_{f2}}{\dfrac{1}{h_1A_1}+\dfrac{\delta}{\lambda A_1}+\dfrac{1}{h_2A_2\eta_t}} \tag{10-7d}$$

通过肋壁的传热量也可以用传热方程式的形式表示：

$$\Phi=K_1A_1(t_{f1}-t_{f2})=K_2A_2(t_{f1}-t_{f2}) \tag{10-8}$$

由此可得以左侧壁面积 A_1 为基准的肋壁传热系数：

$$K_1=\frac{1}{\dfrac{1}{h_1}+\dfrac{\delta}{\lambda}+\dfrac{1}{h_2\beta\eta_t}} \tag{10-9a}$$

而以右侧总面积 A_2 为基准的肋壁传热系数为

$$K_2=\frac{1}{\dfrac{1}{h_1}\beta+\dfrac{\delta}{\lambda}\beta+\dfrac{1}{h_2\eta_t}} \tag{10-9b}$$

式（10-9a）和式（10-9b）中，β 为肋化系数，即壁面肋化后的面积（也就是右侧总面积）A_2 与肋化前的原有面积 A_1 的比值，$\beta=\dfrac{A_2}{A_1}$，显然，β 值大于 1。

工程上，在计算肋壁传热系数时通常以肋面面积 A_2 为基准。

比较式（10-2）和式（10-9a），右侧壁面的表面传热热阻，有肋时为 $\dfrac{1}{h_2\beta\eta_t}$，无肋时为 $\dfrac{1}{h_2}$。一般情况下，肋化系数 $\beta=\dfrac{A_2}{A_1}\gg1$，虽然肋壁效率 $\eta_t<1$，而且 β 增大时 η_t 会减小，β 减小时 η_t 会增加，但两者的乘积 $\beta\eta_t$ 仍然会比 1 大得多。因此，平壁的一侧肋化后，该侧的表面传热热阻将减小，而使得 $K_1>K$。可见，肋化能使传热系数和传热量提高。

需要指出的是，把肋化系数 β 选得过大而使 $\dfrac{1}{h_2\beta\eta_t}$ 远小于 $\dfrac{1}{h_2}$ 是没有必要的。因为当 $\dfrac{1}{h_2\beta\eta_t}<\dfrac{1}{h_1}$ 以后，传热的主要热阻是 $\dfrac{1}{h_1}$，此时再减小 $\dfrac{1}{h_2\beta\eta_t}$，增加传热的效果不明显。

此外，肋片应加装在表面传热系数较小（换热热阻较大）一侧的壁面上。理论分析和经验表明，传热壁的两侧换热热阻相差越大，在热阻大的一侧装肋片，增强传热的效果就越明显。

10.1.2 有复合换热时的传热

1. 复合换热

在同一换热环节中，若同时存在两种以上的基本热传递过程，则称此换热环节的换热为复合换热。例如，冬季室内采暖器壁面与附近室内空气及周围物体间的换热，除对流换热外，还存在辐射换热，故为复合换热。

对于复合换热，如果边界条件为已知各换热面的温度，则换热过程的热流量可按下列原则计算：① 在稳态下，各基本换热过程互不影响，独立进行；② 复合换热的总效果等于各基本换热过程单独作用效果的总和，即复合换热过程的总热流量可以分别按导热、辐射换热和对流换热计算，然后相加。例如，常见的由对流换热和辐射换热组合而成的复合换热，总换热量（热流量）可按式（10-10a）计算：

$$\Phi = \Phi_c + \Phi_r \tag{10-10a}$$

式中，Φ_c 为对流换热量，$\Phi_c=h_c(t_w-t_f)A$，其中，h_c 为表面传热系数，可根据具体情况选用相关公式计算；Φ_r 为辐射换热量，可按式（10-10b）计算。

$$\Phi_r = \varepsilon_n\sigma\left[\left(\frac{T_w}{100}\right)^4-\left(\frac{T_f}{100}\right)^4\right]A \tag{10-10b}$$

式中，ε_n 为系统黑度，根据不同的辐射换热系统，取用相应的计算公式；T_w 为壁面的平均热力学温度（K）；T_f 为周围流体的平均热力学温度（K）。

为了方便工程计算，将式（10-10b）改写成为

$$\Phi_r = h_r(t_w - t_f)A \tag{10-10c}$$

式中，h_r 为辐射换热系数［W/(m² · ℃)］，可按式（10-10d）计算。

$$h_r = \frac{\varepsilon_n\sigma\left[\left(\frac{T_w}{100}\right)^4-\left(\frac{T_f}{100}\right)^4\right]}{T_w - T_f} \tag{10-10d}$$

将 Φ_c 和 Φ_r 的表达式代入式（10-10a），得复合换热过程的总热流量：

$$\Phi = (h_c + h_r)(t_w - t_f)A = h(t_w - t_f)A \tag{10-10e}$$

式中，h 为复合换热系数或总换热系数［W/(m² · K)］，$h=h_c+h_r$。

h 可以通过表面传热系数 h_c 和辐射换热系数 h_r 精确地计算出来，但工程上有时可以粗略确定其值。不同条件下，可采用以下公式近似计算总换热系数 h。

1）室内（无风，热力管道及设备）

$$h = 9.77 + 0.07(t_w - t_s) \tag{10-11}$$

式中，t_w 为管道或设备与空气接触外表面的平均温度（℃），$t_w=0\sim150$℃；t_s 为室内环境温度（℃），一般取室温。

2）室外

$$h = 11.6 + 7\sqrt{u} \tag{10-12}$$

式中，u 为横掠管道或设备的风速（m/s）。

对于复合换热过程，在一些情况下，如果抓住起主导作用的因素，则可以使计算简化。例如，在锅炉炉膛中，高温火焰与水冷壁之间的换热，由于火焰温度高达 1000℃ 以上，辐射换热量很大；而在炉膛中，因烟气流速小，对流换热量相对很小。所以，一般忽略对流换热，按辐射换热计算火焰与水冷壁之间的换热。又如，冷凝器中工质与壁面之间的换热，由于各种蒸汽凝结时，表面传热系数较大，如水蒸气凝结表面传热系数 h 在 4500 ~ 18000 $W/(m^2 \cdot K)$范围内；而蒸汽与壁面之间，因温差小等原因，辐射换热量小，可以忽略不计。因此，可把工质凝结时的凝结换热量看作工质与壁面之间的总换热量。

2. 有复合换热时的传热问题举例

在大量的实际传热问题中，不仅在同一环节可能存在着由两种基本热传递过程组成的复合换热，而且总的热传递过程往往由多个基本热传递过程构成。这类综合性传热问题有的文献称它为复合传热或多种传热方式的组合问题。本节将通过多个实例说明如何综合应用前面各章所学的知识，对这类问题进行分析和求解。

例 10-1 寒冷地区一楼房的双层玻璃窗可近似看作相距为 15mm 的两块平行玻璃板组成的封闭空气夹层。已知封闭夹层两表面的黑度 $\varepsilon_1=\varepsilon_2=0.9$，两表面的温度分别为 $t_{w1}=25℃$，$t_{w2}=-5℃$。双层玻璃窗高为 1.2m、宽为 0.8m。试求在下述两种情况下，封闭空气夹层两表面之间的总换热量和辐射换热系数 h_r：

1）考虑夹层内自然对流换热。

2）认为夹层内的空气近似静止状态。

解： 这是一个复合换热问题。

1）考虑封闭夹层内的自然对流换热，通过夹层的总换热量等于自然对流换热量与辐射换热量之和。

定性温度 $t_m=\frac{1}{2}(t_{w1}+t_{w2})=\frac{1}{2}(25-5)℃=10℃$。由附表 5 查得空气的物性参数为：$\nu=14.16\times10^{-6}m^2/s$，$\lambda=2.51\times10^{-2}W/(m\cdot K)$，$\beta=\frac{1}{T}=3.534\times10^{-3}K^{-1}$，$Pr=0.705$，特性尺度 $\delta=15\times10^{-3}m$。

计算定型准则

$$Gr_\delta \cdot Pr=\frac{g\beta\Delta t\delta^3}{\upsilon^2}Pr$$

$$=\frac{9.81\times3.534\times10^{-3}\times[25-(-5)]\times(15\times10^{-3})^3}{(14.16\times10^{-6})^2}\times0.705=12342$$

选用相应的准则试验关联式（6-27），即

$$Nu=0.197(Gr_\delta\cdot Pr)^{1/4}\left(\frac{\delta}{H}\right)^{1/9}=0.197\times(12342)^{1/4}\times\left(\frac{15}{1200}\right)^{1/9}=1.276$$

因此 $$h_c=\frac{Nu\cdot\lambda}{\delta}=[1.276\times2.51\times10^{-2}/(15\times10^{-3})]\ W/(m^2\cdot K)=2.14\ W/(m^2\cdot K)$$

自然对流换热量：$\Phi_c=h_cA(t_{w1}-t_{w2})$

$$=2.14\times1.2\times0.8\times[25-(-5)]W=61.6W$$

封闭夹层两表面的辐射换热量，按两平行平板辐射换热系统计算：

$$\Phi_r = \varepsilon_n \sigma \left[\left(\frac{T_1}{100}\right)^4 - \left(\frac{T_2}{100}\right)^4\right] A$$

$$= \frac{1}{\frac{1}{\varepsilon_1}+\frac{1}{\varepsilon_2}-1} \times 5.67 \times \left[\left(\frac{273+25}{100}\right)^4 - \left(\frac{273-5}{100}\right)^4\right] \times 1.2 \times 0.8\text{W}$$

$$= \frac{1}{\frac{1}{0.9}+\frac{1}{0.9}-1} \times 5.67 \times 27.3 \times 1.2 \times 0.8\text{W} = 121.6\text{W}$$

总换热量：$\Phi=\Phi_c+\Phi_r=(61.6+121.6)\text{W}=183.2\text{W}$

2）封闭夹层内空气处于静止状态，总换热量应该等于夹层的导热量 Φ_λ 与辐射换热量 Φ_r 之和。

通过厚度为 δ 的空气夹层的导热量：

$$\Phi_\lambda = \frac{\lambda A(t_{w1}-t_{w2})}{\delta} = \frac{[25-(-5)] \times 0.025 \times 1.2 \times 0.8}{15 \times 10^{-3}}\text{W} = 48\text{W}$$

因此，$\Phi=\Phi_\lambda+\Phi_r=(121.6+48)\text{W}=169.6\text{W}$

说明：由计算结果可知，双层玻璃窗内存在自然对流换热时，通过玻璃窗的热损失，要比玻璃窗夹层内无自然对流时高8%。因此，双层玻璃窗的夹层厚度 δ 应尽可能小。

例 10-2 一车间内，有一条外径 $d_2=170\text{mm}$ 的水蒸气输送管道，其隔热保温层的外径 $d_3=220\text{mm}$，隔热保温材料的导热系数 $\lambda=0.12\text{W}/(\text{m}\cdot\text{K})$。隔热保温层的内表面温度为650K，而其外表面的黑度 ε 为0.9。已知车间内的温度为25℃，试求每米蒸汽管道的热损失。

解： 依题意，输送蒸汽的水平管道可看作无限长圆管径的传热；又根据管壁温度和车间内温度均维持不变。因此，此问题是稳态下的一维传热问题。此外，管道置于大车间内，管道外表面与车间内空气间的对流换热可认为是大空间自然对流换热。隔热层与管壁之间的接触热阻可忽略不计。画出本问题的热阻网络图（模拟电路），如图10-4所示。图中 t_{f1}、t_{f2} 分别为管道内水蒸气的温度和车间内空气温度；t_i 和 t_o 分别为隔热保温层的内表面及外表面温度；t_s 为车间内各物体温度，$t_s=t_{f2}$。

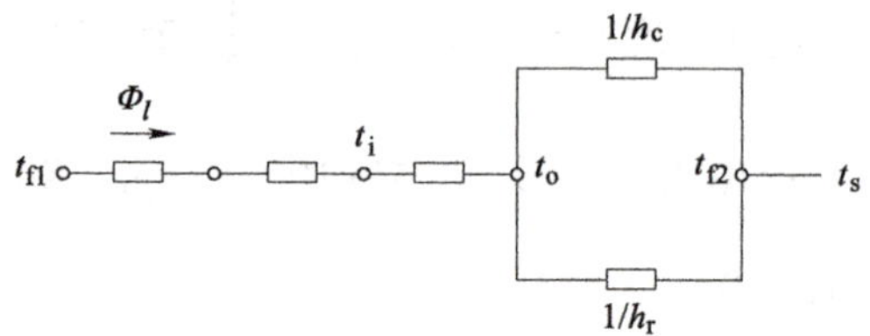

图 10-4 例 10-2 的热阻网络图

由热阻网络图可以写出热平衡式

$$\frac{t_i - t_o}{\frac{1}{2\pi\lambda}\ln(d_3/d_2)} = h_c \pi d_3 (t_o - t_{f2}) + \pi d_3 \varepsilon \sigma_b (T_o^4 - T_s^4)$$

可见，只要求出式中自然对流表面传热系数 h_c，则可解得未知量 t_o；最后，可计算出每米管的热损失。

1）求 h_c。设 $T_o=350\text{K}$，则车间内空气的定性温度：$T_m=\frac{1}{2}(T_o+T_{f2})=\frac{1}{2}(350+298)\text{K}=$

324K。由附表5查得空气的物性参数：$\lambda=0.028\mathrm{W/(m\cdot℃)}$，$\nu=18.3\times10^{-6}\mathrm{m^2/s}$，$\beta=3.09\times10^{-3}\mathrm{K^{-1}}$，$Pr=0.71$。

由 $Nu=C(Gr\cdot Pr)^n$，得 $h_c=\dfrac{Nu\cdot l}{d_3}$。

其中，$Gr=\dfrac{g\beta\Delta td_3^3}{\nu^2}=\dfrac{9.8\times3.09\times10^{-3}\times(350-298)\times0.22^3}{(18.3\times10^{-6})^2}=5.006\times10^7$

$Gr\cdot Pr=5.006\times10^7\times0.71=3.55\times10^7$，流态为层流，查第6章表6-7，得 $C=0.53$，$n=1/4$。代入公式（6-20），得：

$$Nu=0.53\times(3.55\times10^7)^{1/4}=40.91$$

$$h_c=\frac{40.91\times0.028}{0.22}\mathrm{W/(m^2\cdot K)}=5.21\mathrm{W/(m^2\cdot K)}$$

2）计算 t_o。将各已知量代入此例由热阻网络图写出的热平衡式，得：

$$\frac{2\pi\times0.12\times(650-T_o)}{\ln(0.22/0.17)}=5.21\pi\times0.22\times(T_o-298)+0.22\pi\times0.9\times$$
$$5.67\times10^{-8}\times(T_o^4-298^4)2.924\times(650-T_o)$$
$$=3.6\times(T_o-298)+3.527\times10^{-8}\times(T_o^4-298^4)$$

采用试凑法解上式，得 $T_o=382.5\mathrm{K}$。此值与假定值350 K偏离太大，必须重新进行上述计算。

令 $T_o=382\mathrm{K}$，则空气的定性温度 $T_m=340\mathrm{K}$。查得空气的物性参数：$\lambda=0.0293\mathrm{W/(m\cdot K)}$，$\nu=19.91\times10^{-6}\mathrm{m^2/s}$，$Pr=0.701$。计算出 $\beta=1/T=1/(382\mathrm{K})=2.62\times10^{-3}\mathrm{K^{-1}}$，$\Delta t=(382-298)\mathrm{K}=84\mathrm{K}$。因此

$$Gr=\frac{g\beta\Delta td_3^3}{\nu^2}=\frac{9.8\times2.62\times10^{-3}\times84\times0.22^3}{(19.9\times10^{-6})^2}=5.68\times10^7$$

$Gr\cdot Pr=5.68\times10^7\times0.701=3.98\times10^7$，流态为层流，查表6-7，得 $C=0.53$，$n=1/4=0.25$。代入公式（6-20），得：

$$Nu=0.53\times(3.98\times10^7)^{0.25}=42.1$$
$$h_c=Nu\cdot\lambda/d_3=5.6\mathrm{W/(m^2\cdot K)}$$

将 h_c 值及其他已知参数值，一并代入上述热平衡式，得

$$2.924(650-T_o)=3.8(T_o-298)+3.53\times10^{-8}\times(T_o^4-298^4)$$

解得 $T_o=381.5\mathrm{K}$

此值与假定值382 K十分接近，故以上计算有效。

3）每米蒸汽管道的热损失 Φ_l。

$$\Phi_l=\frac{T_i-T_o}{\dfrac{1}{2\pi\lambda}\ln(d_3/d_2)}=\frac{2\pi\times0.12\times(650-381.5)}{\ln(0.22/0.17)}\mathrm{W/m}=785.2\mathrm{W/m}$$

说明：隔热保温层外侧表面温度381.5 K（108.5℃），超过了安全所允许的温度（约40℃）；而且，T_o 越大，热损失就越大，即越不经济。因此，应增加隔热层厚度或改用性能更好的隔热保温材料。

10.1.3 传热的增强和削弱

工程上常常遇到需要增强或减弱传热的问题。所谓增强传热或强化传热是指通过传热分析，找出影响传热的各种因素，进而采取措施提高换热设备单位面积的传热量。这可使设备结构紧凑、重量减轻和节省金属材料，是节约能源的有效措施。减弱传热与增强传热相反，要求减少热力设备的传热量，以满足生产和节能的要求，减少对环境的热污染，改善工作和劳动条件。本节将以讨论增强传热为重点，对减弱传热仅作扼要的叙述。

1. 增强传热的基本途径

前面已经叙及，各类传热过程所传递的热流量可由传热方程式（10-1）来确定，即

$$\Phi = KA\Delta t$$

根据上式，提高传热系数 K、扩展传热面积 A 和加大传热温差 Δt 都能达到增大传热量的目的。因此，传热方程式指明了强化传热的方向和途径。

（1）扩展传热面积 A　扩展传热面积是工业上最有实效的强化传热途径之一。这里当然不是指单纯增大换热设备的几何尺寸来增加传热面积，而应从改进传热面的结构出发，合理提高设备单位体积的传热面积。近二十年来，世界各国已研制出各种高效传热面，不仅使传热面积得到了充分的扩展，而且改善了传热面的流动特性。这些高效传热面常见的有：光滑波纹翅片、多孔波纹翅片和锯齿形翅片等不同结构翅片，如图 10-5 所示；扁管、椭圆管、波纹管和螺旋槽纹管等各种异形管；平板式、螺旋板式和板翅式等板型传热面。

（2）加大传热温差 Δt　提高冷、热流体间的传热温差 Δt，可以通过升高热流体的温度和降低冷流体的温度来实现。冷凝器和冷却器中的冷却水，用温度较低的深井水代替自来水，这是降低冷流体温度的实例。提高热流体温度，如提高采暖器管内蒸汽压力或热水温度；利用燃烧室排出的高温烟气作为加热介质；在核动力工程中利用液态金属或高温有机物作为载热介质；对于水冷式发动机采用高温冷却技术，将冷却水温由 8℃ 提高到 120℃ 等，都可以直接增大传热温差 Δt。但应指出，由加大传热温差来强化传热，其效果是有一定限度的，有时还要受到工艺或设备条件的限制。此外，加大传热温差，还会使整个热力系统的不可逆性增加，降低了热力系统的可用能。所以采用这种强化传热方案时，必须全面分析，综合考虑。

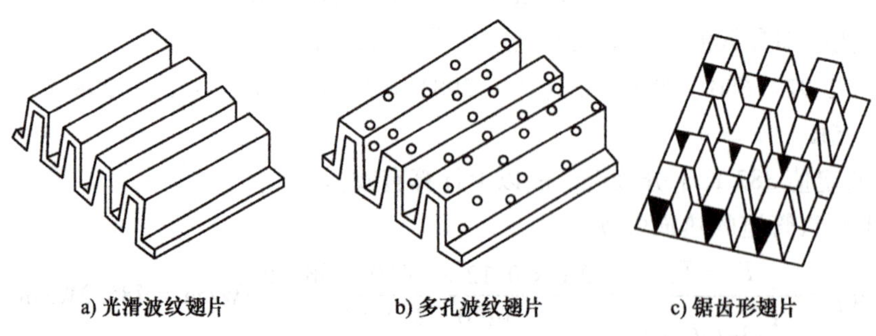

a) 光滑波纹翅片　　b) 多孔波纹翅片　　c) 锯齿形翅片

图 10-5　翅片结构示意

（3）提高传热系数 K　提高传热系数 K 是强化传热过程应该着重考虑的方面。为了分析方便，现以通过平壁的传热过程为例。通过平壁的传热过程的传热系数 K 的表达式为

$$K=\frac{1}{\frac{1}{h_1}+\frac{\delta}{\lambda}+\frac{1}{h_2}}=\frac{1}{\sum r_i} \tag{10-13a}$$

在换热设备中，平壁一般都为金属薄壁，导热热阻 δ/λ 很小，可以略去不计。故式（10-13a）可改写为

$$K=\frac{1}{\frac{1}{h_1}+\frac{1}{h_2}}=\frac{h_2}{h_1+h_2}h_1=\frac{h_1}{h_1+h_2}h_2 \tag{10-13b}$$

可见，K 值比 h_1和 h_2都要小。并且，换热热阻 $1/h_1$和 $1/h_2$对于 K 值的影响程度各不相同。为了提高 K 值，提高传热壁哪一侧的表面传热系数（或降低哪一侧的换热热阻）更为有效呢？这可用传热系数 K 随表面传热系数 h 的增长率$\partial K/\partial h$ 来说明。将式（10-13b）分别对 h_1及 h_2求导，可得：

$$\begin{cases}K_1'=\left(\dfrac{\partial K}{\partial h_1}\right)_{h_2}=\dfrac{h_2^2}{(h_1+h_2)^2}\\[2ex]K_2'=\left(\dfrac{\partial K}{\partial h_2}\right)_{h_1}=\dfrac{h_1^2}{(h_1+h_2)^2}\end{cases}$$

假定 $h_1>h_2$，并且写成 $h_1=nh_2$（$n>1$），则

$$K_2'=n^2K_1' \tag{10-13c}$$

可见，当 $h_1=nh_2$时，K 值随 h_2的增长率要比随 h_1的增长率大 n^2 倍，即增大 h_2对提高 K 值最有效。由此可以得出：增大传热过程中，换热热阻较大（表面传热系数较小）一侧的表面传热系数对于提高传热系数 K 及增强传热最有效。

如何提高表面传热系数呢？在第 6 章关于对流换热分析中曾指出：流体的流动状态、物理性质和换热面的形状及大小等诸影响因素的综合效果，全部反映在表面传热系数的大小上。因此，提高表面传热系数的技术途径大体上是：改变流体的流动状态和物理性质；改变换热面的形状、大小和表面状况；依靠外力产生振荡等。这些技术措施在增强对流换热的同时，也将引起流动阻力的增加。

1）改变流动状态和增强扰动：增大流体的流速，可改变流体流态，提高湍流强度，对增强传热效果显著。如管内湍流时，表面传热系数 h 与流体流速的 0.8 次方成正比；外掠管束流动，h 与流速的 0.6~0.84 次方有关。增强壁面附近流体的扰动，可减薄边界层，给流体质点补充脉动动能，因而可获得增强对流换热的效果。采用的方法有：在管内加进插入物，如金属丝、金属螺旋环和麻花铁等；还可将传热面制作成波纹状或螺旋槽纹状等。

2）使用添加剂改变流体物性：流体物性中，导热系数和比热容对表面传热系数的影响较大。在流体中加入一些添加剂可改变流体的某些物理性质，达到增强传热的效果。添加剂可以是固体或液体，它与换热的主流体组成气-固、液-固、气-液或液-液混合流动系统。例如，在气流中添加少量固体微粒，如石墨、黄砂、铅粉等，形成气-固悬浮系统。这种系统具有较高的比热容，从而提高了流体的比热容。此外，固体颗粒与壁面撞击，起到破坏边界层和携带热能的作用；添加固体颗粒，增强了热辐射。

3）改变换热面的形状、大小及表面状况：如将圆管制成椭圆管、周期性胀缩管、波纹管和螺旋槽纹管等，以增强壁面附近流体的扰动，增加湍流强度。在换热面上开百叶窗孔，

阻断边界层的生成、发展，或烧结成一很薄的多孔金属层，或挤压出不同形状的小凸起，增加粗糙度等。这些都是强化对流换热行之有效的方法。

4）依靠外力产生振荡增强换热，这方面大体上有以下三种措施：用机械或电的方法，使换热面或流体产生振荡；对流体施加声波或超声波，使流体交替地受到压缩或膨胀，以增强脉动；外加静电场，使换热面附近电介质流体的混合作用加强，强化了对流换热。

2. 减弱传热

（1）减弱传热的方法　减弱传热是为了降低换热设备及热力管道的热损失、节省能源和满足保温要求。由传热方程可知，减弱传热的途径正好与增强传热相反。减弱传热的方法有很多。例如，采用对热辐射吸收具有选择性的涂层，既增强对投入辐射的吸收，又减弱本身对环境的热辐射损失。常见的太阳能集热器表面上就涂有一层氧化铜、镍黑等选择性吸收材料。此外，在热表面之间设置遮热板，是减弱辐射换热的有效方法。在壁面覆盖隔热材料（或称保温材料、热绝缘材料）是减弱传热比较普遍的方法。这项技术称为隔热保温技术，它成为传热学应用技术中的一个重要分支。在这项技术中，隔热材料占有重要地位。目前实用的隔热材料种类有很多。常温（100℃以下）下用的隔热材料有玻璃纤维、石棉、岩棉、泡沫聚乙烯、泡沫氨基甲酸乙酯、牛毛、棉和纸等。用于0℃以下的保冷材料，有三个等级的隔热材料可供选择：一般性的隔热材料有各种疏松纤维和泡沫多孔材料；效果更好些的有抽真空至10Pa的粉末颗粒隔热材料；效果最佳的是多层真空隔热材料，这种材料由多层导热系数低的玻璃纤维板和铝箔复合结构组成，抽真空达0.01~0.001Pa，在300~80K温度下，导热系数为1×10^{-4}W/(m·K)。目前，用于工业炉、窑炉和高炉等高温隔热材料有石棉、硅酸钙、二氧化硅纤维、硅藻土、耐火绝热砖、陶瓷纤维和钛酸钾纤维等。

（2）临界热绝缘直径　在热力管道隔热保温技术中，临界热绝缘直径问题值得注意。在平壁上敷盖隔热材料，必然是隔热材料厚度与传热量成反比。但是，在管壁上敷设隔热材料却有不同的情况。这是由于圆筒壁的传热热阻和隔热材料层厚度的函数关系不是单调地渐增。根据前面对通过圆管的传热过程分析可知，包了一层绝热材料的圆管的传热热阻为4个热阻之和。取管长$l=1$m时有：

$$R=\frac{1}{\pi d_1 h_1}+\frac{1}{2\pi\lambda}\ln\frac{d_2}{d_1}+\frac{1}{2\pi\lambda_o}\ln\frac{d_o}{d_2}+\frac{1}{\pi d_o h_2} \tag{10-14}$$

式中，R为单位管长的总热阻；d_1、d_2分别为圆管的内径和外径；λ为管壁材料的导热系数；d_o为隔热层的外径；λ_o为隔热材料的导热系数。

式（10-14）中，等号右边的前二项为管内对流换热热阻与管壁导热热阻，它们的和的值是一定的。在隔热材料选定之后，式（10-14）中等号右边后两项热阻的数值随隔热层外径d_o变化。当隔热层加厚时，d_o增大，绝热层的导热热阻$\frac{1}{2\pi\lambda_o}\ln\frac{d_o}{d_2}$随之增大，而绝热层外的对流换热热阻$\frac{1}{\pi d_o h_2}$随之减小。图10-6a所示为总热阻$R$及上述两项局部热阻随隔热层外径$d_o$的变化曲线。由图可见，总热阻$R$随$d_o$的增大，先逐渐减小，然后逐渐增大，具有一极小值。与这一变化相对应的传热量Φ_l随d_o的变化，先逐渐增大，然后逐渐减小，具有一极大值，如图10-6b所示。对应于总热阻R为极小值时的隔热层外径，称为临界热绝缘直径，记为d_c。

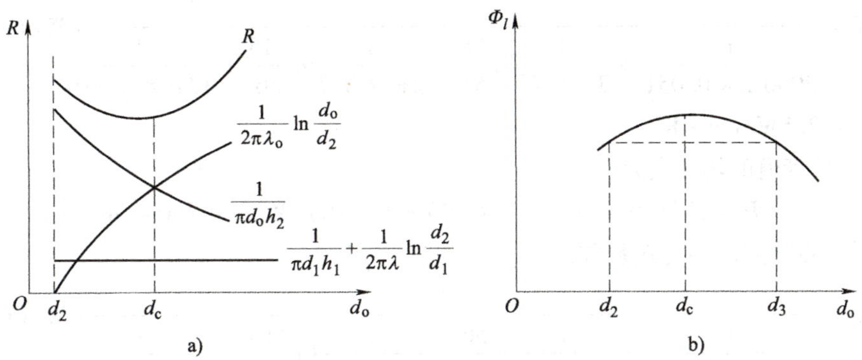

图 10-6 圆管传热热阻和散热量与绝热层外径的关系

$$\frac{\mathrm{d}R}{\mathrm{d}d_o}=\frac{1}{\pi d_o}\left(\frac{1}{2\lambda_o}-\frac{1}{h_2 d_o}\right)=0$$

$$d_o=d_c=\frac{2\lambda_o}{h_2} \tag{10-15}$$

因此，在热力管道的外壁上敷盖隔热材料时，如果管道外径 d_2 小于临界热绝缘直径 d_c，管道的散热量 Φ_l 反而比没有隔热层时更大，直到隔热层外径 d_o 大于 d_c时，才开始起到减少热损失的作用。由此可以得出，只有管道外径 d_2 大于临界热绝缘直径 d_c 时，覆盖隔热层才肯定起减少热损失的作用。不过，不用担心工程热力管道在隔热保温时会出现散热反而增强这种现象，因为由式（10-15）可以看出，d_c 只与隔热材料的导热系数 λ_o以及周围介质的表面传热系数 h_2有关，而与原管的外径 d_2无关。所以，当 λ 和 h_2一定时，d_c 的大小就确定了。通常隔热材料的 λ 值很小，以致 d_c 一般都很小，而常用的工程热力管道的外径往往都大于临界热绝缘直径 d_c。

例 10-3 某热水管道的内、外直径分别为 51mm 和 56mm，导热系数为 40W/(m·K)；热水和大气温度分别为 90℃和-10℃；热水侧的表面传热系数 $h_1=2000\mathrm{W/(m^2\cdot K)}$，大气侧的表面传热系数 $h_2=12\mathrm{W/(m^2\cdot K)}$。为减少管道的热损失，须在管道的外侧壁面上覆盖一层厚度为 30mm 的隔热材料。现有混凝土［$\lambda=0.7\mathrm{W/(m\cdot K)}$］和石棉灰［$\lambda=0.1\mathrm{W/(m\cdot K)}$］可供选用，试通过计算确定选用哪一种隔热材料。

解： 1）敷盖隔热材料前每米管道的传热系数：

$$K_l=\frac{1}{\dfrac{1}{\pi d_1 h_1}+\dfrac{1}{2\pi\lambda}\ln\dfrac{d_2}{d_1}+\dfrac{1}{\pi d_2 h_2}}$$

$$=\frac{1}{\dfrac{1}{2000\pi\times0.051}+\dfrac{1}{2\pi\times40}\ln\dfrac{0.056}{0.051}+\dfrac{1}{12\pi\times0.056}}\mathrm{W/(m\cdot K)}$$

$$=2.1\mathrm{W/(m\cdot K)}$$

则每米长管道的热损失为

$$\Phi_l=K_l(t_{f1}-t_{f2})=2.1\times[90-(-10)]\mathrm{W/m}=210\mathrm{W/m}$$

2）采用混凝土隔热时的传热系数：

$$K_l = \frac{1}{\frac{1}{2000\pi \times 0.051} + \frac{1}{2\pi \times 40}\ln\frac{56}{51} + \frac{1}{2\pi \times 0.7}\ln\frac{116}{56} + \frac{1}{12\pi \times 0.116}}\mathrm{W/(m \cdot K)}$$

$$= 2.5\mathrm{W/(m \cdot K)}$$

则每米长管道的热损失为

$$\Phi_l = K_l(t_{f1} - t_{f2}) = 2.5 \times [90 - (-10)]\mathrm{W/m} = 250\mathrm{W/m}$$

3）采用石棉灰时的传热系数：

$$K_l = \frac{1}{\frac{1}{2000\pi \times 0.051} + \frac{1}{2\pi \times 40}\ln\frac{56}{51} + \frac{1}{2\pi \times 0.1}\ln\frac{116}{56} + \frac{1}{12\pi \times 0.116}}\mathrm{W/(m \cdot K)}$$

$$= 0.72\mathrm{W/(m \cdot K)}$$

则每米长管道的热损失为

$$\Phi_l = 0.72 \times [90 - (-10)]\mathrm{W/m} = 72\mathrm{W/m}$$

比较以上计算结果可知，选用石棉灰作隔热层可取得减少散热损失的效果。

说明：由计算结果看出，采用混凝土隔热保温，反而使散热损失增加。这是由于此种情况下的临界热绝缘直径 d_c=0.117m，而 d_2=0.056m，即 $d_2<d_c$。因此，必须改用导热系数更小些的隔热材料。

10.2 换热器的基本形式

10.2.1 换热器的分类

换热器是高温流体与低温流体进行热量传递的一种热力设备，故又称热交换器。按照工作原理分类，换热器可以分为回热式、混合式和间壁式三大类。

1. 回热式换热器

回热式换热器的工作原理是高温流体和低温流体交替地通过同一个流道，在高温流体流过流道时，固体壁面吸收并积蓄热量，当低温流体接着流过流道时，固体壁面向其放出热量。在这种换热器中，固体壁面周期地吸热和放热是一个非稳态过程。同时，换热器在运行时应尽量避免两种流体相互混合。回热式换热器通常在锅炉和炼焦炉中应用较多，也可用作燃气轮机的空气预热器。

2. 混合式换热器

混合式换热器中冷、热两种流体是通过直接接触、彼此混合来进行换热的。尽管这种换热器换热效率很高，但因两种流体需混合，故在应用上受到一定限制。采暖系统的蒸汽喷射泵、空调工程中喷淋室等都属于这一类。

3. 间壁式换热器

在间壁式换热器中，冷热流体被金属壁隔开，热量传递过程包括热流体与壁面间的对流传热、壁中的导热和冷流体与壁面间的对流传热，有时还包括辐射传热，因此属于第 10.1 节介绍的复合传热过程。因为在间壁式换热器中两种流体不混合，所以在工程上得到最广泛的应用，如燃油加热器、空气冷却器和润滑油冷却器等。本书只介绍间壁式换热器。

10.2.2 间壁式换热器的分类

间壁式换热器种类有很多，从结构上可分为：管壳式、肋片管式、板式、板翅式、螺旋板式等。按流体流动形式可分为：顺流、逆流和复杂流等三种。两种流体做平行且同方向流动，称为顺流，如图10-7a所示；两种流体做平行且反方向流动，称为逆流，如图10-7b所示；其他流动方式通称为复杂流，如图10-7c～g所示。其中，复杂流又可分为平行混合流、一次交叉流、顺流式交叉流、逆流式交叉流和混合式交叉流等。不同的流动方式对传热和流动阻力都会有影响。

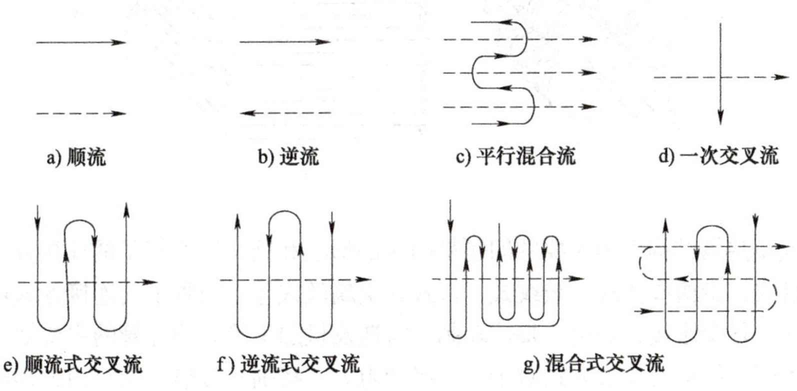

图10-7 流体在换热器中的流动方式

1. 管壳式换热器

图10-8所示为管壳式换热器示意图。热流体在管外流动，管外各管间常设置一些圆缺形的挡板，挡板的作用是提高流速，使流体充分流经全部管面，改善流体对管子的冲刷角度，以提高换热器壳侧的表面传热系数，另外挡板还可以起支承管束的作用。冷流体在管内流动。冷流体从管的一端流到另一端称为单管程。图10-8所示换热器为单壳程双管程，图10-9所示为双壳程四管程。

管壳式换热器结构坚固，易于制造，适应性强，处理能力大，高温、高压场合下也可应用，换热表面清洗比较方便。管壳式换热设备在工业上应用有较久的历史，目前仍在很多工业部门中广泛应用，在换热设备中占着主导地位。

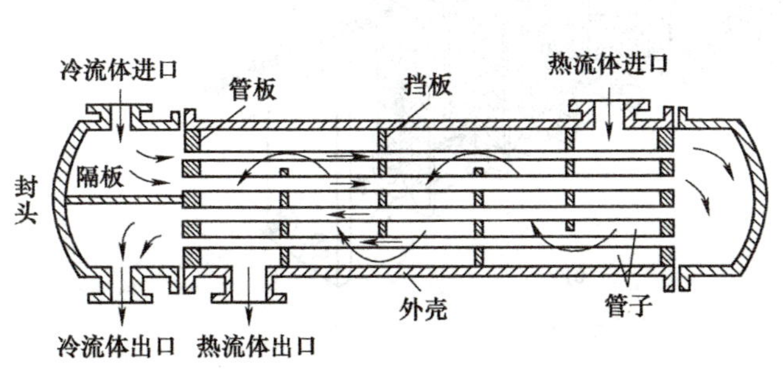

图10-8 管壳式（单壳程双管程）换热器示意图

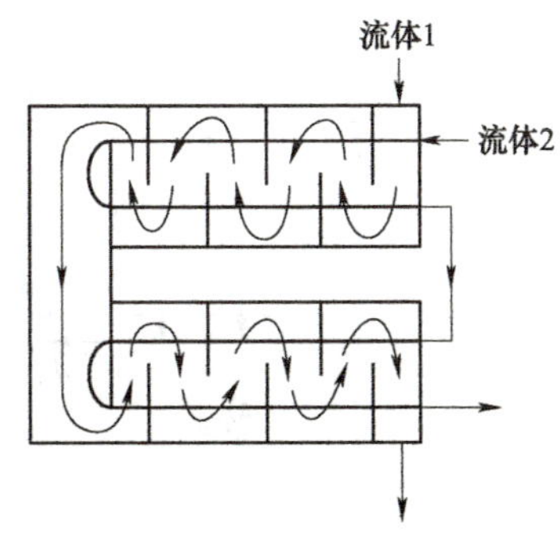

图10-9 管壳式（双壳程四管程）换热器示意图

2. 肋片管式换热器

图 10-10 所示为肋片管式空气加热器或冷却器结构示意图，在管子的外壁加肋片，大大增加了空气侧的换热面积，强化了传热。这类换热器结构较紧凑，对于换热面的两侧流体表面传热系数相差较大的场合非常合适。

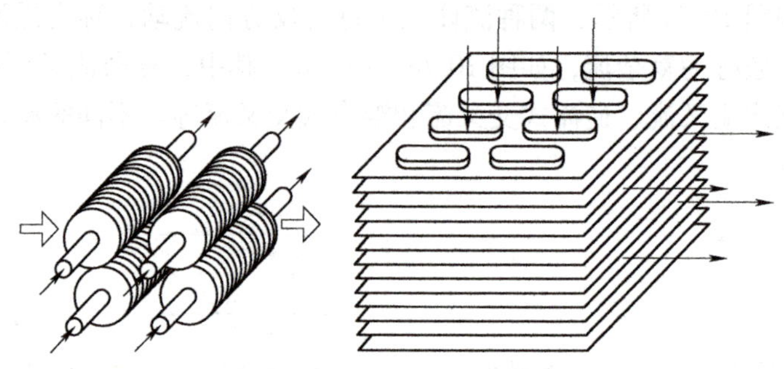

图 10-10　肋片管式换热器示意图

肋片管式换热器结构上最主要的问题是肋片的形状和结构以及管子的连接方式。肋片的形状可分为圆盘式、带槽或孔式、皱纹式、钉式和金属丝式等。与管子的连接方式可分为张力缠绕式、嵌片式、热套胀接、焊接、整体轧制、铸造及机加工等。肋片管的主要缺点是肋片侧流动阻力大。不同的结构与连接方式对于流体流动阻力，特别是传热性能有很大影响，当肋片与基管之间接触不紧密而存在缝隙时，将造成肋片与基管之间的接触热阻而降低肋片的作用。

3. 板式换热器

板式换热器由一组几何结构相同的平行薄平板叠加组成，两相邻平板之间用特殊设计的密封垫片隔开，形成一个通道，冷、热流体间隔地在每个通道中流动。为强化换热并增加板片的刚度，常在平板上压制出各种波纹。板式换热器中冷、热流体的流动有多种布置方式，图 10-11a 所示为 1-1 型板式换热器逆流布置，这里的 1-1 型表示冷、热流体都只流过一个通道。图 10-11b 所示是板式换热器换热表面的排列情形。板式换热器拆卸清洗方便，故适合于含有易污染物的流体（如牛奶等有机流体）的换热。

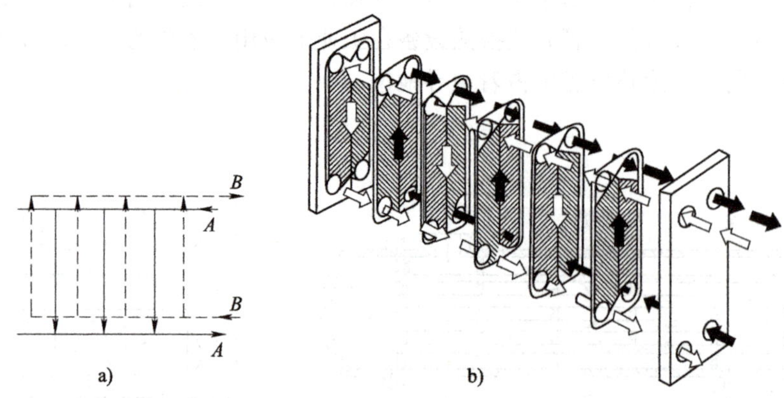

图 10-11　板式换热器示意图

4. 板翅式换热器

板翅式换热器结构方式有很多，但都由若干层基本换热元件组成。板翅式换热器示意图如图 10-12 所示，在两块平隔板 1 中夹着一块波纹形导热翅片 3，两端用侧条 2 密封，形成一层基本换热元件，许多层这样的元件叠积焊接起来就构成板翅式换热器。波纹板可做成多种形式，以增加流体的扰动，增强换热。板翅式换热器由于两侧都有翅片，作为气、气换热器时，传热系数有明显的改善，可达 300W/(m^2·K) [管式约为 30W/(m^2·K)]。板翅式换热器结构非常紧凑，每立方米体积中可容纳换热面积达 2500m^2，承压可达 10MPa。缺点是容易堵塞，清洗困难，检修不易。它适用于清洁和腐蚀性低的流体换热。

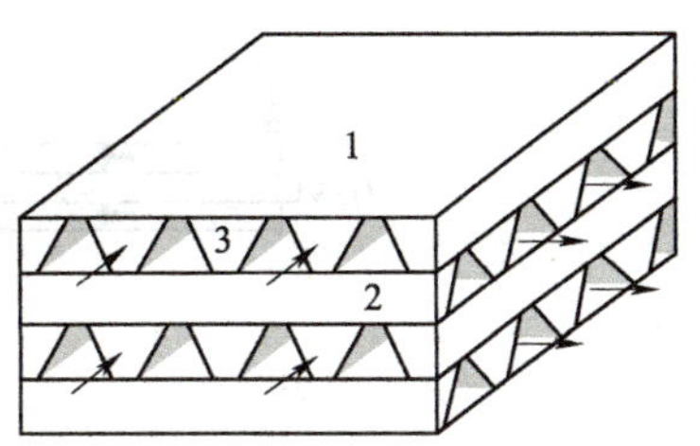

图 10-12　板翅式换热器示意图

5. 螺旋板换热器

图 10-13 所示为螺旋板换热器结构原理，它由两张平行的金属板卷制起来，构成两个螺旋通道，再加上、下盖板及连接管而成。冷、热两种流体分别在两螺旋通道中流动。图 10-13 所示为逆流式，流体 1 从中心进入，螺旋流动到周边流出；流体 2 则由周边进入，螺旋流动到中心流出。除此之外，还可以做成其他流动方式。这种换热器的螺旋流道有利于提高表面传热系数。螺旋流道中污垢形成速度是管壳式的十分之一。这是因为当流道壁面形成污垢后，通道截面减小，使流速增加而起到了冲刷效果，故有“清洁”作用。此外，这种换热器结构较紧凑，单位体积可容纳的换热面积约为管壳式的三倍。而且由于用板材代替管材，故材料范围广。但缺点是不易清洗，检修困难，承压能力低，一般用于压力在 1MPa 以下的场合。

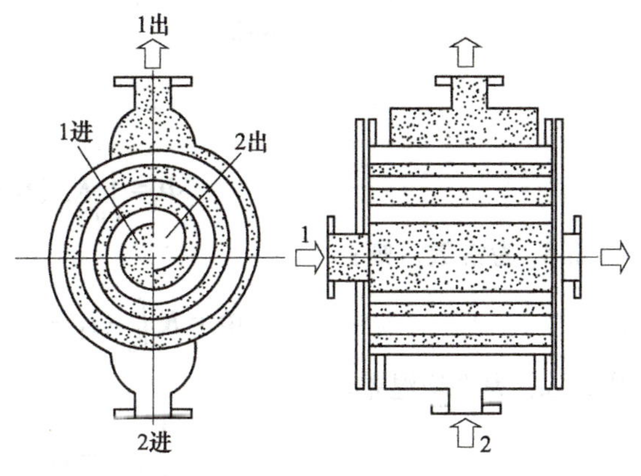

图 10-13　螺旋板换热器示意图

10.2.3　对数平均温差

1. 平均温差定义式

换热器传热基本公式为 $\Phi = KA\Delta t$，其中，Δt 是冷热两种流体的温度差。在前面的传热过程计算中，如通过墙壁的热损失计算，通过蒸汽管道的散热损失计算等，Δt 都是作为一个定值来处理的。但对于换热器，情况就不同了，因为冷、热两流体沿传热面进行热交换，其温度沿流动方向不断变化，因此冷、热流体间温差也是不断变化的。图 10-14a、b 各为顺流和逆流时冷热流体温度沿传热面变化的示意图。图中温度 t 的角码意义如下：“1”是指热流体，“2”是指冷流体；“′”指进口温度，“″”指出口温度。

由于冷热流体温差沿换热面是变化的，现从换热面 A_x 处取一微元面积 dA，它的传热量应为

$$\mathrm{d}\Phi = K_x (t_1 - t_2)_x \mathrm{d}A \tag{10-16a}$$

全部换热面的传热量可由式（10-16a）积分，得：

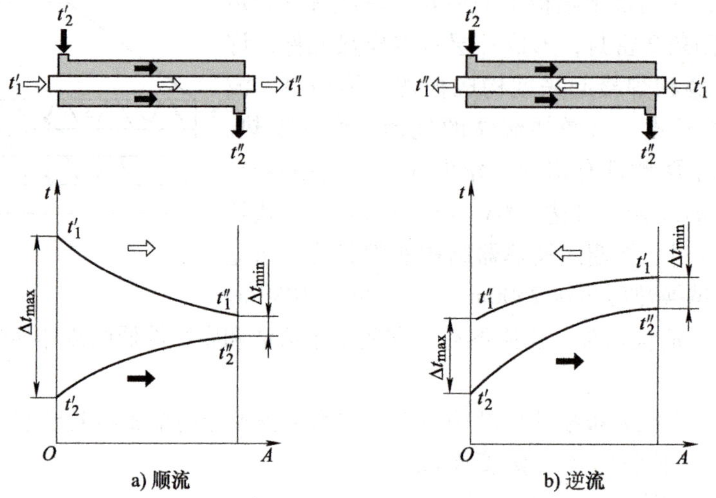

图 10-14　换热器中流体温度沿传热面变化

$$\Phi = \int_0^A K_x (t_1 - t_2)_x \mathrm{d}A \tag{10-16b}$$

如 K_x 为常数，则：

$$\Phi = K\int_0^A (t_1 - t_2)_x \mathrm{d}A = K\Delta t_m A \tag{10-16c}$$

式中，Δt_m 为平均温差。

$$\Delta t_m = \frac{\int_0^A (t_1 - t_2)_x \mathrm{d}A}{A} = \frac{1}{A}\int_0^A \Delta t_x \mathrm{d}A \tag{10-17}$$

由式（10-17）可知，如果已知 Δt_x 沿换热面的变化规律，则 Δt_m 可求出。

2. 简单顺流、逆流型的平均温差计算公式

现以顺流换热器为例来进行分析。如图 10-15 所示，换热器进口处两流体温差为 $\Delta t'$，出口处温差为 $\Delta t''$。在 A_x处的 $\mathrm{d}A$ 面积上，热流体温度变化 $\mathrm{d}t_1$，换热量为

$$\mathrm{d}\Phi = -M_1 c_1 \mathrm{d}t_1 \tag{10-18a}$$

式中，M_1 为流体的质量流量（kg/s）；c_1 为热流体的定压比热容［kJ/(kg · K)］。式中负号是由于流过 $\mathrm{d}A$ 面积时 $\mathrm{d}t_1$ 是负值。冷流体在 $\mathrm{d}A$ 面积上温度变化为 $\mathrm{d}t_2$，则换热量可写为

$$\mathrm{d}\Phi = M_2 c_2 \mathrm{d}t_2 \tag{10-18b}$$

Mc 表示质量流量为 M 的流体温度升高 1℃ 所需热量，故 Mc 为流体的热容量，用符号 C 表示，即 $M_1c_1 = C_1$，$M_2c_2 = C_2$。

从式（10-18a）及式（10-18b）可知，当换热量一定时，热容量大的流体温度变化小，所以当流体处于凝结或沸腾时，热容量 C 的值为无穷大。

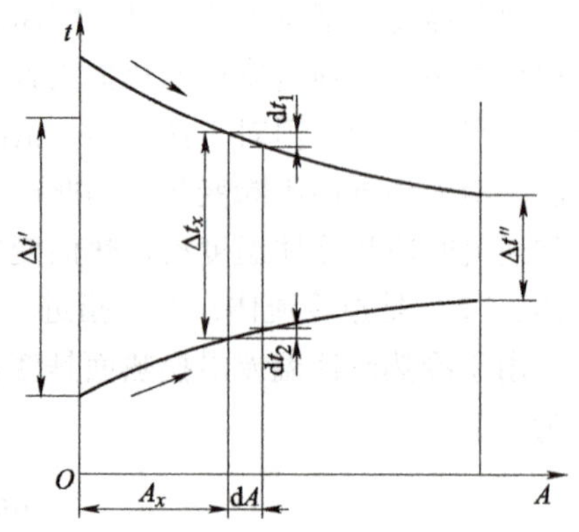
图 10-15　顺流时平均温差的推导

该两式可改写成

$$dt_1 = -\frac{d\Phi}{M_1c_1}, dt_2 = \frac{d\Phi}{M_2c_2}$$

两式相减，得

$$dt_1 - dt_2 = d(t_1 - t_2)_x = -d\Phi\left(\frac{1}{M_1c_1} + \frac{1}{M_2c_2}\right) \tag{10-18c}$$

把式（10-16a）代入式（10-18c），得：

$$\frac{d(t_1 - t_2)_x}{(t_1 - t_2)_x} = \frac{d(\Delta t)_x}{\Delta t_x} = -K\left(\frac{1}{M_1c_1} + \frac{1}{M_2c_2}\right)dA \tag{10-19a}$$

将式（10-19a）从0到A_x积分，已知$A_x=0$时，$\Delta t_x=\Delta t'$；A_x处为Δt_x，得：

$$\ln\frac{\Delta t_x}{\Delta t'} = -K\left(\frac{1}{M_1c_1} + \frac{1}{M_2c_2}\right)A_x \tag{10-19b}$$

或写成

$$\Delta t_x = \Delta t' e^{-K(1/M_1c_1 + 1/M_2c_2)A_x} \tag{10-19c}$$

式（10-19c）表示温差Δt_x沿换热面的变化规律，它是指数函数关系。将式（10-19c）代入式（10-17），可求得平均温差：

$$\Delta t_m = \frac{1}{A}\int_0^A \Delta t_x dA = \frac{\Delta t'}{-KA\left(\frac{1}{M_1c_1} + \frac{1}{M_2c_2}\right)}\left[e^{-KA(1/M_1c_1 + 1/M_2c_2)} - 1\right] \tag{10-20}$$

对式（10-19a）从0到A积分，已知$A_x=A$时，$\Delta t_x=\Delta t''$，得：

$$\ln\frac{\Delta t''}{\Delta t'} = -KA\left(\frac{1}{M_1c_1} + \frac{1}{M_2c_2}\right)$$

或写成

$$\frac{\Delta t''}{\Delta t'} = e^{-KA(1/M_1c_1 + 1/M_2c_2)}$$

代入式（10-20）并整理，得：

$$\Delta t_m = \frac{\Delta t' - \Delta t''}{\ln\frac{\Delta t'}{\Delta t''}} \tag{10-21}$$

式（10-21）的Δt_m称为对数平均温差（logarithmic-mean temperature difference，LMTD）。对逆流，也可用同样方法推出与式（10-21）形式相同的对数平均温差，但此时$\Delta t'$为较大温差端的温差，Δt为较小端温差。

在对数平均温差的推导过程中，有两个基本的假定，即流体的热容量（Mc）及传热系数K都是常数；热流体放出的热量等于冷流体的吸热量，即换热器无热损失。但在实际换热器中，由于进口段的影响及流体的比热容、黏度、导热系数等都随温度而变化，并且存在热损失，这些与假定条件是不符的，所以对数平均温差是近似的，但对一般工程计算已足够精确。

工程上有时为简便起见，在误差允许范围内，常用算术平均温差来进行传热计算。算术平均温差为换热器进出口两端部温差的算术平均值，即

$$\Delta t_m = \frac{\Delta t' + \Delta t''}{2}$$

当$\frac{\Delta t'}{\Delta t''}<2$时，算术平均温差与对数平均温差相差不到4%，工程上是允许的。

3. 复杂流的平均温差

除了顺流和逆流以外的复杂流，其平均温差的推导过程很复杂。工程上，为了计算方便，通常先按逆流平均温差来计算，然后用温差修正系数来修正。其步骤为：

1）由给定的冷热流体进出口温度计算出按逆流布置条件下的对数平均温差 Δt_m。

2）把求得的假想逆流对数平均温差乘以一个温差修正系数 ψ，从而得到其他流动形式的平均温差。

工程上为应用方便，已将温差修正系数 ψ 绘制成曲线，如图 10-16~图 10-18 所示。

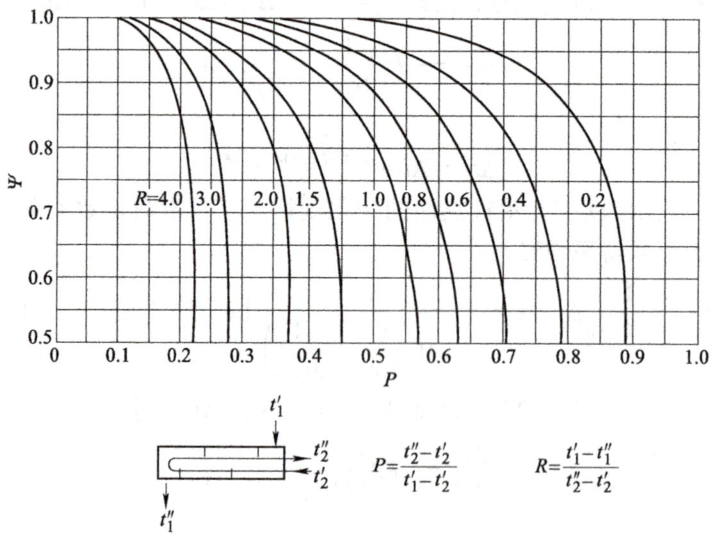

图 10-16 单壳程、多管程的 ψ 值

ψ 值除与流动形式有关以外，还和辅助量 P、R 有关。P、R 的定义式分别为

$$P=\frac{t_2''-t_2'}{t_1'-t_2'},R=\frac{t_1'-t_1''}{t_2''-t_2'}$$

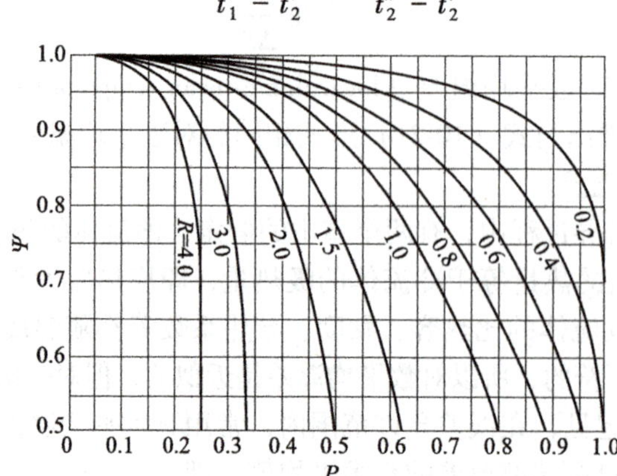

图 10-17 一次交叉流，两种流体各自都不混合时的 ψ 值

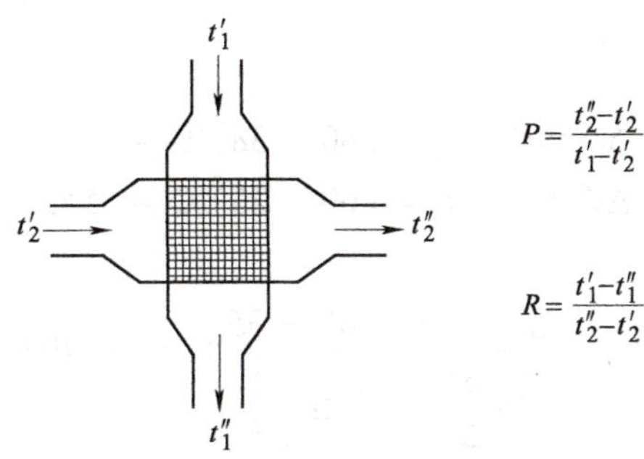

图 10-17　一次交叉流，两种流体各自都不混合时的 ψ 值（续）

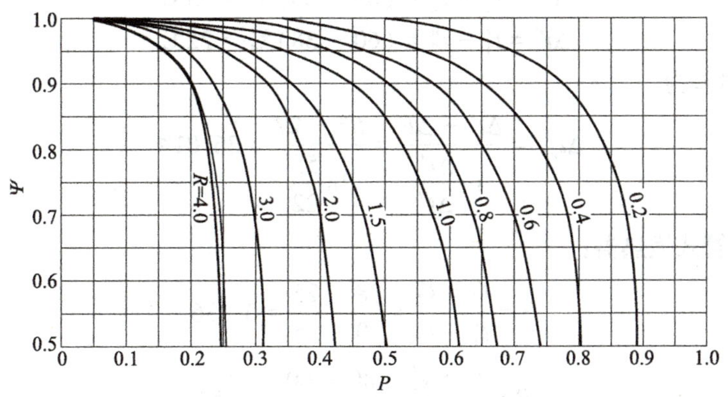

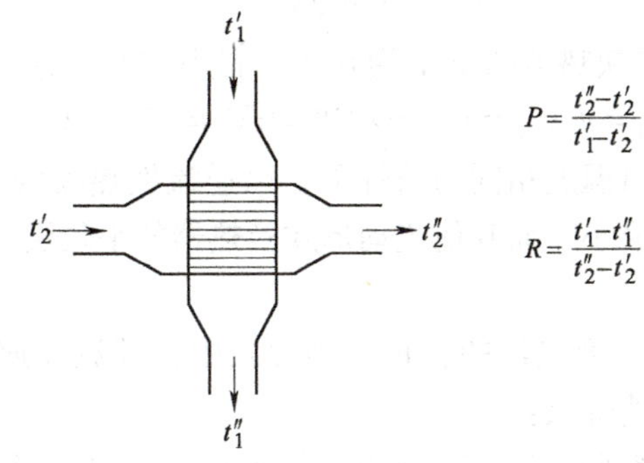

图 10-18　一次交叉流，一种流体混合、另一种流体不混合时的 ψ 值

式中，R 具有两种流体热容量之比的物理意义，即$\frac{t_1'-t_1''}{t_2''-t_2'}=\frac{M_2c_2}{M_1c_1}$；$P$ 代表该换热器中流体 2 的实际温升与理论上所能达到的最大温升之比。

因此，R 的值可以大于 1 也可以小于 1，但 P 的值必小于 1。在查图时，若 R 值超过了图中的范围，或者对于 R 曲线与 P 坐标趋于平行的部分，可以用 PR 和 $1/R$ 分别代替 P 和 R 值查图。

例 10-4　某换热器的热流体进、出口温度分别为 80℃和 60℃，冷流体的进、出口温度分别为 25℃和 38℃。试求该换热器分别为套管式逆流换热器和顺流换热器的对数平均温差。若换热器为壳管式，壳侧为热流体、管侧为冷流体，试求 1-2 型壳管式换热器的平均温差。

解：

1）对逆流换热器：

$$\Delta t' = t_1' - t_2'' = (80 - 38)℃ = 42℃$$
$$\Delta t'' = t_1' - t_2' = (60 - 25)℃ = 35℃$$

对数平均温差为

$$\Delta t_{m1} = \frac{\Delta t' - \Delta t''}{\ln\frac{\Delta t'}{\Delta t''}} = \frac{42 - 35}{\ln\frac{42}{35}}℃ = 38.40℃$$

2）对顺流换热器：

$$\Delta t' = t_1' - t_2' = (80 - 25)℃ = 55℃$$
$$\Delta t'' = t_1' - t_2'' = (60 - 38)℃ = 22℃$$

对数平均温差为

$$\Delta t_{m2} = \frac{\Delta t' - \Delta t''}{\ln\frac{\Delta t'}{\Delta t''}} = \frac{55 - 22}{\ln\frac{55}{22}} = 36.01℃$$

3）对于壳管式换热器：

$$P = \frac{t_2'' - t_2'}{t_1' - t_2'} = \frac{38 - 25}{80 - 25} = 0.236$$

$$R = \frac{t_1' - t_1''}{t_2'' - t_2'} = \frac{80 - 60}{38 - 25} = 1.54$$

查图 10-16 得 1-2 型壳管式换热器的 ψ 值为 0.97，故其平均温差为

$$\Delta t_{m(1-2)} = \psi\Delta t_m = 0.97 \times 38.40℃ = 37.25℃$$

讨论：在冷热流体进、出口温度相同的条件下，以逆流换热器的对数平均温差为最大，顺流换热器的对数平均温差为最小，而其他流动形式换热器的平均温差介于这两者之间。

4. 各种流动形式的比较

（1）顺流和逆流的比较　在换热器的各种流动形式中，顺流和逆流可以看作两种极端情况。与顺流相比，逆流有下述优点：

1）在相同的进、出口温度条件下，逆流的对数平均温差 Δt_m 比顺流时的大。也就是说，在同样的传热量下，逆流布置可以减少传热面积，使换热器的尺寸更为紧凑。

2）顺流时冷流体的出口温度 t_2'' 总是小于热流体的出口温度 t_1''，而逆流时 t_2'' 却可能大于 t_1''。

3）逆流时传热面两边的温差较均匀，也就是传热面热负荷较均匀，但顺流时传热面热负荷不均匀（见图 10-14）。

鉴于上述原因，换热器应尽量采用逆流布置，避免采用顺流布置。但逆流也存在着缺点，由于热流体和冷流体的最高温度 t_1' 和 t_2'' 都集中在换热器的同一端，使该处的壁温特别高。对于高温换热器来说，这是应该注意避免的。

（2）其他情况的比较

1）其他各种流动形式的复杂流可以看作介于顺流和逆流之间的情况。其温差修正系数 ψ 值总是小于 1，ψ 值的大小反映了所讨论的流动形式在给定工况下接近逆流的程度。通常要求 ψ>0.9。

2）在蒸发器或冷凝器中，冷、热流体之一要发生相变。相变时，若忽略相变流体压力的沿程变化，则流体在整个传热面上保持其饱和温度，此类换热器无所谓顺流和逆流，如图10-19所示。

3）工程上常见的蛇形管束，如图10-7e～g所示，只要管束的曲折次数超过4次，经验表明，可以作为纯顺流或逆流来处理。

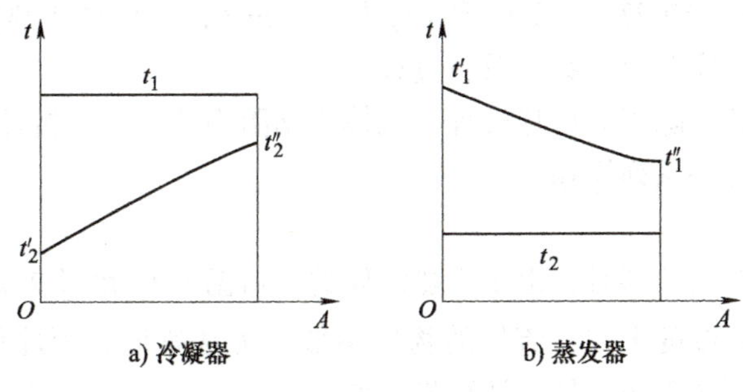

图10-19 相变时的温度变化

10.3 换热器的传热计算

换热器的传热计算有两种情况：一是设计计算，是指根据已知的有关物理量，计算为满足两种流体之间的传热量所必需的传热面积；二是校核计算，是指对已有换热器做性能核算，此时换热器的传热面积、冷热流体的进口条件（质量流量和温度）为已知，求解该换热器中的传热量和两种流体的出口温度，了解换热器在非设计工况下的性能改变。

在换热器中，冷热流体之间的传热量 Φ 可由式（10-22a）~式（10-22c）表示

$$\Phi = KA\Delta t_m \tag{10-22a}$$

$$\Phi = M_1c_1(t_1' - t_1'') \tag{10-22b}$$

$$\Phi = M_2c_2(t_2'' - t_2') \tag{10-22c}$$

当忽略了换热器的散热损失后，可得热平衡方程式：

$$\Phi = M_1c_1(t_1' - t_1'') = M_2c_2(t_2'' - t_2') \tag{10-22d}$$

由于 Δt_m 可由冷热流体的进、出口温度和流动形式确定，不是独立变量。因此，上述方程式中共有8个变量：KA、M_1c_1、M_2c_2、t_1'、t_1''、t_2'、t_2'' 和 Φ。只有在给定5个变量时才能进行计算。在设计计算时，已知2个热容量 M_1c_1 和 M_2c_2 及4个进出口温度中的3个温度，要求 KA。在校核计算时，已知的是 KA、2个热容量 M_1c_1 和 M_2c_2、2个进口温度 t_1' 和 t_2'，待求解的是出口温度 t_1'' 和 t_2''。

目前，常用的换热器传热计算方法有两种：平均温差法和传热单元数法。这两种方法都能用来进行设计计算和校核计算，只是平均温差法在校核计算时要假定流体的出口温度并进行试算，而传热单元数法不需要试算，因而传热单元数法用于校核计算似乎更方便。

10.3.1 平均温差法（LMTD法）

1. 设计计算

平均温差法用于设计计算时的具体步骤如下：

1）根据给定条件，由热平衡方程式（10-22d）求出进、出口温度中的待定温度。

2）由冷热流体的 4 个进出口温度确定平均温差 Δt_m，计算时要注意保持温差修正系数 ψ 在 0.9 以上，至少不小于 0.8，如果不能满足此要求，应改选其他流动形式。

3）初步布置传热面，并计算出相应的传热系数 K。

4）由式（10-22b）或式（10-22c）求出传热热流量 Φ。

5）由传热方程式（10-22a）求出所需的传热面积 A，并核算传热面两侧流体的流动阻力，如流动阻力过大，应改变方案，重新设计。

换热器的完整设计，除了对传热过程、流体流动阻力等进行分析计算外，还应考虑诸如结构、工艺、经济性等一系列问题。

2. 校核计算

平均温差法用于校核计算时，由于冷热流体的出口温度 t_1'' 和 t_2'' 未知，故 Δt_m 无法计算。同时，由于流体的出口温度未知，流体的物性参数也无法查取，因此传热系数 K 也无法求得。实际计算时常采用试算法，具体计算步骤如下：

1）假定一个流体的出口温度，由热平衡方程式求出另一个流体的出口温度。

2）由 4 个进、出口温度求得平均温差 Δt_m。

3）根据换热器的结构和其他已知量求出传热系数 K。

4）由 KA 和 Δt_m 根据传热方程式计算出传热量 Φ。

5）根据 4 个进、出口温度，用热平衡方程式算出另一个传热量 Φ'。

6）比较 Φ 和 Φ'，若两者相等或偏差不超过 5%，则表明假定的流体出口温度与实际相符或相近，计算结束。如果 Φ 和 Φ' 的偏差大于 5%，必须重新假定流体出口温度，重复上述计算。

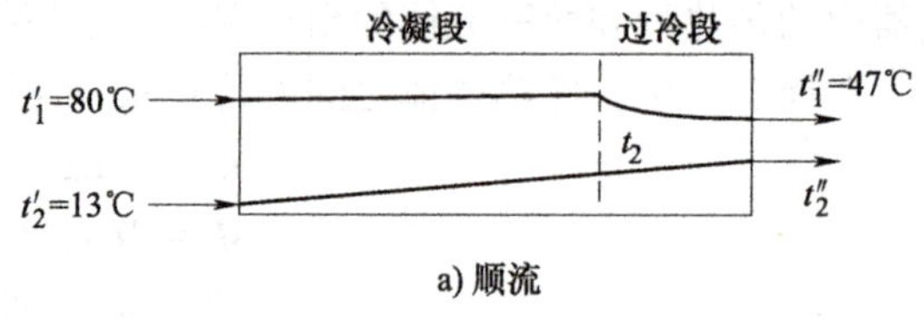

a) 顺流

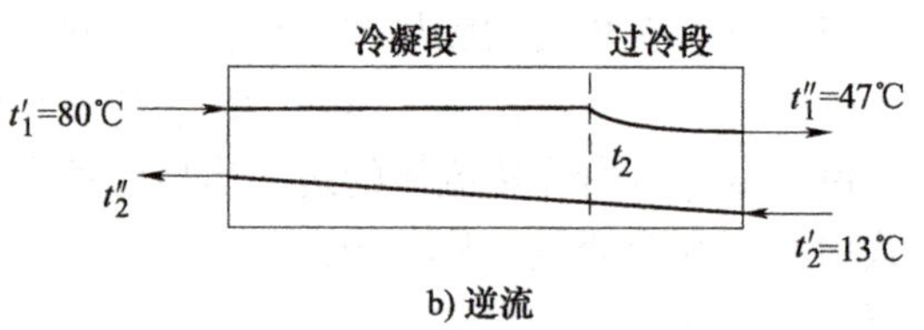

b) 逆流

图 10-20　例 10-5 图

例 10-5　如图 10-20 所示，使用 13℃的水冷却从分馏器得到的 80℃的饱和苯蒸气，水的质量流量 $M_2=5\text{kg/s}$，苯的汽化潜热 $\gamma=394.5\text{kJ/kg}$，比热容 $c_1=1.758\text{kJ/(kg}\cdot\text{K)}$。传热系数 $K=1140\text{W/(m}^2\cdot\text{K)}$。试求使 $M_1=1\text{kg/s}$ 的苯蒸气凝结并过冷到 47℃所需要的传热面积，并比较采用顺流、逆流的传热面积。设水的比热容 $c_2=4.186\text{kJ/(kg}\cdot\text{K)}$。

解： 由于苯蒸气在被冷却过程中发生相变，故传热面积分为冷凝段和过冷段，应当分别计算。

冷凝段的传热量为

$$\Phi' = M_1\gamma = (1\times 394.5)\text{kW} = 394.5\text{kW}$$

过冷段的传热量为

$$\Phi'' = M_1c_1(t_1' - t_1'') = [1\times 1.758\times(80-47)]\text{kW} = 58\text{kW}$$

1）计算顺流方式的传热面积。由 $\Phi'=M_2c_2(t_2-t_2')$ 可得过冷段与冷凝段交界面的水温 t_2：

$$t_2 = t_2' + \frac{\Phi'}{M_2c_2} = \left(13 + \frac{394.5}{5\times 4.186}\right)℃ = 31.8℃$$

冷凝段的平均温差为

$$\Delta t'_m = \frac{(80-13)-(80-31.8)}{\ln\frac{80-13}{80-31.8}}℃ = 57.1℃$$

冷凝段的传热面积为

$$A' = \frac{\Phi'}{K\Delta t'_m} = \frac{394.5\times10^3}{1140\times57.1}\text{m}^2 = 6.06\text{m}^2$$

由 $\Phi''=M_2c_2\ (t''_2-t_2)$ 得：

$$t''_2=t_2+\frac{\Phi''}{M_2c_2}=\left(31.8+\frac{58}{5\times4.186}\right)℃=34.6℃$$

过冷段的平均温差为

$$\Delta t''_m = \frac{(80-31.8)-(47-34.6)}{\ln\frac{80-31.8}{47-34.6}}℃ = 26.4℃$$

过冷段的传热面积为

$$A'' = \frac{\Phi''}{K\Delta t''_m} = \frac{58\times10^3}{1140\times26.4}\text{m}^2 = 1.93\text{m}^2$$

顺流方式的总传热面积为

$$A = A' + A'' = (6.06+1.93)\text{m}^2 = 7.99\text{m}^2$$

2）计算逆流布置的传热面积。由 $\Phi''=M_2c_2(t_2-t'_2)$ 得：

$$t_2 = t'_2 + \frac{\Phi''}{M_2c_2} = \left(13+\frac{58}{5\times4.186}\right)℃ = 15.8℃$$

过冷段的平均温差为

$$\Delta t''_m = \frac{(80-15.8)-(47-13)}{\ln\frac{80-15.8}{47-13}}℃ = 47.5℃$$

过冷段的传热面积为

$$A'' = \frac{\Phi''}{K\Delta t''_m} = \frac{58\times10^3}{1140\times47.5}\text{m}^2 = 1.07\text{m}^2$$

由 $\Phi'=M_2c_2(t''_2-t_2)$ 得：

$$t''_2 = t_2 + \frac{\Phi'}{M_2c_2} = \left(15.8+\frac{394.5}{5\times4.186}\right)℃ = 34.6℃$$

冷凝段的平均温差为

$$\Delta t'_m = \frac{(80-15.8)-(80-34.6)}{\ln\frac{80-15.8}{80-34.6}}℃ = 54.3℃$$

冷凝段的传热面积为

$$A' = \frac{\Phi'}{K\Delta t'_m} = \frac{394.5\times10^3}{1140\times54.3}\text{m}^2 = 6.37\text{m}^2$$

逆流方式的总传热面积为

$$A = A' + A'' = (6.37 + 1.07)\text{m}^2 = 7.44\text{m}^2。$$

讨论：

1）当流体在换热器内发生相变时，应分别进行计算。

2）本题的传热系数 K 已知，故计算较为简单。若 K 未知，则计算要复杂些。

3）计算结果表明，顺流的传热面积比逆流的传热面积要大$\frac{7.99-7.44}{7.44}\times100\%=7.4\%$。

10.3.2　效能-传热单元数法（ε-NTU 法）

1. 三个重要参数

（1）换热器效能 ε　换热器效能 ε（又称传热有效度）的定义是换热器中实际的传热量 Φ 与最大可能的传热量 Φ_{max}之比。所谓最大可能的传热量是指换热器中可能发生的最大温度降（即热流体和冷流体的进口温度之差）下的传热量。因为只有热容量 Mc 较小的流体才可能有最大温差，所以 $\Phi_{max}=(Mc)_{min}(t_1'-t_2')$。而实际的传热量既可以按热流体计算，也可以按冷流体计算，通常按热容量较小的那种流体来计算。因此，换热器效能 ε 可表示为

$$\varepsilon = \frac{\Phi}{\Phi_{max}} = \frac{(Mc)_{min}\,|t' - t''|_{max}}{(Mc)_{min}(t_1' - t_2')} = \frac{|t' - t''|_{max}}{t_1' - t_2'} \tag{10-23}$$

显然，上式分子$|t'-t''|_{max}$代表了冷流体或热流体在换热器中的实际温度差值中的较大者，如果冷流体的温度变化大，则$|t'-t''|_{max}=t_2''-t_2'$，反之，则有$|t'-t''|_{max}=t_1'-t_1''$。当已知 ε 后，换热器的实际传热量 Φ 就可以根据两种流体的进口温度来确定：

$$\Phi = (Mc)_{min}\,|t' - t''|_{max} = \varepsilon\,(Mc)_{min}(t_1' - t_2') \tag{10-24}$$

（2）传热单元数 NTU　传热单元数 NTU 是 KA 和两种流体中较小的热容量（Mc）$_{min}$的比值，即

$$\text{NTU} = \frac{KA}{(Mc)_{min}} \tag{10-25}$$

NTU 是换热器设计中的一个无量纲参数，它所包括的 K 和 A 的两个量分别反映了换热器的运行费用和初期投资，所以是一个反映换热器综合经济技术性能的指标。NTU 表征了换热器换热能力的大小。

（3）热容比 C　热容比 C 定义为两种流体的较小热容量（Mc）$_{min}$和较大热容量（Mc）$_{max}$之比，即

$$C = \frac{(Mc)_{min}}{(Mc)_{max}} \tag{10-26}$$

2. ε、NTU 和 C 之间的函数关系

换热器效能 ε 与传热单元数 NTU、热容比 C 有关，通过推导可得到它们之间的函数关系式。表 10-1 列出了各种流动形式的换热器效能函数关系式。在应用表 10-1 时，有几种特殊情况需加以讨论。

1）在顺流和逆流的换热器中，当流体之一发生相变时，例如蒸气凝结或液体沸腾，发生相变的流体温度保持不变，这相当于该流体的热容量 Mc 为无限大，此时热容比 $C\to0$。此外，在柴油机增压器后的中冷器中，通常是冷却水的热容量远大于增压空气的热容量，在这种情况下，热容比同样有 $C\to0$。上述两种情形的 ε 计算式将变为相同的形式：

$$\varepsilon = 1 - \exp(-\text{NTU}) \tag{10-27}$$

表 10-1　换热器效能函数关系式

换热器形式		$\varepsilon=f$（C，NTU）
套管式	顺流	$\varepsilon=\dfrac{1-\exp[-\mathrm{NTU}(1+C)]}{1+C}$
	逆流	$\varepsilon=\dfrac{1-\exp[-\mathrm{NTU}(1-C)]}{1-C\exp[-\mathrm{NTU}(1-C)]}$
壳管型 1-2、1-4、1-6 型		$\varepsilon=2\left\{1+C+(1+C^2)^{1/2}\dfrac{1+\exp[-\mathrm{NTU}(1+C^2)^{1/2}]}{1-\exp[-\mathrm{NTU}(1+C^2)^{1/2}]}\right\}^{-1}$
叉流式	两种流体不混合	$\varepsilon=1-\exp\left[\dfrac{\exp(-\mathrm{NTU}\cdot C\cdot n)-1}{C\cdot n}\right]$ 式中，$n=\mathrm{NTU}^{-0.22}$
	两种流体混合	$\varepsilon=\left[\dfrac{1}{1-\exp(-\mathrm{NTU})}+\dfrac{C}{1-\exp(-\mathrm{NTU}\cdot C)}-\dfrac{1}{\mathrm{NTU}}\right]^{-1}$
	$(Mc)_{max}$混合 $(Mc)_{min}$不混合	$\varepsilon=\dfrac{1}{C}\left\{1-\exp[-C(1-\mathrm{e}^{\mathrm{NTU}})]\right\}$
	$(Mc)_{max}$不混合 $(Mc)_{min}$混合	$\varepsilon=1-\exp\left\{-\dfrac{1}{C}[1-\exp(-\mathrm{NTU}\cdot C)]\right\}$

2）逆流时，如果两种流体的热容量几乎相等，则 $C\to1$。此时两种流体的温差 Δt 在整个换热器中始终保持定值。在这种情况下，可推导得逆流换热器的效能：

$$\varepsilon - \frac{\mathrm{NTU}}{\mathrm{NTU}+1} \tag{10-28}$$

3）顺流时，如果两种流体的热容量相等，同样有 $C\to1$。此时顺流换热器的 ε 成为

$$\varepsilon=\frac{1-\exp(-2\mathrm{NTU})}{2} \tag{10-29}$$

在工程中为了便于使用，已将表 10-1 的函数关系式绘制成图线。作为示例，图 10-21～图 10-25 给出了几种流动形式的 ε-NTU 图。对于其他流动形式，ε-NTU 的计算式及关系图及可参阅有关热交换器设计手册及文献。

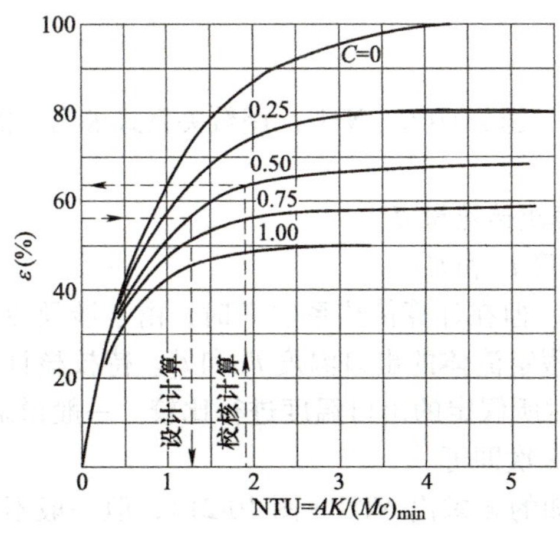

图 10-21　顺流的 ε-NTU 关系

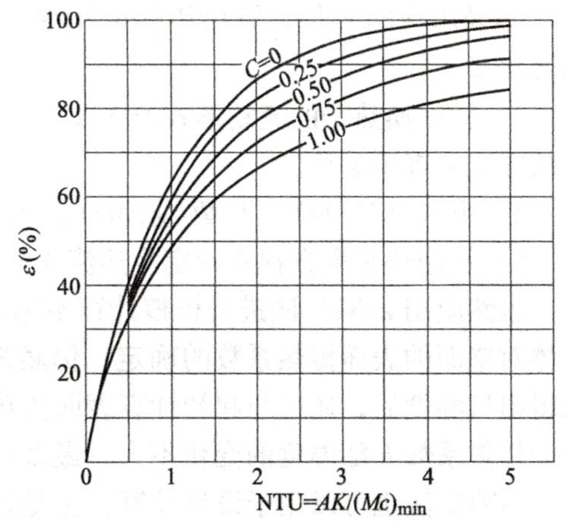

图 10-22　逆流的 ε-NTU 关系

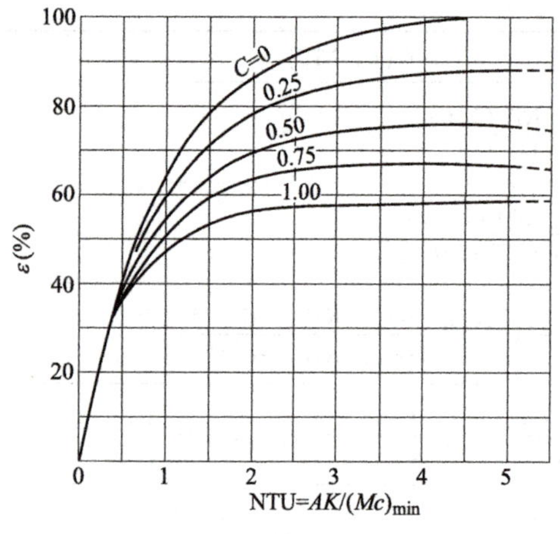

图 10-23　单壳程，2、4、6 等管程的 ε-NTU 关系

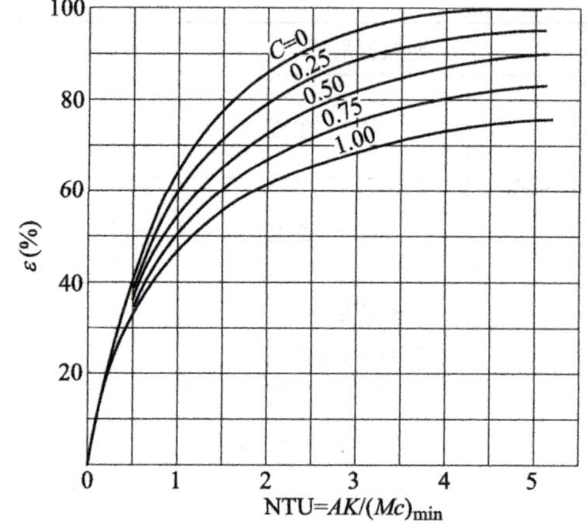

图 10-24　流体不混合的一次交叉流的 ε-NTU 关系

3. ε-NTU 法

ε-NTU 法用于换热器的传热计算，是根据 $\varepsilon=f(C,\ \mathrm{NTU})$ 的函数关系，由 C 和 NTU 求出 ε，再通过式（10-24）消去未知的流体温度，而这些未知的流体温度在采用平均温差法计算时，是需要通过试算法求得的。显然，ε-NTU 法用于校核计算比较方便。

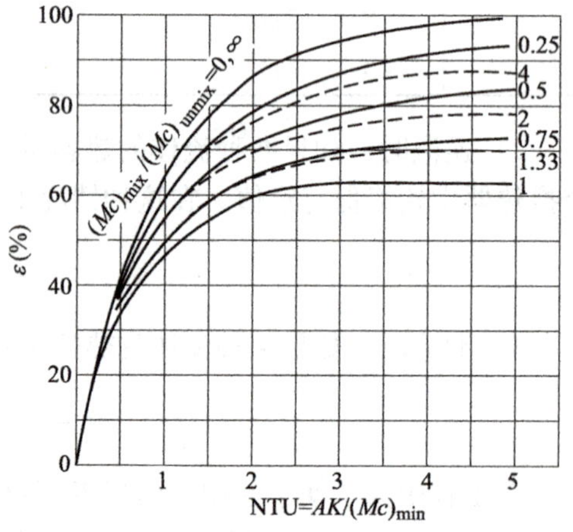

图 10-25　一种流体混合的一次交叉流的 ε-NTU 关系

采用 ε-NTU 法对换热器进行校核计算的具体步骤如下：

1）根据换热器的具体工况算出传热系数 K，其中主要是计算冷热流体对壁面的表面传热系数。

2）根据已知的传热面积 A、热容量 M_1c_1 和 M_2c_2 以及求得的 K 值，算出传热单元数 NTU 和热容比 C。

3）根据换热器的流动形式及 NTU、C 的数值，由 $\varepsilon=f(C,\ \mathrm{NTU})$ 函数关系式求出 ε 值，或从图线中查出 ε 值。

4）由式（10-24），即 $\Phi=\varepsilon(Mc)_{\min}(t_1'-t_2')$ 算出传热量 Φ。

5）利用热平衡方程式确定冷热流体的出口温度 t_2'' 和 t_1''。

虽然应用 ε-NTU 法进行校核计算不需要试算，但在计算传热系数 K 时，由于涉及冷热流体对壁面的表面传热系数的确定，仍然需要先假定流体的出口温度 t_1'' 和 t_2''。待校核计算求得出口温度后，还应与起初计算表面传热系数时所假定的出口温度进行比较。一般说来，表面传热系数 h 随温度的变化不大，最多试算 1~2 次即可。

ε-NTU 法也可以用于设计计算，它是通过已知的 ε 求出 NTU（图 10-21），但一般不采用。通常在设计计算新换热器时，都是用平均温差法来计算的，这是因为采用平均温差法可以求得换热器的温差修正系数 ψ，从而可间接知道换热器结构设计的优劣。

例 10-6　1-2 型壳管式换热器中，热水从管内流过，冷水在管外流过，传热系数 $K=1200\mathrm{W/(m^2 \cdot K)}$，传热面积 $A=5\mathrm{m}^2$，冷热水的质量流量和进口温度分别为 $M_2=8000\mathrm{kg/h}$，$M_1=4000\mathrm{kg/h}$，$t_2'=20℃$，$t_1'=90℃$。试求冷热水出口温度 t_2''、t_1'' 及传热量 Φ。设冷热水的比热容 $c_1=c_2=4.186\mathrm{kJ/(kg \cdot K)}$。

解：冷热流体的热容量分别为

$$M_2c_2=\frac{8000\times4.186}{3600}\mathrm{kW/K}=9.30\mathrm{kW/K}$$

$$M_1c_1=\frac{4000\times4.186}{3600}\mathrm{kW/K}=4.65\mathrm{kW/K}$$

热容比
$$C=\frac{M_1c_1}{M_2c_2}=\frac{4.65}{9.30}=0.5$$

传热单元数
$$\mathrm{NTU}=\frac{KA}{M_1c_1}=\frac{1200\times5}{4.65\times10^3}=1.29$$

由表 10-1 查得 1-2 型壳管式换热器的 $\varepsilon=f(C,\ \mathrm{NTU})$ 的表达式：

$$\varepsilon=2\left\{1+C+(1+C^2)^{1/2}\frac{1+\exp[-\mathrm{NTU}(1+C^2)^{1/2}]}{1-\exp[-\mathrm{NTU}(1+C^2)^{1/2}]}\right\}^{-1}$$

将已求得的 C 和 NTU 值代入上式，得：$\varepsilon=0.603$。

根据换热器效能的定义式，有：$\varepsilon=\dfrac{t_1'-t_1''}{t_1'-t_2'}=\dfrac{90-t_1''}{90-20}=0.603$

故得热流体的出口温度：
$$t_1''=[90-0.603\times(90-20)]℃=47.8℃$$

由热容比的定义式得：
$$C=\frac{M_1c_1}{M_2c_2}=\frac{t_2''-t_2'}{t_1'-t_1''}=0.5$$

所以有冷流体的出口温度：$t_2''=t_2'+0.5(t_1'-t_1'')=[20+0.5\times(90-47.8)]℃=41.1℃$

由热平衡式 $\Phi=M_1c_1(t_1'-t_1'')=M_2c_2(t_2''-t_2')$，可计算得到传热量 $\Phi=196.23\mathrm{kW}$。

讨论：

1）本题的换热器效能 ε 是根据 $\varepsilon=f(C,\ \mathrm{NTU})$ 解析式计算出来的，虽然麻烦些，但较为准确。ε 也可以查图 10-23 得到，此法简单方便，但准确度稍差。

2）本题如用平均温差法计算，要先假定一个出口温度进行试算，逐步修正，显然计算过程要复杂多了。

10.3.3　换热器的污垢热阻

换热器在经过一段时间的实际运行之后，常常在换热面上集结水垢、淤泥、油污和灰尘之类的覆盖物。这些覆盖物垢层在传热过程中都表现为附加的热阻，使传热系数减小，从而导致换热性能下降。由于垢层的厚度以及它的导热性能难以确定，我们只能采用它所表现出来的传热热阻值的大小来进行传热计算。这种热阻常称为污垢热阻，记为 r_f，其单位为 $\mathrm{m^2 \cdot ℃/W}$。由于污垢热阻通常是由试验确定的，常写为如下形式：

$$r_\mathrm{f}=\frac{1}{K}-\frac{1}{K_0} \tag{10-30}$$

式中，K_0为清洁换热面的传热系数；K 为有污垢的换热面的传热系数。

污垢热阻的产生势必增加换热器的设计面积，并导致使用过程中运行费用的增加。由于污垢产生的机理复杂，目前尚未找到清除污垢的好办法。工程上适用的做法是，在设计换热器时考虑污垢热阻而适当增加换热面积，同时对运行中的换热器进行定期的清洗，以保证污垢热阻不超过设计时选用的数值。同样是基于污垢生成的复杂性，污垢热阻的数值只能通过试验方法来确定。表 10-2 列出了一些单侧污垢热阻的参考数值。

表 10-2　单侧污垢热阻的参考数值　　（单位：$m^2 \cdot ℃/W$）

水的污垢热阻				
热流体温度/℃	<115		115~205	
水温/℃	<52		>52	
水速/(m/s)	<1	>1	<1	>1
海水	0.0001	0.0001	0.0002	0.0002
含盐的水	0.0004	0.0002	0.0005	0.0004
经处理的冷却塔或喷水池中的水	0.0002	0.0002	0.0004	0.0004
未经处理的冷却塔或喷水池中的水	0.0005	0.0005	0.001	0.0007
自来水或池水	0.0002	0.0002	0.0004	0.0004
河水	0.0004~0.0005	0.0002~0.0004	0.0005~0.0007	0.0004~0.0005
含淤泥的水	0.0005	0.0004	0.0007	0.0005
硬水（>256.8g/m^3）	0.0005	0.0005	0.001	0.001
发动机冷却套用水	0.0002	0.0002	0.0002	0.0002
蒸馏水与闭式循环冷凝水	0.0001	0.0001	0.0001	0.0001
经处理的锅炉给水	0.0002	0.0001	0.0002	0.0002
锅炉排污水	0.0004	0.0004	0.0004	0.0004

几种工业流体的污垢热阻					
油		其他液体		蒸气和气体	
一般燃料油	0.001	制冷剂	0.0002	发动机排气	0.0002
变压器油	0.0002	氨	0.0002	蒸气（无油润滑）	0.0001
发动机润滑油	0.0002	氨（油润滑）	0.0005	排出的蒸气（油润滑）	0.0003~0.0004
淬火油	0.007	甲醇溶液	0.0004	制冷剂（油润滑）气体	0.0004
		乙醇溶液	0.0004		
		乙二醇溶液	0.0004		
		工业有机传热流体	0.0002~0.0004	压缩空气	0.0002
		液压流体	0.0002	氨气	0.0002
				二氧化碳	0.0004
				燃煤烟气	0.002
				天然气燃烧排气	0.001

在使用表 10-2 中数值时一定要注意它是单位面积的热阻，对于换热器传热过程中两侧表面积不相等的情况，在计算有污垢的传热表面的传热系数时，一定要考虑表面积的影响。

对于一台管壁两侧均已结垢的换热器，以管子外壁面为计算依据的传热系数可表示为

$$K=\left[\left(\frac{1}{h_o}+r_{fo}\right)\frac{1}{\eta_{o,t}}+r_w+r_{fi}\frac{A_o}{A_i}+\frac{1}{h_i}\frac{A_o}{A_i}\right]^{-1} \tag{10-31}$$

而以管子内表面为计算依据的传热系数则为

$$K=\left[\left(\frac{1}{h_o}+r_{fo}\right)\frac{A_i}{A_o}\frac{1}{\eta_{o,t}}+r_w+r_{fi}+\frac{1}{h_i}\right]^{-1} \tag{10-32}$$

式中，h_i、h_o 分别为管子内、外侧的表面传热系数；r_{fi}、r_{fo} 分别为管子内、外侧的污垢热阻；r_w 为管壁的导热热阻；A_i、A_o 分别为管子的内、外表面积；$\eta_{o,t}$ 为肋壁效率，如果外壁面没有肋化，则 $\eta_{o,t}=1$。

10.4 换热器性能评价简述

换热器的类别和形式有很多，在选型和设计时，一般应考虑下列几项基本的要求：①满足生产过程的传热要求（传热量、温度等）；②强度可靠；③便于制造、安装和检修；④经济合理。这些要求常常是相互制约的。例如，对于腐蚀性介质，要求采用昂贵的耐腐蚀材料，从而影响造价。紧凑式换热器虽然传热性能优异，但设备投资较大，或检修不方便。为了给换热器的选型和设计提供依据，就需要对换热器的性能进行定量的评价。

换热器性能评价涉及热力学性能（不可逆损失）、传热性能、阻力性能、机械性能（体积、强度、重量、材质）、可靠性及经济性（投资、运行、维修），故全面评价换热器性能是一项困难的工作。从国内外的大量研究工作看，评价方法根据不同的情况大致有以下类型。

（1）单一性能评价　仅就换热器的各单项性能进行评价，是工程中常用的一种简单易行的方法，例如用传热系数、阻力降、换热器效能、单位传热面积的价格等作为评价比较的指标。这些指标把传热与其他因素分开考虑，虽不全面，但它适宜于对同类型换热器在相同工作条件下进行比较判别。

（2）传热量与功率消耗比的评价　在前述强化传热的诸多措施中，强化传热往往伴随阻力增加，使运行的动力消耗（泵或风机）增加，因而在评价中提出了消耗单位功率所能传递的热量的评价指标。它把传热与阻力损失综合在一个指标中，反映了换热器两项主要性能的综合效果。与此类似的指标还有传热因子与摩擦因子之比 j/f [j 为传热因子，$j=Nu/(Re\cdot Pr^{1/3})$]、传热系数与功率消耗比等。通过实际试验测试或模型计算找出该指标的变化规律，用以评价换热器性能。它适用于评价采用强化传热措施后的换热器，也可用于不同类型换热器之间的比较。

（3）传热面积与其他性能比的评价　除上述传热量与功率消耗比之外，还有以传热面积为基准的一些性能指标。如单位传热面积的换热器体积、金属消耗量、造价、占地面积等。这些性能比指标，在某些情况下，往往成为选型的重要依据，而且这些指标能表达不同

类型换热器的主要优点或缺陷，在前述换热器结构介绍中已经提到了其中的一些。

（4）能量转换和利用性能比的评价　为了从能量转换和利用的角度综合评价一个换热器，目前已提出用熵、可用能等进行评价。如熵产单元数 $\Delta s/C_{max}$（由传热温差和摩擦阻力的不可逆性产生的熵增 Δs），熵产单元数越小，则表明传热过程的不可逆程度越低，即越接近理想情况。又如可用能获得比（冷流体所得到的可用能、换热器净传递的可用能）进行评价。

这些方法适用于对能源转换系统中的各类型换热器在合理利用能源方面的评价。

习　题

10.1　对壳管式换热器来说，两种流体在下列情况下，何种走管内，何种走管外？

①清洁与不清洁的；②腐蚀性大与小的；③温度高与低的；④压力大与小的；⑤流量大与小的；⑥黏度大与小的。

10.2　为强化一台冷油器的传热，有人用提高冷却水流速的办法，但发现效果并不显著。试分析原因。

10.3　热水在两根相同的管内以相同流速流动，管外分别采用空气和水进行冷却。经过一段时间后，两管内产生相同厚度的水垢。试问水垢的产生对采用空冷还是水冷的管道的传热系数影响较大？为什么？

10.4　有一台钢管换热器，热水在管内流动，空气在管束间做多次折流，横向冲刷管束，以冷却管内热水。为提高冷却效果，有人提出采用管外加装肋片并将钢管换成铜管。请你评价这一方案的合理性。

10.5　在冬季晴朗的夜晚，空气温度不需要下降到0℃以下，地面上的薄水层也会结冰。试考察一水层，在天空有效温度为-30℃，且由于刮风所引起的空气对流换热表面传热系数为25W/($m^2\cdot K$)的情况下，求出使水不结冰时空气的最低温度。设水的发射率为1.0，就导热来说，水层与地面是绝热的，且略去水面蒸发的影响。若考虑到蒸发的效应，使水不结冰的空气最低温度是升高还是降低？

10.6　温度为90℃，直径为2mm的电线，被温度为20℃，表面传热系数为25W/($m^2\cdot K$)的空气流所冷却。为增强散热，有人拟将厚为5mm，导热系数为0.17W/($m\cdot K$)的绝缘材料包裹在电线外面，且此时绝缘材料与空气间的表面传热系数为12W/($m^2\cdot K$)。不计辐射换热。问：

1）此法能否达到增强散热的目的？

2）若电线内电流保持不变，求电线表面温度。

10.7　在内径为74mm，壁厚为3mm的水蒸气管道外包裹一层厚为40mm，导热系数 $\{\lambda\}_{W/(m\cdot K)}=0.065+0.000105\{t\}_{℃}$ 的保温层。管内水蒸气饱和温度为150℃，其凝结换热表面传热系数为11600W/($m^2\cdot K$)，保温层外环境温度为20℃，复合换热的表面传热系数为7.6W/($m^2\cdot K$)。管道壁材料的导热系数为53.7W/($m\cdot K$)。试确定每米长管道的热损失及保温层外表面温度。

10.8　一贮存冰水混合物的薄壁容器置于相对湿度为60%且室温为20℃的房间内，室内空气与容器外壁间的表面传热系数为8W/($m^2\cdot K$)。自冰水混合物到室内空气的总传热系数为2W/($m^2\cdot K$)。试由此确定容器外表面是否会结露？不计辐射换热。

10.9　饱和温度为140℃的蒸汽，流过一内径为60mm，壁厚为3mm的蒸汽管道，管壁材料导热系数为50W/($m\cdot K$)。管外依次覆盖有厚为10mm，导热系数为0.11W/($m\cdot K$)的石棉保温层和厚为15mm，导热系数为0.03W/（$m\cdot K$）的玻璃纤维保温层。已知管内蒸汽侧的表面传热系数为8600W/($m^2\cdot K$)，周围空气温度为20℃。无任何保温层时空气侧的表面传热系数为15W/($m^2\cdot K$)，有保温层时空气侧的表面传热系数为7W/($m^2\cdot K$)。若不计辐射换热，试确定保温效率及保温层外表面温度。

10.10　有一台壳管式换热器，热水在壳侧、单程，进口温度为93.3℃，质量流量为18.9kg/s。冷却水在内径为19mm的管内以37.8kg/s的总质量流量流过，管内平均流速为1.2m/s，进、出口温度分别为37.8℃和54.4℃。由于工艺要求，换热器总管长不能超过2.44m。按管子内表面总面积计算的总传热系数为 1420W/(m^2·K)。试确定该换热器的流程数、每流程管子根数及管子长度。

10.11 热机油以进、出口温度分别为 160℃和 94℃流经一壳管式换热器的壳侧，并用于将质量流量为 10000kg/h 的水由 16℃加热到 84℃。油侧平均表面传热系数为 400W/(m^2·K)。水在 11 根内径为 22.9mm、外径为 25.4mm 的黄铜管内流过，每根管在壳内构成四个流程。假定管内水流已充分发展，求该换热器的管长。

10.12 有一台空气加热器，饱和压力为 1.98×10^{5}Pa 的水蒸气在管内凝结以加热管外的空气。空气在管外横掠叉排管束，进口温度为 20℃，出口温度为 80℃，表面传热系数为 85W/(m^2·K)。管束外壁面平均温度为 110℃。管子采用外径为 50mm、壁厚为 2mm、导热系数为 130W/(m·K) 的黄铜管。设管内外均未积垢。试计算：

1）以管束外表面面积为基准的传热系数。

2）管内蒸汽凝结的表面传热系数。

10.13 压力为 3×10^{5}Pa，温度为 100℃的空气以 7700kg/h 的质量流量在 1-2 型壳管式换热器的壳侧流动，冷却水以 7500kg/h 的质量流量流经管内，且进口温度为 15℃。已知该换热器的传热系数和面积分别为 155.8W/(m^2·K) 和 20.3m^2。试确定该换热器的传热量和空气出口温度。

10.14 现欲将质量流量为 230kg/h，初温为 35℃的水加热到 93℃，准备使用质量流量为 230kg/h，初温为 175℃，比热容为 2100J/(kg·K) 的油。现有两台套管式换热器可供选择：换热器 A 的传热系数为 570W/(m^2·K)，面积为 0.47m^2；换热器 B 的传热系数为 370W/(m^2·K)，面积为 0.94m^2。试问应选择哪台换热器？流体布置方式是顺流还是逆流？

10.15 用质量流量为 47.5×10^{3}kg/h，进口温度为 33℃的冷却水冷却 1-2 型壳管式冷油器中的透平油。油的进口温度和体积流量分别为 58.7℃和 39m^3/h，且油的密度和比热容分别为 879kg/m^3 和 1950J/(kg·K)。已知该冷油器的传热面积和传热系数分别为 36.1m^{2}和 405W/(m^2·K)。试确定油和水的出口温度和总传热量。

10.16 某厂有一台逆流套管式换热器，用比热容为 2000J/(kg·K)、进口温度为 150℃的油将质量流量为 4500kg/h 的水从 35℃加热到 80℃，油的出口温度为 85℃。该换热器传热系数为 850W/(m^2·K)。由于工艺需要，工厂另一处需建造一类似的实验台。此时有工程师提出另一种方案：用两个尺寸相同的小逆流换热器替代大换热器，冷却水在两小换热器中串联，油侧在两换热器中并联。设两个小换热器的传热系数同大换热器一样，且分配到两个小换热器中的油质量流量相等。设冷、热介质在流经换热器时的进出口温度不变。如果小换热器单位面积的造价比大换热器高 20%，试问应选择大换热器还是两台小换热器更经济一些？

10.17 质量流量为 0.1kg/s，c_p=2.1kJ/(kg·K)，t_1'=350℃的油把相同质量流量的水从 100℃加热到 200℃（高压液态水），今有两个套管换热器，①K=500W/(m^2·K)，A=0.8m^2；②K=400W/(m^2·K)，A=1.2m^2，问选哪一个并应用何种流动方式才能满足加热要求？

10.18 冷却器内工作液从 77℃冷却到 47℃，工作液质量流量为 1kg/s，比热容 c=1758J/(kg·K)，冷却水进口为 13℃，质量流量为 0.63kg/s，求解在传热系数 K=310W/(m^2·K) 不变的条件下采用下列不同流动方式时所需传热面积（采用 ε-NTU 法或 LMTD 法计算均可）：①逆流；②一壳程两管程；③交叉流（壳侧混合，管侧为冷却水）。

10.19 有一台套管式换热器，在下列条件下运行，传热系数保持不变：冷流体质量流量 0.125kg/s，定压比热容为 4200J/(kg·K)，进口温度 40℃，出口温度 95℃。热流体质量流量为 0.125kg/s，定压比热容为 2100J/(kg·K)，进口温度 210℃。试求：①最大可能传热量；②效能；③顺流和逆流这两种方式下传热面积之比为多少？

10.20 热烟气流经一台肋管式叉流换热器肋片侧，温度从 300℃下降到 100℃，质量流量为 1kg/s 的水流经管内，从 35℃上升到 125℃。烟气比热容为 1kJ/(kg·K)，以肋壁为基准的传热系数为 100W/(m^2·K)，试用 ε-NTU 法确定该换热器的肋壁表面积。

第 11 章

泡沫金属强化传热

本章在前面章节的学习基础上，针对泡沫金属强化传热这一特定的强化传热方式进行展开介绍。本章主要介绍泡沫金属的概念、结构特点、加工方法、应用、传热特性及其强化传热的原因，以及其在工业实际中应用的经济效益等。本章主要目的是拓展所学知识，为后续专业性的研究提供启示作用。

11.1 引言

11.1.1 换热器在国民生产中的应用

通过前面传热学的学习，我们认识到换热器是国民生产中的重要设备，其广泛存在于电厂、航空、航天、石油化工、制冷以及电子器件等领域，如图 11-1 所示。

在航空及航天工业中，发动机及辅助动力装置在运行时散出的热量必须及时传出。在亚声速飞行时，航空发动机及辅助动力装置通常用空气或燃料油进行冷却。在超声速飞行时，进入飞行器的空气由于气动力加热，不能再用作冷却剂，此外飞行器本身的机舱、仪器设备和结构部件也需要冷却，所以冷却只能依靠飞行前储存好的冷却剂进行。作为冷却剂的燃料油、制冷液或水等都是通过换热器吸收各种系统的热量，因而现代飞行器均带有存在各种传热过程的换热器，如保证发动机和辅助动力装置正常运转的冷却装置、机舱冷却装置、仪表冷却装置等。在其他工业中也不难列举出一系列与加热、冷却、蒸馏、供暖等传热过程有关的换热器。

换热器在上述各工业中，不仅是保证工程设备正常运转的不可缺少的部件，而且在金属消耗、动力消耗和投资方面，占有重要份额。据统计，在热电厂中，如果将锅炉也作为换热设备，则换热器的投资约占整个电厂总投资的 70%。在一般石油化工企业中，换热器的投资要占全部投资的 40%~50%；在现代石油化工企业中占 20%~30%。在制冷机中，蒸发器的质量要占制冷剂总质量的 30%~40%，其动力消耗占总值的 20%~30%。

11.1.2 常见换热器的形式

工业中常见的换热器形式及其紧凑度、温度适用范围和最大压力范围如图 11-2 所示。

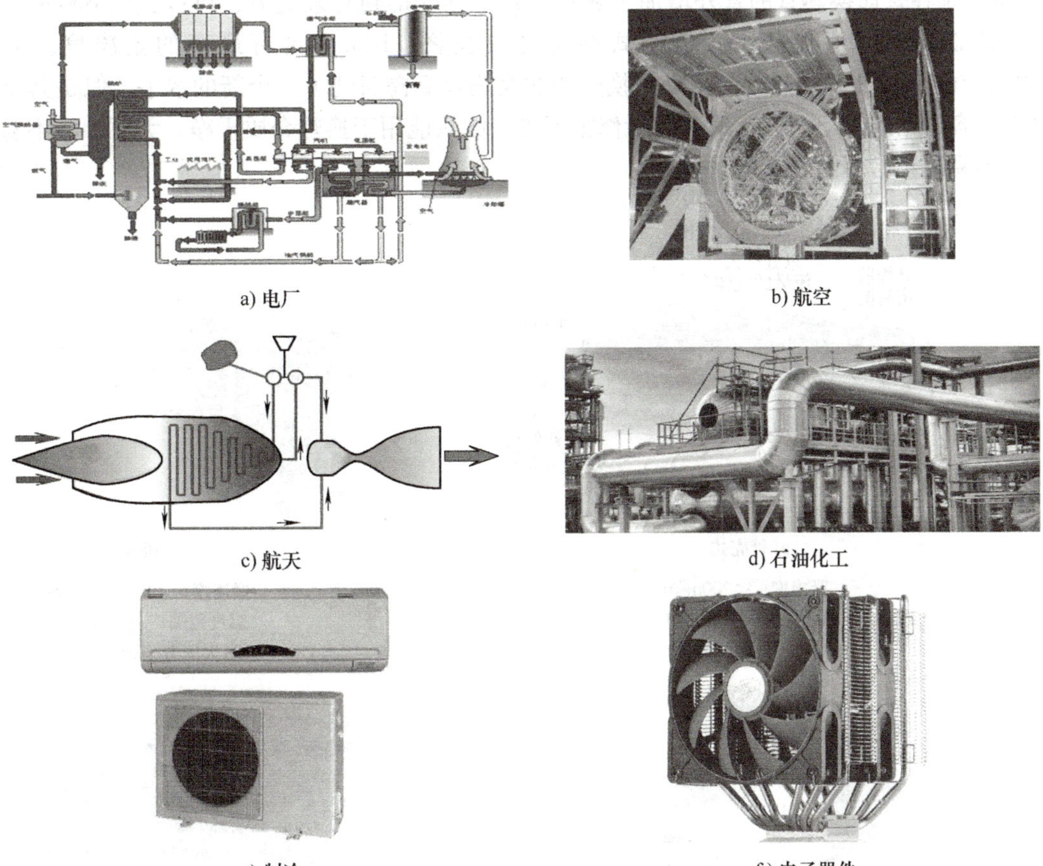

a) 电厂

b) 航空

c) 航天

d) 石油化工

e) 制冷

f) 电子器件

图 11-1 换热器在国民生产中的应用

这里需要指出的是，紧凑度是对流换热面积与总体积的比值，它表示单位体积内的有效换热面积，其单位为 m^2/m^3。工业中，通常将紧凑度大于 $700m^2/m^3$ 的换热器称为紧凑式换热器。

管壳式换热器又称为列管式换热器（见图 11-2a），是以封闭在壳体中管束的壁面作为传热面的间壁式换热器。这种换热器结构较简单，操作可靠，能在高温、高压下使用，是目前应用最广的类型。但是其紧凑度比较低，通常小于 $200m^2/m^3$。板式换热器（见图 11-2b）是由带一定波纹形状的金属板片叠装而成的换热器，构造包括垫片、压紧板和框架，板片之间由密封垫片进行密封并导流，分隔出冷、热两个流体通道，冷、热换热介质分别在各自通道流过，与相隔的板片进行热量交换，以达到用户所需温度。板式换热器相比于管壳式换热器紧凑度稍有提高，但是其温度适用范围和承压范围相比于管式换热器大幅降低。板壳式换热器（见图 11-2c）是介于管壳式换热器和板式换热器之间的一种结构形式，它兼顾了二者的优点。它是以板管作为传热元件的换热器，主要由板管束和壳体两部分组成。扁平流道中流体高速流动，且板面平滑，不易结垢，板束可拆出，清洗也方便。但这种换热器制造工艺较管壳式换热器复杂，焊接量大且要求高，因而它的推广应用受到一定限制。板壳式换热器主要用于要求传热效能好而停留时间短的食品、医药等加工工业。管翅式换热器（见图

11-2d）是在普通换热管的管外增加了翅片，其紧凑度得到有效提升，可以达到600m²/m³。但是其最大承压值比较低。板翅式换热器（见图11-2e）具有最高的紧凑度，可达1500m²/m³，板翅式换热器的出现把换热器的换热效率提高到了一个新的水平。但是其结构复杂，容易堵塞，不耐蚀，清洗和检修很困难，故只能用于换热介质干净、无腐蚀、不易结垢、不易沉积、不易堵塞的场合。

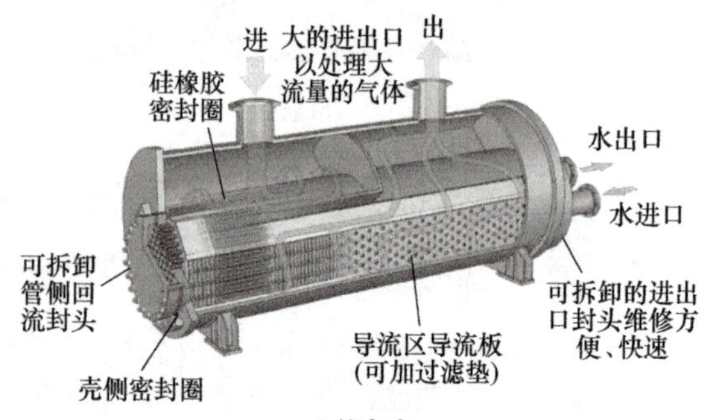

a) 管壳式

紧凑度：<200m²/m³
温度范围：-100～1100℃
最大压力：400bar

b) 板式

紧凑度：200～300m²/m³
温度范围：-50～350℃
最大压力：20～60bar

c) 板壳式

紧凑度：200～300m²/m³
温度范围：≤350℃
最大压力：70bar

d) 管翅式

紧凑度：300～600m²/m³
温度范围：≤600℃
最大压力：28bar

e) 板翅式

紧凑度：800～1500m²/m³
温度范围：≤650℃
最大压力：90bar

图11-2　常见的换热器形式

注：1bar = 10^5Pa。

11.1.3　强化传热的手段

换热器的合理设计、运转和改进对于节省资金、材料、能源和空间而言是十分重要的。提高换热器的换热效率，可以节约能源，有效减小换热设备的占地面积。因此，强化传热的概念应运而生。由传热速率方程［式（11-1）］可知，增加总的传热量的方法主要有三种，即增大平均传热温差、增大换热面积和提高传热系数。

$$Q = KA\Delta T \tag{11-1}$$

式中，K 为传热系数［$W/(m^2 \cdot K)$］；A 为换热面积（m^2）；ΔT 为冷、热流体的平均传热温差（K）。

在实际工程中，通常采用逆流或者接近于逆流的布置来增大冷热流体的平均传热温差。但是，冷、热流体的种类及温度常受生产要求及经济性等限制，不能随意变动。在核能工程的反应堆冷却系统以及其他一些工程设备中，有时换热器中的平均传热温差更是给定的。也就是说，通过增大平均传热温差以强化传热的途径只能在有限范围内采用；通过增加换热面积以强化传热是增加换热量的一种有效途径。采用小直径管子和扩展表面换热面均可增大换热面积。在换热器中采用各种肋片管、螺纹管等扩展表面换热面，是提高单位体积内换热面积的有效方法。采用扩展表面换热面后，若几何参数选择合适，能同时提高换热器中的传热系数，但也会带来流动阻力增大等问题。所以，在选用或开发扩展表面换热面时应综合考虑其优缺点。提高换热器的传热系数以增加换热量，是强化传热的重要途径，也是当前研究强化传热的重点；提高传热系数主要应提高管子两侧的表面传热系数，特别是应提高管子两侧中换热较差一侧的表面传热系数，以取得较好的强化传热效果。

通过前文不同换热器形式的对比，不难发现管式换热器的结构最为简单，相比于其他形式的换热器，其温度适用范围和最大承压范围都最广，但是其紧凑度比较低。近些年，随着加工制造技术的改进，一种新的强化换热材料——泡沫金属涌现出来。学者们指出，将泡沫金属填充于换热管的管内或者包覆于换热管的管外，可以有效提升管壳式换热器的紧凑度，增大换热器的换热面积，同时可以提高传热系数，进而有望设计研发出新型轻质、耐高温、高效、紧凑式换热器。接下来，我们就一起来认识一下泡沫金属，了解它的分类、加工方法、结构特点和传热特性等。

11.2　泡沫金属的概念和结构特点

我们知道面包可以由面粉发酵而得到疏松多孔的组织，金属也可以通过类似的方法膨胀。1948 年，B. Sosnik 利用汞在熔融铝中汽化得到了泡沫铝，从而打破了金属只有致密结构的传统概念。1956 年，人们成功开发了熔体发泡法制备泡沫铝的技术。从此，世界各国竞相投入到泡沫金属的研究与开发中。

泡沫金属的宏观和微观结构如图 11-3 所示。泡沫金属属于多孔介质的一个分支，它是由金属骨架以及金属骨架和流体间的缝隙构成的复杂组合体，其内部包含大量随机的或者有方向性的孔洞。根据其孔洞的连通性，泡沫金属可分为闭孔和开孔两大类，前者含有大量独立存在的孔洞，后者含有连续畅通的三维多孔结构。泡沫金属的两个特征参数为孔隙率和孔密度。孔隙率是孔隙体积与总体积的比值，通常开孔泡沫金属的孔隙率高于 80%，最高可达 98%。孔密度是每英寸上孔的个数（PPI），常见的孔密度从 5PPI 到 100PPI 不等。

a) 宏观结构

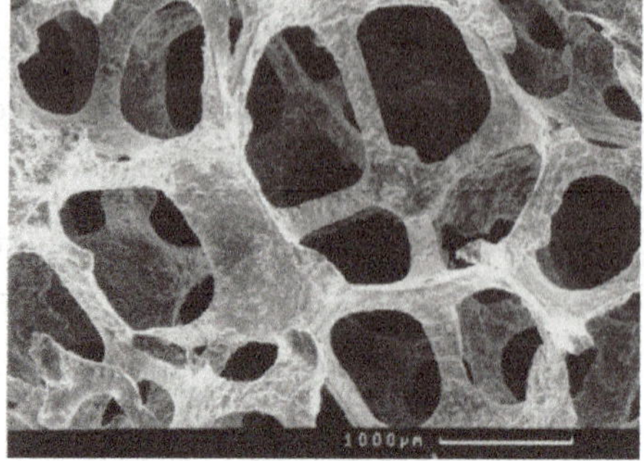

b) 微观结构

图 11-3　泡沫金属的结构

目前市面上常见的泡沫金属有泡沫铝、泡沫镍、泡沫铜以及泡沫铁合金等。

11.3　泡沫金属的加工方法和应用

随着研究的深入，国内外泡沫金属制备工艺方面的研究已日趋成熟，对泡沫金属的制备方法也日益发展，新的制备方法不断出现，发展至数十种，所得产品也从原来百分之十几的低孔隙率到现在可达 98% 以上的高孔隙率。根据加工工艺的不同，可将金属泡沫的制备方法分为四大类，即铸造法、发泡法、沉积法和烧结法，如图 11-4 所示。

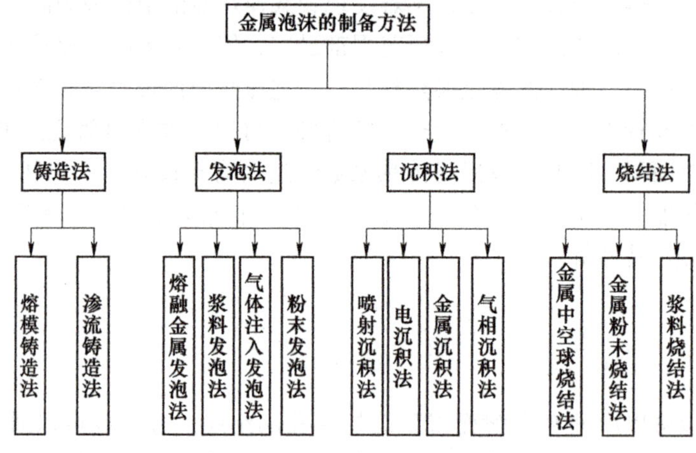

图 11-4　泡沫金属的制备方法

其中，渗流铸造法的制备原理是迫使金属熔液渗入装有耐高温且可去除颗粒的铸模中，经后续去除颗粒工序而获得多孔泡沫金属，如图 11-5 所示。渗流铸造法的优点是通过调整填料颗粒的尺寸可以准确控制孔隙尺寸分布，但所制造的泡沫金属孔隙率较低。气体注入发泡法是目前生产多孔泡沫金属最廉价的方法，其原理如图 11-6 所示，通过吹气装置将气体由熔体金属底部吹入，产生的气泡上浮并聚集形成泡沫，经传送带运输液态金属泡沫并使其冷却成为泡沫产品。发泡用的气体可以是氧气、氩气、空气、水蒸气、二氧化碳等。此方法的关键技术是使得熔体金属具有合适的黏度，一般采取添加钙和碳化硅粉增黏剂等措施来增加金属熔体的黏度，金属的成分应保证足够宽的发泡温度区间，使所形成的泡沫孔具有足够的均匀性和稳定性，以保证泡沫在随后的收集与成型的过程中不破碎。此法存在着孔洞的大小及其在金属基体中的分布难以控制等问题，其最大的优点是造价低且易于工业化大批量生产。

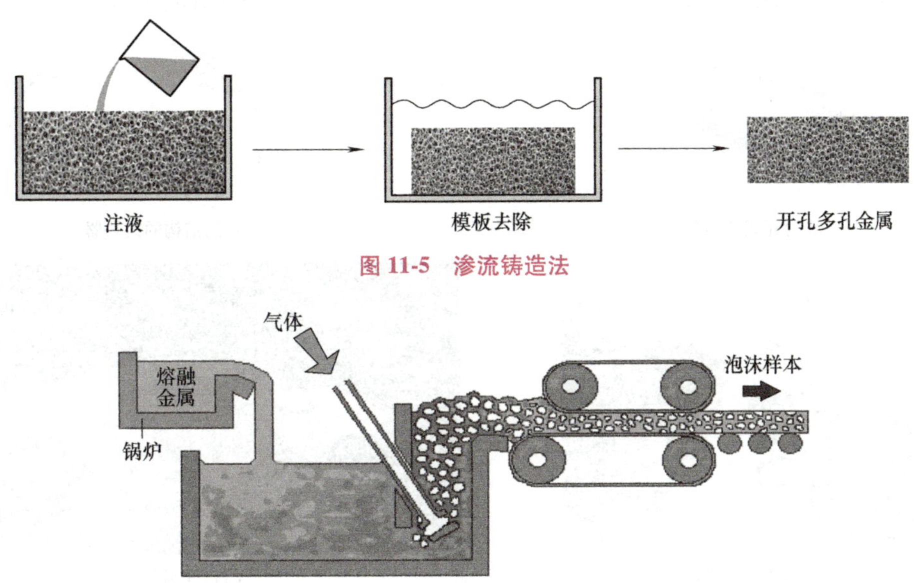

图 11-5　渗流铸造法

图 11-6　气体发泡法

在过去，国内外对于泡沫金属的研究主要侧重于制造方法的研究，泡沫金属的应用往往仅停留在作为结构材料方面，它常常作为结构材料用于汽车工业、航空航天工业、建筑工业和造船工业等领域。随着科学技术的发展以及学科交叉的深入，广大科技工作者逐渐认识到泡沫金属更重要的是它的独特的结构与性能使它在热交换、过滤器、催化剂、轻质材料、可塑能量吸收材料方面具有更广泛的应用前景。

图 11-7a～d 展示的是泡沫金属在换热器领域的应用，它通常用来与传统换热器结合在一起来制造新型的高效紧凑式换热器。这有赖于泡沫金属的密度小、比表面积大、导热系数高等可以强化传热的优点；由于金属泡沫还具有减振消声的作用，可以用来制造阻抗消声器和汽车减振器等，如图 11-7e、f 所示；泡沫金属的多孔吸附作用可以用来制造油气分离器和二氧化碳净化器等，如图 11-7g、h 所示；此外，泡沫金属还具有能量吸收的作用，可用来制作电磁屏蔽材料；它还具有导电和自支撑能力，可用来制造多孔电极。它的多孔吸附和比表面积大的特点使其在催化领域也具有较大的应用潜力。

轻质不锈钢泡沫金属复合材料具备比现有装甲材料更好的防护能力，且能够显著降低车体质量，提高续驶里程。目前，许多军用车辆的装甲都使用轧制钢，但它的质量是泡沫金属复合材料的 3 倍。然而，轻质不锈钢泡沫金属复合材料的测试结果显示，在不牺牲安全性能的前提下，用泡沫金属代替轧制钢不仅能更好地阻挡破片冲击，而且还能吸收造成人员创伤的爆炸冲击波。

a) 平板式换热器

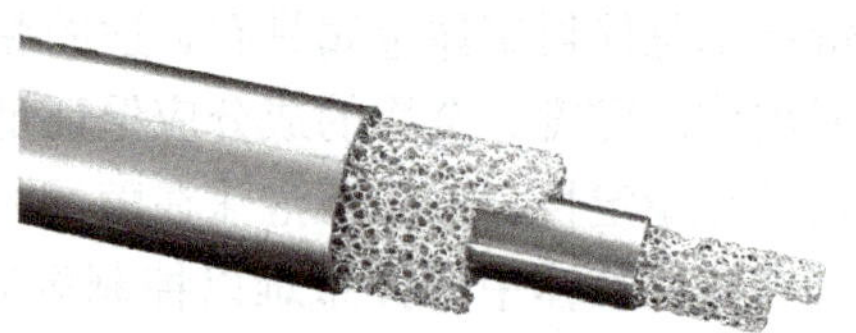

b) 套管式换热器

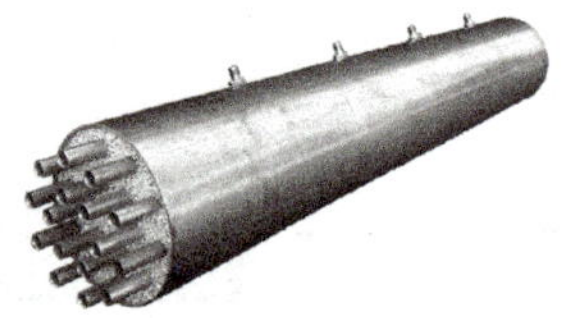
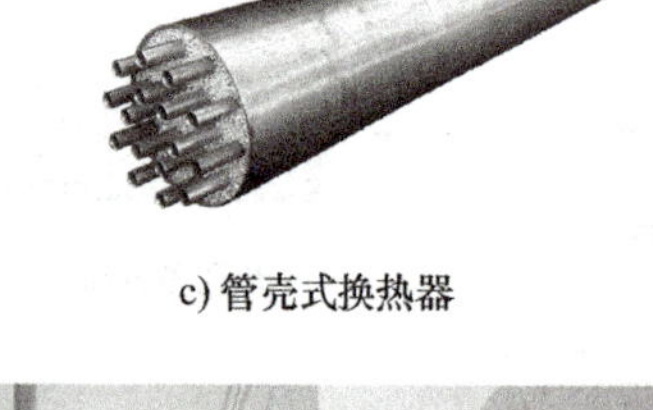

c) 管壳式换热器

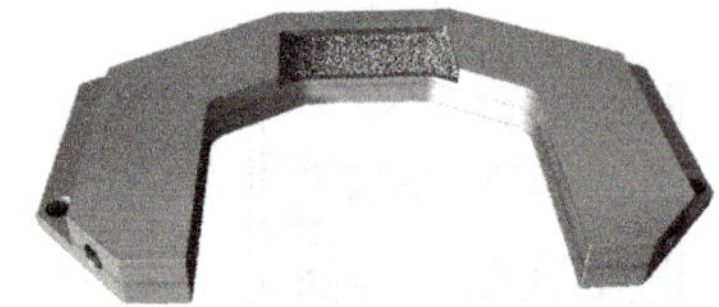

d) 定制结构的换热器

e) 阻抗消声器

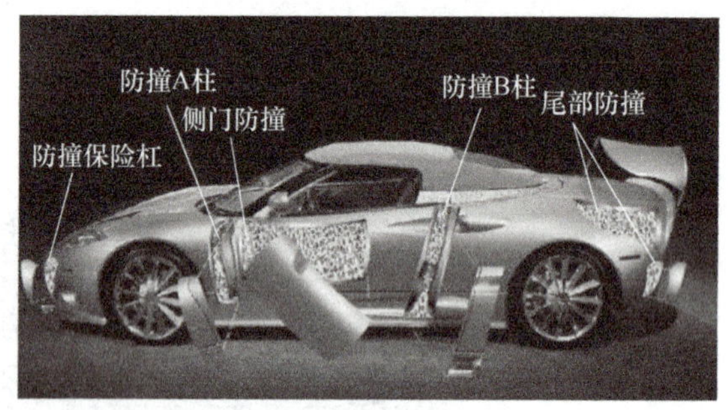

f) 汽车减振器

g) 油气分离器

h) 二氧化碳净化器

图 11-7　泡沫金属的应用

11.4　泡沫金属的传热特性及其强化传热的原因

11.4.1　泡沫金属孔胞结构模型

泡沫金属的实际结构非常复杂，理论研究通常需要对金属泡沫的真实结构进行简化，建立孔胞结构理想化模型，从而可以从理论上提出一个量纲参数或者数学表达式，进而借助这个参数或者表达式来描述金属泡沫内的流动和传热现象。

图 11-8 列出了常见的几种金属泡沫的理想化结构模型。图 11-8a 是二维六面体模型，图 11-8b 是三维六面体模型，该模型是以立方体为单胞的周期性结构，泡沫金属的骨架由上下、前后、左右三个方向的等直径的实心圆柱组成。其中，d 为骨架直径；h 为表面传热系数；q 为热流密度；d_p 为孔胞直径。该结构简单实用，可适用的孔隙率范围也比较大，是目前认可度比较高的金属泡沫孔胞结构简化模型。图 11-8c 为三维十二面体模型，该模型的每

个面由正五边形构成，共有30条等长的边，这些边用来代表泡沫金属的骨架。图11-8d为三维十四面体模型。图11-8e为“W-P”模型。

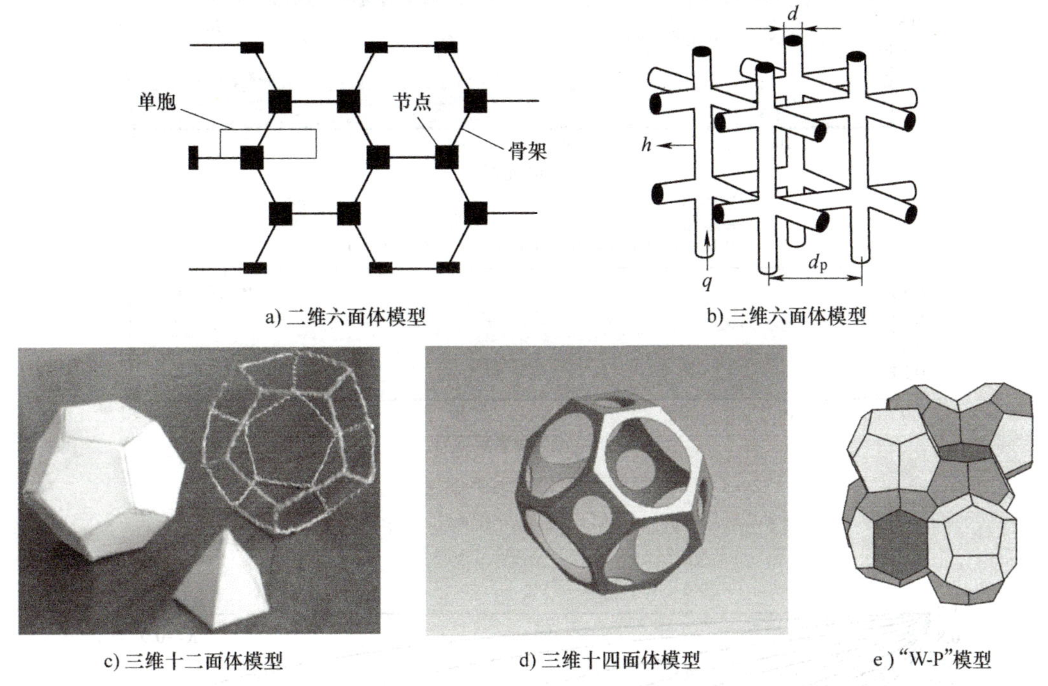

a) 二维六面体模型　b) 三维六面体模型

c) 三维十二面体模型　d) 三维十四面体模型　e)“W-P”模型

图11-8 常见的几种金属泡沫的理想化结构模型

11.4.2 泡沫金属管与光管传热性能的对比

泡沫金属用来强化传热时通常是填充于换热管的管内或者包覆于换热管的管外。这里以管内填充泡沫金属的情况为例，考察泡沫金属管与普通的光管内的换热情况的不同。图11-9和图11-10给出了光管和泡沫金属填充管内的速度场和温度场分布（无量纲的数值模拟结果）[⊖]。这里显示是管子的一半，也就是矩形的最下方代表管中心的位置，最上方代表管壁处。由图11-9可以直观地看出，光管内的速度场分布不均匀，管壁处速度最低，管中心的速度最大，从管壁到管中心速度有个逐渐增大的过程。这与流体力学中光管内层流流动时，管内速度是呈抛物线分布的规律是吻合的。对于金属泡沫填充管来说，它的管内在整个截面上速度场分布都比较均匀，只是管壁处的速度较低。

图11-10对比了光管和泡沫金属填充管的温度场分布。图11-10的横坐标为无量纲轴向距离，纵坐标为无量纲纵向距离，图中等温线上的数字为无量纲温度值。在图11-10所示的工况下，光管内温度充分发展长度为67.5，而泡沫金属填充管的温度发展长度为6.2，温度发展长度减小91%。管内温度发展长度大幅变短，说明金属泡沫填充管内的换热得到有效增强。

图11-11为采用高温烧结法制造的泡沫金属填充管，其孔密度分别为10PPI、30PPI和

⊖ 王会，郭烈锦，部分填充多孔介质强化换热的数值研究，中国工程热物理年会传热传质会议论文集，2014，10.31—11.2，中国，西安。

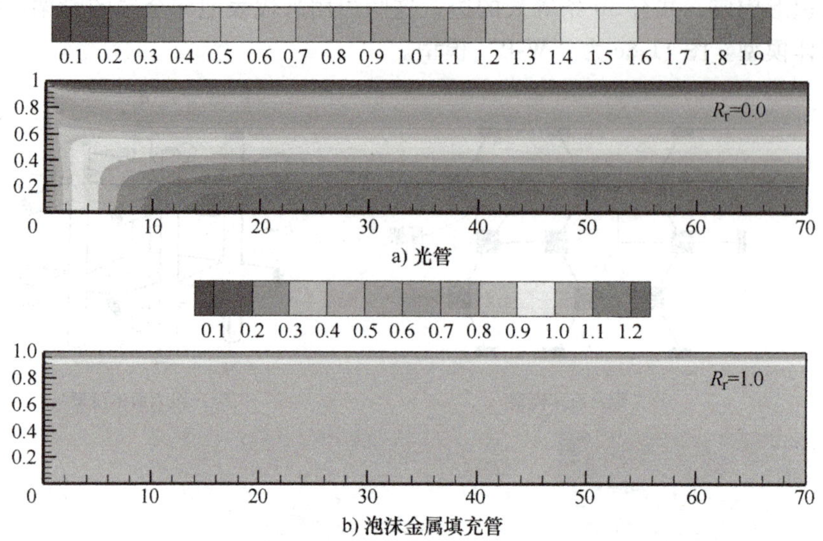

图 11-9　光管和泡沫金属填充管内的速度场分布

注：R_r 为无量纲半径，是指填充泡沫金属区域的半径与圆管半径的比值。

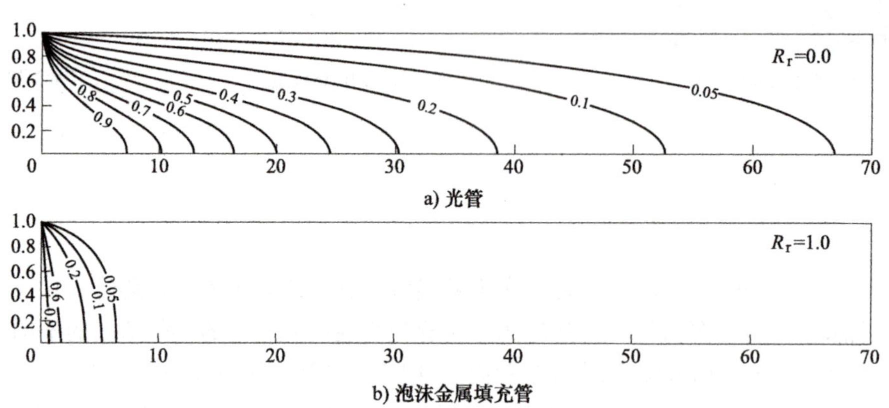

图 11-10　光管和泡沫金属填充管内的温度场分布

70PPI。在对流传热边界条件下，三种泡沫金属填充管的换热性能与光管内的温度场分布如图 11-12 所示[⊖]。由图可见，泡沫金属管的壁面努塞特数明显高于光管的壁面努塞特数，而且随着孔密度的增加，泡沫金属管的壁面努塞特数呈现增大的趋势。

11.4.3　泡沫金属强化传热的原因

泡沫金属能够强化传热主要是由于三个因素：①金属骨架具有较高的导热系数；②泡沫金属的存在增大了流体与固体之间的接触面积；③复杂的流体通道增加了流体的掺混程度。

泡沫金属内任意截面都是由一部分孔隙和另一部分金属构成的，因此它的导热系数也应是由两部分复合构成的。泡沫金属的导热系数称为有效导热系数（k_{eff}）。有效导热系数的测

⊖ Wang H，Guo L. Experimental investigation on pressure drop and heat transfer in metal foam filled tubes under convective boundary condition. Chemical Engineering Science，2016，155：438-448.

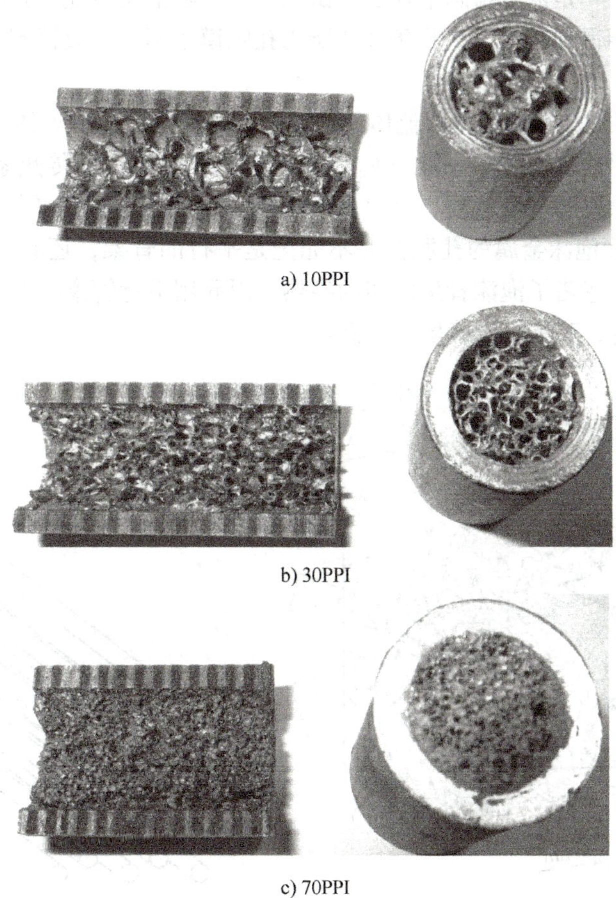

图 11-11　高温烧结法制造的泡沫金属填充管

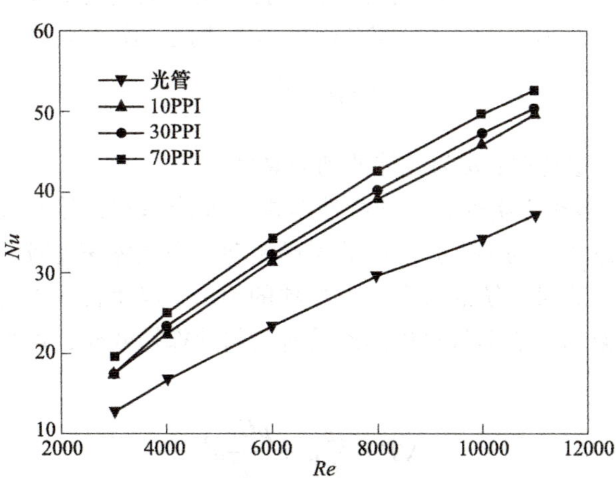

图 11-12　三种泡沫金属填充管与光管内的温度场分布

定主要有两种方法，一是依靠稳态平板法做试验，二是在前文所述的孔胞结构简化模型的基础上，通过理论推导得到。由于试验条件和所用孔胞模型不一，故得到的有效导热系数的经验计算式也不相同。

图 11-13 展示了泡沫金属的内部流体与骨架之间的换热情况，流体与骨架之间的对流换热强弱通常采用相界面表面传热系数（h_{sf}）来表征。相界面表面传热系数在衡量泡沫金属强化传热时是非常重要的一个参数。目前，采用较多的是流体横掠平行管束的 Zukauskas 模型（图 11-14）。然而泡沫金属的孔胞内并不完全是平行的骨架，还有其他方向的骨架互相连接，平行管束模型忽略了泡沫骨架之间的导热，因此用平行管束模型预测泡沫金属内的相界面表面传热系数时，其预测准确度并不高。

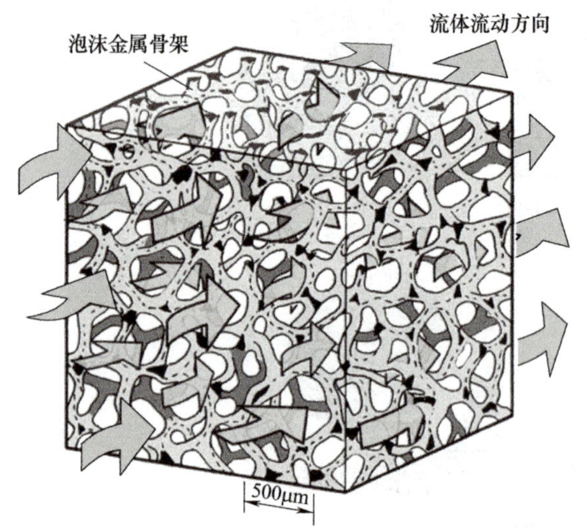

图 11-13　泡沫金属内部流体与骨架之间的换热示意图

图 11-14　平行管束模型

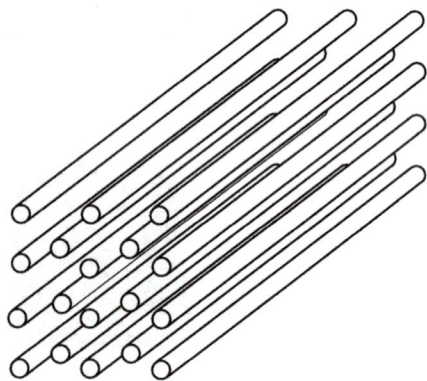

针对第三个方面，研究表明泡沫金属属于多孔介质，其内的流动特性符合多孔介质渗流的理论，即在低速时符合 Darcy 定律，流动阻力与流速成一次函数关系，其方程为

$$\nabla P = \frac{\mu}{K}u \tag{11-2}$$

式中，K 为多孔介质的渗透率；μ 为流体的动力黏度。

Darcy 定律为研究多孔介质内的流动特性提供了理论基础，然而 Darcy 定律只适用于流速非常小的流体在低渗透率的多孔介质内的缓慢流动。当流体速度较高时，高速流动所引起的惯性效应不可忽略，此时传统的只含有一次项的 Darcy 定律就不再适用。在 Darcy 定律基础上，考虑由固体骨架和流道形状对流体流动所引起的拖拽效应，可采用式（11-3）计算流动阻力：

$$\nabla P = \frac{\mu}{K}u + \frac{\rho C_F}{\sqrt{K}}u^2 \tag{11-3}$$

式中，C_F 为惯性阻力系数。

式中的二次项为 Forchheimer 项，它代表了惯性效应。

在流体力学中用雷诺数划分层流和湍流。对于泡沫金属中的流动，可用基于渗透率的雷诺数（Re_K）来表征泡沫金属管内的流动状态。Re_K的定义如式（11-4）所示。与传统的基于水力直径的雷诺数不同，基于渗透率的雷诺数以渗透率的平方根作为特征长度。

$$Re_K = \frac{\rho u\sqrt{K}}{\mu} \tag{11-4}$$

当雷诺数小于Re_K时，黏性力起主要作用，此时称之为 Darcy 流；当雷诺数高于Re_K时，惯性力起主要作用，此时称之为 Darcy-Forchheimer 流。图 11-15 展示了泡沫金属内黏性阻力和惯性阻力之间的关系。

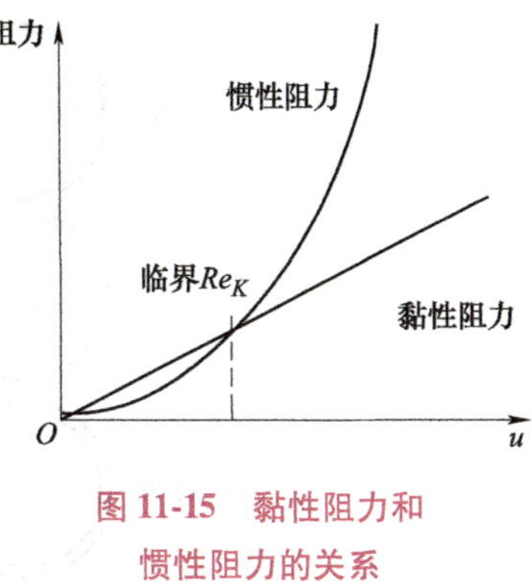

图 11-15 黏性阻力和惯性阻力的关系

11.5 泡沫金属在储能领域的应用

11.5.1 冰蓄冷领域

冰蓄冷技术是一种典型的储能技术。夏季白天电力负荷较高，此时建筑物的空调系统也全面使用，促使电力负荷达到高峰，为了满足这种电力需求高峰，发电站必须增加发电量，然而夜间负荷却急剧下降，这样便形成电力负荷波谷，导致有电送不出，造成发电设备和电力的损耗。这样就会导致电力系统存在较大的峰谷差。冰蓄冷技术可以起到“削峰填谷”的作用，即利用晚上的电力将能量储存起来供白天使用，来平衡白天的用电高峰。冰蓄冷技术可以有效保障电力系统安全稳定运行，节约能源。

冰球式蓄冰系统是将相变材料（通常为水）封装在一个个球体内，载冷剂冲刷一个个蓄冰球进行换热。冰球式蓄冰系统不易发生冰堵现象，然而容易存在载冷剂流经不均匀、传热效率低等问题，导致蓄冰后期传热恶化严重，造成蓄冰设备使用效率低，资源利用不充分等。另外，载冷剂冲刷蓄冰球时，蓄冰球内最靠近壁面处的那部分相变材料最先凝固，但是由于相变材料的导热系数低，蓄冰球中心处的相变材料并不能同时凝固，这样就导致蓄冰球存在较大的热应力，容易损坏。如将泡沫金属填充于蓄冰球内部，由于泡沫金属具有非常好的导热网络，应可以使得蓄冰球壁面处的冷量迅速地传递到蓄冰球中心处，从而加快了蓄冰球的冰蓄冷过程，提高了蓄冷效率。同时，由于蓄冰球内部的水可以快速凝固，从而可以减轻蓄冰球的热应力。图 11-16 对比了普通纯水蓄冰球（情况 1）、添加翅片的蓄冰球（情况 2）、添加泡沫金属的蓄冰球（情况 3）以及同时添加翅片和泡沫金属的蓄冰球（情况 4）的冰凝固过程[⊖]，其中浅色代表未凝固的水，即液体；深色代表已凝固的部分，即固体。它表明添加泡沫金属的蓄冰球相比于普通纯水蓄冰球具有更快的蓄冰效率。

11.5.2 动力电池热管理领域

在基于相变材料的动力电池热管理系统中，泡沫金属也可以起到相同的作用。大容量动力锂离子电池作为电动汽车、燃料电池汽车及混合动力汽车的理想储能装置，目前在世界范

⊖ Lou X, Wang H, Xiang H. Solidification performance enhancement of encapsulated ice storage system by fins and copper foam. International Journal of Refrigeratin, 2022, 134: 293-303.

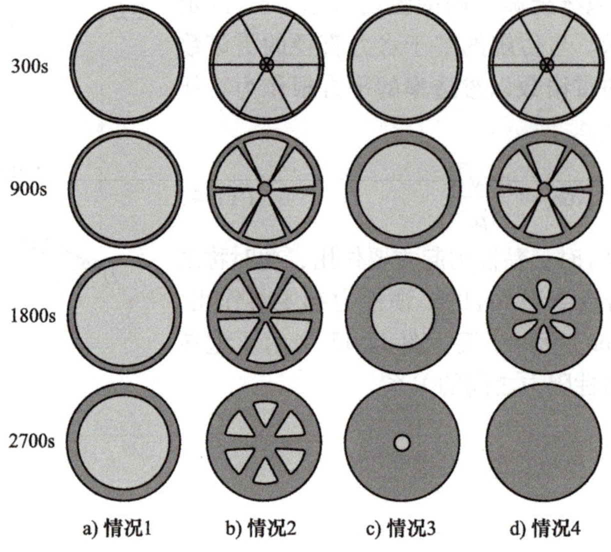

图 11-16　不同蓄冰球的冰凝固过程

围内受到广泛重视。温度条件是影响锂电池性能的重要指标之一。电池充电和放电过程中所引起的温升过高及温度不均衡是导致电池组失效的主要原因。因此，有效的电池热管理系统对于提高电池的安全性能及寿命非常关键。将泡沫金属与相变材料复合在一起，制备泡沫金属基复合相变材料可以有效提升相变材料的融化速率，有效地吸收锂电池充放电过程中放出的热量，从而降低电池模块内部各几何位置间的温度差，保证电池在正常工作温度下工作。而且由于泡沫金属的密度小，添加泡沫金属强化相变材料的储热时，对于电池组整体重量的影响并不明显。图 11-17 为泡沫金属在动力电池热管理系统的应用示意图。

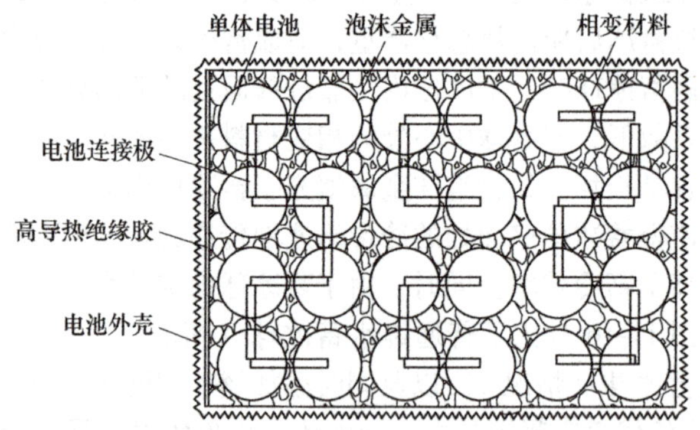

图 11-17　泡沫金属在动力电池热管理系统的应用

11.5.3　太阳能储热领域

泡沫金属在太阳能储热领域也有较大的应用前景。太阳能是一种清洁可再生能源，在所有的可再生能源中，太阳能分布最广，获取最容易。但是太阳能受地理、昼夜和季节等规律性变化的影响以及阴晴云雨等随机因素的制约，能流密度低，通常每平方米不到 1kW，此外，能量随着时间和天气的变化呈现不稳定性和不连续性。为了保证太阳能利用稳定运行，就需要储热装置把太阳能储存起来，在太阳能不足时再释放出来，以满足生产和生活用能连续和稳定供应的需要。有效的储热系统能够提高太阳能热发电技术的热管理水平。泡沫金属在太阳能储热系统的利用主要分为两大方面，一是用来提高太阳能集热器的热效率（见图11-18）；二是用来强化相变储热单元的热性能（见图11-19）。随着生产工艺的进步和科学研究的深入，泡沫金属将会在更多的领域得到应用，此处不再讨论。

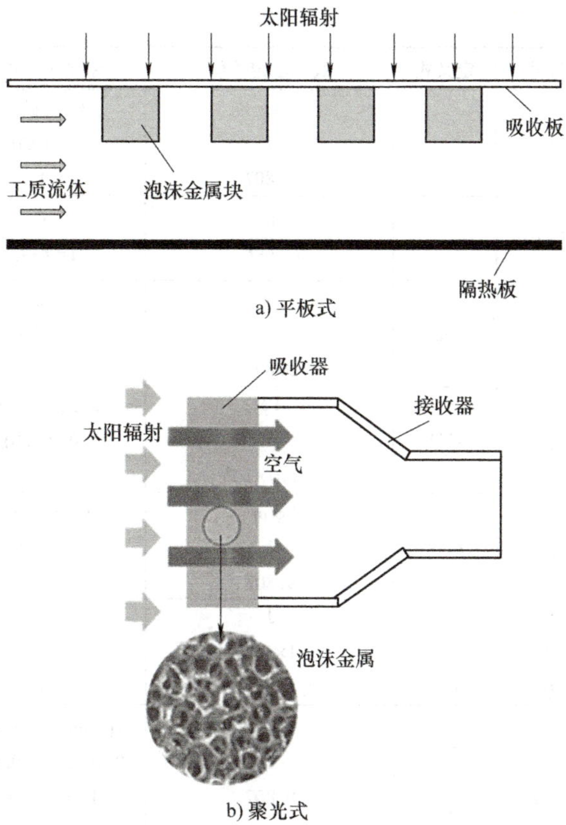

图 11-18　泡沫金属在太阳能集热器中的应用

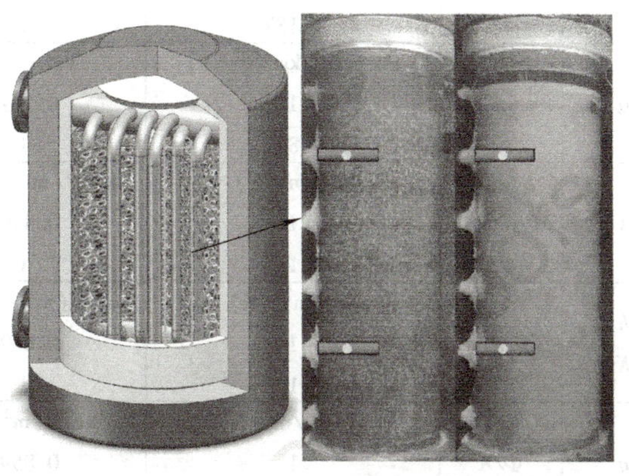

图 11-19　泡沫金属在太阳能储热单元的应用

附　　录

附表 1　常用单位换算表

<table>
<tr><th>序号</th><th>物理量</th><th>符号</th><th>定义式</th><th>我国法定单位</th><th colspan="2">米制工程单位</th><th>备　注</th></tr>
<tr><td>1</td><td>质量</td><td>m</td><td></td><td>kg
1
9.807</td><td colspan="2">$kgf \cdot s^2/m$
0.1020
1</td><td></td></tr>
<tr><td>2</td><td>温度</td><td>T 或 t</td><td></td><td>K
$T=t+T_0$</td><td colspan="2">℃
$t=T-T_0$</td><td>$T_0=273.15K$</td></tr>
<tr><td>3</td><td>力</td><td>F</td><td>ma</td><td>N
1
9.807</td><td colspan="2">kgf
0.1020
1</td><td></td></tr>
<tr><td>4</td><td>压力
（即压强）</td><td>p</td><td>F/A</td><td>Pa
1
9.807×10^4</td><td colspan="2">at 或 kgf/cm^2
1.0197×10^{-5}
1</td><td>1atm = 1.033at
$=1.033\times10^4 kgf/m^2$
$=1.013\times10^5 Pa$</td></tr>
<tr><td>5</td><td>密度</td><td>ρ</td><td>m/V</td><td>kg/m^3
1
9.807</td><td colspan="2">$kgf \cdot s^2/m^4$
0.1020
1</td><td></td></tr>
<tr><td>6</td><td>能量
功量
热量</td><td>W
或
Q</td><td>Fr
或
$\Phi\tau$</td><td>J
1×10^3
4.187×10^3</td><td colspan="2">kcal
0.2388
1</td><td></td></tr>
<tr><td>7</td><td>功率
热流量</td><td>P
或 Φ</td><td>W/τ
或
Q/τ</td><td>W
1
9.807
1.163</td><td>$kgf \cdot m/s$
0.1020
1
0.1186</td><td>kcal/h
0.8958
8.434
1</td><td></td></tr>
<tr><td>8</td><td>比热容</td><td>c</td><td>$Q/m\Delta t$</td><td>$J/(kg \cdot K)$
1
4.187</td><td colspan="2">kcal/(kg · ℃)
0.238
1</td><td></td></tr>
<tr><td>9</td><td>动力黏度</td><td>μ</td><td>$\rho\nu$</td><td>Pa · s 或 kg/(m · s)
1
9.807</td><td colspan="2">$kgf \cdot s/m^2$
0.1020
1</td><td>ν：运动黏度，
单位为 m^2/s</td></tr>
<tr><td>10</td><td>导热系数</td><td>λ</td><td>$\Phi\Delta l/A\Delta t$</td><td>$W/(m \cdot K)$
1
1.163</td><td colspan="2">kcal/(m · h · ℃)
0.8598
1</td><td></td></tr>
<tr><td>11</td><td>表面传热系数
总传热系数</td><td>h
K</td><td>$\Phi/A\Delta t$</td><td>$W/(m^2 \cdot K)$
1
1.163</td><td colspan="2">kcal/(m^2 · h · ℃)
0.8598
1</td><td></td></tr>
<tr><td>12</td><td>热流密度</td><td>q</td><td>Φ/A</td><td>W/m^2
1
1.163</td><td colspan="2">kcal/(m^2 · h)
0.8598
1</td><td></td></tr>
</table>

资料来源：戴锅生，传热学（第二版）。北京：高等教育出版社，1999，第 316~317 页。

附表 2　部分金属材料的密度、比热容和导热系数

材料名称	20℃			导热系数 λ/[W/(m·K)]							
	密度 ρ /(kg/m³)	比热容 c_p /[J/(kg·K)]	热导系数 λ /[W/(m·K)]	温度 t/℃							
				-100	0	100	200	400	600	800	1000
纯铝	2710	902	236	243	236	240	238	228	215		
杜拉铝（96Al-4Cu，微量 Mg）	2790	881	169	124	160	188	188				
铝合金（92Al-8Mg）	2610	904	107	86	102	123	148				
铝合金（87Al-13Si）	2660	871	162	139	158	173	176				
铍	1850	1758	219	382	218	170	145	118			
纯铜	8930	386	398	421	401	393	389	379	366	352	
铝青铜（90Cu-10Al）	8360	420	56		49	57	66				
青铜（89Cu-11Sn）	8800	343	24.8		24	28.4	33.2				
黄铜（70Cu-30Zn）	8440	377	109	90	106	131	143	148			
铜合金（60Cu-40Ni）	8920	410	22.2	19	22.2	23.4					
黄金	19300	127	315	331	318	313	310	300	287		
纯铁	7870	455	81.1	96.7	83.5	72.1	63.5	50.3	39.4	29.6	29.4
工业纯铁	7860	455	73.2	82.9	74.7	67.5	61	49.9	38.6	29.3	29.3
灰铸铁 [ω(C)≈3%]	7570	470	39.2		28.5	32.4	35.3	36.6	20.8	19.2	
碳钢 [ω(C)≈0.5%]	7840	465	49.8		50.5	47.5	44.8	39.4	34	29	
碳钢 [ω(C)≈1.0%]	7790	470	43.2		43	42.8	42.2	40.6	36.7	32.2	
碳钢 [ω(C)≈1.5%]	7750	470	36.7		36.8	36.6	36.2	34.7	31.7	27.8	
铬钢 [ω(Cr)≈5%]	7830	460	36.1		36.3	35.2	34.7	31.4	28	27.2	27.2
铬钢 [ω(Cr)≈13%]	7740	460	26.8		26.5	27	27	27.6	28.4	29	29
铬钢 [ω(Cr)≈17%]	7710	460	22		22	22.6	22.6	23.3	24	24.8	25.5
铬钢 [ω(Cr)≈26%]	7650	460	22.6		22.6	25.5	25.5	28.5	31.8	35.1	38
铬镍钢（18-20Cr/8-12Ni）	7820	460	15.2	12.2	14.7	18	18	20.8	23.5	26.3	
铬镍钢（17-19Cr/9-13Ni）	7830	460	14.7	11.8	14.3	17.5	17.5	20.2	22.8	25.2	28.2
镍钢 [ω(Ni)≈1%]	7900	460	45.5	40.8	45.2	46.1	46.1	41.2	35.7		
镍钢 [ω(Ni)≈3.5%]	7910	460	36.5	20.7	36	39.7	39.7	37.8			
镍钢 [ω(Ni)≈25%]	8030	460	13								
镍钢 [ω(Ni)≈35%]	8110	460	13.8	10.9	13.4	17.1	17.1	20.1	23.1		
镍钢 [ω(Ni)≈44%]	8190	460	15.8		15.7	16.5	16.5	17.1	17.8	18.4	
镍钢 [ω(Ni)≈50%]	8260	460	19.6	17.3	19.4	21	21	21.3	22.5		
锰钢 [ω(Mn)≈12%~13%,ω(Ni)≈3%]	7800	487	13.6			16	16	18.3			
锰钢 [ω(Mn)≈0.4%]	7860	440	51.2			50	50	43.5	35.5	27	
钨钢 [ω(W)≈5%~6%]	8070	436	18.7		18.4	21	21	23.6	24.9	25.3	
铅	11340	128	35.3	37.2	35.5	32.8	32.8				
镁	1730	1020	156	160	157	152	152				
钼	9590	255	138	146	139	131	131	123	116	109	103
镍	8900	444	91.4	144	94	74.2	74.2	64.6	69	73.3	77.6
铂	21450	133	71.4	73.3	71.5	72	72	73.6	76.6	80	84.2
银	10500	234	427	431	428	415	415	399	384		
锡	7310	228	67	75	68.2	60.9	60.9				
钛	4500	520	22	23.3	22.4	19.9	19.9	19.4	19.9		
铀	19070	116	27.4	24.3	27	31.1	31.1	40.6	40.6	45.6	
锌	7140	388	121	123	122	112	112				
锆	6570	276	22.9	26.5	23.2	21.8	21.2	21.4	22.3	24.5	26.4
钨	19350	134	179	204	182	166	153	134	123	119	114

资料来源：戴锅生，传热学（第二版）。北京：高等教育出版社，1999，第 317~318 页。

附表 3　耐火材料、保温材料和其他材料的密度、最高使用温度和导热系数

材料名称	密度 $\rho/(kg/m^3)$	最高使用温度 $t_{max}/℃$	导热系数 $\lambda/[W/(m\cdot K)]$
耐火黏土砖	1800～2000	1350～1450	$0.698+0.000582\ \{t\}_{℃}$
超轻质耐火黏土砖	270～330	1100	$0.058+0.00017\ \{t\}_{℃}$
耐火黏土制品	950	1350	$0.28+0.000233\ \{t\}_{℃}$
膨胀珍珠岩散料	40～160	1000	$0.0652+0.000105\ \{t\}_{℃}$
水玻璃珍珠岩制品	190	600	$0.0658+0.000106\ \{t\}_{℃}$
水泥珍珠岩制品	350～400	600	$0.065+0.000105\ \{t\}_{℃}$
玻璃棉原棉	80～100	300	$0.038+0.00017\ \{t\}_{℃}$
超细玻璃棉	46	450	$0.028+0.000233\ \{t\}_{℃}$
无碱超细玻璃棉毡	≤60	600	$0.033+0.0003\ \{t\}_{℃}$
树脂超细玻璃棉制品	60～80	350	$0.037+0.00023\ \{t\}_{℃}$
矿棉纤维	80～200	600	$0.035+0.00015\ \{t\}_{℃}$
酚醛矿棉制品	80～150	350	$0.047+0.00017\ \{t\}_{℃}$
岩棉管壳	100～200	350	$0.037+0.00021\ \{t\}_{℃}$
微孔硅酸钙制品	200～250	350	$0.052+0.000105\ \{t\}_{℃}$
聚氨酯硬质泡沫塑料	30～50	100	$0.021+0.00014\ \{t\}_{℃}$
聚苯乙烯硬质泡沫塑料	20～50	75	$0.035+0.00014\ \{t\}_{℃}$
煤粉灰泡沫砖	500	300	$0.099+0.0002\ \{t\}_{℃}$
普通红砖	1600～200	600	$0.465+0.000512\ \{t\}_{℃}$
玻璃			0.7～1.05
钢筋混凝土（20℃）	2400	200	1.51
碎石混凝土（20℃）	2200		1.28
黏土砖砌体（20℃）	1700～1800		0.76～0.81
实心砖砌体（20℃）	1300～1400		0.52～0.64
松木（纵纹，21℃）	527		0.35
5 层间隔铝箔层（21℃）			0.042
草绳	230		0.064～0.113
棉花（20℃）	117		0.049
锅炉水垢（65℃）			1.13～3.14
烟灰			0.07～0.116

资料来源：戴锅生，传热学（第二版）。北京：高等教育出版社，1999，第 319 页。

附表 4　部分人体组织的热物理性质

材料	温度 $t/℃$	导热系数 λ $/[W/(m\cdot K)]$	热扩散率 $a\times10^7$ $/(m^2/s)$	热惯性 $\lambda\rho c\times10^{-6}/[W^2\cdot s/(m^4\cdot K^2)]$	备注
皮肤		0.21～0.41	0.82～1.2	1.2～2.2	
肌肉		0.34～0.68	1.2～2.3	0.94～2.0	
脂肪		0.094～0.37	0.32～2.7	0.28～0.51	
骨		0.41～0.63		0.87	
干骨及骨髓		0.22			
脑		0.16～0.57	0.44～1.4		
心		0.48～0.59	1.4～1.5		
肝		0.42～0.57	1.1～2.0	1	
肿瘤（一般范围）	37	0.4～0.6			
血液		0.48～0.6			

（续）

材料	温度 $t/℃$	导热系数 λ /[W/(m·K)]	热扩散率 $a\times10^7$ /(m^2/s)	热惯性 $\lambda\rho c\times10^{-6}$/[$W^2$·s/($m^4$·$K^2$)]	备注
血浆		0.57~0.6			
冻结血液（一般范围）		1~1.6			
冻结组织	-100~-10	1.6~2.7	8.7~23.7		
冻结血浆	-100~-10	2.0~3.2	9.7~26.9		
人体皮肤（活体）		0.442			血流率 12.8×10^{-5}L/(g·min)
人脑（活体）		0.805			血流率 54×10^{-6}L/(g·min)
骨骼肌（活体）		0.642			血流率 2.7×10^{-7}L/(g·min)

资料来源：赵镇南，传热学。北京：高等教育出版社，2002，第499页。表中未注明的温度范围为室温到体温。

附表5 大气压力（$p=1.01325\times10^5$Pa）下干空气的热物理性质

$t/℃$	密度 ρ /(kg/m^3)	比热容 c_p /[kJ/(kg·K)]	导热系数 $\lambda\times10^2$ /[W/(m·K)]	热扩散系数 $a\times10^6$ /(m^2/s)	动力黏度 $\mu\times10^6$ /(Pa·s)	运动黏度 $\upsilon\times10^6$ /(m^2/s)	Pr
-50	1.584	1.013	2.04	12.7	14.6	9.23	0.728
-40	1.515	1.013	2.12	13.8	15.2	10.04	0.728
-30	1.453	1.013	2.2	14.9	15.7	10.8	0.723
-20	1.395	1.009	2.28	16.2	16.2	11.61	0.716
-10	1.342	1.009	2.36	17.4	16.7	12.43	0.712
0	1.293	1.005	2.44	18.8	17.2	13.28	0.707
10	1.247	1.005	2.51	20	17.6	14.16	0.705
20	1.205	1.005	2.59	21.4	18.1	15.06	0.703
30	1.165	1.005	2.67	22.9	18.6	16	0.701
40	1.128	1.005	2.76	24.3	19.1	16.96	0.699
50	1.093	1.005	2.83	25.7	19.6	17.95	0.698
60	1.06	1.005	2.9	27.2	20.1	18.97	0.696
70	1.029	1.009	2.96	28.6	20.6	20.02	0.694
80	1	1.009	3.05	30.2	21.1	21.09	0.692
90	0.972	1.009	3.13	31.9	21.5	22.1	0.69
100	0.946	1.009	3.21	33.6	21.9	23.13	0.688
120	0.898	1.009	3.34	36.8	22.8	25.45	0.686
140	0.854	1.013	3.49	40.3	23.7	27.8	0.684
160	0.815	1.017	3.64	43.9	24.5	30.09	0.682
180	0.779	1.022	3.78	47.5	25.3	32.49	0.681
200	0.746	1.026	3.93	51.4	26	34.85	0.68
250	0.674	1.038	4.27	61	27.4	40.61	0.677
300	0.615	1.047	4.6	71.6	29.7	48.33	0.674
350	0.566	1.059	4.91	81.9	21.4	55.46	0.676
400	0.524	1.068	5.21	93.1	33	63.09	0.678
500	0.456	1.093	5.74	115.3	36.2	79.38	0.687
600	0.404	1.114	6.22	138.3	39.1	96.89	0.699
700	0.362	1.135	9.71	163.4	41.8	115.4	0.706
800	0.329	1.156	7.18	188.8	44.3	134.8	0.713
900	0.301	1.172	7.63	216.2	46.7	155.1	0.717
1000	0.277	1.185	8.07	245.9	49	177.1	0.719
1100	0.257	1.197	8.5	276.2	51.2	199.3	0.722
1200	0.239	1.21	9.15	316.5	53.5	233.7	0.724

附表 6　烟气的热物理性质

（$p=1.013\times10^5$Pa，烟气中各成分的体积比 $r(CO_2)=0.13$，$r(H_2O)=0.11$，$r(N_2)=0.76$）

t /℃	ρ /(kg/m³)	c_p /[kJ/(kg·K)]	$\lambda\times10^2$ /[W/(m·K)]	$a\times10^6$ /(m²/s)	$\mu\times10^6$ /(Pa·s)	$\nu\times10^6$ /(m²/s)	Pr
0	1.295	1.042	2.28	16.9	15.8	12.20	0.72
100	0.950	1.068	3.13	30.8	20.4	21.54	0.69
200	0.748	1.097	4.01	48.9	24.5	32.80	0.67
300	0.617	1.122	4.84	69.9	28.2	45.81	0.65
400	0.525	1.151	5.70	94.3	31.7	60.38	0.64
500	0.457	1.185	6.56	121.1	34.8	76.30	0.63
600	0.405	1.214	7.42	150.9	37.9	93.61	0.62
700	0.363	1.239	8.27	183.8	40.7	112.1	0.61
800	0.330	1.264	9.15	219.7	43.4	131.8	0.60
900	0.301	1.290	10.00	258.0	45.9	152.5	0.59
1000	0.275	1.306	10.90	303.4	48.4	174.3	0.58
1100	0.257	1.323	11.75	345.5	50.7	197.1	0.57
1200	0.240	1.340	12.62	392.4	53.0	221.0	0.56

附表 7　大气压力（$p=1.01325\times10^5$Pa）下过热水蒸气的热物理性质

T /K	ρ /(kg/m³)	c_p /[kJ/(kg·K)]	$\mu\times10^5$ /(Pa·s)	$\nu\times10^5$ /(m²/s)	λ /[W/(m·K)]	$a\times10^5$ /(m²/s)	Pr
380	0.5863	2.060	1.271	2.16	0.0246	2.036	1.060
400	0.5542	2.014	1.344	2.42	0.0261	2.338	1.040
450	0.4902	1.980	1.525	3.11	0.0299	3.07	1.010
500	0.4405	1.985	1.704	3.86	0.0339	3.87	0.996
550	0.4005	1.997	1.884	4.70	0.0379	4.75	0.991
600	0.3852	2.026	2.067	5.66	0.0422	5.73	0.986
650	0.3380	2.056	2.247	6.64	0.0464	6.66	0.995
700	0.3140	2.085	2.426	7.72	0.0505	7.72	1.000
750	0.2931	2.119	2.604	8.88	0.0549	8.33	1.005
800	0.2730	2.152	2.786	10.20	0.0592	10.01	1.010
850	0.2579	2.186	2.969	11.52	0.0637	11.30	1.019

附表 8　饱和水的热物理性质

t /℃	$p\times10^{-5}$ /Pa	ρ /(kg/m³)	h' /(kJ/kg)	c_p /[kJ/(kg·K)]	$\lambda\times10^2$ /[W/(m·K)]	$a\times10^6$ /(m²/s)	$\mu\times10^6$ /(Pa·s)	$\nu\times10^6$ /(m²/s)	$\alpha\times10^4$ /K⁻¹	$\sigma\times10^4$ /(N/m)	Pr
0	0.00611	999.9	0	4.212	55.1	13.1	1788	1.789	-0.81	756.4	13.67
10	0.01227	999.7	42.04	4.191	57.4	13.7	1306	1.306	0.87	741.6	9.52
20	0.02338	998.2	83.91	4.183	59.9	14.3	1004	1.006	2.09	726.9	7.02
30	0.04241	995.7	125.7	4.174	61.8	14.9	801.5	0.805	3.05	712.2	5.42
40	0.07375	992.2	167.5	4.174	63.5	15.3	653.3	0.659	3.86	696.5	4.31
50	0.12335	988.1	209.3	4.174	64.8	15.7	549.4	0.556	4.57	676.9	3.54
60	0.19920	983.1	251.1	4.179	65.9	16.0	469.9	0.478	5.22	662.2	2.99
70	0.3116	977.8	293.0	4.187	66.8	16.3	406.1	0.415	5.83	643.5	2.55
80	0.4736	971.8	355.0	4.195	67.4	16.6	355.1	0.365	6.40	625.9	2.21
90	0.7011	965.3	377.0	4.208	68.0	16.8	314.9	0.326	6.96	607.2	1.95

（续）

t /℃	$p\times10^{-5}$ /Pa	ρ /(kg/m³)	h' /(kJ/kg)	c_p /[kJ/(kg·K)]	$\lambda\times10^2$ /[W/(m·K)]	$a\times10^6$ /(m²/s)	$\mu\times10^6$ /(Pa·s)	$\nu\times10^6$ /(m²/s)	$\alpha\times10^4$ /K⁻¹	$\sigma\times10^4$ /(N/m)	Pr
100	1.013	958.4	419.1	4.220	68.3	16.9	282.5	0.295	7.50	588.6	1.75
110	1.43	951.0	461.4	4.233	68.5	17.0	259.0	0.272	8.04	569.0	1.60
120	1.98	943.1	503.7	4.250	68.6	17.1	237.4	0.252	8.58	548.4	1.47
130	2.70	934.8	546.4	4.266	68.6	17.2	217.8	0.233	9.12	528.8	1.36
140	3.61	926.1	589.1	4.287	68.5	17.2	201.1	0.217	9.68	507.2	1.26
150	4.76	917.0	632.2	4.313	68.4	17.3	186.4	0.203	10.26	486.6	1.17
160	6.18	907.0	675.4	4.346	68.3	17.3	173.6	0.191	10.87	466.0	1.10
170	7.92	897.3	719.3	4.380	67.9	17.3	162.8	0.181	11.52	443.4	1.05
180	10.03	886.9	763.3	4.417	67.4	17.2	153.0	0.173	12.21	422.8	1.00
190	12.55	876.0	807.8	4.459	67.0	17.1	144.2	0.165	12.96	400.2	0.96
200	15.55	863.0	852.8	4.505	66.3	17.0	136.4	0.158	13.77	376.7	0.93
210	19.08	852.3	897.7	4.555	65.5	16.9	130.5	0.153	14.67	354.1	0.91
220	23.20	840.3	943.7	4.614	64.5	16.6	124.6	0.148	15.67	331.6	0.89
230	27.98	827.3	990.2	4.681	63.7	16.4	119.7	0.145	16.80	310.0	0.88
240	33.48	813.6	1037.5	4.756	62.8	16.2	114.8	0.141	18.08	285.5	0.87
250	39.78	799.0	1085.7	4.844	61.8	15.9	109.9	0.137	19.55	261.9	0.86
260	46.94	784.0	1135.7	4.949	60.5	15.6	105.9	0.135	21.27	237.4	0.87
270	55.05	767.9	1185.7	5.070	59.0	15.1	102.0	0.133	23.31	214.8	0.88
280	64.19	750.7	1236.8	5.230	57.4	14.6	98.1	0.131	25.79	191.3	0.90
290	74.45	732.3	1290.0	5.485	55.8	13.9	94.2	0.129	28.84	168.7	0.93
300	85.92	712.5	1344.9	5.736	54.0	13.2	91.2	0.128	32.73	144.2	0.97
310	98.70	691.1	1402.2	6.071	52.3	12.5	88.3	0.128	37.85	120.7	1.03
320	112.90	667.1	1462.1	6.574	50.6	11.5	85.3	0.128	44.91	98.10	1.11
330	128.65	640.2	1526.2	7.244	48.4	10.4	81.4	0.127	55.31	76.71	1.22
340	146.08	610.1	1594.8	8.165	45.7	0.17	77.5	0.127	72.10	56.70	1.39
350	165.37	574.4	1671.4	9.504	43.0	7.88	72.6	0.126	103.7	38.16	1.60
360	186.74	528.0	1761.5	13.984	39.5	5.36	66.7	0.126	182.9	20.21	2.35
370	210.53	450.5	1892.5	40.321	33.7	1.86	56.9	0.126	676.7	4.709	6.79

附表 9　干饱和水蒸气的热物理性质

t /℃	$p\times10^{-5}$ /Pa	ρ'' /(kg/m³)	h'' /(kJ/kg)	γ /(kJ/kg)	c_p /[kJ/(kg·K)]	$\lambda\times10^2$ /[W/(m·K)]	$a\times10^3$ /(m²/h)	$\mu\times10^6$ /(Pa·s)	$\nu\times10^6$ /(m²/s)	Pr
0	0.00611	0.004847	2501.6	2501.6	1.8543	1.83	7313.0	8.022	1655.01	0.815
10	0.01227	0.009396	2520.0	2477.7	1.8594	1.88	3881.3	8.424	896.54	0.831
20	0.02338	0.01729	2538.0	2454.3	1.8661	1.94	2167.2	8.84	509.9	0.847
30	0.04241	0.03037	2556.5	2430.9	1.8744	2.00	1265.1	9.218	303.53	0.863
40	0.07375	0.05116	2574.5	2407.0	1.8853	2.06	768.45	9.020	188.04	0.883
50	0.12335	0.08302	2592.0	2382.7	1.8987	2.12	483.59	10.022	120.72	0.896
60	0.1992	0.1302	2609.6	2358.4	1.9155	2.19	315.55	10.424	80.07	0.913
70	0.3116	0.1982	2626.8	2334.1	1.9364	2.25	210.57	10.817	54.57	0.930
80	0.4736	0.2933	2643.5	2309.0	1.9615	2.33	145.53	11.219	38.25	0.947
90	0.7011	0.4235	2660.3	2283.1	1.9921	2.40	102.22	11.621	27.44	0.966
100	1.0130	0.5977	2676.2	2257.1	2.0281	2.48	73.57	12.023	20.12	0.984

（续）

t /℃	$p\times10^{-5}$ /Pa	ρ'' /(kg/m³)	h'' /(kJ/kg)	γ /(kJ/kg)	c_p /[kJ/(kg·K)]	$\lambda\times10^2$ /[W/(m·K)]	$a\times10^3$ /(m²/h)	$\mu\times10^6$ /(Pa·s)	$\nu\times10^6$ /(m²/s)	Pr
110	1.4327	0.8265	2691.3	2229.9	2.0704	2.56	53.83	12.425	15.03	1.00
120	1.9854	1.122	2705.9	2202.3	2.1198	2.65	40.15	12.798	11.41	1.02
130	2.7013	1.497	2719.7	2173.8	2.1763	2.76	30.46	13.170	8.80	1.04
140	3.614	1.967	2733.1	2144.1	2.2408	2.85	23.28	13.543	6.89	1.06
150	4.760	2.548	2745.3	2113.1	2.3145	2.97	18.10	13.896	5.45	1.08
160	6.181	3.260	2756.6	2081.3	2.3974	3.08	14.20	14.249	4.37	1.10
170	7.920	4.123	2767.1	2047.8	2.4911	3.21	11.25	14.612	3.54	1.13
180	10.027	5.160	2776.3	2013.0	2.5958	3.36	9.03	14.965	2.90	1.15
190	12.551	6.397	2784.2	1976.6	2.7126	3.51	7.29	15.298	2.39	1.18
200	15.549	7.864	2790.9	1938.5	2.8428	3.68	5.92	15.651	1.99	1.21
210	19.077	9.593	2796.4	1898.3	2.9877	3.87	4.86	15.995	1.67	1.24
220	23.198	11.62	2799.7	1856.4	3.1497	4.07	4.00	16.338	1.41	1.26
230	27.976	14.00	2801.8	1811.6	3.331	4.30	3.32	16.701	1.19	1.29
240	33.478	16.76	2802.2	1764.7	3.5366	4.54	2.76	17.073	1.02	1.33
250	39.776	19.99	2800.6	1714.4	3.7723	4.84	2.31	17.446	0.873	1.36
260	46.943	23.73	2796.4	1661.3	4.047	5.18	1.94	17.848	0.752	1.40
270	55.058	28.10	2789.7	1604.8	4.3735	5.55	1.63	18.280	0.651	1.44
280	64.202	33.19	2780.5	1543.7	4.7675	6.00	1.37	18.750	0.565	1.49
290	74.461	39.16	2767.5	1477.5	5.2528	6.55	1.15	19.270	0.492	1.54
300	85.927	46.19	2751.1	1405.9	5.8632	7.22	0.96	19.839	0.430	1.61
310	98.700	54.54	2730.2	1327.6	6.6503	8.06	0.80	20.691	0.380	1.71
320	112.89	64.60	2703.8	1241.0	7.7217	8.65	0.62	21.691	0.336	1.94
330	128.63	76.99	2670.3	1143.8	9.3613	9.61	0.48	23.093	0.300	2.24
340	146.05	92.76	2626.0	1030.8	12.2108	10.70	0.34	24.692	0.266	2.82
350	165.35	113.6	2567.8	895.6	17.1504	11.90	0.22	26.594	0.234	3.83
360	186.75	144.1	2485.3	721.4	25.1162	13.70	0.14	29.193	0.203	5.34
370	210.54	201.2	2342.9	452.6	76.9157	16.60	0.04	33.989	0.169	15.7
374.15	221.20	315.5	2107.2	0.0	∞	23.79	0.0	44.992	0.143	∞

附表 10　几种饱和液体的热物理性质

液体	t /℃	ρ /(kg/m³)	c_p /[kJ/(kg·K)]	λ /[W/(m·K)]	$a\times10^8$ /(m²/s)	$\nu\times10^6$ /(m²/s)	$\alpha\times10^5$ /K⁻¹	Pr
氨（NH_3）	-50	703.69	4.463	0.547	17.42	0.435	1.69	2.60
	-40	691.68	4.467	0.547	17.75	0.406	1.78	2.28
	-30	679.34	4.476	0.549	18.01	0.387	1.88	2.15
	-20	666.69	4.509	0.547	18.19	0.381	1.96	2.09
	-10	653.55	4.564	0.543	18.25	0.387	2.04	2.07
	0	640.10	4.635	0.540	18.19	0.373	2.16	2.05
	10	626.16	4.714	0.531	18.01	0.368	2.28	2.04
	20	611.75	4.798	0.521	17.75	0.359	2.42	2.02
	30	596.37	4.890	0.507	17.42	0.349	2.57	2.01
	40	580.99	4.999	0.493	17.01	0.340	2.76	2.00
	50	564.33	5.116	0.476	16.54	0.330	3.07	1.99

（续）

液体	t /℃	ρ /(kg/m³)	c_p /[kJ/(kg·K)]	λ /[W/(m·K)]	$a\times10^8$ /(m²/s)	$\nu\times10^6$ /(m²/s)	$\alpha\times10^5$ /K⁻¹	Pr
氟利昂 12 (CCl_2F_2)	-50	1546.75	0.8750	0.067	5.01	0.310		6.2
	-40	1518.71	0.8847	0.069	5.14	0.279	1.83	5.4
	-30	1489.56	0.8956	0.069	5.26	0.253	1.93	4.8
	-20	1460.57	0.9073	0.071	5.39	0.235	2.05	4.4
	-10	1429.49	0.9203	0.073	5.50	0.221	2.19	4.0
	0	1397.45	0.9345	0.073	5.57	0.214	2.35	3.8
	10	1364.30	0.9496	0.073	5.60	0.203	2.53	3.6
	20	1330.18	0.9659	0.073	5.60	0.198	2.71	3.5
	30	1295.10	0.9835	0.071	5.60	0.194	2.91	3.5
	40	1257.13	1.0019	0.069	5.55	0.191	3.19	3.5
	50	1215.96	1.0126	0.067	5.45	0.190		3.5
11 号润滑油	0	905.0	1.834	0.1449	8.73	1336	0.69	15310
	10	898.8	1.872	0.1441	8.56	564.2		6591
	20	892.7	1.909	0.1432	8.40	280.2		3335
	30	886.6	1.947	0.1432	8.24	153.2		1859
	40	880.6	1.985	0.1414	8.09	90.7		1121
	50	874.6	2.022	0.1405	7.94	57.4		723
	60	868.8	2.064	0.1396	7.78	38.4		493
	70	863.1	2.106	0.1387	7.63	27.0		354
	80	857.4	2.148	0.1379	7.49	19.7		263
	90	851.8	2.190	0.1370	7.34	14.9		203
	100	846.2	2.236	0.1361	7.19	11.5		160
14 号润滑油	0	905.2	1.866	0.1493	8.84	2237	0.69	25310
	10	899.0	1.909	0.1485	8.65	863.2		9979
	20	892.8	1.915	0.1477	8.48	410.9		4846
	30	886.7	1.993	0.1470	8.32	216.5		2603
	40	880.7	2.035	0.1462	8.16	124.2		1522
	50	874.8	2.077	0.1454	8.00	76.5		956
	60	869.0	2.114	0.1446	7.87	50.5		462
	70	863.2	2.156	0.1439	7.73	34.3		444
	80	857.5	2.194	0.1431	7.61	24.6		323
	90	851.9	2.227	0.1424	7.51	18.3		244
	100	846.4	2.265	0.1416	7.39	14.0		190
柴油	20	908.4	1.838	0.128	7.67	620		8000
	40	895.5	1.909	0.126	7.37	135		1840
	60	882.4	1.980	0.124	7.10	45		630
	80	870	2.052	0.123	6.89	20		290
	100	857	2.123	0.122	6.71	10.8		162
变压器油	20	866	1.892	0.124	2.73	36.5		481
	40	852	1.993	0.123	2.61	16.7		230
	60	842	2.093	0.122	2.49	8.7		126
	80	830	2.198	0.120	2.36	5.2		79.4
	100	818	2.294	0.119	2.28	3.8		60.3

附表 11　常用材料的表面发射率

材料名称及表面状况		温度 t/℃	发射率 ε
铝	抛光，纯度 98%	200~600	0.04~0.06
	工业用板	100	0.09
	粗制板	40	0.07
	严重氧化	100~550	0.20~0.33
	箔，光亮	100~300	0.06~0.07
黄铜	高度抛光	250	0.03
	抛光	40	0.07
	无光泽板	40~250	0.22
	氧化	40~250	0.46~0.56
铬	抛光薄板	40~550	0.08~0.27
纯铜	高度抛光的电解铜	100	0.02
	抛光	40	0.04
	轻度抛光	40	0.12
	无光泽	40	0.15
	氧化发黑	40	0.76
金	高度抛光，纯金	100~600	0.02~0.035
钢铁	低碳钢，抛光	150~500	0.14~0.32
	钢，抛光	40~250	0.07~0.10
	钢板，轧制	40	0.66
	钢板，粗糙，严重氧化	40	0.8
	铸铁，有处理表皮层	40	0.70~0.80
	铸铁，新加工面	40	0.44
	铸铁，氧化	40~250	0.57~0.66
	铸铁，抛光	200	0.21
	锻铁，光洁	40	0.35
	锻铁，暗色氧化	20~360	0.94
	不锈钢，抛光	40	0.07~0.17
	不锈钢，重复加热冷却后	230~930	0.50~0.70
石棉	石棉板	40	0.96
	石棉水泥	40	0.96
	石棉瓦	40	0.97
砖	粗糙红砖	40	0.93
	耐火黏土砖	1000	0.75
黏土	烧结	100	0.91
混凝土	粗糙表面	40	0.94
玻璃	平板玻璃	40	0.94
	石英玻璃（厚为 2mm）	250~550	0.96~0.66
	硼硅酸玻璃	250~550	0.94~0.75
石膏		40	0.80~0.90
冰	光滑面	0	0.97
水	厚为 0.1mm 以上	40	0.96
云母		40	0.75
油漆	各种油漆	40	0.92~0.96
	白色油漆	40	0.80~0.95
	光亮黑漆	40	0.9

（续）

材料名称及表面状况		温度 t/℃	发射率 ε
白纸		40	0.95
粗糙屋面焦油纸毡		40	0.9
瓷	上釉	40	0.93
橡胶	硬质	40	0.94
雪		-12~-6	0.82
人的皮肤		32	0.98
锅炉炉渣		0~1000	0.70~0.97
抹灰的墙		20	0.94
各种木材		40	0.80~0.92

习 题 答 案

第 1 章

1.1　3285.3W，164.265W/m^2。

1.2　0.1083W/(m·K)。

1.3　375mm。

1.4　75.2kW，310.9kg。

1.5　1.1℃。

1.6　400W/m^2。

1.7　0.35W，5.25W。

1.8　37.9℃。

1.9　空气温度为25℃时，表面传热系数为300W/(m^2·K)；空气温度为20℃时，表面传热系数为100W/(m^2·K)。这说明，如果固体内部温度维持一定，表面空气温度越低，需要的表面传热系数越小，那么流经固体表面的空气的速度实际上就可以减小一些。

1.10　1420.6W。

1.11　3.04W。

1.12　86.7℃，65.1℃。

1.13　2.403kW，15.1℃。

1.14　气侧对流热阻为1053×10^{-5}(m^2·K)/W，导热热阻为5.376×10^{-5}(m^2·K)/W；水侧对流热阻为17.24×10^{-5}(m^2·K)/W；传热系数K=93W/(m^2·K)。应从热阻最大的气侧着手，设法降低它的热阻。

第 2 章

2.1　1495W/m^2，951K。

2.2　0.059m。

2.3　$\lambda=371.9\times[1-9.25\times10^{-5}\ (t-150)\ ]$。

2.4　1270W/m^2。

2.5　1.302×10^{8}J。

2.6　3.745kW/m；173.8℃，151.1℃。

2.7　34600W/m^2，1892℃，162℃。

2.8　$\dot{\Phi}=4\times10^6$W/m^3，$\lambda_B=15.3$W/(m·K)。

2.9　106.9mm。

2.10　1）1.254×10^{4}W/m；2）5759W/m；3）9930W/m。

2.11　966K。

2.12　1）12.6W/m；2）7.7W/m。

2.13　5.34mm。

2.14　$t=\frac{qr_1^3}{3\lambda}\left(\frac{1}{r}-\frac{1}{r_2}\right)+\frac{qr_1^3}{3hr_2^2}+t_\infty$。

2.15　坐标原点取在球形罐的圆心，0℃的位置 $r=1.687\text{m}$；在大于它的位置加蒸汽隔离屏。

2.16　式（2-56a）、式（2-70b）。

2.17　0.91；0.57。

2.18　61.17W。

第 3 章

3.1　0；$\mathrm{d}t/\mathrm{d}\tau=2c_1/a$，$a$ 为热扩散率。

3.2　48.17℃。

3.3　45169s，21.4℃。

3.4　12.2min，720K。

3.5　0.0073m/s。

3.6　165.3s，133.3℃。

3.7　6588s。

3.8　37.1℃。

3.9　160.75℃。

3.10　$Bi=0.0071$，能进行集总分析。

3.11　$d=0.706\text{mm}$；5.166s。

3.12　43.3s，144.3s。

3.13　35.3W/(m² · K)。

3.14　1590s。

3.15　129s。

第 4 章

（略）。

第 5 章

5.1　这种说法不正确。

5.2　略。

5.3　略。

5.4　略。

5.5　略。

5.6　略。

5.7　略。

5.8　略。

5.9　略。

5.10　36.09m/s；28.00W/(m² · K)；虽然空气的 Pr 随温度发生变化，但这变化是极小的，在对流换热中常常把 Pr 当作常数处理，故不影响最后试验结果。

5.11　空气流速为15m/s时，$h=34.34\text{W}/(\text{m}^2\cdot\text{K})$，30m/s时，$h=58.97\text{W}/(\text{m}^2\cdot\text{K})$；如果选择边长代替对角线作为特征长度，则相应的 Re 和 C 将会发生变化，而表面传热系数则不随特征长度的改变而发生变化。

5.12　2066W。

5.13　$1434\text{W}/\text{m}^2$。

第6章

6.1　略。

6.2　略。

6.3　1）表面传热系数 $h=17.6\text{W}/(\text{m}^2\cdot\text{K})$，传热量为17.6W。

2）$h=143.6\text{W}/(\text{m}^2\cdot\text{K})$，传热量143.6W。

6.4　39.54m/s。

6.5　0.04m。

6.6　270℃，220℃。

6.7　出口水温49.7℃，管子对水的散热量 1.64×10^5W。

6.8　4.485m，$133\text{kW}/\text{m}^2$。

6.9　$I_{空}/I_{水}=0.091$，即在空气中和水中，电线内的电流比是0.091。

6.10　最大功率为159.5W。

6.11　两种情况下传热量之比：$q_2/q_1=2.08$。

6.12　$I=202$A。

6.13　$N=27$根。

6.14　222.7℃。

6.15　312K，2724W。

6.16　$u'/u=17.78$。

6.17　$\Delta p=8699$Pa；$\Delta p=53049$Pa，所以第一种情况压力损失小。

6.18　13.9℃。

6.19　222.6W；311.5W；96.7W。

6.20　$\Phi_V/\Phi_H=0.97$，所以水平放置好。

6.21　1794W/m。

6.22　159W，485W。

6.23　109.6倍。

6.24　19.37%。

6.25　663W。

6.26　损失的电功率为2.09W。

6.27　204W。

6.28　21.21W。

6.29　1m长管子的传热速率为4.71W。

6.30　4208W。

6.31　每米热水管对空气的传热率325W/m。

第 7 章

7.1 略。

7.2 略。

7.3 略。

7.4 略。

7.5 1/2.57。

7.6 $h_1 = 6005\text{W}/(\text{m}^2 \cdot \text{K})$，$h_2 = 5050\text{W}/(\text{m}^2 \cdot \text{K})$；$h_m = 8070\text{W}/(\text{m}^2 \cdot \text{K})$；$q_m = 0.0143\text{kg/s}$。

7.7 $n^{-1/4}$，$n^{3/4}$。

7.8 0.139m。

7.9 144.7℃。

7.10 640.8kg/h。

7.11 8.37m。

7.12 114.2℃；$1.07\times10^6\text{W}/(\text{m}^2 \cdot \text{K})$。

7.13 当加热功率为 1.9W 时，$h = 840.9\text{W}/(\text{m}^2 \cdot \text{K})$；当加热功率为 100W 时，$h = 6929\text{W}/(\text{m}^2 \cdot \text{K})$。

第 8 章

8.1 $E = 1287\text{W/m}^2$，$\lambda_{max} = 7.465\mu\text{m}$，$E_\lambda = 113.3\text{W}/(\text{m}^2 \cdot \mu\text{m})$。

8.2 $E = 287\text{kW/m}^2$，$E_\lambda = 9.5\times10^{10}\text{W/m}^2$，$\lambda_{max} = 1.93\mu\text{m}$。

8.3 1215K，49.4W。

8.4 25%。

8.5 5795K。

8.6 8.05%。

8.7 对太阳能的透射率：普通玻璃 $\tau = 0.839$，有色玻璃 $\tau = 0.568$，在可见光段，普通玻璃 $\tau_\lambda = 0.329$，有色玻璃 $\tau_\lambda = 0.217$。

8.8 56.7kW/m^2，$2789\text{W}/(\text{m}^2 \cdot \text{sr} \cdot \mu\text{m})$，67.1%。

8.9 48.5℃。

8.10 0.7026，562W/m^2。

8.11 发射率 0.426，吸收率 0.975，温度是逐渐降低的，因为它吸收的辐射小于它发射的辐射。

8.12 −1977K/s；4.94s。

8.13 吸收率 0.774，总发射率 0.1。

第 9 章

9.1 $X_{1,2} = 0.5$，$X_{2,1} = 0.25$；$X_{1,2} = 0.5$，$X_{2,1} = 0.707$；$X_{1,2} = 0.5$，$X_{2,1} = 2/\pi = 0.637$。

9.2 $X_{1,2} = 2/\pi = 0.637$，$X_{2,1} = 1$，2 为周围环境；$X_{(1,2,3),4} = W/(W+2H)$，$X_{4,(1,2,3)} = 1$，4 为周围环境；$X_{(1,2),3} = \sin\theta$，$X_{3,(1,2)} = 1$，3 为周围环境。

9.3 $X_{1,2} = 0.105$，$X_{2,1} = 0.07$；$X_{1,2} = 0.01$；$X_{1,2} = 0.038$。

9.4 $X_{1,3} = 0.64$，$q_{13} = 1700\text{W}$。

9.5　$E=1.58\times10^4 W/m^2$。

9.6　1.580W，0.986。

9.7　524W。

9.8　1995W；191W；983W；998W。

9.9　0.138。

9.10　怎样放置效果都一样，因为总热阻一样；黑度较大的一侧朝向温度为 T_1 的板时，遮热板的温度较高。

9.11　89.8mW，253K。

9.12　-236.2W；-1692W；207W；-1133W。

9.13　（略）。

9.14　69×10^{-3}W；934.5W/m^2；1085W/m^2。

9.15　48.8K/s。

9.16　15.1kW。

9.17　21.9 kW/m。

9.18　98 kW/m。

9.19　19.7%。

第 10 章　传热过程和换热器

10.1　略。

10.2　略。

10.3　略。

10.4　略。

10.5　4.7℃；考虑蒸发效应时，使水不结冰的空气最低温度升高。

10.6　不能；63℃。

10.7　75W/m，39.6℃。

10.8　容器外表面温度 $t_w=15$℃，空气中水蒸气饱和温度 $t_s=11.6$℃，$t_w>t_s$，所以不会结露。

10.9　86%，39.9℃。

10.10　流程数为 2，每程管子根数为 364 根，管子长度为 1.63m。

10.11　9.6m。

10.12　77.89W/(m^2·K)；1027.5W/(m^2·K)。

10.13　130kW，40℃。

10.14　选换热器 B，且布置成逆流。

10.15　45.6℃，37.4℃，243kW。

10.16　两小换热器总面积为 4.94m^2，大换热器总面积为 4.68m^2。选大换热器更经济一些。

10.17　1.2m^2，按逆流布置才能满足加热要求。

10.18　逆流 4.39m^2；一壳程两管程 4.62m^2；交叉流 4.67m^2。

10.19　44.63kW；效能为 0.647；传热比 1.81。

10.20　25m^2。

参 考 文 献

[1] 陶文铨. 传热学 [M]. 5 版. 北京：高等教育出版社，2019.

[2] 朱彤，安青松，刘晓华，等. 传热学 [M]. 7 版. 北京：中国建筑工业出版社，2020.

[3] 赵镇南. 传热学 [M]. 3 版. 北京：高等教育出版社，2019.

[4] 张学学，李桂馥. 热工基础 [M]. 北京：高等教育出版社，2000.

[5] 戴锅生. 传热学 [M]. 2 版. 北京：高等教育出版社，1999.

[6] HOLMAN J P. Heat Transfer [M]. 8th ed. NewYork：McGraw Hill，1997.

[7] PITTS D，SISSOM L. 传热学 [M]. 葛新石，等译. 北京：科学出版社，2002.

[8] INCROPERA F P，DEWITT D P，BERGMAN T L，et al. 传热和传质基本原理习题详解 [M]. 叶宏，葛新石，徐斌，译. 北京：化学工业出版社，2007.

[9] 朱惠人. 传热学典型题解析及自测试题 [M]. 西安：西北工业大学出版社，2002.

[10] 王秋旺，曾敏. 传热学要点与题解 [M]. 西安：西安交通大学出版社，2006.

[11] 胡小平，任海峰. 传热学考试要点与真题精解 [M]. 长沙：国防科技大学出版社，2007.

[12] 李俊梅. 高等传热学 [M]. 北京：北京工业大学出版社，2020.

[13] 罗庆. 传热学 [M]. 2 版. 重庆：重庆大学出版社，2019.

[14] 林宗虎，汪军，李瑞阳，等. 强化传热技术 [M]. 北京：化学工业出版社，2007.

[15] 何燕，张晓光，孟祥文. 传热学 [M]. 北京：化学工业出版社，2019.

[16] 周锡堂. 应用传热学 [M]. 北京：中国石化出版社，2019.

[17] 尾花英朗. 热交换器设计手册 [M]. 徐忠权，译. 北京：石油工业出版社，1981.

[18] KAYS W M，LONDON A L. 紧凑式热交换器 [M]. 宣益民，张后雷，译. 北京：科学出版社，1997.